大學叢書

林學叢刊　劉棠瑞主編

樹　木　學

下　冊

劉棠瑞
廖日京　著

臺灣商務印書館發行

樹 木 學（下冊）

目 次

第三篇　附　錄

第四篇　索　引

樹 木 學

（下册）

27.衞矛目 CELASTRALES

花常小而帶綠色，雄蕊成單輪，與萼片同數而對生。本目在台灣所見者 5 科，其檢索如下：

科之檢索

A 1. 花無花瓣⋯⋯⋯⋯⋯⋯⋯⋯⋯⋯⋯⋯⋯⋯⋯⋯⋯⑺黃楊科　　Buxaceae

A 2. 花有花瓣。

　B 1. 子房各室具胚珠 2，稀僅有 1 枚。

　　C 1. 果多型，花盤宿存，胚珠自室之內角生出⋯⋯⋯⋯⋯⋯⋯⋯
　　　　　⋯⋯⋯⋯⋯⋯⋯⋯⋯⋯⋯⋯⋯⋯⋯⋯⑺衞矛科　　Celastraceae

　　C 2. 果核果，花盤缺如或稀有細小者；胚珠自室之先端或近於先端
　　　　　處下垂。

　　　D 1. 子房 3 室或更多⋯⋯⋯⋯⋯⋯⋯⋯⑺冬青科　Aquifoliaceae

　　　D 2. 子房 1 室⋯⋯⋯⋯⋯⋯⋯⋯⋯⋯⑺茶茱萸科　Icacinaceae

　B 2. 子房各室具胚珠 3 或更多⋯⋯⋯⋯⑺省沽油科　Staphyleaceae

（72）冬青科 AQUIFOLIACEAE（Holly Family）

多常綠喬木或灌木；葉互生，單一，托葉多缺如；花對稱，兩性或單性，成聚繖或繖形花序，有時叢生或單一；萼片 3～6，覆瓦狀排列；花瓣 4～6，離生或基部合生；雄蕊 4～6 或稀數更多，離生，花藥 2 室，縱裂；花盤缺如；子房上位，3 室或更多，每室具 1～2 胚珠，自頂端下垂，花柱頂生而宿存或缺如，果爲核果，由 3 或更多（一般多爲 4）而各具一種子之心皮（小堅果 pyrene）構成；種子有小直胚，與肉質之胚乳。全世界有 3 屬，300 餘種。分佈美洲中南部、亞洲、非洲、澳洲及歐洲。台灣 1 屬 26 種。

亞屬與種之檢索

A 1. 葉為落葉性（Prinos 亞屬）。

　B 1. 葉卵狀長橢圓形或披針狀長橢圓形，先端尾狀，長 10～13公分，寬 3.5～5.5公分，第 1 側脈 8～10 對，粗大，葉柄長 2～3 公分；雌聚繖花序作 2～3 岐狀；雄花之各部（萼片、花瓣、雄蕊）5～9，雌花之各部為 6；核果熟呈紅色……………………………………………⒂紅朱水木　*I. micrococca*

　B 2. 葉卵形或潤卵形，先端銳，長 3～7公分，寬 1.5～4公分，第 1 側脈 4～6 對，細小，葉柄長 0.2～1.5公分；雌花 1～10朵叢生，雌雄花各部之數為 4～6；核果熟呈黑或紅色。

　　C 1. 葉卵形，膜質，長 3～5公分，寬 1.5～2.5公分；葉柄 0.2～0.4公分 …………………………………⑵燈稱花　*I. asprella*

　　C 2. 葉潤卵形，紙質，長 5～8公分，寬 3～4公分；葉柄 0.9～1.5公分 …………………………………⑼蘭嶼冬靑　*I. kusanoi*

A 2. 葉常綠性 Euilex 亞屬）。

　B 1. 葉緣及先端具針刺 ……………………⑶苗栗冬靑　*I. bioritsensis*

　B 2. 葉全緣或具鋸齒或鈍鋸齒。

　　C 1. 葉全緣，革質。

　　　D 1. 葉長 3～5公分，側脈幾不明顯或稍明顯。

　　　　E 1. 第 1 側脈幾不明顯，僅以肉眼不能見之。

　　　　　F 1. 葉先端鈍銳，寬 2公分；葉橢圓形；雌花叢生及成聚繖狀繖形花序……………………⑹卵葉冬靑　*I. goshiensis*

　　　　　F 2. 葉先端尾狀，寬 1.1～1.4公分；葉披針狀長卵形；雌花叢生……………………⑺早田氏冬靑　*I. hayataiana*

　　　　E 2. 第 1 側脈稍明顯，可以肉眼見之（但不顯著）。

　　　　　F 1. 葉長 4.4公分，寬 1.7公分，第 1 側脈最明顯；葉柄長 0.5公分；雌花叢生…………………⒅鈴木氏冬靑　*I. suzukii*

　　　　　F 2. 葉長 4.8～5.7公分，寬 2.2～2.6公分，第 1 側脈稍明顯僅可辨認；葉柄長 0.6～0.9公分；雌花叢生及繖

　　　　　　　形花序……………………………⒇威氏冬青　　*I. wilsonii*

D 2.　葉長 5～14 公分，側脈明顯。

　E 1.　雌花成聚繖狀繖形花序或繖形花序。

　　F 1.　雌花成聚繖狀繖形花序。

　　　G 1.　小枝、葉背、葉柄及花序均被褐毛………………

　　　　　…(10a)　忍冬葉冬青　*I. lonicerifolia* var. *lonicerifolia*

　　　G 2.　小枝、葉背、葉柄及花序近於平滑。

　　　　H 1.　葉橢圓形或卵形，先端漸尖或短漸尖……………

　　　　　… (10b)　白狗冬青　　*I. lonicerifolia* var. *hakkuensis*

　　　　H 2.　葉倒卵狀橢圓形或橢圓形，先端鈍……………

　　　　　… (10c)　松田氏冬青　　*I. lonicerifolia* var. *matsudai*

　　F 2.　雌花成繖形花序。

　　　G 1.　葉長 5～10 公分，厚革質，第 1 側脈 7～9 對，乾時
　　　　　　表面深褐，背面則爲黃褐……………………………
　　　　　　………………………⑷革葉冬青　　*I. cochinchinensis*

　　　G 2.　葉長 4.5～6 公分，薄革質或紙質，第 1 側脈 4～6
　　　　　　對，乾時表面黑褐，背面則爲灰綠。

　　　　H 1.　總花柄及小花梗被毛，果球形………………………
　　　　　…… (16b)　小果鐵冬青　　*I. rotunda* var. *microcarpa*

　　　　H 2.　總花柄及小花梗平滑，果橢圓形…………………
　　　　　………… (16a)　鐵冬青　　*I. rotunda* var. *rotunda*

　　E 2.　雌花叢生………………………⑻細葉冬青　　*I. integra*

C 2.　葉具細鋸齒、鋸齒及鈍鋸齒（稀有全緣者）。

　D 1.　葉膜質…………………………⒂密毛冬青　　*I. pubescens*

　D 2.　葉革質或厚紙質。

　　E 1.　葉長 1.1～4.5 公分。

　　　F 1.　葉倒卵形，先端鈍或凹………⑾大漢冬青　　*I. matanoana*

　　　F 2.　葉橢圓形、潤卵形、卵狀橢圓形，先端銳或鈍。

　　　　G 1.　葉長 1.1～2 公分，寬 0.5～1 公分；葉柄長 0.1～
　　　　　　　0.3 公分，具細鋸齒……………………………………

………………⒇高山冬青 *I. yunnanensis* var. *parvifolia*

G 2. 葉長 2 ～ 4.5 公分，寬 1 ～ 2.5 公分；葉柄長 0.3 ～ 0.9 公分，具細或鈍鋸齒。

H 1. 葉具腺點，花梗、萼及花瓣亦均有腺點，葉緣上部⅔有細鋸齒 7 ～ 14 對；小枝平滑……………………

……………………⑿長葉冬青 *I. maximowicziana*

H 2. 葉不具腺點，小枝被毛……………………………

………⒄太平冬青 *I. sugeroki* var. *brevipedunculata*

E 2. 葉長 4 ～ 10 公分。

F 1. 葉披針狀長卵形，細鋸齒每邊各有 20 ～ 43………………

………………………………⑴阿里山冬青 *I. arisanensis*

F 2. 葉倒卵形、濶橢圓形、橢圓形、長橢圓形、長卵形及倒披針形，具齒牙或鈍、疏、粗鋸齒，有時全緣，鋸齒每邊各有 3 ～ 18。

G 1. 葉倒卵形及倒披針形，基部楔形。

H 1. 葉爲倒披針形，長 5 ～ 10 公分……………………

……………………………………⒇琉球冬青 *I. uraiana*

H 2. 葉爲倒卵形，長 3 ～ 5 公分。

I 1. 葉先端圓或鈍，鈍細鋸齒每邊各 9 ～ 12…………

………………⒆金平氏冬青 *I. triflora* var. *kanehirai*

I 2. 葉先端圓或凹，粗鋸齒各邊 3 ～ 5………………

………………………(21)台灣冬青 *I. uraiensis* var. *formosae*

G 2. 葉長橢圓形、橢圓形、濶橢圓形、長卵形及卵狀橢圓形，基部鈍或圓。

H 1. 小花梗長 1 ～ 1.4 公分，雄花之萼片、花瓣及雄蕊各 5…………………………⒁刻脈冬青 *I. pedunculosa*

H 2. 小花梗長 0.3 ～ 0.7 公分，雄花之萼片、花瓣及雄蕊各 4…………………………⑸糊樗 *I. formosana*

(1) 阿里山冬青 **Ilex arisanensis** Yamam. (Alishan holly) 常綠大灌

木，枝平滑；葉紙質，長尾狀銳尖。產阿里山及溪頭一帶，量
稀少。觀賞。

(2)　　燈稱花　**Ilex asprella**（Hook. et Arn.）Champ ex Benth.（*Prinos asprellus*
　　　　Hook. et Arn.）（Rough-leaved holly）　落葉灌木；葉薄紙質
　　　　，先端銳尖，具細鋸齒；核果黑色。產全省山麓，如大屯山、
　　　　陽明山及花蓮鳳林四林一帶。分佈我國東南各省，菲律賓亦有
　　　　之。觀賞。

(3)　　苗栗多青　**Ilex bioritsensis** Hay.（Bioritsu holly）　常綠大灌木，
　　　　葉革質，先端、邊緣具硬尖刺。產中央山脈高地。宜蘭思源、
　　　　南湖大山之雲杉林內頗多見之。分佈我國四川、雲南及貴州。
　　　　觀賞。（圖369）

(4)　　革葉多青　**Ilex cochinchinensis**（Lour.）Loes.（*Hexodica cochinchinen-*
　　　　sis Lour.）（Leather-leaf holly）　常綠小喬木，葉革質，全緣。
　　　產恒春南仁山。觀賞。

(5)　　糊樗　**Ilex formosana** Maxim.　（*I. ficoidea* Hemsl., *I warburgii* Loes.）

圖 **369**　苗栗多青 Ilex bioritsensis Hay.

（Formosan holly） 常綠小喬木，樹皮含黏質，葉先端銳尖而具波狀鋸齒。產全省潤葉樹林之下部。分佈我國中部及東南部，菲律賓亦有之。樹皮可採黐膠。觀賞。

(6) 卵葉冬青 **Ilex goshiensis** Hay.（Egg-leaf holly） 常綠大灌木，葉先端稍微凹。產全省中、高海拔之處。日本、琉球及海南島。

(7) 早田氏冬青 **Ilex hayataiana** Loes.（*I. hanceana* sensu Kaneh., non Maxim.）（Hayata holly） 常綠灌木；葉小，兩端均銳。產全省潤葉樹林及針潤葉樹林之下部（海拔 1,300～3,000 公尺之間），北、中部較多，竹東鹿場大山尤常見之。分佈琉球。觀賞。

(8) 細葉冬青 **Ilex integra** Thunb.（Bird-lime holly） 常綠小喬木；葉倒披針狀長橢圓形，先端鈍而時凹。蘭嶼。分佈我國東南部、日本及琉球。樹皮可採黐膠。

(9) 蘭嶼冬青 **Ilex kusanoi** Hay.（Lanyu holly） 常綠小喬木；葉菱狀，紙質，卵形，兩端均銳。產蘭嶼及綠島之海濱及潤葉樹林內。觀賞。

(10a) 忍冬葉冬青 **Ilex lonicerifolia** Hay. var. **lonicerifolia** （Honey-suckle-leaf holly） 常綠小喬木；葉兩端均鈍，背面被褐毛。產北、中部之潤葉樹林內，埔里、日月潭及能高山均常見之。觀賞。

(10b) 白狗冬青 **Ilex lonicerifolia** Hay. var. **hakkuensis**（Yamam.）Hu（*I. tugitakayamensis* Sasaki）（Smooth honeysuckle-leaf holly） 葉先端銳或銳尖。產中部，如日月潭、蓮華池、白狗山及小雪山之潤葉樹林內。觀賞。

(10c) 松田氏冬青 **Ilex lonicerifolia** Hay. var. **matsudai** Yamam.（Matsuda honeysuckle-leaf holly） 常綠小喬木，葉倒卵狀橢圓形或橢圓形，先端鈍。產恒春南仁山。觀賞。

(11) 大漢冬青 **Ilex matanoana** Mak.（Tahang holly） 常綠中喬木；葉小，先端鈍，時而凹。產枋寮水底寮之大漢山頂及恒春南仁山之森林內。小笠原諸島。觀賞。

(12) 長葉冬靑　**Ilex maximowicziana** Loes. (*I. scoriatulum* Koidz.) (Maximowicz's honeysuckle-leaf holly)　常綠小喬木；小枝平滑，葉橢圓形至倒披針形，先端銳。產恒春半島、武威山及蘭嶼。分佈琉球。觀賞。

(13) 紅朱水木　**Ilex micrococca** Maxim. (Small-fruit holly)　落葉中喬木；葉大，葉緣具芒尖狀粗鋸齒。產北、中部，如陽明山、烏來、大禹嶺及佳保台等地之潤葉樹林內，但量稀少。分佈我國東南部、中南半島及日本。觀賞。

(14) 刻脈冬靑　**Ilex pedunculosa** Miq. (Impressed-vein holly)　常綠小喬木，葉脈表面凹刻，核果紅色。產中部之潤葉樹林內。分佈我國北、中、西南、東南各省及海南島，日本之九州亦有之。觀賞。

(15) 密毛冬靑　**Ilex pubescens** Hook. et Arn. (Downy holly)　常綠灌木；小枝與葉多毛。產全省潤葉樹林內，台北、新店尤多。分佈我國長江流域、東南及西南諸地。觀賞。

(16a) 鐵冬靑　**Ilex rotunda** Thunb. var. **rotunda** (Chinese holly)　常綠喬木，花序平滑，核果紅色。產全省之潤葉樹林內，北部、台北內湖及恒春半島、墾丁公園內爲量尤多，另台灣大學傅園亦有之。分佈我國中部、東南部、韓國及日本。材供建築、薪炭，每植爲庭園樹。

(16b) 小果鐵冬靑　**Ilex rotunda** Thunb. var. **microcarpa** (Lindl. ex Paxt.) S. Y. Hu (Small-fruit holly)　與原種之區別點在其花序被毛及核果球形。產全省之潤葉樹林內。分佈我國東南部。觀賞。

(17) 太平冬靑　**Ilex sugeroki** Maxim. var. **brevipedunculata** (Maxim.) S. Y. Hu (*I. sugeroki* forma Maxim. *brevipedunculata* Maxim.) (Sugeroki holly)　常綠小喬木，葉脈顯著，核果暗紅色。產北、中部海拔2,200 公尺左右之山脊森林內，太平山及鹿場

大山均有之。分佈日本。觀賞。

(18) 鈴木氏多青 **Ilex suzukii** S.Y. Hu (Suzuki holly) 常綠灌木；葉革質，橢圓形，先端鈍，全緣。產太平山。觀賞。

(19) 金平氏多青 **Ilex triflora** Blume var. **kanehirai** (Yamam.) S.Y. Hu (*I. triflora* Thunb. var. *kanehirai* Yamam.) (Kanehira holly) 常綠灌木；葉革質，菱狀倒卵形，具疏鈍鋸齒。產北部及恒春半島，如南仁山之濶葉樹林內。分佈我國東南部、海南島。觀賞。

(20) 琉球多青 **Ilex uraiana** Hay. (*I. mutchagara* sensu Kaneh., non Mak.) 常綠大灌木；葉倒披針形，具疏鈍鋸齒；核果黑色。產北、中部地區，如陽明山、烏來、石碇及溪頭等，量稀少。分佈琉球。柴薪。

(21) 台灣多青 **Ilex uraiensis** Yamam. var. **formosae** (Loes.) S.Y. Hu (*I. mertensii* Maxim. var. *formosae* Loes.) (Taiwan holly) 常綠小喬木；葉倒卵形，先端凹，具疏鋸齒。高雄。觀賞。

(22) 威氏多青 **Ilex wilsonii** Loes. (Wilson holly) 常綠大喬木；葉卵形或倒卵形，先端尾狀漸尖，全緣。產地未詳。分佈我國中部及東部。

(23) 高山多青 **Ilex yunnanensis** Franch. var. **parvifolia** (Hay.) S.Y. Hu (High mountain holly) 常綠小灌木；葉細小，上半部具針尖鋸齒。產中央山脈 2,500～3,300 公尺之間的地區。觀賞。

(73) 衛矛科 CELASTRACEAE (Staff-tree Family)

喬木、灌木或藤本；葉互生或對生，單葉，托葉小而早落，或不存；花小而帶綠色，幾成聚繖狀或叢生狀；萼 4～5 裂，覆瓦狀，稀呈鑷合狀；花瓣 5，覆瓦狀或稀呈鑷合狀或缺如；雄蕊 4～5 或更多，自環狀之花盤邊緣或下方長出，花藥 2 室，縱裂；花盤屢成肉質而宿存；子房 1～5 室，每室各具 1～2 直立胚珠；果為胞背開裂 (loculicidal) 之蒴，或漿果、翅果或核果；種子具有色之假種皮與肉質之胚乳及大而直之胚。全世界約 40 屬，400 種，分佈於熱帶與溫帶地區。台灣有 7 屬。

屬之檢索

A 1. 葉互生。

  B 1. 藤本狀灌木。

    C 1. 托葉存在，形小；花絲短；蒴片革質，無翅，種子具假種皮…
………………………………………… 1. 南蛇藤屬　*Celastrus*

    C 2. 托葉不存；花絲特長；蒴片膜質，翅狀，種子無假種皮………
………………………………………… 7. 雷公藤屬　*Tripterygium*

  B 2. 直立灌木。

    C 1. 托葉不存，葉革質；萼、花瓣及雄蕊各 5；蒴果；子房每室具
2 胚珠…………………………… 4. 裸實屬　*Maytenus*

    C 2. 托葉存在，葉膜質；萼、花瓣及雄蕊各 4；漿果；子房每室具
1 胚珠…………………………… 6. 佩羅特木屬　*Perrottetia*

A 2. 葉對生。

  B 1. 每室具胚珠 1～2，且排成一列。

    C 1. 蒴果有 3 型，即扁球形、球形及倒卵形；果 3～5 室，每室有
種子 1～2 粒；子房 4～5 室；托葉存在………………………
………………………………………… 2. 衛矛屬　*Euonymus*

    C 2. 蒴果僅 1 型，長橢圓形；果 1 室，內僅藏一粒種子；子房 2 室
；托葉不存…………………… 5. 賽衛矛屬　*Microtropis*

  B 2. 每室具胚珠 4～6，且排成二列…………………………………
………………………………………… 3. 厚葉衛矛屬　*Genitia*

1. 南蛇藤屬 CELASTRUS Linn.

種之檢索

A 1. 葉濶卵形，寬 5～11公分，葉柄 2.5 公分……………………………
………………………………………… 2. 大葉南蛇藤　*C. kusanoi*

A 2. 葉倒卵形、倒卵狀長橢圓形及長橢圓形，寬 2～5 公分，葉柄 0.5
～1 公分。

  B 1. 葉倒卵形或倒卵狀長橢圓形，先端極鈍，圓形而屢微凹…………

·················3. 厚葉南蛇藤 *C. paniculatus* subsp. *multiflorus*

B 2. 葉橢圓形，先端銳尖。

　C 1. 葉革質，長 7～10公分，第 1 側脈 7～9 對··············

··················1. 南華南蛇藤　*C. hindsii*

　C 2. 葉膜質，長 5～7公分，第 1 側脈 6 對··············

··················4. 光果南蛇藤　*C. punctatus*

(1)　南華南蛇藤 Celastrus hindsii Benth.（Chinese bitter sweet）蔓性灌木；葉倒卵狀長橢圓形，先端突尖；種子被假種皮。產南部之大武山。分佈我國南、西南部，廣東、海南島及雲南。觀賞。（圖370）

(2)　大葉南蛇藤 Celastrus kusanoi Hay.（Kusano bitter sweet）藤本；葉近於圓形，具疏細鋸齒。產中、南部，例如枋寮，山麓或海濱。分佈我國東南部。觀賞。

圖 370　南華南蛇藤 Celastrus hindsii Benth.

(3)　厚葉南蛇藤 Celastrus paniculatus Willd. subsp. **multiflorus**（Roxb.）Hou [*C. multiflorus* Roxb., *C. euphlebiphyllus*（Hay.）Mak.]（Thick leaved bitter sweet）常綠蔓性灌木；葉倒卵狀長橢圓形，先端鈍或微凹。產恒春半島鵝鑾鼻（墾丁公園內），另六龜及金山亦有之。觀賞。

(4)　光果南蛇藤 Celastrus punctatus Thunb.（Christmas oriental bitter sweet）　蔓性灌木；葉橢圓形，具疏鋸齒。產中央山脈阿里山、南湖大山、花蓮及台東。觀賞。

　　　　2. 衛矛屬　EUONYMUS Linn.

種之檢索

A 1.　葉全緣或具細鋸齒。

　B 1.　葉幾成輪生…………………………⑴交趾衞矛　　*E. cochinchinensis*

　B 2.　葉對生。

　　C 1.　果實壓縮狀球形，3 室；花單一………………………………

　　　　　………………………………………⑼淡綠葉衞矛　　*E. pallidifolius*

　　C 2.　果實球形，5 室；花單一至成聚繖花序。

　　　D 1.　葉全緣，蒴果徑約 0.5 公分……⑹松田氏衞矛　　*E. matsudai*

　　　D 2.　葉鈍細鋸齒，蒴果 1.1 ～ 1.4 公分………………………

　　　　　　………………………………………⑻吊花衞矛　　*E. oxyphyllus*

A 2.　葉具鋸齒。

　B 1.　果實具軟柔針刺…………………………⑵刺果衞矛　　*E. echinatus*

　B 2.　果實不具針刺。

　　C 1.　果實 1 室，內藏種子 1 粒，單一或成叢而頂生………………

　　　　　…………………………………………⑽菱葉衞矛　　*E. tashiroi*

　　C 2.　果實 3 ～ 5 室，內藏多粒種子，單一或作聚繖排列而腋生。

　　　D 1.　子房 3 ～ 4 室。

　　　　E 1.　果實單一；葉倒卵形或橢圓形，寬 2.5 ～ 3.5 公分，先端

　　　　　　　鈍或銳……………………………⑷日本衞矛　　*E. japonica*

　　　　E 2.　果實成聚繖排列；葉橢圓狀披針形，寬 1 ～ 2 公分，先端

　　　　　　　漸尖……………………………⑺玉山衞矛　　*E. morrisonensis*

　　　D 2.　子房 5 室。

　　　　E 1.　蔓性着生灌木；葉革質，先端銳，長 3 ～ 6 公分；蒴果潤

　　　　　　　球形…………………………………⑶扶芳藤　　*E. fortunei*

　　　　E 2.　地上直立灌木；葉紙質，先端漸尖，長 6.5 ～ 7.5 公分；

　　　　　　　蒴果倒圓錐形……………………⑸大丁黃　　*E. laxiflorus*

(1)　　交趾衞矛 **Euonymus cochinchinensis** Pierre (*E. miyakei* Hay.)(Lanyu
　　　euonymus).　　灌木，枝平滑；葉輪生，蒴果具稜角。產蘭嶼。
　　　分佈中南半島及菲律賓。觀賞。

（2）　刺果衛矛　Euonymus echinatus Wall.（Thorny-fruit euonymus）　常綠灌木，蒴果具粗刺。產中央山脈高地。分佈琉球。薪材。

（3）　扶芳藤 Euonymus fortunei（Turcz.）Hand-Mazz.（*Elaeodendron fortunei* Turcz.）（Fortune's euonymus）　蔓性着生灌木，蒴果具宿存之花柱。產高雄、台東鬼湖高海拔之地。分佈我國、日本及琉球。

（4）　日本衛矛　Euonymus japonicus Thunb.（Evergreen euonymus）　常綠灌木，蒴果淡紅而光滑。園藝上之變種有黃邊衛矛 E.japonicus Thunb. var. **aureo-marginatus** Nichols）　栽培於全省各地。分佈我國北、中部及日本。庭園樹之外，亦植為生籬。

（5）　大丁黃 Euonymus laxiflorus Champ. ex Benth.（*E. pellucidifolius* Hay.）（Taiwan euonymus）常綠小喬木，蒴果具 5 稜角，種子外被紅假種皮。產北部，如烏來，中部，如日月潭、水社一帶之濶葉樹林內。材似檜木，適於製手杖及其他工藝品，植物亦供藥用。

（6）　松田氏衛矛　Euonymus matsudai Hay.（Matsuda euonymus）　常綠灌木，花盤呈扁四角形。產恒春半島之大武山及其他山區。觀賞。

（7）　玉山衛矛　Euonymus morrisonensis Kaneh. et Sasaki（Yü shan euonymus）　小喬木；蒴果有 4～5 稜角，具宿存之萼。產阿里山至玉山之間地區。

（8）　吊花衛矛　Euonymus oxyphyllus Miq.（Hanging flower euonymus）落葉小喬木；果球形，平滑。產桃園復興、苗栗楊梅山及台東都蘭海拔約 1,200 公尺之稜脊上。分佈日本、韓國及我國。觀賞。

（9）　淡綠葉衛矛　Euonymus pallidifolius Hay.（Pale-leaved euonymus）灌木；蒴倒卵形，具 5 稜角。產恒春。觀賞。

（10）菱葉衛矛　Euonymus tashiroi Maxim.（Tashiro's euonymus）　常綠灌木；葉菱狀長橢圓形；蒴果 4 心皮，其中僅 1 結果。產蓮華池、南仁山、大武山、台東及花蓮等地。觀賞。（圖 371）

圖 371 菱葉衛矛 Euonymus
tashiroi Maxim.

3. 厚葉衛矛屬 GENITIA Nak.

厚葉衛矛 **Genitia carnosus** (Hemsl.) Li et Hou (*E.* *carnosus* Hemsl.,
E. *tanakae* sensu Matsum. et Hay. non Maxim.)(Thick-leaf genitia) 灌
木；花盤４腺體與花瓣互生；子房４室，各具６（４～５） 胚珠，
排成２列，產全省，如基隆、台中及蘭嶼等地。(圖372）

圖 372 厚葉衛矛 Genitia carnosus (Hemsl.) Li et Hou

4． 裸實屬　MAYTENUS Mol. (GYMNOSPORIA Benth. et Hook.)

種之檢索

A 1． 小枝先端變刺，腋間亦屢有刺；葉倒長卵形，寬 1 ～ 2 公分；子房
　　　4 室；蒴果裂成 2 片；見於向陽之地⋯⋯⋯⋯(1)刺裸實　*M. diversifolia*

A 2． 小枝先端無刺；葉倒卵形，寬 1.5 ～ 3 公分；子房 3 室；蒴果裂成
　　　3 片；見於絕崖之上⋯⋯⋯⋯⋯⋯⋯⋯⋯(2)蘭嶼裸實　*M. emarginata*

（1）　刺裸實 **Maytenus　diversifolia** (A. Gray) Hou [*Catha diversifolia* A.
　　　Gray, *Gymnosporia diversifolia* (Gray.) Maxim.]　(Thorny maytenus)
　　　常綠大灌木；葉倒卵形，先端微凹。產恒春半島海濱及山麓向
　　　陽之地，墾丁及芒無路山尤多，其他大武溪右岸及新竹仙脚石
　　　亦有之。分佈我國南部、海南島、日本九州、琉球及菲律賓。
　　　觀賞。（圖 373 ）

（2）　蘭嶼裸實 **Maytenus emarginata** (Willd.) Hou (*Celastrus emarginata*
　　　Willd.,　(*Gymnosporia trilocularis* Hay.) (Lanyu　maytenus　) 小灌木
　　　，葉先端不凹缺。產蘭嶼望南角之絕崖上。觀賞。

5． 賽衛矛屬　MICROTROPIS Wall.

種之檢索

A 1． 葉披針狀橢圓形、長橢圓形、狹窄，先端漸尖；花之各部為 4 ～ 5
　　　，子房每室 1 胚球⋯⋯⋯⋯⋯⋯⋯(1)福建賽衛矛　　*M. fokienensis*

A 2． 葉卵狀橢圓形、菱狀卵形、寬濶，先端鈍而呈凹狀或銳尖；花之各
　　　部為 5 ，子房每室胚珠 2 ⋯⋯⋯⋯⋯⋯(2)日本賽衛矛　　*M. japonica*

（1）　福建賽衛矛 **Microtropis fokienensis**　Dunn [*M. illicifolia*　(Hay.)
　　　Koidz., *M. matsudai* (Hay.) Koidz.] (Fukien microtropis)　常綠小喬
　　　木，蒴果卵圓形。產中央山脈高地。分佈我國福建、貴州等地
　　　。觀賞。（圖 374 ）

（2）　日本賽衛矛 **Microtropis　japonica**　(Franch.　et　Sav.)　Hall. f.
　　　(*Elaeodendron japonicum* Franch.et Sav.) (Japanese microtropis) 常綠
　　　小喬木，蒴果橢圓形。蘭嶼及墾丁公園。分佈日本及琉球。觀賞。

圖 373　蘭嶼裸實 Maytenus diversifolia
(A. Gray) Hou

圖 374　福建賽衞矛 Microtropis fokienensis Dunn

6. 佩羅特木屬 PERROTTETIA H.B.K.

佩羅特木 **Perrottetia arisanensis** Hay.）（Taiwan perrottetia）　落葉灌木；葉卵狀長橢圓形，尾狀軟銳尖，具細銳鋸齒；漿果狀蒴果具 4 縱溝。產中央山脈海拔 1,200 ～ 2,500 公尺間之潤葉樹林內。柴薪。觀賞。（圖 375）

7. 雷公藤屬 TRIPTERYGIUM Hook. f.

雷公藤 **Tripterygium wilfordii** Hook. f.（Wilford three-wing nut）攀綠灌木；小枝、花序均具銹色毛茸；蒴有膜質之翅 3 枚。產北部基隆之仙洞、石碇皇帝殿及大甲溪上流之大安。分佈我國浙江及日本。莖、根均具強力之殺蟲作用，為過去常用之殺蟲劑原料，浙江栽培尤多。（圖 376）

圖 375　佩羅特木 Perrottetia arisanensis Hay.

圖 376　雷公藤 Tripterygium wilfordii Hook.f.

(74) 省沽油科 STAPHYLEACEAE（Bladdernut Family）

喬木或灌木；葉對生，單葉至三出或奇數羽狀複葉，托葉成對存在；花整齊，成總狀或圓錐花序；花萼、花瓣、雄蕊均爲5，均在杯形花盤之外；雄蕊與花瓣互生；子房上位，由2—3心皮所成，2—3室，每室有胚珠2—3或多數排成2列，軸生，花柱分離或合生；蒴果每作囊形，頂口開裂，漿果亦有之；種子偶有假種皮，胚直，胚乳豐富。全世界6屬22種，分佈於北半球之溫帶地區。台灣產2屬4種，其檢索如下：

屬之檢索

A 1.　葉爲奇數羽狀複葉，小葉5～7，紙質；花盤分裂或具鈍鋸齒；蒴果作囊形脹大，肉質；種子具假種皮⋯⋯⋯⋯⋯⋯⋯⋯⋯⋯⋯⋯⋯⋯⋯⋯⋯⋯⋯⋯⋯⋯⋯⋯⋯⋯⋯⋯1. 野鴉椿屬　　*Euscaphis*

A 2.　葉單一至三出，稀爲奇數羽狀複葉，此時小葉爲5～9，革質；花盤杯狀；漿果，種子不具假種皮 ⋯⋯⋯⋯ 2. 山香圓屬　　*Turpinia*

1. 野鴉椿屬　　**EUSCAPHIS** Sieb. et Zucc.

野鴉椿 **Euscaphis japonica** (Thunb.) Kanitz (*Sambucus japonica* Thunb.) (Japanese euscaphis)　落葉小喬木；蒴果革質，帶紫紅色，內藏漆黑而光滑之種子。產北部台北近郊之陽明山、大屯山、汐止之新山、宜蘭溪底等地之叢林內。分佈我國東南部、中部、日本及韓國。觀賞。(圖377)

圖 **377**　野鴉椿Euscaphis japonica (Thunb.) Kanitz

2．山香圓屬　**TURPINIA** Vent.

A 1． 葉單一・・・・・・・・・・・・・・・・・・・・・・・・・・・・⑴山香圓　*T. formosana*

A 2． 葉單一至三出或奇數羽狀複葉。

　B 1． 葉奇數羽狀複葉，小葉 5～9；果徑約 1.7 公分，果皮肉質・・・・・
・・・・・・・・・・・・・・・・・・・・・・・・・・・・⑵羽葉山香圓　*T. ovalifolia*

　B 2． 葉單一至三出，小葉 1～3；果徑 1～1.2 公分，果皮乾質・・・・・
・・・・・・・・・・・・・・・・・・・・・・・・・・・・⑶三葉山香圓　　*T. ternata*

（1）　山香圓 **Turpinia formosana** Nak.（Formosan turpinia）　常綠小喬
木，葉對生，葉柄先端具粗肥之關節。產全省潤葉樹林之內，
爲構成森林第二層之主要樹木，故極爲普通。薪炭。

（2）　羽葉山香圓 **Turpinia ovalifolia** Elm.（Egg-leaf turpinia）　小喬木
；葉爲奇數羽狀複葉，小葉 5～9，卵形；果肉質，熟變白色
。產蘭嶼。分佈菲律賓。觀賞。

（3）　三葉山香圓 **Turpinia ternata** Nak.（Three-leaf turpinia）常綠小喬

圖 378　三葉山香圓 Turpinia ternata Nak.

木，葉單一至三出。產北部，如陽明之面天山、雙溪至石碇之間、宜蘭石牌至礁溪之間，南部如恆春半島之雙流、牡丹及蘭嶼。分佈日本九州及琉球。木材主用於培養香蕈及木耳。(圖378)

(75) **黃楊科 BUXACEAE** (Boxwood Family)

常綠灌木或喬木，有時爲草本；葉單一，互生或對生，革質；托葉不存；雌雄同株或異株，花小；萼 4 片，花瓣不存；雄蕊 4 或 6，與萼片對生；子房 3 心皮，3 室；胚珠每室 1～2，自中軸頂端懸垂；蒴果爲胞背開裂；種子色黑光滑，具有一種阜 (caruncle)，並具胚乳，種皮 2 層。本科 6 屬，約 60 種，分佈舊熱、亞熱兩帶。台灣可見者 2 屬 3 種，其檢索如下：

屬之檢索

A 1. 葉對生，長 1～4 公分·································1. 黃楊屬　*Buxus*

A 2. 葉互生，長 6～7 公分·····················2. 野扇花屬　*Sarcococca*

1. 黃楊屬 BUXUS Linn.

種之檢索

A 1. 常綠大灌木，樹高 2～3 公尺，樹冠長圓錐形，枝疏生；葉長 2～4 公分，寬 0.8～1.5 公分(1b)台灣黃楊 *B.microphylla* subsp. *intermedia*

A 2. 叢生小灌木，樹高 0.6 公尺，樹冠圓形，枝密生，葉長 1～1.5 公分，寬 0.4～0.5 公分···(1a)小黃楊　*B. microphylla* subsp. *microphylla*

(1a)　小黃楊 **Buxus microphylla** Sieb. et Zucc. subsp. **microphylla** (Small boxwood tree)叢生小灌木，葉小。栽培，全省各地栽植。分佈我國。觀賞。

(1b)　台灣黃楊 **Buxus microphylla** Sieb. et Zucc. subsp. **sinica** (Rehd. et Wils.) Hatus.(*B. intermedia* Kaneh.) (Boxwood tree)　常綠大灌木，葉脈羽狀，蒴熟則從胞背裂成 3 片。產北、中、東部之森林內，台北大屯山山麓、竹東土場等，自山麓至海拔 2,300 公尺之間，每多見之。分佈我國及琉球。材密緻用於彫刻、樂器，亦供觀賞。

(圖 379)

2．野扇花屬 SARCOCOCCA Lindl.

野扇花 Sarcococca saligna（Don）Muell.-Arg.（*Buxus saligna* Don）（Cocca）　灌木，葉脈3出，果為核果狀。產中央山脈。分佈印度、錫蘭、蘇門答臘、菲律賓及我國。觀賞。（圖380）

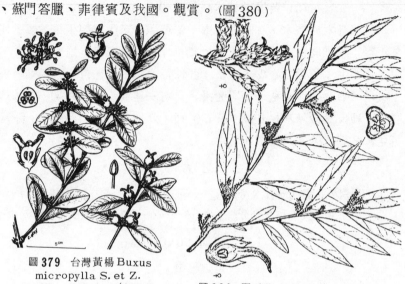

圖379　台灣黃楊 Buxus micropylla S. et Z. subsp. sinica (Rehd. et Wils.)Hatus.

圖380　野扇花 Sarcococca saligna (Don) Muell.-Arg.

(76)茶茱萸科 ICACINACEAE（Icacina Family）

喬木、灌木，時為藤本；葉單一，互生，無托葉；花兩性，整齊，多成圓錐花序；萼片、花瓣、雄蕊均為4～5，分離或合生；花絲有毛，與花瓣互生；花盤時存；子房有心皮3，1室，常具2下垂胚珠；果為核果，偶為翅果；胚小，直或彎，藏於胚乳之中；種皮1枚。本科38屬，約225種，均屬汎熱帶產。台灣所見者三屬三種，其檢索如下：

屬之檢索

A 1. 葉厚革質或革質，柿葉狀，圓至卵形，長7～10公分，先端鈍，葉柄長1～2公分；果大形。

B 1．花序腋生，總狀；萼中裂；花藥、花絲平滑；花柱短…………
…………… ……………………………… 1．瓊欖屬　*Gonocaryum*

B 2．花序頂生，聚繖狀；萼淺裂；花藥、花絲上部均具長毛；花柱缺
如……………………………… 3．呂宋毛蕊木屬　*Stemonurus*

A 2．葉膜質至紙質，酪梨葉狀，橢圓狀卵形至長橢圓狀披針形，長10～
20公分，先端長漸尖，葉柄長 2～5公分；果小形………………
………………………………………… 2．㮊紫花樹屬　*Nothapodytes*

1．瓊欖屬 GONOCARYUM Miq.

柿葉茶茱萸 **Gonocaryum calleryanum**（Baill.）Becc.（*Phlebocalymna calle-ryanum* Baill.）（Luzon gonocaryum）常綠小喬木；葉近於圓形至卵形，全緣，無毛。恆春墾丁公園內有栽培，龜子角（墾丁公園）舊開墾地之林內屢有野生者（面向港口之山坡）。分佈菲律賓呂宋及巴丹諸島（Bataan）。觀賞。（圖381）

2．㮊紫花樹屬 NOTHAPODYTES Blume

青脆枝 **Nothapodytes foetida**（Wight）Sleum.（*Stemonurus foetidus* Wight, *Mappia ovata* Miers）（Green fragile - branched tree）中喬木，葉披

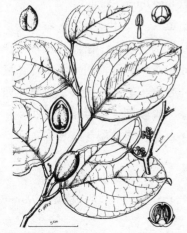

圖381　柿葉茶茱萸Gonocaryum
calleryanum (Baill.) Becc.

圖382　青脆枝Nothapodytes
foetida (Wight) Sleum.

針狀長橢圓形，有毛。產蘭嶼海濱，如紅頭村。分佈印度南部、錫蘭、高棉及琉球。觀賞。（圖382）

3. 呂宋毛蕊木屬 STEMONURUS Blume

呂宋毛蕊木 Stemonurus luzoniensis (Merr.) Howard　　小喬木；葉濶橢圓形，兩端鈍頭，長7～9公分，側脈4～5對，短柄；花聚繖花序，白色；核果橢圓形，長1公分。產蘭嶼永興之岩石上。分佈菲律賓。

28. 鼠李目 RHAMNALES

與前目不同之處，在其雄蕊係與花瓣對生。本目二科，其檢索如下：

科之檢索

A 1. 花爲子房之周位，花冠不早落，雄蕊互相離生；果爲核果或蒴果……
……………………………………………………⑺鼠李科　Rhamnaceae
A 2. 花爲子房之下位；花冠爲早落，與雄蕊筒在基部互相連生；果爲漿
果………………………………………………⑺火筒樹科　Leeaceae

(77) 鼠李科 RHAMNACEAE (Buckthorn Family)

喬木或灌木，稀爲草本或藤本；葉單一，互生或對生，有托葉；花小而整齊，多成腋生之繖房、叢生或聚繖花序，幾均爲兩性；萼4～5裂，鑷合狀；花瓣4～5或缺如；雄蕊4～5，與花瓣對生，花葯2室，縱裂；花盤宿存；子房上位，2～4心皮，2～4室，每室有胚珠1或稀爲2，由基部直立，花柱短裂；果實多型，但屢作核果狀；胚直，胚乳存。全世界約50屬600種，台灣產者八屬，其檢索如下：

屬之檢索

A 1. 總花梗先端極爲粗肥而呈肉質………………… 3. 枳椇屬　*Hovenia*
A 2. 總花梗不變粗肥，即呈普通形態。
　B 1. 果實乾燥，翅果狀，種子1粒。
　　C 1. 灌木，枝具刺；葉脈3出；果具濶圓而作水平狀之翅…………

·· 4．馬甲子屬　*Paliurus*

C 2．蔓性灌木，枝無刺；葉脈羽狀，果先端具線狀長橢圓之翅······
·· 7．翼核木屬　*Ventilago*

B 2．果爲肉質之核果或蒴果，種子 1 ～ 4 粒。

C 1．葉脈 3 出，顯著。

D 1．核果，花柱 2 ·················· 8．棗屬　*Zizyphus*

D 2．蒴果，花柱 3 ·················· 2．濱棗屬　*Colubrina*

C 2．葉脈通常爲羽狀，稀有作不明顯之細 3 出者。

D 1．葉全緣·························· 1．黃鱔藤屬　*Berchemia*

D 2．葉具細鋸齒。

E 1．花幾爲叢生或稀作短聚繖狀；葉紙或膜質，互生或叢生，
葉柄長 1 ～ 2 公分·················· 5．鼠李屬　*Rhamnus*

E 2．花成穗狀花序或圓錐花序；葉革或紙質，互生或稍對生，
葉柄長在 1 公分以下············ 6．雀梅藤屬　*Sageretia*

1．黃鱔藤屬 BERCHEMIA Neck

種之檢索

A 1．小枝平滑；葉卵或濶卵形，長 2.5 ～ 4 公分，側脈 6 ～ 7 對，葉柄
長 0.9 ～ 1.2 公分；花柱粗短········⑴台灣黃鱔藤　*B. formosana*

A 2．小枝被毛；葉倒卵形或橢圓形，長 0.8 ～ 1.2 公分，側脈 4 ～ 5 對
，葉柄幾無至長僅 0.3 公分；花柱細長······························
·····································⑵小葉黃鱔藤　*B. lineata*

（1）　台灣黃鱔藤 **Berchemia formosana** Schneid (*B. racemosa* sensu Mats.et
Hay., non Sieb. etZucc.) (Formosan supple jack)半攀緣灌木；葉基呈
淺心形，先端無微尖。產全省山麓至海濱，例如淡水。分佈我
國南部、日本及琉球。觀賞。

（2）　小葉黃鱔藤 **Berchemia lineata** (Linn). D C. (*Rhamnus lineata* Linn.) (
Supple jack)常綠蔓性灌木;葉基鈍或楔，先端具微尖。產全省山

麓及海濱叢林。分佈我國南部、印度及琉球。果爲染料（藍紫色）。（圖383）

2. 濱棗屬 COLUBRINA Rich.

亞洲濱棗 Colubrina asiatica（Linn.）Brongn.（*Ceanothus asiaticus* Linn.）（Asiatic colubrina） 蔓性灌木；葉濶卵形，兩端均圓，脈 3 出。產枋寮、恆春及蘭嶼沿海之叢林內。分佈我國南部、非洲、印度、馬來、澳洲、波里尼西亞、菲律賓及太平洋諸島。觀賞。（圖384）

圖383 小葉黃鱔藤 Berchemia lineata (Linn.) DC.

圖384 亞洲濱棗 Colubrina asiatica (Linn.) Brongn.

圖 385　枳椇　Hovenia dulcis Thunb.

3. 枳椇屬　HOVENIA Thunb.

枳椇（柺棗）**Hovenia dulcis** Thunb.（Raisin tree）　落葉喬木；葉
濶卵形，先端突銳尖，基部淺心形；小花軸在花后增大，變爲肉質。
栽培於台灣大學實驗林溪頭營林區。分佈我國喜馬拉雅及日本。小花
軸肥厚多肉，俗稱柺棗，味甜可食，亦植爲庭園樹。（圖 385）

4. 馬甲子屬　PALIURUS Mill.

馬甲子　**Paliurus ramosissimus**（Lour.）Poir.（*Aubletia ramosissimus* Lour.）
（Thorny wingnut）　落葉灌木，莖、枝均具銳刺；葉脈 3 出。產全省
平野及海濱；淡水、台北大直及豐原潭子一帶，每多見之。分佈我國
中部、日本及韓國。全株多銳棘，每植爲籬垣，有防盜之效；亦供藥
用。（圖 386）

圖 **386** 馬甲子 Paliurus ramosissimus (Lour.) Poir.

5．鼠李屬 RHAMNUS Linn.

種之檢索

A 1．枝無刺，葉互生（在老枝者），長 6 ～ 12公分，寬 2.5 ～ 5 公分，
　　側脈 6 ～ 9 對。

　B 1．葉紙質，花成聚繖花序‧‧‧‧‧‧‧‧‧‧‧⑴銳葉鼠李　　*R. acuminatifolia*

　B 2．葉厚紙質，花叢生。

　　C 1．葉一大一小，互爲排列，花各部之數爲 5 ‧‧‧‧‧‧‧‧‧‧‧‧‧‧‧‧‧‧‧
　　　　‧‧‧‧‧‧‧‧‧‧‧‧‧‧‧‧‧‧‧‧‧‧‧‧‧‧‧‧‧‧‧‧‧‧‧‧‧⑵桶鈎藤　　*R. formosana*

　　C 2．葉等大，同等排列；花各部之數爲 4 ‧‧‧‧‧‧‧‧‧‧‧‧‧‧‧‧‧‧‧‧‧‧
　　　　‧‧‧‧‧‧‧‧‧‧‧‧‧‧‧‧‧‧‧‧‧‧‧‧‧‧‧‧‧⑸中原氏鼠李　　*R. nakaharai*

A 2．枝先端成針刺；葉叢生（在老枝者），長 2 ～ 5 公分，寬 0.7 ～ 2
　　公分，側脈 3 ～ 6 對。

B 1.　小枝疏被毛；葉倒卵狀橢圓形或濶倒卵形，寬 1 ～ 2 公分………
………………………………………⑷琉球鼠李　*R. liukiuensis*

B 2.　小枝平滑；葉倒卵狀披針形或倒卵形，寬 0.7 ～ 1.3 公分………
………………………………………⑶變葉鼠李　*R. kanagusuki*

（1）　銳葉鼠李 **Rhamnus acuminatifolia** Hay.（Narrow-leaf buckthorn）
灌木，葉柄、花序均被毛。產中央山脈高地之潤葉樹林，羅東
大元山青草湖。每多見之。觀賞。

（2）　桶鈎藤 **Rhamnus formosana**
Matsum.（Formosan buckthorn
）　常綠蔓性灌木，葉柄、
花序均平滑。產全省山麓至
中海拔之潤葉樹林中。材質
堅靭，適製桶之提手、藤椅
之靠臂等。（圖 387）

（3）　變葉鼠李 **Rhamnus kanagu-
suki** Mak.（*R. oiwakensis* Hay.）
（Variable buckthorn）　落葉灌
木，枝頂成棘刺。產中央山
脈中、南部之潤葉樹林上部，
宜蘭思源南湖大山及東部亦
有之。分佈琉球。柴薪。

圖 387　桶鈎藤Rhamnus
formosana Matsum.

（4）　琉球鼠李 **Rhamnus liukiuensis**（Wils.）Koidz.（*R. davuricus* Pall. var.
liukiuensis Wils.）　（Liuchu buckthorn）　落葉灌木，枝具直棘刺
，葉呈濶倒卵形。產中部、中、高海拔之森林內。分佈琉球。
柴薪。

（5）　中原氏鼠李 **Rhamnus nakaharai** Hay.（Nakahara buckthorn）　落
葉灌木，全株平滑；葉卵狀長橢圓形。產北、南部之潤葉樹林
內，尤多見於陽明山之面天山。觀賞。

6. 雀梅藤屬 SAGERETIA Brongn.

種之檢索

A 1. 葉長10公分，寬 5 公分左右，葉柄長 1 ～ 1.2 公分；花序成圓錐形
，長10～15公分··(1)巒大雀梅藤 *S. randaiensis*

A 2. 葉長 1 ～ 4.5公分，寬 0.6 ～ 2 公分，葉柄長 0.2 ～ 0.4 公分；花
序成穗狀，長 1 ～ 4 公分。

　B 1. 短枝無刺；葉長 1 公分，寬 0.6 公分，橢圓形或倒卵形···········
···(2)台灣雀梅藤　*S. taiwaniana*

　B 2. 短枝屢成刺；葉長 2 ～ 4.5公分，寬 1 ～ 2 公分，濶卵形或橢圓
形···(3)雀梅藤　*S. thea*

（1）　巒大雀梅藤 **Sageretia randaiensis** Hay.（Luanta sageretia）蔓性灌
　　　木；葉大，有脈 7 ～ 9 對。產山麓至高海拔之處，烏來、台北
　　　姆指山、新竹山區、巒大山及台中大坑等地屢多見之。觀賞。
　　　（圖388）

圖388　巒大雀梅藤 Sageretia
　　　　randaiensis Hay.

圖389　翼核木 Ventilago elega~s
　　　　Hemsl.

（2）　台灣雀梅藤 **Sageretia taiwaniana** Hosok. ex Masam.（Taiwan sageretia）

常綠灌木，葉小，脈5～6對。產花蓮太魯閣及台東等地區。
觀賞。

（3） 雀梅藤 Sageretia thea（ Osbeck.）M. C. Johnst. [*Rhamnus thea* Osbeck.,
S. theezans（ Linn.）Brongn., *S. hayatae* Kaneh.]（ Hedge sageretia ） 半
落葉蔓性灌木，葉小。產全省山麓及海濱叢林內，墾丁向陽之
地多有之。分佈我國、印度、菲律賓、日本及琉球。柴薪、藥
用。

7．翼核木屬 VENTILAGO Gaertn.

種之檢索

A 1． 葉橢圓形，先端鈍或銳，長2～3公分，寬1～1.5公分，具顯明
之鋸齒⋯⋯⋯⋯⋯⋯⋯⋯⋯⋯⋯⋯⋯(1)翼核木 *V. elegans*
A 2． 葉長卵形，先端尾狀漸尖，長5～6公分，寬2.5公分，近於全緣
，或具不顯明之細鈍鋸齒⋯⋯⋯⋯⋯⋯(2)光果翼核木 *V. leiocarpa*

（1） 翼核木 Ventilago elegans Hemsl.（ Elegant ventilago ） 蔓性灌木；
葉橢圓形，先端鈍或銳；果具長翅，產恆春地區，墾丁公園尤
多。觀賞。（圖389）

（2） 光果翼核木 Ventilago leiocarpa Benth.（ Smooth-fruit ventilago ）
蔓性灌木；葉長卵形，先端長尾狀銳尖。產全省平地以至中海
拔之叢林或後生林內。分佈我國東南各省。觀賞。

8．棗屬 ZIZYPHUS Mill.

種之檢索

A 1． 小枝、花序及葉背被白銹絨毛，核果橙黃色⋯⋯⋯⋯⋯⋯⋯⋯⋯
⋯⋯⋯⋯⋯⋯⋯⋯⋯⋯⋯⋯⋯(1)印度棗 *Z. jujuba*
A 2． 小枝、花序及葉背平滑，核果暗紅或褐色⋯⋯⋯⋯(2)棗樹 *Z. sativa*

（1） 印度棗 Zizyphus jujuba（ Linn.）Lam.（ *Rhamnus jujuba* Linn., *Z. mauri-
tiana* Lam. ）（ Indian jujube ） 小喬木，葉大卵形，裏面與花均被

黃褐絨毛。栽培於全省平地各處。分佈熱帶亞洲及我國雲南。
果樹。

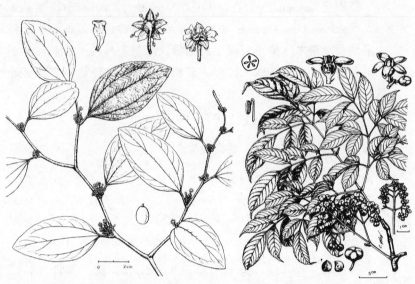

圖390 棗樹 Zizyphus sativa Gaertn.　　圖391 火筒樹 Leea guineensis G. Don

（2）　棗樹 **Zizyphus sativa** Gaertn. (*Z. jujuba* sensu Mill., non Lam.) (Common jujube)　灌木，葉小，葉背無毛而平滑。栽培於員林百果山。分佈歐洲南部及亞洲東部。果樹。(圖390)

(78) 火筒樹科　LEEACEAE (Leea Family)

灌木或小喬木；葉有柄，互生，形大，1～4回羽狀複葉，羽片及小葉均具柄；葉柄基部擴展而成鞘狀；聚繖花序作繖房狀排列；萼5～4裂；花瓣與萼裂片同數，基部合生而與雄蕊筒連生；子房3～6室，每室1胚珠，果爲漿果，有時質乾。本科1屬，台灣產者2種。

1. 火筒樹屬　LEEA Linn.

種之檢索

A 1. 葉 2 ～ 4 回羽狀複葉，長 1 公尺左右………⑴火筒樹　*L. guineensis*

A 2. 葉 1 回羽狀複葉，長 0.2 ～ 0.5 公尺左右………………………
　　…………………………………⑵菲律賓火筒樹　*L. philippinensis*

（1）　火筒樹 Leea guineensis G. Don（ *L. manillensis* Walp. ）另名蓄婆怨(Ma-
nila leea) 蔓性大灌木，多爲三回羽狀複葉，羽片、小羽片均對生
。產恆春、蘭嶼及綠島沿海之森林內，墾丁公園尤多，另新竹五
指山亦有之。分佈菲律賓及加羅林群島（ Caroline Islands ）。觀賞。
（圖391）

（2）　菲律賓火筒樹 Leea philippinensis　Merr.（ Philippine　leea ）　小喬
木，一回羽狀複葉，小葉5～13，平滑。產蘭嶼及綠島。分
佈菲律賓。觀賞及藥用。

29. 錦葵目 MALVALES

　　葉多有托葉，花整齊，萼片與花瓣均5，雄蕊多數，均合生 成束
；心皮2～多數，合生而具中軸胎座；種子有胚乳，胚每彎曲，種皮
2層。本目五科，其檢索如下：

科之檢索

A 1. 樹皮中無黏液細胞，花瓣先端屢作剪裂狀…………………………
　　………………………………………⒂膽八樹科　Elaeocarpaceae

A 2. 樹皮中有黏液細胞，花瓣與上述者不同。

　B 1. 萼片離生，花兩性。

　　C 1. 雄蕊多數，花絲離生或基部合生而成數束，花藥2室………
　　　……………………………………………⒃田麻科　Tiliaceae

　　C 2. 雄蕊多數，花絲合生成管筒，花藥1室。

　　　D 1. 心皮 5 ～多數，花粉表面粗糙…………⒄錦葵科　Malvaceae

　　　D 2. 心皮 2 ～ 5，花粉表面平滑…………⒅木棉科　Bombacaceae

　B 2. 萼片合生，花單性或兩性，花絲合生成管筒…………………
　　………………………………………………⒆梧桐科　Sterculiaceae

（79）杜英科 ELAEOCARPACEAE（ Elaeocarpus Family ）

喬木或灌木，全體無黏液細胞；葉單一，多互生，有或無托葉；花兩性，整齊，成總狀、圓錐狀或二出聚繖花序，腋生；萼片 4～5，鑷合狀，分離或合生；花瓣 4～5，分離，先端有毛或作剪裂狀，稀缺如；雄蕊多數，分離，花藥 2 室，孔裂或縱裂；子房上位，2～多數，每室具胚珠 2～多數，下垂；核果或蒴果；種子具直胚與胚乳。全球 8 屬 125 種，分佈於熱帶及暖溫地區。台灣有 2 屬 6 種，其檢索如下：

屬之檢索

A 1. 葉膜狀紙質，脈三出，基部歪形，葉柄頗短；花單一或成雙，花瓣波狀全緣，無花柱；漿果紅色⋯⋯⋯ 2. 西印度櫻桃屬 *Muntingia*

A 2. 葉革質或厚紙質，脈羽狀，基部對稱，葉柄特長；花成總狀或繖房花序，稀單一，花柱長；核果或蒴果。

B 1. 葉脫落前（冬季）呈紅色；萼片及花瓣各 5，花瓣上半部作重櫛狀分裂（剪裂），稀為全緣或作齒牙狀；總狀花序；核果平滑⋯⋯⋯⋯⋯⋯⋯⋯⋯⋯⋯⋯⋯⋯ 1. 杜英屬 *Elaeocarpus*

B 2. 葉脫落前（冬季）呈黃色；萼片及花瓣各 4，花瓣上半部作帶狀分裂；繖房花序；蒴果木質，密被褐毛⋯⋯ 3. 猴歡喜 *Sloanea*

1. 杜英屬 ELAEOCARPUS Linn.

A 1. 花瓣全緣或具 3～4 齒狀鋸齒。

B 1. 葉寬 2～3 公分，長與寬之比為 3～3.3：1，第一側脈 5～6 對；花瓣全緣，先端截形，屢具淺齒狀鋸齒，倒卵形，雄蕊 8 左右，花藥等長，花柱短於雄蕊；核果 0.7～0.9 公分，寬 0.5 公分⋯⋯⋯⋯⋯⋯⋯⋯⋯⋯(2) 薯豆　*E. japonicus*

B 2. 葉寬 4～5.5 公分，長與寬之比為 2.2～2.3：1，第 1 側脈 7～8 對；花瓣具 3～5 齒狀鋸齒，橢圓形，雄蕊 20 左右，花藥一長一短，長者先端呈芒狀，花柱與雄蕊同長或稍長；核果 1.5 公分，寬 0.8 公分⋯⋯⋯⋯⋯⋯(3) 繁花杜英　*E. multiflorus*

A 2.　花瓣作重絲狀細裂。

　B 1.　核果長 4 公分，徑 2 公分，果可食⋯⋯⋯⑷錫蘭橄欖　*E. serrata*

　B 2.　核果長 0.7 ～ 2 公分，徑 0.9 ～ 1.5 公分，果不可食。

　　C 1.　葉背側脈腋處具腺體，長 6.5 ～ 7.5 公分，寬 3 公分；子房 2
　　　　室 ⋯⋯⋯⋯⋯⋯⋯⋯⋯⋯⋯⋯⑴腺葉杜英　*E. argenteus*

　　C 2.　葉背側脈腋處不具腺體，長 7 ～ 15 公分，寬 3 ～ 6 公分；子房
　　　　3 ～ 5 室。

　　　D 1.　花瓣橢圓形，花藥一長一短，長者先端具 2 ～ 3 芒毛，核果
　　　　　倒卵狀球形，種子表面之瘤狀突起顯明⋯⋯⋯⋯⋯⋯⋯⋯
　　　　　⋯⋯⋯⋯⋯⋯⋯⋯⋯⑸倒卵果杜英　*E. sphaericus* var. *hayatae*

　　　D 2.　花瓣倒三角形，花藥同長；核果橢圓形，種子表面之瘤狀突
　　　　　起不顯明 ⋯⋯⋯⋯⋯⋯⋯⋯⋯⋯⑹杜英　*E. sylvestris*

（1）　腺葉杜英 **Elaeocarpus argenteus** Merr.（*E. japonicus* sensu Ito,
　　　non Sieb. et Zucc.）（Gland-bearing leaf elaeocarp）　小喬木；花瓣剪
　　　裂狀；果小。產蘭嶼及綠島。分佈菲律賓。觀賞。

（2）　薯豆 **Elaeocarpus japonicus** Sieb. et Zucc.（*E. kobanmochi* Koidz.）
　　　（Japanese elaeocarp）　另名石斗。常綠中喬木，花瓣全緣，果
　　　大小與前種相若。產全省之濶葉樹林內，烏來、溪頭、日月潭
　　　等地尤多見之。分佈我國中、南部、日本南部及琉球。材製傢
　　　俱、槍桿。

（3）　繁花杜英 **Elaeocarpus multiflorus**（Turcz.）F. - Vill.（Many‒flower
　　　elaeocarp）　常綠喬木，葉柄先端肥大，花瓣具 3 ～ 4 齒。產蘭
　　　嶼。分佈菲律賓、琉球及西里伯島。

（4）　錫蘭橄欖 **Elaeocarpus serratus** Linn.（Ceylon olive）　常綠喬木，
　　　果大，徑約 2 公分。栽培於全省平地，尤推中、南部為多。錫
　　　蘭原產。果樹，除作橄欖代用品之外，用製果醬，每植之為庭園
　　　樹及行道樹。

（5）　倒卵果杜英　**Elaeocarpus sphaericus**（Gaertn.）Schum. var. **hayatae**（

Kaneh. et Sasaki）Chang（ *E. hayatae* Kaneh. et Sasaki）　（Hayata's elaeocarp）．常綠喬木，葉柄先端不肥大，果小，徑不超過１公分。產蘭嶼。觀賞。（圖392）

（6）　杜英 **Elaeocarpus sylvestris**（Lour.）Poir. [*Adenodus sylvestris* Lour., *E. decipiens* Hemsl., *E. ellipticus*（Thunb.）Mak.]（Common elaeocarp）
常綠喬木；花瓣先端具多裂片；果小徑約１公分。產全省低、中海拔地區。分佈我國、日本、韓國、琉球以至印度。材製器具，培養平菇及栽培供觀賞。（圖393）

2．西印度櫻桃屬 **MUNTINGIA** Linn.

西印度櫻桃 **Muntingia calabura** Linn.（West Indian cherry）　常綠中喬木；葉長卵形，具鋸齒，乾葉與台紙接觸之處，每變黃色而滲印於台紙上，基部歪形；果色紅。栽培於南部、嘉義、新營、台南、高雄及屏東等地。熱帶美洲原產。庭園及行道樹。

圖392　杜英 Elaeocarpus sphaericus(Gaertn.) Schum var. hayatae (Kaneh.et Sasaki) Chang

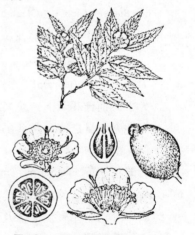

圖393　西印度櫻桃Muntingia calabura Linn.

3．猴歡喜屬 **SLOANEA** Linn.

猴歡喜 **Sloanea dasycarpa**（Benth.）Hemsl.（ *Echinocarpus dasycarpus* Benth.

)（Thick-Fruit sloanea） 常綠大喬木；花成繖房狀聚繖花序，萼深 4 裂
；蒴作 4 片開裂。產全省低、中海拔之潤葉樹林內。分佈我國及印度
東部。材供建築、製箱櫃及薪炭。（圖394）

(80) 田麻科 TILIACEAE（Linden Family）

喬木、灌木或草本，皮層與髓中具黏液細胞，外被星毛；葉單一
，互生，全緣或具鋸齒或缺刻，有托葉；花單一，成聚繖、圓錐、或
繖形花序，腋生或頂生；花兩性，整齊；萼片 4～5，鑷合狀，多離
生；花瓣 4～5，覆瓦狀，偶似萼片，分離，基部有腺體；雄蕊 10 或
更多，或部分退化，分離或基部合生而成束，花藥 2 室，孔開或縱裂
；雌蕊由 2～5 心皮合成，子房上位，2 室以上，每室具胚珠 2 以上
，中軸胎座，胚珠倒生，花柱單一，柱頭單一或 2～4 裂；果爲漿果
、核果或蒴果，平滑、有刺、或具翅；種子具直胚與胚乳。全世界有
41 屬，約 400種，分佈於溫帶或熱帶地區。本科之成木本者，在台
灣有 2 屬5種。

屬之檢索

A 1. 蒴果具 6 翅，花成圓錐花序⋯⋯⋯⋯⋯⋯⋯1. 六翅木屬　*Berrya*
A 2. 核果平滑或被絨毛，花叢生或成繖形花序 ⋯2. 捕魚木屬　*Grewia*

1. 六翅木 BERRYA Roxb.

六翅木 **Berrya ammonilla** Roxb.（Berrya）　大喬木；葉卵形，基
部心狀，脈 5～7，掌狀；托葉刀形。產屏東大翻。分佈印度南部、
錫蘭及菲律賓。觀賞。（圖395）

2. 捕魚木屬 GREWIA Linn.

種之檢索

A 1. 葉長 6～12公分，寬 4～7公分，大形，基歪；果實單一，被毛⋯
⋯⋯⋯⋯⋯⋯⋯⋯⋯⋯⋯⋯⋯⋯⋯⋯(2)大葉捕魚木　*G. eriocarpa*

A 2.　葉長 0.6～6公分，寬 0.4～4公分，中、小形，基對稱或稍歪；
　　　果作 2～4 淺裂，平滑。

　B 1.　葉小形，長 0.6～1.2公分，寬 0.4～0.9公分，葉柄長 0.1～
　　　　0.15公分 ····································(3)小葉捕魚木　　*G. piscatorum*

　B 2.　葉中形，長 2～6公分，寬 1～4公分，葉柄長 0.4～0.6公分。

　　C 1.　花柱突出於雄蕊之外，柱頭 2 裂，展開······················
　　　　　·····································(1)厚葉捕魚木　　*G. biloba*

　　C 2.　花柱隱藏於雄蕊之內，柱頭 4～5 裂，直立·················
　　　　　·····································(4)菱葉捕魚木　　*G. rhombifolia*

圖 **394**　猴歡喜 Sloanea dasycarpa
　　　　(Benth.) Hemsl.

圖 **395**　六翅木 Berrya ammonilla
　　　　Roxb.

（1）　原葉捕魚木　**Grewia biloba** Wall.（Two-lobed stigma grewia）　灌木
　　　；葉脈 3 出，繖形花序單立，柱頭丁字形（側面觀察）。產全
　　　省低海拔之向陽丘陵。分佈熱帶亞洲。柴材。

（2）　大葉捕魚木　**Grewia eriocarpa** Juss.（*G. boehmerifolia* Kaneh. et Sasaki

)（Large-leaf grewia） 中喬木；葉脈 4～5，繖形花序叢生。
產全省低海拔之向陽丘陵。分佈熱帶亞洲。柴材。

（3） 小葉捕魚木 **Grewia piscatorum** Hance（Small-leaf grewia） 大灌
木，葉脈 3 出，繖形花序單立。產海濱及山麓。分佈我國南部
。柴材。

（4） 菱葉捕魚木**Grewia rhombifo-**
lia Kaneh. et Sasaki（Rhombic-
leaf grewia） 常綠小喬木；
葉菱形，脈 3 出；花序單立
，柱頭不爲丁字形。產全省
低海拔之向陽丘陵。柴材。
（圖 396）

（81） 錦葵科 MALVACEAE
（Mallow Family）

多爲灌木或草本，少爲喬木，樹
皮具黏液細胞，且多具纖維；葉互
生，全緣或作各種分裂，脈掌狀，
具星毛；托葉存在；花大，整齊，

圖 **396** 菱葉捕魚木Grewia
rhombifolia Kaneh.
et Sasak.

兩性，副萼（epicalyx）常存；萼片 3～5，分離或基部稍合生，鑷合
狀；花瓣 5 片，囘旋狀或覆瓦狀，基部與雄蕊筒連生；雄蕊多數，合
生成單體雄蕊筒，上端成垂直分離，花藥 1 室，腎形，縱裂，花粉粒
大，有刺；子房上位，2～5室，稀有 1 室者，每室具倒生胚珠 1～
數粒。花柱上端分岐而成 5 或 10 裂之柱頭，稀有呈棍棒形者；果爲
胞背開裂之蒴果，偶有漿果或翅果者；種子二種皮，每有柔毛或棉毛
，胚直或彎曲，胚乳油質。全世界 50 屬 1,000 餘種，分佈於溫帶及
熱帶地區。本科之成木本者；有下列 6 屬，其檢索如下：

屬之檢索

A 1．花瓣閉捲而不展開…………………………… 4．南美朱槿屬　*Malvaviscus*

A 2．花瓣展開。

　B 1．果具鈎刺……………………………………… 6．芖天花屬　*Urena*

　B 2．果無刺。

　　C 1．心皮分離 …………………………………1．風鈴花屬　*Abutilon*

　　C 2．心皮合生。

　　　D 1．花柱單一。

　　　　E 1．苞片狹小，披針形；果不裂開 ……5．繖楊屬　*Thespesia*

　　　　E 2．苞片頗大，心形；果裂開 …………2．棉屬　*Gossypium*

　　　D 2．花柱5裂 …………………………………3．黃槿屬　*Hibiscus*

1．風鈴花屬 ABUTILON Mill.

種之檢索

A 1．草質灌木；葉卵圓形；花直立，花瓣黃色……⑴冬葵子　*A. indicum*

A 2．常綠灌木；葉掌狀5裂；花下垂，花瓣橙黃色，具暗紅細線條……
　　………………………………………………………⑵風鈴花　*A. striatum*

（1）　冬葵子 **Abutilon indicum**（ Linn.) Sweet（ Indian flowering maple）
　　草質灌木，心皮與花柱分岐， 15〜22枚，雄蕊筒有毛。產全
　　省廢耕地或路旁。分佈熱帶或亞熱帶地區。觀賞。(圖397）

（2）　風鈴花 **Abutilon striatum** Dicks.（ Flowering maple）　　常綠灌木，
　　心皮與花柱分岐，約9枚。栽培。阿里山奮起湖、十字路，其
　　他高山多有栽植，台北亦有之。原產危地馬拉。分佈熱帶各地
　　。觀賞。

2．棉屬 GOSSYPIUM Linn.

　　棉花 **Gossypium arboreum** Linn.（ Cotton）　　灌木，副萼三片，大而
作葉狀。栽培於平地。我國、日本、印度、阿拉伯、馬達加斯加、埃
及及安卡拉等地均普遍種植。種子具豐富之纖維（ 棉紗原料）用以紡
紗織布。(圖398）

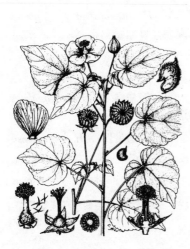

圖 **397**　冬葵子 Abutilon indicum (Linn.) Sweet.

圖 **398**　棉花 Gossypium arboreum Linn.

3.　黃槿屬　**HIBISCUS** Linn.

種之檢索

A 1.　葉心形、全緣或具細鋸齒，無裂片。

　B 1.　葉長 5～7 公分，寬 6～9 公分，脈掌狀，5 出；雄蕊約 15 左右 ……………………………………………⑴小笠原黃槿　　*H. boninensis*

　B 2.　葉長 8～14 公分，寬 9～19 公分，脈掌狀，7～9；雄蕊約 30 左右 ………………………………………………⑻黃槿　　*H. tiliaceus*

A 2.　葉呈五角狀淺裂之心形，3～5 深裂之槭葉形、卵形或菱形。

　B 1.　莖綠色。

　　C 1.　葉呈五角狀淺裂之心形。

D 1. 葉具粗鋸齒，裂片顯明；花重瓣⋯⋯⋯⋯⋯⋯⋯⋯⋯⋯⋯⋯
⋯⋯⋯⋯⋯⋯⋯⋯⋯(2)重瓣芙蓉　*H. mutabilis* var. *roseo-plenus*

D 2. 葉全緣或具細鋸齒，裂片不顯明；花單瓣⋯⋯⋯⋯⋯⋯⋯⋯
⋯⋯⋯⋯⋯⋯⋯⋯⋯⋯⋯⋯⋯⋯⋯(7)山芙蓉　*H. taiwanensis*

C 2. 葉卵形、菱形、具粗鋸齒。

D 1. 花下垂，花瓣作細深裂狀⋯⋯⋯(5)裂瓣朱槿　*H. schizopetalus*

D 2. 花側向，斜昇，花瓣全緣或呈波狀。

E 1. 葉卵形；蒴果潤卵形，平滑⋯⋯⋯⋯(3)朱槿　*H. rosa-sinensis*

E 2. 葉菱形；蒴果長橢圓形，被金黃星毛⋯⋯⋯⋯⋯⋯⋯⋯
⋯⋯⋯⋯⋯⋯⋯⋯⋯⋯⋯⋯⋯⋯⋯(6)木槿　*H. syriacus*

B 2. 莖紅紫色；葉呈 3～5 深裂之槭葉形，具細鋸齒⋯⋯⋯⋯⋯⋯
⋯⋯⋯⋯⋯⋯⋯⋯⋯⋯⋯⋯⋯⋯⋯(4)洛神葵　*H. sabdariffa*

（1）　小笠原黃槿 **Hibiscus boninensis** Nak. (Bonin hibiscus)　小喬木，葉心形，脈 5 條，花黃色。栽培於台灣大學傅園。原產小笠原 (Bonin islands)。觀賞。

（2）　重瓣芙蓉 **Hibiscus mutabilis** Linn. var. **roseo-plenus** Mak. (Double-flowered cotton rose)　落葉大灌木，花冠重瓣，花開之後，漸由淡紅而變爲深紅紫色，通稱爲醉芙蓉。栽培於全省平地。分佈我國、日本。觀賞、纖維及藥用。

（3）　朱槿 **Hibiscus rosa-sinensis** Linn. (Rose mallow)　另稱佛桑花。小灌木；葉呈卵形，品種在台灣有 10 餘種；花有紅、黃、白或桃色等。栽培於全省平地。我國南部原產。觀賞及藥用。重瓣朱槿　**H. rosa-sinensis** Linn. var. **rubroplenus** Sweet　爲花瓣之有重瓣而色紅者。錦朱槿　**H. rosa-sinensis** Linn. var **cooperi** Nich.　花瓣色鮮紅，中部以下之脈帶白色，底部則爲紅色。

（4）　洛神葵 **Hibiscus sabdariffa** Linn.(Roselle, Jamaica sorrel)　大灌木，莖紅紫色。栽培於全省平地，如台中東海大學、嘉義農業試驗所及台東知本等地。分佈舊熱帶地區。萼及小苞可製果漿與

果汁，樹皮富纖維，全體另供藥用。（圖 399 ）

圖 **399** 洛神葵 Hibiscus sabdariffa Linn.

（5） 裂瓣朱槿 **Hibiscus schizopetalus**（ Mast.）Hook. f.（ *H. rosa-sinensis* Linn. var. *schizopetalus* Mast.）（ Fringed hibiscus ）常綠大灌木；花下垂，狀如弔鐘，花瓣細裂。栽培於全省平地及山麓。熱帶非洲原產，已普遍栽植於熱帶地區，夏威夷且以此爲州花。觀賞。

（6） 木槿 **Hibiscus syriacus** Linn.（ Rose of sharon ） 落葉大灌木；葉基楔狀，副萼與花梗密被星狀毛茸。栽培於全省各地；野生者見於澳底內陸地區。本種之品種頗多。小亞洲原產。觀賞之外，每植爲生籬，亦供藥用。

變種有如下各種：

桃紫重瓣木槿 var. **amplissimus** 花瓣爲重瓣，桃紫色。

桃重瓣木槿　var. anemonaeflorus　花瓣爲重瓣，桃色。

玫瑰重瓣木槿　var. ardens　花瓣爲重瓣，玫瑰紫色。

紫靑木槿　var. coelestris　花瓣爲紫靑色。

桃紅重瓣木槿　var. paeoniflorus　花瓣爲重瓣，桃色而帶紅暈。

桃白重瓣木槿　var. pulcherrimus　花瓣爲重瓣，桃而混合白色。

紫半重瓣木槿　var. purpureus　花瓣爲半重瓣，紫色。

白木槿　var. totus-albus　花瓣爲單瓣，純白色。

白斑葉木槿　var. variegatus　葉具斑點；花瓣重瓣，呈紫色。

白重瓣木槿　var. alba-pleno Hort.　花瓣爲重瓣，色白。

（7）　山芙蓉　Hibiscus taiwanensis S.Y. Hu　（Taiwan cotton rose）　落葉
小喬木，副萼及花梗均具長剛毛。產全省平地、山麓以至海拔
1,300　公尺之濶葉樹林內，蘭嶼亦有之。材製木屐、皮採纖
維，亦栽爲觀賞。

（8）　黃槿　Hibiscus tiliaceus Linn.（Linden hibiscus）　常綠大喬木；葉
卵圓狀心形；花黃色，冠基暗紅色。產全省海濱或村舍周圍，
屢沿河岸生長而擴及山麓，極爲普遍。分佈熱帶及亞熱帶海濱
。材製器具、薪炭、纖維，亦植爲防風定砂。

4．南美朱槿屬　MALVAVISCUS Dill.

南美朱槿 Malvaviscus arboreus Cav.（South American wax mallow）傾斜
灌木；葉卵狀橢圓形，基部淺心狀；花單立，色紅而不開展。栽培於
全省平地。西印度牙買加，原產熱帶各地均有栽培。觀賞。（圖400）

5．繖楊屬　THESPESIA Corr.

繖楊 Thespesia populnea　（Linn.）Sol. ex Corr.（*Hibiscus populneus* Linn.）
（Portia tree，常綠中喬木，枝具毛並盾鱗；葉濶卵狀心形；花初黃色
，後漸變爲淡紫紅色，萼具不齊齒牙；蒴果。產恆春半島墾丁船帆石
之海濱，量稀少。分佈汎熱帶海濱。器具。（圖401）

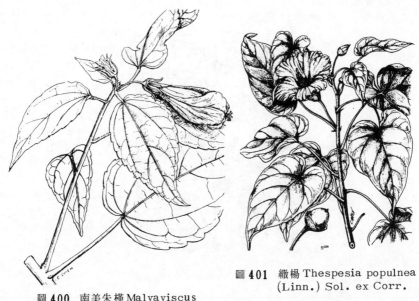

圖 **400**　南美朱槿 Malvaviscus
　　　　arboreus Cav.

圖 **401**　繖楊 Thespesia populnea
　　　　(Linn.) Sol. ex Corr.

6. 芀天花屬　URENA Linn.

芀天花 Urena lobata Linn. (Cadilio)小灌木，全株被星狀絨毛；分果具鈎刺。產全省平地及山麓，甚爲普遍。分佈汎熱帶。野生植物纖維原料（樹皮）；第二次大戰期間，日本人曾將其作纖維原料，加以種植。(圖402)

(82) 木棉科　BOMBACACEAE (Bombax Family)

落葉或常綠喬木，體內具黏液細胞；葉單一或成掌狀複葉，互生，屢被星毛或盾鱗，托葉早落；花每先葉而開，兩性，形大而顯明；萼截形或五裂，鑷合狀；花瓣5或缺如；雄蕊5至多數，分離或合生而成單體，花藥腎形至線形，1室，花粉平滑；子房上位，2～5室，每室具2或更多胚珠，花柱單一，柱頭頭狀或瓣裂；蒴果胞背裂開或否有時作漿果狀；種子平滑，屢埋沒於自內果皮發出，如棉花狀之纖維內；胚乳少或不存。全世界20 屬，150種，分佈熱帶地區。本科台灣可見者6屬。

圖 **402**　芫天花 Urena lobata Linn.

屬之檢索

A 1.　葉單一。

　B 1.　葉緣有裂片或作角狀；花絲合生而成單體，花藥則多數集中而成塊狀；蒴果長 2.5 ～ 3 公分……………… 5. 輕木屬　*Ochroma*

　B 2.　葉全緣；花絲基部合生成束，上端分離，花藥分散；蒴果長 15 ～ 25 公分…………………………………… 4. 流連屬　*Durio*

A 2.　葉爲掌狀複葉。

　B 1.　花瓣頗捲曲，色白或黃綠。

　　C 1.　大枝褐色；花瓣白色，萼 5，深裂；果不裂開，外被密毛……………………………………………… 1. 猢猻木　*Adansonia*

　　C 2.　大枝綠色；花瓣黃綠色，萼截形至稍作 5 淺裂；果實裂開，外幾平滑…………………………………… 6. 大果木棉　*Pachira*

　B 2.　花瓣正常，不卷曲，色紅紫、橙或帶桃白。

　　C 1.　花作直立狀斜昇，花瓣大形，紅紫至橙色，幾呈光滑，長 10 ～

11公分，一朵花內含花藥70～170個，柱頭5裂…………………
…………………………………………… 2.木棉 *Bombax*

C 2. 花下垂或散生，花瓣小形，色白或帶桃紅，外被絨毛，長3公
分，一朵花內，花藥僅具9～12個，柱頭單一…………………
………………………………………………… 3.吉貝屬 *Ceiba*

1. 猢猻木屬 ADANSONIA Linn.

猢猻木 **Adansonia digitata** Linn. (Baobab) 落葉大喬木，狀頗似
裂葉蘋婆；花下垂。栽培於屏東市中正國民小學大門右邊（互樹），
另省立林業試驗所恆春分所石筍洞邊亦植之。熱帶非洲原產。觀賞。

圖 **403** 猢猻木 Adansonia digitata Linn.

2. 木棉屬 BOMBAX Linn.

木棉 **Bombax ceiba** Linn. (Cotton tree) 落葉大喬木，樹幹有瘤刺
或否；掌狀複葉，小葉5～7枚。栽培。本種首由荷蘭傳教師由爪哇
引入台南，現全省各平地均有栽植。分佈我國南部、印度、緬甸及印

尼。材製箱櫃、玩具，棉毛作枕墊填充材料，花果亦供藥用。（圖404）

3. 吉貝屬 CEIBA Adans.

吉貝 Ceiba pentandra Gaertn.（Silk cotton tree）　落葉大喬木；樹幹粗肥，枝綠色；複葉形小。栽培於全省平地，台北植物園花圃、嘉義山仔頂、台南及屏東等地均有之。分佈熱帶美洲、亞洲及非洲。觀賞。（圖405）

圖404　木棉 Bombax ceiba Linn.

圖405　吉貝 Ceiba pentandra Gaertn.

4. 流連屬 DURIO Linn.

流連 Durio zibethinus Murr.（Durian）　常綠大喬木；葉長橢圓形，背面密生褐色鱗片，全部呈銀色；花成總狀花序，萼5，花瓣5，乳酪色，雄蕊合生成5束，雌蕊1，子房5室；果球形或長橢圓形，表面具木質化之三角突起。栽培於屏東水稻改良場內。原產馬來西亞、婆羅洲；其他如印度、錫蘭、爪哇及菲律賓等地，均有栽培，熱帶果樹。本種為南洋果樹中之王。（圖406）

圖 **406** 流連 Durio zibethinus Murr.

5. 輕木屬 OCHROMA Sw.

輕木　**Ochroma bicolor** Rowl.(Guapiles balsa)　　喬木，具星毛；單葉，脈掌狀，7 條。栽培於旗山、美濃、六龜一帶。熱帶美洲原產。材質輕軟，用製救生器具、絕緣體及爲飛機內部材料。(圖407)

6. 大果木棉屬 PACHIRA Aubl.

大果木棉　**Pachira macrocarpa** (Cham. et Schl.) Schl. ex L. H. Baily (*Carolinea macrocarpa* Champ. et Schl.) (Malabar chestnut)　　又稱馬拉巴栗。常綠中喬木，全株光滑；小葉常爲 6 枚。栽培於全省平地，嘉義尤多。墨西哥原產。庭園樹之外，種子炒熟，味如花生，故有美國花生之稱；樹幹則供製紙漿漿糊，種子製罐頭。(圖408)

圖 407　輕木 Ochroma bicolor Rowl.

圖 408　大果木棉 Pachira macrocarpa (Cham. et Schl.)
Schl. ex L.H. Baily

(83) 梧桐科 STERCULIACEAE (Sterculia Family)

喬木、灌木或草本，屢有呈藤本者，體內具黏液細胞；葉互生，單葉或掌狀複葉，每被星毛，托葉早落；花兩性或單性，整齊，叢生或稀單一；萼合生，5裂，鑷合狀；花瓣5或無；雄蕊5或倍之，作二列輪生，並與萼之裂片對生，退化雄蕊存或否，花藥屢合生，花絲合生成筒狀；子房上位，通常5室，屢有3～10室者，每室具有2或多數軸生胚珠，花柱2～5，分離或合生；果革質，通常開裂，或漿質而不開裂；種子具直或彎胚與胚乳。全世界有50屬750種，分佈於熱帶地區。台灣有11屬14種，包括引進者，其檢索如下：

屬之檢索

A 1. 花被僅有1層（僅萼一層）。

  B 1. 果實不裂開，果皮堅硬而呈木質，內含1種子；萼作淺裂，裂片呈三角形；雄蕊少數而呈輪生 ⋯⋯⋯⋯ 4. 銀葉樹屬 *Heritiera*

  B 2. 果實裂開，果呈皮膜或稍帶皮質，內含種子2～16；萼作中或深裂，裂片呈披針形；雄蕊多數，集中成球塊。

    C 1. 葉緣作3～5裂；果爲皮膜質；種子小，表面露出網狀隆起⋯⋯⋯⋯⋯⋯⋯⋯⋯⋯⋯⋯⋯⋯⋯⋯⋯ 2. 梧桐屬 *Firmiana*

    C 2. 葉緣不分裂或葉成掌狀複葉，小葉全緣；果皮稍厚，皮質；種子大，表面平滑⋯⋯⋯⋯⋯⋯⋯⋯⋯ 9. 蘋婆屬 *Sterculia*

A 2. 花被2層（萼與花冠兩層）。

  B 1. 草本狀灌木。

    C 1. 葉全緣；花瓣屢具1～2附屬體，雄蕊10，花絲肥厚且長，子房具5溝；蒴大，呈橢圓形⋯⋯⋯⋯⋯ 3. 山芝麻屬 *Helicteres*

    C 2. 葉具鋸齒；花瓣不具附屬體，雄蕊5，花絲薄膜質，柄短或無，子房無溝；蒴壓縮狀球形或倒三角狀卵形。

      D 1. 葉薄；萼作淺裂，花柱5；果實具蒴片5及種子5粒⋯⋯⋯⋯⋯⋯⋯⋯ 6. 假冬葵屬 *Melochia*

      D 2. 葉厚；萼作中裂，花柱1；果實具蒴片2及種子1粒⋯⋯⋯⋯

　　　　　………………………………………… 11. 草梧桐屬　*Waltheria*

B 2.　喬木或灌木。

　C 1.　心皮內部具長毛 ………………………… 1. 印度樹麻屬　*Abroma*

　C 2.　心皮內部不具長毛。

　　D 1.　葉心形，特殊花瓣（異形）有 1，果皮膜質，種子表面具瘤
　　　　　狀突起 ………………………………… 5. 面頭粿屬　*Kleinhovia*

　　D 2.　葉與上述者不同，花瓣均勻而無特殊者，果皮質厚，種子表
　　　　　面平滑。

　　　E 1.　花瓣菱形，邊緣具不規則鋸齒，有花瓣狀之退化雄蕊，花
　　　　　　藥 2～4 室；種子無翅；果實不裂開…………………………
　　　　　　………………………………… 10. 可可樹屬　*Theobroma*

　　　E 2.　花瓣匙形，邊全緣，無花瓣狀之退化雄蕊；花藥 2 室；種
　　　　　　子 1 端具翅；果實裂開。

　　　　F 1.　萼淺裂，無退化雄蕊，花絲全部合生，花藥長橢圓形，
　　　　　　　互相密集成球塊；花與種子均小；果實之橫切面呈星形
　　　　　　　，每室具少數種子 ……………… 8. 梭羅木屬　*Reevesia*

　　　　F 2.　萼深裂，退化雄蕊 5，花絲幾離生且成輪狀，僅基部合生
　　　　　　　，花藥線形，分離；花與種子均大；果實之橫切面呈五
　　　　　　　角形，每室具多數種子 … 7. 翅子木屬　*Pterospermum*

1.　印度樹麻屬　ABROMA Jacq.

　　印度樹麻　**Abroma auqusta** Linn. f.（Abroma tree）　　灌木；葉 3～5
裂，上部之葉呈卵狀披針形；花鈍紫色，萼 5 深裂，花冠 5 裂。栽培
，曾植之於中興大學校園，量頗稀少。分佈熱帶亞洲。樹皮爲纖維原
料。

2.　梧桐屬　FIRMIANA Mars.

　　梧桐　**Firmiana simplex**（Linn.）W. F. Wight（*Hibiscus simplex* Linn.）(Chinese
parasol)　另稱青桐。落葉中喬木，樹皮深綠，平滑；蓇熟則完全裂或
五瓣。產平原及山麓一帶。分佈我國、日本、菲律賓及印度。材製傢

俱；皮供採纖維；種子爲藥用，有利水之效。(圖409)

3. 山芝麻屬 HELICTERES Linn.

山芝麻 **Helicteres angustifolia** Linn. (Narrow-leaf helicteres) 亞灌木；葉狹長橢圓形，蒴具5稜脊，有毛。產全省平地。分佈舊熱帶地區。藥用。(圖410)

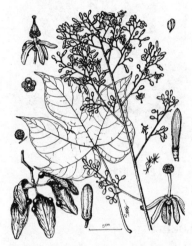

圖409　梧桐 Firmiana simplex (Linn.) W.F. Wight

圖410　山芝麻 Helicteres angustifolia Linn.

4. 銀葉樹屬 HERITIERA Ait.

銀葉樹 **Heritiera littoralis** Dryand. (Looking glass tree) 常綠中喬木，幹基有板根；單葉，裏面銀白。產海濱至海拔300公尺之處，如基隆、宜蘭、南部、東部恆春半島及鵝鑾鼻等地。分佈太平洋諸島及亞洲南部。建築之外，材製農具及傢俱。(圖411)

5. 面頭粿屬 KLEINHOVIA Linn.

面頭粿 **Kleinhovia hospita** Linn. (Kleinhovia) 常綠小喬木；單葉，脈5出；蒴膜質，胞背開裂。產南部自平地至海拔600公尺之地；嘉義以南，以迄高雄、六龜及恆春半島，每多見之。分佈馬來西亞、菲律賓、澳洲及東非。樹皮製繩索，材製浮苓、農具、傢俱、彫刻、刀

鞘等。（圖412）

圖411　銀葉樹 Heritiera
littoralis Dryand.

圖412　面頭粿Kleinhovia
hospita Linn.

6. 假多葵屬　MELOCHIA Linn.

假多葵 Melochia corchorifolia Linn.（Wild false malva）　亞灌木，全體多少有星毛；葉單一，具鋸齒。產平地。分佈熱帶亞洲及日本南部。藥用。

7. 翅子木屬 PTEROSPERMUM Schreb.

種之檢索

A 1.　葉爲圓或長橢圓形，具不整齊之粗鋸齒，長15～30公分，脈5～7條，先端圓或小凸，基稍對稱，葉柄長而連接於葉身內部；花瓣倒披針形；果實表面被絨毛⋯⋯⋯⋯⋯⋯⋯⋯⋯(1)翅子木　*P. acerifolium*

A 2.　葉長橢圓形，全緣或呈波狀，長12～15公分，脈3～4條，先端漸尖，基歪形，葉柄短而連接於葉緣；花瓣潤匙形；果實表面平滑⋯⋯⋯⋯⋯⋯⋯⋯⋯⋯⋯⋯⋯⋯(2)裏白翅子木　*P. niveum*

（1） 翅子木 **Pterospermum acerifolium** Willd. (Maple-leaved pterospermum
） 常綠大喬木，完全雄蕊 10 。栽培於台北、台中、嘉義及
六龜等地。分佈熱帶亞洲。觀賞之外，材製器具及木屐。(圖
413）

圖 **413** 翅子木 Pterospermum acerifolium Willd.

（2） 裏白翅子木 **Pterospermum niveum** Vidal (Lanyu pterospermum)
常綠小喬木，完全雄蕊約 15 。蘭嶼及綠島。分佈菲律賓。觀
賞及器具。

8. 梭羅樹屬 REEVESIA Lindl.

台灣梭羅樹 **Reevesia formosana** Sprague (Taiwan reevesia) 落葉中喬
木；花成圓錐狀聚繖花序，有毛。產南部海拔 100～700公尺之處，
蓮華池、屏東、恆春、南仁山及墾丁公園內尤多見之。材製器具、槍
桿及刀鞘。(圖414）

圖 **414**　台灣梭羅樹 Reevesia formosana Spr.

9.　蘋婆屬 STERCULIA Linn.

種之檢索

A 1.　葉掌狀複葉，叢生，葉柄特長；每心皮具種子 10〜16粒‥‥‥‥‥‥
‥‥‥‥‥‥‥‥‥‥‥‥‥‥‥‥‥‥‥‥‥(2)掌葉蘋婆　　*S. foetida*

A 2.　葉單一，互生或散生，葉柄普通；每心皮具種子 2〜3粒。

　B 1.　葉倒卵形；果大，長 9公分，種子長 2〜3公分 ‥‥‥‥‥‥
‥‥‥‥‥‥‥‥‥‥‥‥‥‥‥‥‥‥‥‥(3)蘋婆　　*S. nobilis*

　B 2.　葉心形；果小，長 4公分，種子長 2公分‥‥‥‥‥‥‥‥
‥‥‥‥‥‥‥‥‥‥‥‥‥‥(1)蘭嶼蘋婆　　*S. ceramica*

（1）　蘭嶼蘋婆 Sterculia ceramica R. Br. (Lanyu sterculia)　　常綠小喬
　　木；葉卵狀心形，全綠，脈掌狀。產蘭嶼谿谷之內，綠島亦有
　　之。分佈菲律賓、西里伯島及麻六甲。種子可食。(圖 415)

圖 **415** 蘭嶼蘋婆 Sterculia ceramica R. Br.

（2） 掌葉蘋婆 **Sterculia foetida** Linn.（Hazel bottle tree） 落葉大喬木
；掌狀複葉，小葉7～9；花具強烈氣味。栽培於省立林業試
驗所恆春分所及旗山美濃廣林楠濃林區管理處雙溪竹頭角植物
園內。屏東其他各地偶有栽植。分佈熱帶亞洲、熱帶非洲東部
及澳洲北部。用材之外，種子可以炒食，種油另供藥用。

（3） 蘋婆 **Sterculia nobilis** R. Br. ex Hay.（Noble bottle tree） 常綠喬木
；葉倒卵狀長橢圓形，脈羽狀。栽培於全省平地，如大坑、水
里、竹山、嘉義、台南、高雄、屏東等中、南部。分佈我國東
南部。種子味美，生炒熟煮，其味如板栗。

10． 可可樹屬 **THEOBROMA** Linn.

可可樹 **Theobroma cacao** Linn.（Cocoa） 常綠小喬木，葉長倒卵形
，果有10稜脊與瘤狀突起。有 Kreolen 與 Fremdling 二品種，差異
點在前者之果實先端尖長而帶彎曲，後者之先端較圓；其他特徵尚有

前者之果皮粗，狀如疣突鱷皮，容易剖開，多呈紅色，稀爲黃色，種子圓或扁圓形，色白或淡紫紅，甜味較強，苦味稍少；後者之果皮則較平滑，但質堅硬而木質化，初色綠，逐變黃及淡紅，最後呈深紅，種子稍扁圓至扁平，紫紅色，味苦而澀味亦強。栽培於屏東水稻改良場內。南美及西印度原產。種子去皮，焙炒之後，碾成之粉，爲製可可亞之原料。

圖 416　可可樹 Theobroma cacao Linn.

11.　草梧桐屬　WALTHERIA Linn.

草梧桐　Waltheria americana Linn. (Florida waltheria)　　小灌木，具長毛；葉卵形，基部稍作心狀。產全省平地。分佈汎熱帶。可爲纖維原料。

30.瑞香目　THYMELAEALES

生長於氣候乾燥中的植物，多分佈於南半球；葉小，托葉不存；

萼每有色彩並成筒狀；心皮單一；種子亦常單一。台灣植物之成木本者2種，其檢索如下：

科之檢索

A 1.　萼成筒狀且呈花瓣狀，先端作 4～5 裂，裂片鑷合排列；花瓣不存有之則爲 4～12枚，作鱗片；莖、葉無銀色、金褐色之星毛⋯⋯⋯⋯⋯⋯⋯⋯⋯⋯⋯⋯⋯⋯⋯⋯⋯⋯⋯⋯⑻瑞香科　Thymelaeaceae

A 2.　萼成筒狀，先端作 4 裂，裂片作覆瓦狀排列；花瓣不存；莖、葉均有銀色、金褐色之盾狀鱗片⋯⋯⋯⋯⋯⋯⑻胡頹子科　Elaeagnaceae

（84）瑞香科 THYMELAEACEAE（Mezereum Family）

　　喬木、灌木或稀有爲草本者；樹皮強靭；葉互生或對生，單一，全緣，無托葉；花整齊，通常兩性，頂生或腋生，成頭狀、總狀或穗狀花序，稀單立；苞片多數；萼筒呈花瓣狀，4～5 裂，稀有 6 裂者；花瓣存或無；雄蕊與萼裂片同數或爲後者之2倍，屢退化成2，通常附生於萼筒之上部；子房1室，稀有2室者，每室具1下垂胚珠，花柱短或長；子房之下，每有由腺體所成之花盤；堅果、漿果或核果，不裂開，稀有爲蒴果者；種子具直胚，胚乳存或否。全世界約有40屬450種，分佈甚廣。台灣可見者3屬，其檢索如下：

屬之檢索

A 1.　葉近於互生；花序作頭狀叢生，子房下邊無鱗片。

　B 1.　果實不爲花被所包 ⋯⋯⋯⋯⋯⋯⋯⋯⋯⋯⋯ 1. 瑞香屬　*Daphne*

　B 2.　果實爲花被所包 ⋯⋯⋯⋯⋯⋯⋯⋯⋯⋯⋯ 2. 矮瑞香屬　*Stellera*

A 2.　葉對生；花序成總狀，子房之下，有腺狀鱗片 1～3⋯⋯⋯⋯⋯⋯⋯⋯⋯⋯⋯⋯⋯⋯⋯⋯⋯⋯⋯⋯⋯⋯ 3.南嶺蕘花屬　*Wikstroemia*

1.　瑞香屬 DAPHNE Linn.

種之檢索

A 1. 落葉性，葉長 1.5～4.5 公分，寬 0.5～1.5 公分；花被淡紫色，
　　　 萼筒密被軟毛 ……………………………………2. 芫花　*D. genkwa*

A 2. 常綠性；葉長 5～10 公分，寬 1.5～3.5 公分；花被白色，萼筒平
　　　 滑。

　 B 1. 葉小形，長 5～7 公分，寬 1.5～2 公分……………………………
　　　 ……………………………………1. 白瑞香　*D. arisanensis*

　 B 2. 葉大形，長 6～10 公分，寬 2～3.5 公分……………………………
　　　 ……………………………………3. 高山瑞香　*D. odorata* var. *atrocaulis*

（1）　白瑞香　**Daphne arisanensis** Hay.（Alishan daphne）　常綠小灌木，
　　　 葉作稀疏散生。產中海拔地區之潤葉樹林內。觀賞。

（2）　芫花　**Daphne genkwa** Sieb. et Zucc.（Lilac daphne）　落葉小灌木
　　　 ；葉對生，亦有互生者。產全省平地及山麓，其中如南澳和平
　　　 村之海邊，尤多見之。分佈我國。藥用。(圖 417)

圖 417　芫花 Daphne genkwa　　　　圖 418　矮瑞香 Stellera
　　　　 Sieb. et Zucc.　　　　　　　　　　　 formosana (Hay.) Li

（3）　高山瑞香 Daphne odora Thunb. var. atrocaulis Rehd.（Taiwan winter

daphne）　常綠灌木，葉叢生枝頂。產中海拔之濶葉樹林內，
陽明山亦有之，惟量稀少。分佈我國。觀賞。

2．矮瑞香屬 Stellera J. F. Gmel.

矮瑞香 Stellera formosana（Hay.）Li（*Chamaejasme formosana* Hay.）（

Taiwan stellera）　小灌木，小枝平滑，直立；葉互生，無柄，長橢圓形
至披針形，長 2〜3 公分，先端鈍圓且稍微凹，邊緣反卷；花叢生，
雄蕊 8。產中央山脈，如南湖大山海拔 3,500〜3,700 公尺間之處
。觀賞。（圖 418）

3．南嶺蕘花屬 WIKSTROEMIA Endl.

種之檢索

A 1.　小枝紅褐色；葉端鈍或圓；花成纖形花序，黃綠色，子房之下有腺
狀鱗片 3 ⋯⋯⋯⋯⋯⋯⋯⋯⋯⋯⋯⋯⋯⋯⋯⋯(1)南嶺蕘花　　*W. indica*

圖 **419**　南嶺蕘花 Wikstroemia indica C.A. Mey.

A 2. 小枝暗紫色；葉端銳；花成總狀花序，帶紅色，子房之下有腺狀鱗
片 1 ··(2)紅蕘花　*W. mononectaria*

（1）　南嶺蕘花 **Wikstroemia indica** C. A. Mey.　（*W. retusa* sensu Hatusima,
non A. Grey）（Indian wikstroemia）　落葉小灌木，葉對生。產全省
海濱、平地至山麓，蘭嶼亦有之。分佈我國至印度。纖維及觀
賞。(圖419）

（2）　紅蕘花 **Wikstroemia mononectaria** Hay.（Taiwan wikstroemia）　小
灌木，葉互生或近於對生。產全省之中海拔地區。觀賞。

(85) 胡頹子科　ELAEAGNACEAE (Oleaster Family)

小喬木或灌木，多呈蔓性；葉具短柄，互生，全體被有銀色及淡
褐痂狀鱗片，葉背尤爲密生；花兩性或單性，單一或叢生於葉腋；花
被鐘狀、筒狀或臘腸狀，4裂，鑷合狀，脫落性；雄蕊4或爲花被裂
片之倍數，花絲極短；花盤多存在，周位；子房1心皮，1室具1底
生胚珠；瘦果外爲肉質之花被所圍繞，因而呈核果狀，種子具直胚，胚
乳少或全無。全世界約有3屬45種。台灣有1屬8種。

胡頹子屬　ELAEAGNUS Linn.

種之檢索

A 1. 葉先端鈍、圓或微凹。
　B 1. 常綠大灌木，葉倒卵或倒披針形，長3～4公分，先端圓或微凹
···(6)椬梧　*E. oldhamii*
　B 2. 攀緣灌木；葉潤卵形，長4～7.5公分，先端鈍或圓·············
···(8)魏氏胡頹子　*E. wilsonii*
A 2. 葉銳或漸尖。
　B 1. 葉小，長3～4公分，寬1.4～1.8公分·························
·······································(5)小葉胡頹子　*E. obovata*

B 2.　葉中等或大形，長 4 ～ 12 公分，寬 2 ～ 8 公分。

  C 1.　葉濶卵形，長 7 ～ 12 公分，寬 4 ～ 6.5 公分‥‥‥‥‥‥‥‥‥‥

    ‥‥‥‥‥‥‥‥‥‥‥‥‥‥‥⑶大葉胡頹子　*E. macrophylla*

  C 2.　葉長橢圓狀披針形、倒披針形、橢圓形、長橢圓形或倒卵狀長

    橢圓形，長 4 ～ 7（稀至 8 ～ 10）公分，寬 1.5 ～ 3.5 公分。

    D 1.　葉長橢圓狀披針形，長 8 ～ 10 公分，寬 2 ～ 3 公分，側脈 8

      ～ 10 對‥‥‥‥‥‥‥‥‥‥‥⑷玉山胡頹子　*E. morrisonensis*

    D 2.　葉形、長短及側脈與上述者不同。

      E 1.　葉倒披針形，長 4 ～ 7 公分，寬 2.5 ～ 3.5 公分，側脈 4

        ～ 5 對‥‥‥‥‥‥‥‥‥‥⑵藤胡頹子　*E. glabra*

      E 2.　葉橢圓形、長橢圓形或倒卵狀長橢圓形，長 4 ～ 6 公分，

        寬 1.5 ～ 2.5 公分，側脈 5 ～ 7 對。

        F 1.　葉緣波狀，先端銳‥‥‥‥⑴台灣胡頹子　*E. formosana*

        F 2.　葉緣外卷，先端鈍‥‥‥⑺鄧氏胡頹子　*E. thunbergii*

（1）　台灣胡頹子 **Elaeagnus formosana** Nak.（Formosan elaeagnus）　蔓
性常綠灌木；果長約 1.5 公分，金紅色。產全省平野至山麓之
叢林內。分佈琉球。果可食。

（2）　藤胡頹子 **Elaeagnus glabra** Thunb.（Smooth elaeagnus）　蔓性常綠
灌木；果長至 2 公分，銹褐色。產中、高海拔地區，尤多見之
於向陽之處，如玉山谷答卡鞍部。分佈我國、日本及琉球。果
可食。（圖 420）

（3）　大葉胡頹子 **Elaeagnus macrophylla** Thunb.（Large-leaf elaeagnus）
蔓性常綠灌木，果熟呈紅色。蘭嶼平地。日本中南部（九州）
、琉球及韓國南部。果可食。

（4）　玉山胡頹子　**Elaeagnus morrisonensis** Hay.（Morrison elaeagnus）
蔓性常綠灌木，葉線狀長橢圓形。產中央山脈高地。日本南部
、琉球及濟州島。

（5）　小葉胡頹子 **Elaeagnus obovata** Li　（Small-leaf elaeagnus）　　灌木

；葉倒卵形，先端銳。僅產北部。觀賞。

圖 420　藤胡頹子 Elaeagnus glabra Thunb.

（6）　植梧 **Elaeagnus oldhamii** Maxim.（Oldham elaeagnus）常綠大灌木；
葉倒卵形，先端鈍。產全省海濱、河床等平地，台中后裡、潭
子鐵路沿線尤多。分佈我國東南部。果可食。

（7）　鄧氏胡頹子　**Elaeagnus thunbergii** Serv.（Thunberg elaeagnus）　半
蔓性常綠灌木；葉多呈長橢圓形，裏呈銀白。產全省潤葉樹林
之內。分佈琉球。果可食。

（8）　魏氏胡頹子 **Elaeagnus wilsonii** Li （Wilson elaeagnus ）　蔓性常綠
灌木；葉潤卵形，先端圓。產北部潤葉樹林之內。觀賞。

31.菫菜目 VIOLALES

花5裂，雄蕊5至多數，心皮為3，偶有4者，具側膜胎座；胚
乳多存在。本目成木本之科有5，其檢索如下：

科之檢索

A 1.　雌、雄蕊柄均不存在，花無副冠；直立木本。

  B 1.　植物體有乳液……………………………………⑼⑩木瓜科　　Caricaceae

  B 2.　植物體無乳液。

    C 1.　葉成鱗片狀……………………………………⑻⑼檉柳科　　Tamaricaceae

    C 2.　葉普通而不成鱗片狀。

      D 1.　萼片、花瓣各 4，雄蕊 8…………⑻⑺旌節花科　　Stachyraceae

      D 2.　萼片、花瓣各爲 2～15，雄蕊多數…………………

      ………………………………………⑻⑹大風子科　　Flacourtiaceae

A 2.　雌蕊柄有時存在，花具副冠；多爲藤本，具腋生之卷鬚…………

  ………………………………………………⑻⑻西番蓮科　　Passifloraceae

（86）　大風子科 FLACOURTIACEAE（Flacourtia Family）

　　喬木、灌木、稀爲藤本；葉互生，排成 2 列，單一，全緣或具齒狀鋸齒；托葉存或缺如，早落；花整齊，通常兩性，頂生或腋生，單一或叢生或成總狀花序；萼片 2 或更多，顯明，呈覆瓦狀或稀鑷合狀；花瓣形小，離生，與萼片同數或更多，屢插生於花盤之外邊，惟通常多缺如；雄蕊多數，稀與花瓣同數，成 1 或數列，或成束而與花瓣對生，退化雄蕊屢有之；子房上位或周位，屢爲 1 室，具側膜胎座，胚珠少或多數，花柱與胎座同數，分離或合生；蒴果作胞背裂開或爲漿果；種子屢具假種皮，胚乳豐富，胚直。全世界 85 屬，分佈於汎熱帶及亞熱帶地區。台灣固有者 6 屬，引進者 2 屬。

族與屬之檢索

A 1.　花瓣存在。

  B 1.　果大，徑 6～15公分，果皮堅硬 ………D. 大風子族　　Pangieae

                                1. 大風子屬　*Hydnocarpus*

  B 2.　果小，徑在 0.8 公分以下，果皮質薄。

C 1.　落葉性，枝無刺；葉各邊具齒狀鋸齒 9～14；萼片、花瓣各 6
　　　　～7，倒披針形且具緣毛；萼片基部具 1 圓腺體，花藥無附屬
　　　　體，花柱 4 條；蒴果 ………………… C．天料木族　Homalieae

　　　　　　　　　　　　　　　　　1．天料木屬　*Homalium*

C 2.　常綠性，枝屢有刺；葉全緣或各邊具鈍鋸齒 4～6；萼片、花
　　　　瓣各 5～6，卵形，無緣毛或僅具細鋸齒；萼片基部無腺體，
　　　　花藥基部具附屬體 1 對，花柱 1，棍棒狀；漿果 …………
　　　　………………………………………… E．魯花族　Scolopieae

　　　　　　　　　　　　　　　　　1．魯花屬　*Scolopia*

A 2.　花瓣缺如。

　B 1.　葉柄短，長 0.2～2 公分，無腺體；葉脈羽狀或兼有三出者。

　　C 1.　蒴果多汁，橢圓形；雄蕊少數 8 枚；小枝無刺 …………………
　　　　………………………………………… A．嘉賜木族　Casearieae

　　　　　　　　　　　　　　　　　1．嘉賜木屬　*Casearia*

　　C 2.　漿果球形或近於球形；雄蕊多數，15～48；小枝屢具刺………
　　　　……………………………………… B．羅比梅族　Flacourtieae (1)

　　　D 1.　花柱 1，漿果徑約 0.45 公分 ………… 4．柞木屬　　*Xylosma*

　　　D 2.　花柱 5～6（7～8），漿果 1.5～2.5 公分。

　　　　E 1.　托葉存在，萼片不作覆瓦狀排列，種子表面不爲石質，每
　　　　　　　一胎座有胚珠 1～6 ………… 1．錫蘭醋栗屬　　*Douyalis*

　　　　E 2.　托葉缺如，萼片覆瓦狀排列，種子表面被石質之物所包圍
　　　　　　　，每一胎座有胚珠 7～多數 …… 2．羅比梅屬　　*Flacourtia*

　B 2.　葉柄特長，12～18 公分，中間及頂端各具腺體 1 對；葉脈掌狀，
　　　　5～7 條 ……………………………… B．羅比梅族　Flacourtieae (2)

　　　　　　　　　　　　　　　　　3．桐子屬　　*Idesia*

A．嘉賜木族 CASEARIEAE

1．嘉賜木屬 CASEARIA Jacq.

　　嘉賜木 Casearia membranacea Hance（*C. merrillii* Hay.）　常綠小喬
木；花成叢腋生，無花瓣。產山麓地區。分佈琉球。薪材。（圖 421）

B．羅比梅族 FLACOURTIEAE

1．錫蘭醋栗屬 DOUYALIS E.
　　Mey.

　　錫蘭醋栗 Douyalis hebecarpa
Warb.（Cylon gooseberry）常綠叢生
灌木，葉互生，卵狀橢圓形，側脈
3～5對；漿果。栽培於嘉義農業
試驗所、台北植物園、台灣大學有
水坑工作站庭園及恆春墾丁公園。
果樹。（圖422）

圖421　嘉賜木 Casearia membranacea
Hance

圖422　錫蘭醋栗 Douyalis hebecarpa Warb.

2. 羅比梅屬 FLACOURTIA Comm.

種之檢索

A 1. 葉背被軟毛…………………………………………………(1)羅比梅　　*F. inermis*

A 2. 葉背平滑或僅在中肋及側脈被毛。

　B 1. 花5～8朵，徑約2公厘，花柱3～5裂；果徑1.5公分，熟呈
　　　暗赤褐色………………………………………(2)羅旦梅　*F. jangomas*

　B 2. 花5～25朵，徑約6公厘，花柱5～8裂；果徑2～2.5公分，
　　　熟呈暗紫色……………………………………(3)羅庚梅　*F. rukam*

（1）　　羅比梅 **Flacourtia inermis** Roxb.（Lobi lobi）　　小喬木；葉互生
　　，卵狀橢圓形，長10～20公分，寬5.1～9公分；花成總狀
　　，果球形。栽培於嘉義農業試驗所。原產熱帶亞洲。印度、馬
　　來西亞、爪哇及錫蘭均廣有栽植。果樹（用製果醬、果汁）。

圖 **423**　羅旦梅 Flacourtia jangomas Raeusch.

（2） 羅旦梅 **Flacourtia jangomas** Raeusch. (Rataugur essa) 常綠小喬木；葉互生，卵狀橢圓形，長 5～13 公分，寬 3～3.5公分；花成叢生狀總狀；漿果近於球形，熟變暗紅褐。栽培於嘉義農業試驗所。原產馬達加斯加島 （Madagascar） 及南非。印度至馬來均有栽培。果樹。（圖423）

（3） 羅庚梅 **Flacourtia rukam** Zoll. et Mor. (Rukam) 常綠小喬木；葉長橢圓狀披針形，長 6～7公分，寬 3～6.5公分；花成短總狀；果球形，熟變暗紫。產於蘭嶼山區，嘉義農業試驗所亦有栽植。馬來西亞及菲律賓原產，中南半島、爪哇及印度均有栽植。果樹。

3．山桐子屬 IDESIA Maxim.

山桐子 **Idesia polycarpa** Maxim. (Many-seed idesia) 落葉喬木；花雄雌異株或雜性，成頂生之圓錐花序；葉心狀，具掌狀脈，葉柄有腺體

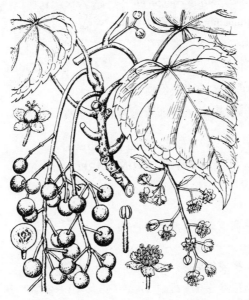

圖 **424** 山桐子 Idesia polycarpa Maxim.

；漿果。產海拔 700 ～ 2,100 公尺之間的地區，如台北大屯山北新莊，阿里山十字路及蘭嶼等向陽之地。分佈我國、日本及琉球。材製箱櫃、器具亦植供觀賞。（圖 424）

4．柞木屬 XYLOSMA Forst.

柞木 **Xylosma congesta**（Lour.）Merr.（*Croton congestum* Lour.）（Xylosma）常綠小喬木，枝平滑；葉菱狀濶卵形。產花蓮和平鄉及台東成功山之山麓。分佈我國、日本。觀賞。（圖 425）

C．天料木族 HOMALIEAE

天料木屬 HOMALIUM Jacq.

天料木 **Homalium cochinchinensis**（Lour.）Druce（*Astranthus cochinchinensis* Lour.）（Homalium）落葉中喬木；葉倒卵形；雄蕊與花瓣連生，花柱 4。產中部山麓及河岸等地，如在埔里之蓮華池、竹東頭份獅頭山之稜線上，偶有見之。分佈我國福建及廣東。薪材。（圖 426）

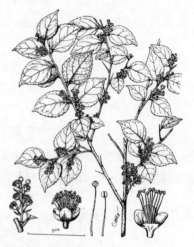

圖 425　柞木 Xylosma congesta（Lour.）Merr.

D．大風子族 PANGIEAE

1．大風子屬 HYDNOCARPUS Gaertn.

種之檢索

A 1．葉緣具鋸齒或齒牙，果實多凸面，且被毛……………………………………………………………(3)衞氏大風子　*H. wightiana*

A 2．葉幾為全緣或稀呈波狀；果實平滑，粗糙或被毛。

　B 1．萼片及花瓣各 5，雄蕊 5…………(1)大風子　*H. anthelminthica*

　B 2．萼片及花瓣各 4，雄蕊約24………(2)庫氏大風子　*H. kurzii*

圖 **426** 天料木 Homalium cochinchinensis (Lour.) Druce

（1） 大風子 **Hydnocarpus anthelminthica** Pierre ex Lecomte（Ta phong
tze） 常綠喬木；葉長橢圓形，邊緣略呈波狀，果球形。栽
培於台北植物園、省林業試驗所中埔分所、嘉義公園工作站及
恆春分所。泰國及中南半島原產。大風子油爲治痲瘋（癩病）
之要藥。（圖427）

（2） 庫氏大風子 **Hydnocarpus kurzii** Warb.（Chaulmoogra） 常綠喬木
，果被黃褐天鵝絨毛。栽培於林業試驗所中埔分所。馬來西亞
、印度及阿薩密原產。大風子油原料。

（3） 衞氏大風子 **Hydnocarpus wightiana** Blume（Maravetti） 常綠大
喬木；葉橢圓形，具鋸齒；果被深褐絨毛，球形。栽培於台北
植物園、省林業試驗所中埔分所嘉義公園工作站及恆春分所內
。印度原產。種子中之大風子油用治痲瘋及疥瘡疹。

圖 427 大風子 Hydnocarpus anthelminthica Pierre ex Lecomte

E. 魯花族 SCOLOPIEAE

魯花屬 SCOLOPIA Schreb.

魯花樹 Scolopia oldhamii Hance (Oldham scolopia) 　常綠小喬木，全體具棘刺；葉呈倒卵或披針形，具疎鋸齒。產全省山麓以至平地海濱之叢林內，台北近郊尤多有之。分佈琉球及菲律賓。材製用具、薪炭，常植爲觀賞。（圖428 ）

（87） 旌節花科 STACHYURACEAE (Stachyurus Family)

落葉灌木或小喬木；葉互生，單一，具小托葉；花兩性，稀單性，下有基部合生之小苞一對，成腋生總狀花序，每先葉開花；蕚片、花瓣均4，離生；雄蕊8，花藥縱裂；雌蕊1，子房上位4室，具中軸胎座，胚珠多數，花柱1，具4裂之盾狀柱頭；漿果革質；種子具直胚與豐富胚乳。單屬有5～6種，東、中部亞洲原產。

旌節花屬 **STACHYURUS** Sieb. et Zucc.

通條樹 **Stachyurus himalaicus** Hook. f. et Thoms.（Himalayan stachyurus）
落葉大灌木；葉長橢圓狀披針形，基部略呈心狀，邊緣具細鋸齒。產
海拔 700～1,600公尺之潤葉樹林內。分佈我國西、南部、印度及喜
馬拉雅山。材供薪炭。（圖429）

圖 **428**　魯花樹 Scolopia oldhamii Hance

圖 **429**　通條樹 Stachyurus himalaicus Hook.f. et Thoms.

(88) 西番蓮科 **PASSIFLORACEAE**（Passion-flower Family）

多屬木質藤本，每藉腋生卷鬚而攀緣上昇；葉互生，常有托葉，
葉柄每具腺體；花兩性或單性，大而有總苞；萼4～5，瓣狀；花瓣
多少細裂；副冠由無數細絲構成，每有鮮艷色彩；雄蕊4～5，與花
瓣對生，花藥內向；子房每有柄，由3～5心皮構成，具側膜胎座，
胚珠多數，花柱分離或合生，柱頭頭狀或盤狀；果爲漿果或胞背開裂
之蒴果，種子常有紅或黃色之假種皮，種皮2層，胚乳中具有直胚。
本科11 屬約600種，主產熱帶美洲，台灣引進者1屬3種及1品種
。

西番蓮屬 **PASSIFLORA** Linn.

種之檢索

A 1.　葉具 3 中裂片（嫩者不分裂）；果呈深紫或黃色，無果肉。

　B 1.　果熟變深紫色，形中等，果汁酸味普通⋯⋯⋯⋯⋯⋯⋯⋯⋯⋯
　　　　⋯⋯⋯⋯⋯⋯⋯⋯（1a）西番果（時計果）　*P. edulis* 'Edulis'

　B 2.　果熟變鮮黃或黃色，形大，果汁較上述者果酸⋯⋯⋯⋯⋯⋯⋯
　　　　⋯⋯⋯⋯⋯⋯⋯⋯（1b）黃實西番果　*P. edulis* 'Flavicarpa'

A 2.　葉潤橢圓形、卵狀圓形或橢圓形，全緣而不分裂；果熟呈淡黃或黃
　　　色，果肉厚，可食。

　B 1.　葉潤橢圓形；果長 5 ～ 8 公分，色淡黃⋯⋯⋯⋯⋯⋯⋯⋯⋯⋯
　　　　⋯⋯⋯⋯⋯⋯⋯⋯⋯⋯(2)樟葉西番果　*P. laurifolia*

　B 2.　葉卵狀圓形至橢圓形；果長 15 ～ 25 公分，淡黃或黃色⋯⋯⋯⋯
　　　　⋯⋯⋯⋯⋯⋯⋯⋯⋯⋯(3)大西番果　*P. quadrangularis*

（1a）西番蓮 **Passiflora edulis** Sims 'Edulis'（ Purple-fruit granadilla, Passion fruit ） 通稱西番果或時計果。常綠攀緣植物，有卷鬚，葉具 3 裂片。栽培。馴化種，全產各地均可見到，谷關佳保台及埔里霧社 等海拔 700 ～ 1,200 公尺之間，為量尤多。巴西原產。假種皮為果汁原料，生食過酸，不佳。

（1b）百香果（黃實西番蓮）**Passiflora edulis** Sims 'Flavicarpa'（ Yellow passion fruit, Glorious yellow-fruit granadilla ） 與原種之差異點，在其果形大，色為鮮黃或黃色，果汁較原種更酸而已。栽培，由美國夏威夷引進， 10 餘前始出售於市場，據南投縣政府調查民國 68 年栽培面積，埔里 180 公頃，魚池鄉 220 公頃，其他斗六、嘉義、屏東、花蓮及台東亦有栽培。埔里有加工廠，果汁外銷在民國 66 年約為 25 萬 4 千公斤。土地每公頃一年可產果 1 ～ 3 萬公斤（ 1 ～ 5 年生）， 6 年後產量漸減，每公斤產地價格為 10 ～ 15 元，故其收益為 15 ～ 30 萬元之間。

（2）樟葉西番果 **Passiflora laurifolia** Linn. (Yellow granadilla)　平滑藤本；葉全緣，卵狀長橢圓形，長 7.5 ～ 12.7 公分；果卵形，

長 7.6公分，黃色。栽培於全省各地，量較稀少。西印度及熱
帶美洲原產。果可食。（圖430）

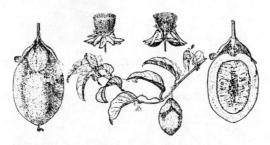

圖 **430** 樟葉西番果 Passiflora laurifolia Linn.

（3）　大西番果　**Passiflora quadrangularis** Linn.（Giant granadilla）　攀緣
植物，莖具4稜且變成翅；葉全緣，卵形或圓狀卵形，長 15～20
公分；果長橢圓形，長 20～25 公分，色綠黃。栽培，平地
各處，均見之。原產熱帶美洲。果可食。

(89) 臙脂樹科　BIXACEAE（Bixa Family）

灌木或喬木，具有色液質；葉互生，掌狀淺裂（ Bixa 例外）；
花大，萼片、花瓣各5；雄蕊多數，花藥馬蹄形，頂端作孔狀開裂；
子房2心皮，1室，有時不完全3室，具側膜胎座，胚珠多數，花柱
細長，柱頭作2～3淺裂；果爲胞背開裂之蒴果；種子具亮紅而爲肉
質之種皮，在其胚乳中有彎曲之胚。本科4屬約26種（包括彎子木
科　Cochlospermaceae　之3屬25種）。台灣引進者僅一屬一種，如
下：

臙脂木屬　BIXA　Linn.

臙脂木　**Bixa orellana** Linn.（Anatto）　半落葉性大灌木；葉大，濶
長卵狀心形；花萼基部具5腺體，蒴有刺。栽培。竹山台灣大學農學
院實驗林管理處下坪熱帶樹木園、有水坑工作站植物園及其他各地均有
之。南美原產，熱帶各地均有栽植。肉質紅色之種皮爲紅褐染料，樹

皮富纖維，另供藥用。（圖431）

圖 431　臙脂木 Bixa orellana Linn.

（90）檉柳科　TAMARICACEAE（Tamarisk Family）

多成灌木；葉細狹，鑿形或鱗片形，托葉不存；花小，兩性，整齊，成細密之總狀花序或獨立；萼片、花瓣各4～5，離生；雄蕊5～10，有時基部合生；花盤帶腺體；子房上位，由3～4心皮合成，1室，具底生或側膜胎座，胚珠2～多數，花柱3～4；果為蒴果；種子先端具毛叢，胚直。本科4屬約100種，分佈地中海地區及亞洲中部。台灣引種者1屬2種。

檉柳屬　TAMARIX Linn.

種之檢索

A 1.　小枝為展開性；葉呈鱗片狀，細小；夏季葉後開花，花序圓錐形，頂生，花無梗，花盤10裂……………………………(1)無葉檉柳　*T. aphylla*

A 2.　小枝爲下垂性；葉呈長橢圓狀披針形，較上種稍大；花在葉前或與葉同時於春季開放，花序總狀，腋生，花有梗，花盤 5 裂‥‥‥‥‥‥‥‥‥‥‥‥‥‥‥‥‥‥‥‥‥‥‥‥‥‥‥‥‥‥‥‥(2)華北檉柳　　*T. juniperina*

（1）　**無葉檉柳 Tamarix aphylla** (Linn.) Karst.　(*Thuya aphylla*　Linn.)（Athel tamarisk）小喬木，狀頗似木麻黃，全株稍呈灰白。栽培於台北內湖金龍寺後面、北港、嘉義、台南、高雄、屏東車城、台東鎮及蘭嶼農場。波斯及阿拉伯原產。海濱植物，防風定砂之外，另植爲觀賞。(圖 432)

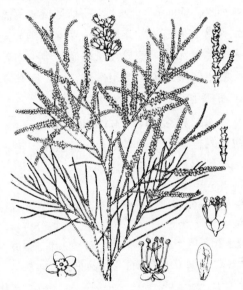

圖 432　無葉檉柳 Tamarix aphylla (Linn.) Karst.

（2）　**華北檉柳**　**Tamarix juniperina** Bunge (Juniper tamarisk)　落葉大灌木；花粉紅而有光澤，各部之數爲 5。栽培於北港防風林工作站內，台北台灣大學校內及新莊等地亦見之。產於我國河北及遼寧等省，日本亦有之。定砂、觀賞及藥用。

(91) 木瓜科　CARICACEAE (Carica Family)

具軟木質之大形植物，具乳液；葉具長柄，叢生莖頂，掌狀瓣裂
；托葉不存；花雌雄異株，偶爲同株或雜株；雄花總狀，萼片 5 ，極
小，冠筒長而具短裂片，雄蕊 10 ，排成 2 ；雌蕊之冠筒短而具長裂
片，子房常爲 5 心皮， 1 室，其側膜胎座，胚珠多數，柱頭 5 ；雜性
花有 2 型，一具無花絲之雄蕊 10 ，着生於冠喉；另一具長花絲之雄
蕊 5 ，着生於子房之基脚；漿果大，具多數種子；子葉大，扁平，胚
乳油質。本科 3 屬 27 種。分佈熱帶美洲、亞洲及非洲。

木瓜屬　CARICA Linn.

木瓜 Carica papaya Linn.（Papaya）　亦稱番瓜或萬壽果。常綠樹狀
大草質木本，全株含有乳液，幹柔軟而中空。栽培於全省平地至低海
拔之區，以中、南部氣溫高，適於大量種植。中、南美洲及西印度原
產。果供生食，製蜜餞與果醬，亦用作消化劑，因其富含蛋白質分解
酵素（papain），卽消化酵素之故。（圖433）

32.桃金孃目　MYRTIFLORAE

莖中常具複並列維管束；葉多對生，具腺體；花 4 數，子房下位
，具中軸胎座。本目七科，其檢索如下：

科之檢索

A 1.　花葯孔裂，花絲膝曲並在蕾中反曲；葉有脈在 3 條以上……………
…………………………………………⑼野牡丹科　Melastomaceae

A 2.　花葯縱裂，花絲旣不膝曲，在蕾中亦不反屈；葉與上述者亦不同。

　B 1.　花爲子房之周位（子房周位），蒴果胞背開裂…………………
………………………………………………⑿千屈菜科 Lythraceae

　B 2.　花爲子房之上位（子房下位），果實各種，如係蒴果，則爲蓋裂。

　　C 1.　雄蕊數爲萼片之 2 倍，稀爲 3～4 倍，輪生。

　　　D 1.　心皮 2～5 ，合生；胚珠散生於中軸之上；種子有胚乳，在
　　　　果中發芽（胎生）………………⑼紅樹科　Rhizophoraceae

　　　D 2.　心皮 1 ，胚珠自細長之珠柄頂端懸垂；種子無胚乳，在地裏
　　　　發芽………………………………⑽使君子科　Combretaceae

　　C 2.　雄蕊多數，卽爲不定數，作螺旋排列。

D 1. 子房室分上下兩層，上層具側膜胎座，下層具中軸胎座；種
　　　子有液質之種皮……………………⑼安石榴科 Punicaceae

D 2. 子房室與上述者不同；種子無液質之種皮。

　E 1. 雄蕊分離或合生成束，果具液質，無翅………………
　　　　………………………………⑼桃金孃科　Myrtaceae

　E 2. 雄蕊多合生成單體或 2 體；果爲木質，有翅………………
　　　　………………………………⑼玉蕊科　Lecythidaceae

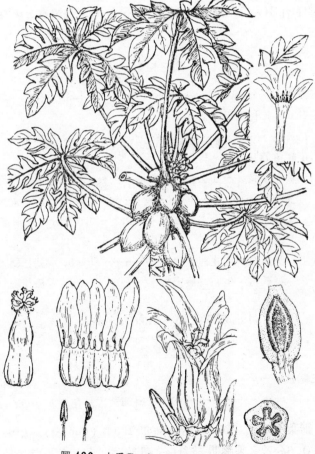

圖 **433** 木瓜Carica papaya Linn.

(92) 千屈菜科　LYTHRACEAE（Loose strife Family）

常綠或落葉喬木或灌木，少數爲草本；葉單一，對生或成輪生狀，稀有互生者；托葉小，多數不存；花周位，兩性，單一至成圓錐花序狀；萼筒狀，4～8裂，裂片呈鑷合排列，其間屢具附屬體；花瓣與萼裂片同數，自萼筒之邊緣或內側生出，在花蕾中皺摺，或全不存；雄蕊爲瓣片之倍數，排成2輪，花絲與花柱之長度，均有二型，花藥2室；子房心皮2～6室，胚珠多數，軸生；果爲蒴果，胚直，無胚乳。全世界有20屬450種，主分佈熱帶美洲。台灣有5屬9種。

屬之檢索

A 1.　花瓣4片 ······································· 4. 指甲花屬　*Lawsonia*
A 2.　花瓣6片（稀有5片者）。
　B 1.　花黃色 ··································· 4. 海氏木屬　*Heimia*
　B 2.　花紅、紫及白色。
　　C 1.　葉大，長3～20公分，寬2～6公分，長橢圓形至潤卵形；雄蕊
　　　　蕊多數 ···························· 6. 紫薇屬 *Lagerstroemia*
　　C 2.　葉小，長0.6～1.6公分，寬0.2～0.5公分，線形至披針形
　　　　；雄蕊在12或以下。
　　　D 1.　葉肉質，生在海濱 ············· 5. 水芫花屬 *Pemphis*
　　　D 2.　葉紙質，生在一般土地 ········· 1. 雪茄花屬　*Cuphea*

1.　雪茄花屬　CUPHEA Adans.

種之檢索

A 1.　花紫紅色 ············ （1a）細葉雪茄花　*C. hyssopifolia*
A 2.　花白色 ········· （1b）白細葉雪茄花 *C. hyssopifolia* ' Alba '

（1a）細葉雪茄花　**Cuphea hyssopifolia** H.B.K.（Cuphea）　小灌木，高達0.6公尺；葉線狀披針形；花腋生，紫紅色。栽培於全省平

地。墨西哥及瓜地馬拉原產。植爲生籬，並供觀賞。

（1b）白細葉雪茄花 Cuphea hyssopifolia H.B.K. ' Alba ' （White- flov ered cuphea） 小灌木，花近於白色。栽培於台北，稀少。觀賞。

2. 海氏木屬　Heimia　Link.

黃花海氏木　**Heimia myrtifolia** Cham. et Schlecht. (Heimia)落葉小灌木，高達1公尺；葉披針形；花黃，萼作 12 齒牙狀分裂，花瓣6，圓形，雄蕊12 ，花柱1；果爲蒴果。栽培於省立林業試驗所六龜分所。巴西原產。觀賞。（圖434）

圖 **434**　黃花海氏木 Heimia myrtifolia Cham. et Schlecht.

3. 紫薇屬　LAGERSTROEMIA Linn.

種及品種之檢索

A 1.　葉小，長4～6公分，寬2.2～3.5公分。

　B 1.　花中等大，徑3～3.5公分，花瓣長2公分，寬1.3公分左右；蒴果徑 0.9～1.1公分。

　　C 1.　花白或紫色。

　　　D 1.　花白色 ·················（1a）白花紫薇　*L. indica* ' Alba '

　　　D 2.　花紫色 ······（1b）紫花紫薇　*L. indica* 'Jeanne Desmartis'

　　C 2.　花紅或淡桃紅色。

　　　D 1.　花紅色 ················ （1c）紅花紫薇　 *L. indica* ' Rubra '

　　　D 2.　花淡桃紅色 ·········（1d）桃花紫薇　*L. indica* 'Soir d'Eté'

　B 2.　花小，徑約1.3公分，花瓣長0.6公分，寬0.4公分，白色；蒴

　　　　果徑 0.4～0.5 公分‥‥‥‥‥‥‥‥‥‥(3)九芎　　*L. subcostata*

A 2. 葉大，長 12.5～20 公分，寬 5～7 公分。

　B 1. 花大，徑 6～8 公分，紫色；蒴果長 3.4～3.5 公分，徑 2.3～
　　　　3 公分‥‥‥‥‥‥‥‥‥‥‥‥‥‥‥‥(2)大花紫薇　*L. speciosa*

　B 2. 花中等大，徑約 3.7 公分，桃紅色(後轉白色，最後成青紫)；蒴
　　　　果長 1.8 公分，徑約 1.3 公分‥‥‥‥‥(4)稜萼紫薇　*L. turbinata*

（1 a）白花紫薇　Lagerstroemia indica Linn. ' Alba ' (White-flowered crape
　　　myrtle）落葉大灌木，花白色。栽培於全省平地。日本、法國
　　　。植供觀賞。

（1 b）紫花紫薇　Lagerstroemia indica Linn. **' Jeanne Desmartis '** (Violet-
　　　flowered　crape myrtle）落葉大灌木，花紫色。栽培於全省平地
　　　。分佈我國各地。觀賞。

（1 c）紅花紫薇　Lagerstroemia indica Linn. 'Rubra' (Red-flowered crape
　　　myrtle）落葉大灌木，花紅色。栽培於全省平地。分佈我國。觀
　　　賞。

（1 d）桃白紫薇　Lagerstroemia indica Linn. 'Soir d' Eté' (Pink-flowered
　　　crape myrtle）落葉大灌木，花桃白。栽培於全省平地。分佈我國
　　　。觀賞。

（2）　大花紫薇　Lagerstroemia speciosa (Linn.) Pers.(*Munchausia speciosa*
　　　Linn.)(Queen crape myrtle) 落葉大喬木；葉橢圓形；花成圓錐
　　　花序；萼壺形，具 12 縱溝，裂片 6；花瓣 6，邊緣呈不齊波
　　　狀，紫色；雄蕊多數；蒴果，種子具翅。普遍栽培於全省公園
　　　及庭園。印度（阿薩密）以至澳洲原產。重要園景樹。（圖435）

（3）　九芎　　Lagerstroemia subcostata Koehne (Subcostate crape myrtle)
　　　落葉大喬木，樹皮平滑，狀似番石榴者。產全省平地以至海拔
　　　1,600　公尺之處，以台東山脈北部為多。分佈我國、日本及
　　　琉球。材用於建築及製枕木、農具，亦為良好之薪炭材。

（4）　稜萼紫薇　Lagerstroemia turbinata Koehne (Keeled-calyx crape

myrtle)中喬木,狀稍類似大花紫薇,但形稍小,樹皮灰褐色,屢
有鱗片脫落後之白色痕跡;葉長橢圓形,長 12.5 ～ 17.5 公
分,寬 5～6公分;花成圓錐花序;萼筒被有銹金黃色之星狀
毛具 12 條隆昇之脈,裂片 6 枚,稍反卷;花徑約 3.7公分;
花瓣 6,色初呈桃紅,再轉白色,最後乾時成青紫,倒卵形,
上半部成波狀,長 1.7公分,寬 1.4公分;雄蕊長短二型,長
者花絲紅色,6條,短者長 1.4公分,花絲白色,約有43 ～
48 條,花藥 2 室,黃色‧縱裂;雄蕊長 0.9公分;子房球形
,徑 0.25 ～3公分,上半部被金黃毛茸,子房 6室,花柱紅
色,柱頭半圓形,綠色;蒴果熟變紫黑色,被金黃毛茸,6室
,胞背裂開;種子約 36 粒,種子長 0.5公分,寬 0.35公分,
翅長約 0.6公分,寬 0.3公分,均爲茶褐色。栽培於台北植物
園椰子區、嘉義公園左側及恆春墾丁公園。

圖 435　大花紫薇 Lagerstroemia speciosa (Linn.) Pers.

4. 水莞花屬　PEMPHIS Forst.

水莞花　**Pemphis acidula** Forst.（Reef pemphis）　常綠小灌木（在菲律賓則成小喬木）；花白或帶桃紅。產東港小琉球、鵝鑾鼻、蘭嶼及綠島之珊瑚礁上。分佈熱帶亞洲、澳洲及太平洋諸島。柴薪。（圖436）

圖 436　水莞花Pemphis acidula Forst.

(93) 桃金孃科　MYRTACEAE（Myrtle Family）

常綠喬木或灌木，屢具芳香及內在軔皮部（Intraxylar phloem）；葉對生，偶有互生者，單一，幾呈全緣，有油腺點；托葉小或無；花兩性，整齊，單一或成繖房或總狀花序；萼片4～5，分離，覆瓦或鑷合狀，宿存；花瓣4～5（稀有6或0者），覆瓦狀；雄蕊多數，屢成叢而與花瓣對生，多有鮮艷色彩，花藥小，2室，縱裂、隙裂或孔裂，藥隔顯著，先端每冠有腺體；子房下位，1～多室，每室具1～多數軸生胚珠，花柱單一；漿果、核果、蒴果及堅果均有之；胚直或彎。全球有75 屬，3,000種，以生育於熱帶美洲及澳洲者爲多。

亞科、族及屬之檢索

A 1. 葉通常互生，蒴果蓋裂‧‧‧‧‧‧‧‧‧‧‧①桉樹亞科 Leptospermoideae

　　　　　　　　　　　　　　　A. 桉樹族 Leptospermeae

　B 1. 萼片與花瓣分離。

　　C 1. 雄蕊分離，葉具 1 主脈 ‧‧‧‧‧‧‧‧‧ 1. 瓶刷子樹屬 *Callistemon*

　　C 2. 雄蕊合生成 5 束；葉具多數平行脈，主脈不存‧‧‧‧‧‧‧‧‧‧‧

　　　　‧‧‧‧‧‧‧‧‧‧‧‧‧‧‧‧‧‧‧‧‧‧‧‧‧‧‧ 3. 白千層屬 *Melaleuca*

　B 2. 萼片與花瓣連生而成一果蓋 ‧‧‧‧‧‧‧‧‧ 2. 桉樹屬 *Eucalyptus*

A 2. 葉通常對生，果為漿果‧‧‧‧‧‧‧‧‧‧‧②桃金孃亞科 *Myrtoideae*

　B 1. 葉具 3 出脈 ‧‧‧‧‧‧‧‧‧‧‧‧‧‧‧‧‧‧‧ B. 桃金孃族 Myrteae(1)

　　　　　　　　　　　　　　　4. 桃金孃屬 *Rhodomyrtus*

　B 2. 葉具羽狀脈。

　　C 1. 萼片在花後大小不一 ‧‧‧‧‧‧‧‧‧‧‧ B. 桃金孃族 Myrteae(2)

　　　　　　　　　　　　　　　5. 番石榴屬 *Psidium*

　　C 2. 萼片在花後大小齊一。

　　　D 1. 胚呈馬蹄形（U字形）且捲曲 ‧‧‧‧‧‧‧‧‧ C. 赤楠族 Plinieae(1)

　　　　　　　　　　　　　　6. 十子屬 *Decaspermum*

　　　D 2. 胚呈球形或橢圓形，通常直立。

　　　　E 1. 花藥分岐，隙裂或孔裂 ‧‧‧‧‧‧‧‧‧ D. 賽赤楠族 Acmeneae

　　　　　　　　　　　　　　8. 賽赤楠屬 *Acmena*

　　　　E 2. 花藥平行，縱裂。

　　　　　F 1. 種皮與果皮完全分離 ‧‧‧‧‧‧‧‧‧ E. 蒲桃族 Eugenieae

　　　　　　　　　　　　　　9. 蒲桃屬 *Eugenia*

　　　　　F 2. 種皮與果皮連着 ‧‧‧‧‧‧‧‧‧‧‧‧ C. 赤楠族 Plinieae(2)

　　　　　　　　　　　　　　7. 赤蘭屬 *Syzygium*

① 桉樹亞科 LEPTOSPERMOIDEAE

A. 桉樹族 LEPTOSPERMEAE

1. 瓶刷子樹屬 CALLISTEMON DC.

紅瓶刷子樹 **Callistemon rigidum** R. Br.（Stiff bottle brush） 常綠喬木

；葉線形；花序穗狀，花絲紅色；果為蒴果。栽培。宜蘭、烏來林務局文山林區管理處桶後工作站、大溪林務局竹東林區管理處角板山工作站、新莊、員林百果山及台南糖業試驗所均有種植。觀賞。（圖437）

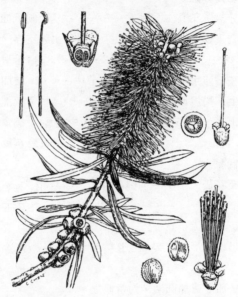

圖 **437**　紅瓶刷子樹 Callistemon rigidum R. Br.

2．桉樹屬　**EUCALYPTUS** L'Her.

種之檢索

A 1．花單一，具短花梗⋯⋯⋯⋯⋯⋯⋯⋯⋯⋯⋯⋯⋯⑸藍桉　*E. globulus*

A 2．花成圓錐、繖房或繖形花序。

　B 1．花成圓錐或繖房花序。

　　C 1．葉具強烈檸檬香味⋯⋯⋯⋯⋯⋯⋯⑶檸檬桉　*E. citriodora*

　　C 2．葉不具香味⋯⋯⋯⋯⋯⋯⋯⋯⋯⋯⑻斑桉　*E. maculata*

　B 2．花成繖形花序。

C 1. 花軸與花梗呈圓形或三角形而不扁平。

　D 1. 蒴果具顯明之柄。

　　E 1. 果大，徑約1.3公分。

　　　F 1. 果呈倒圓錐形，有稜角；果蓋濶錐形；雄蕊長1.3公分

　　　　…………………………………………⑺長葉桉 *E. longifolia*

　　　F 2. 果稍呈球形，平滑；果蓋長橢圓狀錐形；雄蕊長0.6～

　　　　0.8公分…………………………⑼加拉桉 *E. marginata*

　　E 2. 果小，徑0.6公分…………⑼赤桉　*E. camaldulensis*

　D 2. 蒴果無柄或近於無柄。

　　E 1. 果蓋先端鈍、鈍錐形或半球形，較萼筒爲短。

　　　F 1. 葉濶橢圓形、濶卵形至圓形；果截狀卵圓形…………

　　　　…………………………………⑷加利桉　*E. diversicolor*

　　　F 2. 葉濶披針形，果圓錐形…………⑾大王桉　*E. regnans*

　　E 2. 果蓋先端短尖，呈半卵形…………⒃多枝桉 *E. viminalis*

C 2. 花軸與花梗均扁平。

　D 1. 果之蒴片，突出於萼筒之外…………⑿樹膠桉 *E. resinifera*

　D 2. 果之蒴片，幾藏於萼筒之內。

　　E 1. 果徑大於1.27公分 ………⑹耐風桉　*E. gomphocephala*

　　E 2. 果徑小於1.27公分。

　　　F 1. 果蓋與萼筒稍相等長，銳錐形。

　　　　G 1. 葉披針形，寬1.8～4.3公分。

　　　　　H 1. 花無梗，花期1～3月……⒁雪梨藍桉　*E. saligna*

　　　　　H 2. 花具短梗，花期11～12月…………………………

　　　　　　…………………………⒂白桃花心桉　*E. triantha*

　　　　G 2. 葉長卵形，寬4～9公分………⒀大葉桉　*E. robusta*

　　　F 2. 果蓋長在萼筒之½以下，壓縮狀半球形或有其他變化。

　　　　G 1. 葉披針形，長13公分；花無梗或近於無梗，花期1～

　　　　　3月；果蓋富變化，果徑0.6～0.8公分…………

　　　　　…………………………………⑴鹽風桉 *E. botryoides*

　　　　G 2. 葉濶披針形，長6～12公分；花有梗，花期10～12月

；果蓋壓縮狀半球形，果徑 0.4 公分⋯⋯⋯⋯⋯⋯⋯⋯
⋯⋯⋯⋯⋯⋯⋯⋯⋯⋯⋯⋯⑩脂桉　*E. microcorys*

（1）　鹽風桉　**Eucalyptus botryoides** Smith（Bangalay）　大喬木；葉披針形，先端漸尖，長約 13 公分，寬 4 公分，背面蒼白色；花無梗或幾無梗，花期 1～3 月；果長約 9.5公分，寬 7.5公分，蒴片完全包被。栽培於台北植物園、桃園、新竹、苗栗、宜蘭及屏東。澳洲原產。車輪用材。

（2）　赤桉　**Eucalyptus camaldulensis** Dehn.（Murray red gum）　大喬木；葉狹披針狀，多呈鐮狀，長 13～20 公分，寬 1～2公分，先端漸尖，基銳，背面粉白，油點大；雄蕊長 0.42～0.84 公分，花期 12～1 月；果球形，長 0.6公分。栽培於台北植物園、文山林區及六龜分所第一林班。澳洲原產。用材。

（3）　檸檬桉　**Eucalyptus citriodora** Hook.（Lemon-scented gum）　　大

圖 **438**　檸檬桉 Eucalypus citriodora Hook.

喬木，樹皮平滑，色灰白；葉線狀披針形，先端尾狀，長12
～18公分，寬0.8～1.5公分，一經揉捻，即發出強烈檸
檬香味；蒴果球狀壺形，長1.2公分；幼苗之葉與老木者相比
，形狀差異頗大，苗木之葉，其葉柄作盾狀着生，兩面腺毛頗
多。栽培於台北植物園、省立林業試驗所中埔分所、蓮華池分
所、六龜分所、旗山美濃楠濃林區管理處雙溪熱帶植物園（竹
頭角）、澄清湖及水里至日月潭公路之兩側。澳洲原產。香油
原料，亦植爲觀賞。（圖438）

(4)　加利桉　**Eucalyptus diversicolor** F. Muell.（Karri）　大喬木，樹皮
平滑，白色；葉濶橢圓形、濶卵形或圓形，長4.7～8.7公
分，寬4公分，先端針狀，基圓或鈍；雄蕊長約0.8公分，花
期5～12月；果卵圓形而作截斷狀，長約1.3公分。栽培。
澳洲原產。用材。

(5)　藍桉　**Eucalyptus globulus** Labill.（Tasma-
nian blue gum）　大喬木；葉披針形，長
15～30公分，惟幼苗之葉，形頗特
殊，成橢圓形，對生，無柄及兩面呈粉
白色；花1～3朵腋生，無梗或具極短
總梗；萼筒及花蓋有疣，而爲淡藍白脂
所覆蓋，雄蕊長於1.3公分，花期6～
11月；果具角稜，徑2～2.5公分。
栽培於台北植物園、竹東、埔里、大雪
山、台南及六龜分所。澳洲原產。油料
（自葉提煉）及藥用。（圖439）

圖 **439** 藍　桉 Eucalyptus
globulus Labill.

(6)　耐風桉　**Eucalyptus gomphocephala** DC.（Tuart）　喬木，樹皮粗
糙；葉成長菱狀卵形或長卵形，長6.5～10.5公分，先端漸
尖，基銳或圓；花3～5朵，無柄；花蓋硬厚，花絲長0.63
～1公分，花期1～3月；果倒圓錐形。栽培於台北植物園、

桃園、新竹、苗栗及六龜。澳洲原產。用材。

（7）長葉桉 **Eucalyptus longifolia** Link et Otto （Wolly butt） 喬木，樹皮灰白色，作不規則剝落；葉細長披針形；花爲繖形花序，3朵，具長梗，雄蕊長 1.3公分，花期 10～11月；果倒錐形，先端截形，具稜角，徑約 1.3公分。栽培於竹頭角。澳洲原產。用材。

（8）斑桉 **Eucalyptus maculata** Hook.（Spotted gum） 喬木，樹皮平滑，淡白或淡紅灰色，成片狀剝落；葉披針形；花具短梗，雄蕊長 0.84～1公分，花期 7～8月；果壺形。栽培於省立林業試驗所六龜分所。澳洲原產。用材。

（9）加拉桉 **Eucalyptus marginata** Smith（Jarrah） 喬木，樹皮作帶狀剝落；葉披針形，長 7～15 公分；花之總花梗有時略爲扁平，雄蕊長 0.6～0.84公分，花期 9～2月；果球形，漸狹至柄，徑約 1.3公分，硬而平滑。栽培，澳洲原產。材充電桿、工事用木及枕木等。

（10）脂桉 **Eucalyptus microcorys** F. Muell.（Tallow wood） 大喬木，樹皮具皺紋；葉濶披針形，長 6.3～11.5 公分，寬 2.5～3.7公分，先端漸尖，基銳或歪形，油腺點作均勻細密分佈；花具小花梗，雄蕊長 0.6公分，花期 10～12 月；果徑稀有達 0.4公分者。栽培於六龜分所。澳洲原產。材製地板。

（11）大王桉 **Eucalyptus regnans** F. Muell.（Giant gum） 喬木，樹皮淡白且平滑；葉濶披針形，油腺點細小均勻，花期 1～3月；果圓錐形。栽培，澳洲原產。用材。

（12）樹膠桉 **Eucalyptus resinifera** Smith（Red mahogany） 喬木，樹皮粗糙呈纖維狀；葉披針形，長 8～16 公分，寬 2～3.2公分。先端短尾狀漸尖，基銳。具疏生油腺點；雄蕊長 0.8～1.3公分，花期 11～1月；果徑約 0.84 公分。栽培，見之於宜蘭。澳洲原產。用材。

（13）大葉桉　**Eucalyptus robusta**　Smith　(Beakpod eucalyptus, Swamp mahogany)常綠喬木，樹皮粗糙，狀如杉皮，小枝帶紅色；葉互生，有柄，成卵狀長橢圓形，先端銳尖，長 9～20 公分，寬 4～9公分；花 4～12 朵，成繖形花序，總花梗扁壓狀，具角稜，萼片與花瓣合生而成花蓋；蒴果杯形。栽培。台灣大學、新竹、彰化至草屯公路兩旁頗多植之。澳洲原產。雖植作耕地防風，但材質脆弱，易爲強風吹斷；材供建築。

（14）雪梨藍桉　**Eucalyptus saligna** Smith (Sydney blue gum)　大喬木，樹皮平滑且成灰色；葉卵狀披針形，長 3.5～9公分，寬1.3～3公分，先端銳或漸尖，基鈍；花無梗或有之而極短，雄蕊長 0.42～0.63 公分，花期 1～3 月；果稍呈球狀截形。栽培，見於台北植物園、宜蘭石牌及六龜。澳洲原產。用材。

（15）白桃花心桉　**Eucalyptus triantha** Link (White mahogany gum)　大喬木，樹皮纖維狀；葉背蒼白，葉緣波狀；總花梗圓柱形，花期11～12 月；果徑 0.63～0.84 公分。栽培，省立林業試驗所各分所及農業職業學校多所見之。澳洲原產。觀賞及用材。

（16）多枝桉　**Eucalyptus viminalis**　Labill. (Ribbon gum)　大喬木，小枝下垂，樹皮略粗，呈暗色或在脫落後平滑而呈灰白色；葉濶披針形，長8.5～27公分，寬 4～5公分；花 3～8朵，無梗或有之而極短，雄蕊長 0.53 公分，花期 1～5 月；果球狀截形，徑 0.63～1 公分。栽培，澳洲原產。用材。

3. 白千層屬　MELALEUCA Linn.

白千層　**Melaleuca leucadendron** Linn. (Cajuput tree)　常綠大喬木；樹皮層次甚多，柔軟而富彈性，狀似海棉；花序穗狀；蒴果 3 裂。栽培於全省平地、學校及公園。澳洲原產。自葉部抽出之玉樹油，用爲香料，亦爲常見之園景樹。（圖440 ）

圖 440　白千層 Melaleuca leucadendron Linn.

② 桃金孃亞科 MYRTOIDIAE

B. 桃金孃族 MYRTEAE

4. 桃金孃屬 RHODOMYRTUS DC.

桃金孃　Rhodomyrtus tomentosa（Ait.）Hassk.（*Myrtus tomentosa* Ait.）（Rose myrtle）常綠灌木，幼嫩部份被絨毛，花桃紅色；漿果，具多數細小種子。產於北、中部之山麓叢林內，如台北內湖、六張犁姆指山及新店頗多見之。分佈我國南部、琉球、菲律賓、馬來西亞及印度。果可製果醬，常植供觀賞。（圖441）

5. 番石榴屬 PSIDIUM Linn.

種之檢索

A 1. 嫩枝具稜角；葉厚紙質，兩面及葉柄均生白柔毛，側脈明顯；花徑約 4 公分，花瓣橢圓或長橢圓形，雄蕊 350 ～ 470，雌蕊長 1.4 ～

　　　 1.6 公分；漿果徑 4 ～ 7 公分·····················⑴番石榴　*P. guajava*

A 2.　嫩枝平滑；葉革質，狀似榕樹之葉，兩面及葉柄均平滑，側脈不明
　　　顯；花徑約 2 公分，花瓣倒卵或濶卵形，雄蕊約 250，雌蕊長 0.5 公
　　　分；漿果徑 2 ～ 2.5 公分·····················⑵草莓番石榴　*P. littorale*

圖 **441**　桃金孃 Rhodomyrtus tomentosa（Ait.）Hassk.

（1）　番石榴（拔那）　**Psidium guajava** Linn.（Guava）　常綠小喬木，
　　　葉橢圓形。雖屬栽培種，但已馴化，分佈於全省平地。熱帶美
　　　洲、西印度原產。熱帶及亞熱帶各地均有栽培。果實供生食，
　　　亦供藥用材與供彫刻。

（2）　草莓番石榴　**Psidium littorale** Radd.（Strawberry guava）　常綠小
　　　喬木，葉倒卵形。栽培於嘉義農業試驗所。果樹。（圖442）

C.　赤楠族　PLINIEAE

6.　十子屬 DECASPERMUM Forst.

番仔掃帚　**Decaspermum gracilentum**（Hance）Merr. et Perry.（*Eugenia*

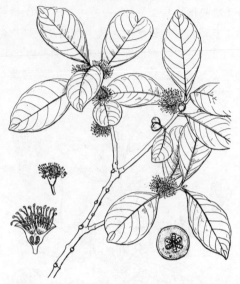

圖 442　草莓番石榴Psidium littorale Radd.

圖 443　番仔掃帚Decaspermum gracilentum (Hance) Merr.

gracilenta Hance, *D. fruticosum* sensu Kaneh., non Forst.)(Decasperm) 常綠小喬木，葉先端尾狀。產恆春半島之叢林內，墾丁公園尤多，另澳底海濱一帶亦有之。分佈我國、太平洋諸島、菲律賓、澳洲、爪哇及印度。供製掃帚。（圖443）

7. 赤蘭屬 Syzygium Gaertn.

種之檢索

A 1. 果呈扁球形，表面具稜角 8 條⋯⋯⋯⋯⋯⋯⋯⋯⑿稜果蒲桃　*S. uniflora*

A 2. 果呈球形、橢圓形、卵形、倒卵形或稀扁球形，表面無稜角。

　B 1. 葉長 2～3.5公分，寬 1～1.5公分⋯⋯⋯⋯⋯⋯⋯⋯⋯⋯⋯⋯⋯⋯
　　　⋯⋯⋯⋯⋯⋯⋯⋯⋯⋯⋯⋯⋯⋯⋯⑵小葉赤蘭　　*S. buxifolium*

　B 2. 葉長 4～20公分，寬 2～8公分。

　　C 1. 葉長 8.5～20公分。

　　　D 1. 葉長 8.5～12公分。

　　　　E 1. 嫩枝圓筒形；葉先端銳尖，葉柄 1～2 公分；花梗長 0.2
　　　　　　公分⋯⋯⋯⋯⋯⋯⋯⑻高士佛赤蘭　*S. kusukusense*

　　　　E 2. 嫩枝扁平；葉先端具尾狀或尾狀凸突，葉柄長 0.5～0.7
　　　　　　公分；花梗長 1.8～2.2公分⋯⋯⋯⋯⋯⋯⋯⋯⋯⋯⋯
　　　　　　⋯⋯⋯⋯⋯⋯⋯⋯⋯⒒大花赤楠　*S. tripinnatum*

　　　D 2. 葉長 10～20公分。

　　　　E 1. 小喬木，下枝斜昇；葉長倒卵形；花 3～4 月開放，單一
　　　　　　，徑 3～3.5公分，花梗長 3.5～4.5公分，基部附有苞
　　　　　　片 1⋯⋯⋯⋯⋯⋯⋯⋯⋯⑴巴西櫻桃　*S. brasiliensis*

　　　　E 2. 中喬木，下枝懸垂；葉卵狀長橢圓形或長橢圓形；花 6～
　　　　　　7 月開放，花成短圓錐花序，徑 1～1.5公分，花梗長0.2
　　　　　　公分，基部附有苞片 2⋯⋯⋯⋯⋯⑷肯氏蒲桃　*S. cumini*

　　C 2. 葉長 4～8公分。

　　　D 1. 果實橢圓形、倒卵形及倒卵狀橢圓形。

　　　　E 1. 果先端截形⋯⋯⋯⋯⋯⋯⋯⋯⑶棒花赤蘭　*S. claviforum*

E 2.　果先端圓形。

　F 1.　葉之第一側脈多數；果倒卵形或倒卵狀橢圓形，長 1.2
　　　　　～ 1.5 公分，寬 0.6 ～ 0.9 公分。

　　G 1.　葉先端鈍，葉柄長 1.5 ～ 2 公分…………………………
　　　　　…………………⑸密脈赤蘭 *S. densinervium* var. *insulare*

　　G 2.　葉先端尾狀漸尖，葉柄長 1 公分……………………………
　　　　　……………………………⑹細脈赤蘭　*S. euphlebium*

　F 2.　葉之第一側脈 5 ～ 7 對；果橢圓形或倒卵形，長 2 ～ 3
　　　　　公分，寬 1.5 公分…………⑽疏脈赤蘭　*S. paucivenium*

D 2.　果實球形。

　E 1.　嫩枝稍具 4 稜角，第一側脈約 20 對（包括副側脈）………
　　　　　……………………………⑺台灣赤蘭　*S. formosanum*

　E 2.　嫩枝圓筒形；第一側脈 8 ～ 9 對，副側脈不明顯…………
　　　　　…………………………………⑼蘭嶼赤蘭　*S. lanyuense*

（1）　巴西櫻桃　**Syzygium
brasiliensis**（ Lam. ）Liu
et Liao（ *Eugenia brasi-
liensis* Lam.)（ Brazil cheery ）
常綠小喬木，小枝暗紫色
，平滑；葉對生，長 10 ～
20 公分，寬 3.5～ 7 公分
，具光澤，背面黃綠色；花
之萼片 4 枚，花瓣 4 枚；花
絲絲狀，白色；雌蕊 1，柱
頭尖細；子房球形，2 室，
每室含胚珠數粒，具花盤；
果球或扁球形，紫黑色。栽
培於省立林業試驗所台北植
物園及嘉義農業試驗所。巴

圖 444　巴西櫻桃 Syzygium
brasiliensis (Lam.)
Liu et Liao

西南部原產。果樹。（圖444）

(2)　小葉赤蘭 Syzygium buxifolium Hook. et Arn. (*Eugenia microphylla*
Abel.)　（ Box-leaf syzygium ）　常綠小喬木；葉對生，橢圓
形，長2～3.5公分，寬1～1.5公分，葉柄長0.3～0.5
公分；花成聚繖狀圓錐花序；萼4裂，雄蕊多數；漿果徑約0.7
公分，球形，熟變黑色。產全省低海拔之森林內，尤以稜線上
乾燥之地，如烏來山稜線之上爲多。分佈我國南部、中南半島
、日本、小笠原及琉球。材製房柱、把柄及弓箭。

(3)　棒花赤蘭 Syzygium claviflorum (Roxb.) Wall. (*Eugenia claviflora*
Roxb.) (Club-flowered syzygium)　常綠小喬木，小枝成4稜角；
葉對生，橢圓形或倒卵形，長6～7公分，寬2～2.5公分；
花單一至2～3朵成聚繖花序；果先端截形。產蘭嶼、綠島及
彭佳嶼。分佈我國南部、中南半島及馬來半島。觀賞。

(4)　肯氏蒲桃 **Syzygium cumini** Skeels (Jambolan)　又稱菫寶蓮。
常綠中喬木；葉卵狀長橢圓形，先端漸尖，基圓鈍，長18～
20 公分，寬3.5～8公分；花成短圓錐花序；花瓣4枚，白
或帶紫色；雄蕊72～74　，花絲白色；雌蕊1，花柱白色，
子房2～3室；漿果短橢圓形或近於球形，長1.5～2.6公
分，熟變紫黑色，內藏種子1粒，種子橢圓形。栽培。台北植
物園、台灣大學及新竹市大圳邊均見之。印度、錫蘭、馬來原
產。現今爪哇、澳洲北部、菲律賓、我國廣東、福建及海南島
均有栽培。

(5)　密脈赤蘭 Syzygium densinervium Merr. var. **insulare** Chang (*E. kasho-*
toensis sensu Kaneh.,non Hay.) (Dense-veined syzygium) 常綠小喬木
；葉倒卵狀橢圓形，先端鈍，基部楔形，長6～8公分，寬3
～3.5公分，側脈多數；花成聚繖狀圓錐花序；果卵形，長1.2
公分，徑0.6公分，平滑，熟變紅色。產蘭嶼。觀賞。

(6)　細脈赤蘭 Syzygium euphlebium (Hay.) Mori (*E. euphlebium* Hay.)

（Fine-veined syzygium） 常綠小喬木；葉橢圓形或倒卵形，先端作短尾狀銳尖，基楔，長5公分，寬2公分；花成圓錐狀聚繖花序，無梗；萼4裂，花瓣4枚，子房2室；果橢圓形，長1.5公分，徑0.7～0.9公分。產恆春半島，如浸水營、南仁山及滿洲之豬勝束等地。觀賞。

(7) 台灣赤蘭 **Syzygium formosanum**（Hay.）Mori（*Eugenia formosana* Hay.）（Formosan syzygium） 常綠中喬木，小枝稍成4稜角；葉橢圓形、長橢圓形至倒卵形，長6公分，寬2.7公分，先端鈍至漸尖，基銳，背面具腺點；花成圓錐狀聚繖花序，花瓣4枚；果球形，徑0.9公分。產全省潤葉樹林之內。材供建築及製器具。

(8) 高士佛赤蘭 **Syzygium kusukusense**（Hay.）Mori（*Eugenia kusuku-sensis* Hay.）（Hengchun syzygium） 常綠中喬木；葉長橢圓形、卵狀長橢圓形或卵狀披針形，先端鈍，基銳，長9～12公分，寬3.5～4公分，背面具腺點；花成聚繖花序；果球形，徑2公分。產恒春半島，如浸水營、高士佛及南仁山。材供建築。

(9) 蘭嶼赤蘭 **Syzygium lanyuense** Chang（Lanyu syzygium） 常綠喬木；葉倒披針形、倒卵狀橢圓形或長橢圓形，先端漸凸，基銳，長7～8公分，寬3.5～4公分，背面具腺點，側脈8～9對；花成聚繖狀圓錐花序；果球形，徑0.8公分，熟變紅色。產蘭嶼及綠島。觀賞。

(10) 疏脈赤蘭 **Syzygium paucivenium**（Robins）Merr.（*Eugenia paucivenia* Robins）（Few-veined syzygium） 喬木；葉倒卵形或橢圓形，先端圓或鈍形，基圓或鈍，稀成短漸尖狀，長4～5公分，寬2.5～3公分，側脈5～7對；花成聚繖花序；果橢圓形或倒卵形，長2～3公分，寬1.5公分。產蘭嶼與綠島。分佈菲律賓北部。觀賞。

(11) 大花赤蘭 **Syzygium tripinnatum**（Blanco）Merr.（*Myrtus tripinnata*

Blanco)（ Large-flowered syzygium ） 常綠中喬木；葉卵狀披針形或長橢圓形，先端尾狀，基銳或鈍，長 8.5～11.5 公分，寬 2.2～4公分，側脈 8～11 對；花成繖房狀聚繖花序，花瓣 4枚，子房 2室。產蘭嶼。分佈菲律賓。觀賞。

（12）稜果蒲桃 **Syzygium uniflora**（ Linn. ） Liu et Liao （ *Eugenia uniflora* Linn. （Pitanga） 又稱扁櫻桃。常綠大灌木，小枝紅褐色；葉心形，先端漸尖，基鈍圓或心形，長 3.5～8公分，寬 2～4.5公分；花單生或 2～4 朵簇生而成聚繖花序；萼片 4枚，外捲；花瓣 4枚，濶卵形、橢圓形或倒卵形，白色，中間或邊緣帶有淺紅暈紋；雄蕊 56～72 ，花絲白，花藥 2室，具花盤；雌蕊 1，花柱白；果紅色，下垂，扁球形，徑 1.2～2.2公分，高約 1.5公分，具稜角 8條，果肉柔軟多汁，內藏種子 1～3粒。栽培。台北植物園、嘉義農業試驗所、高雄市火車站前至愛河之間的行道兩旁、高雄忠烈祠、墾丁公園及台東多有植之。巴西原產。果及園景樹。

圖 **445** 賽赤楠 Acmena acuminatissima (Blume) Merr. et Perry

D．賽赤楠族 ACMENEAE

8．賽赤楠屬 ACMENA DC.

賽赤楠 Acmena acuminatissima （Blume） Merr. et Perry. （*Myrtus acuminatissima* Blume， *E. cuspidato-obovata* Hay. ）（ Willow-leaved syzygium ）　　常綠中喬木，葉卵狀披針形，尾狀銳尖，花梗具 4 角稜。產蘭嶼。分佈我國南部、馬來西亞、泰國、菲律賓、澳洲及印度。觀賞。（圖445）

E．蒲桃族 EUGENIEAE

9．蒲桃屬 EUGENIA Linn.

種之檢索

A 1.　葉長18～45公分，寬12～21公分；雄蕊約 300 ，花絲紫紅色；果粗肥，倒圓錐形，長 4～8 公分，寬 3.5～6 公分……………
　　　…………………………………………(4)馬來蒲桃　*E. malaccensis*

A 2.　葉長10～28公分，寬 2.8～10公分；雄蕊 134～168 或 470～500
　　，花絲白紫、淡黃或白色；果細瘦，倒圓錐形或卵形，長 2.5～5
　　公分，寬 1.5～5.5公分。

　B 1.　葉長橢圓狀披針形或長披針形，寬 2.8～5 公分；雄蕊約 500 ，
　　　花絲黃白；果卵形，先端圓，色黃橙，果肉頗薄………………
　　　…………………………………………………………(2)香果　*E. jambos*

　B 2.　葉橢圓形、倒卵長橢圓形或卵狀橢圓形，寬 5～10公分；花絲白
　　　紫或白；果短而細瘦，倒圓錐形，先端截形，色白或鮮紅、乳白
　　　、綠白、淡紅、粉紅及深紅色，果肉肥厚。

　　C 1.　雄蕊 134～168 ；果長 1.5～2 公分，短而細瘦，倒圓錐形……
　　　　…………………………………………………(1)水蓮霧　*E. aquea*

　　C 2.　雄蕊 470～490 ；果長 3.2～5.2公分，倒圓錐形……………
　　　　…………………………………………………(3)蓮霧　*E. javanica*

（1）　水蓮霧 Eugenia aquea Burm. f. (Water apple)　　常綠小喬木；葉橢圓形或倒卵狀長橢圓形，先端漸尖，常具缺凹，基圓或鈍，

長 10～ 26 公分，寬 5～10 公分，花單生或 2～7 朵簇生
，成聚繖花序；萼片與花瓣各 4 枚（稀有 5～6 枚），瓣片白
或紫紅色；雄蕊 134～168，花絲白或紫色；雌蕊 1，花柱黃
白或紫色；漿果徑 2.5～3.5公分，高 1.5～2 公分，白或鮮
紅色，多汁。栽培於嘉義農業試驗所。馬來西亞及菲律賓原產
，爪哇亦有栽培。果樹。

（2）　香果　Eugenia jambos Linn.（Rose apple）　常綠小喬木；葉長橢
　　　圓狀披針形，先端漸尖，基鈍或濶楔狀，兩面具光澤而平滑，

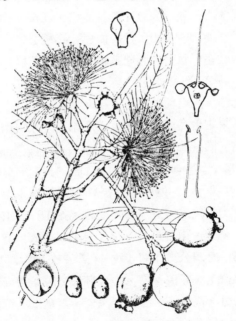

圖 **446**　香果 Eugenia jambos Linn.

長 12～ 20 公分，寬 2.8～5.2公分；花 2～6 朵成聚繖花
序，花徑約 10 公分；萼片 4 枚，花瓣 4 枚，黃綠或帶綠白色
；雄蕊約 452～500，花絲黃白色，長短不齊；雌蕊 1，子房 2
室，每室含胚珠數粒；漿果球形、卵形或扁球形，徑 3.2～4

公分，黃白色而帶紅暈，果肉白色，缺水，味甘而帶香氣，內
藏種子1～3粒。產全省庭園或溪邊（如台北石碇、大屯山麓
、嘉義、六龜扇平及墾丁公園等地），有種植或野生。東印度
原產，現熱帶至溫帶均廣汎栽培。果樹而外，材製器具，另植
為觀賞。（圖446）

（3） 蓮霧 **Eugenia javanica** Lam. （Wax apple） 常綠大喬木；葉卵狀
橢圓形或橢圓狀披針形，先端漸尖，基圓或心形，長12～28
公分。寬4.5～10公分；花2～3朵成聚繖花序，稀有單生
者，徑4.2～4.5公分；萼片4枚，花瓣4枚，淡黃或近於白
色，雄蕊470～490，花絲白色　花藥2室，具花盤；雌蕊1
，子房2室，每室含胚珠數粒；漿果倒圓錐形，徑4.5～5.5
公分，高3.5～5公分，乳白、綠白、淡紅、粉紅至深紅色，
臘狀光澤，內藏種子1～2粒。栽培於全省平地，以宜蘭及彰
化為本果之著名產地。馬來西亞原產，我國南部及南洋各地均
有栽培。園景兼果樹。

（4） 馬來蒲桃 **Eugenia malaccensis** Linn. [*S. malaccense* （Linn.）
Merr. et Perry] （Malay apple） 常綠中喬木；葉長橢圓形或倒
卵形，先端鈍或短尖，基圓或鈍，長18～45 公分，寬12
～21 公分，兩面平滑；花5～16 朵成聚繖花序，鮮紅色，
徑1.5～2.5公分；萼4枚，花瓣4枚；雄蕊約300，花絲紫紅
色；雌蕊1，子房2室，內含胚珠數粒；果倒圓錐形，徑3.5
～6公分，高4～8公分，深紅、淡紅或淡黃色，帶紫色縱溝
紋或全體為黃白而帶紫斑點，內藏色褐球形種子1～2粒。栽
培於台北植物園及嘉義農業試驗所。馬來西亞原產，其他印度
、錫蘭、爪哇、菲律賓及夏威夷等地均有栽培。果樹、果製果
醬。

（94） 安石榴科 PUNICACEAE（Pomegranate Family）

小喬木或灌木，常有棘刺；葉部分對生，無油細胞；萼有色，筒

狀，與子房連生，5～7裂；花瓣5～7，在蕾中皺摺；雄蕊多數，自萼筒生出；子房下位，室分上下兩層，下層3室，具中軸胎座，上層5～7室，具側膜胎座，每室有多數胚珠；花柱與柱頭1；漿果具宿存之萼；種子具肉質透明之外種皮，胚直，缺胚乳。本科一屬2種。台灣栽培者1種，具2變種。

1. 石榴屬 PUNICA Linn.

變種之檢索

A 1. 花單瓣，5～7片 ……… （1a）石榴 *P. granatum* var. *granatum*

A 2. 花重瓣，多數片。

　B 1. 矮生灌木；葉線狀披針形，與花均為小形，花瓣多至 120 枚，朱紅色 ……………………… （1b）月季石榴 *P. granatum* var. *plena*

　B 2. 小喬木；葉狹長橢圓形，長4公分，與花均為大形；花瓣40～50枚，橙紅色 ………… （1c）紅石榴 *P. granatum* var. *pleniflorum*

圖 **447** 石榴 Punica granatum Linn.

（1a）石榴　**Punica　granatum**　Linn.　var.　**granatum**（Pomegranate）
落葉小喬木，小枝方形，先端變刺。栽培於全省平地及低海拔
之處。地中海沿岸原產，亞熱帶及溫帶則栽培甚廣。果樹。果
皮除作染料之外，與根皮均供藥用，有袪除絛蟲之效；每多栽
培供觀賞。（圖447）

（1b）月季石榴　**Punica granatum** Linn. var **plena** Voss（Dwarf pomegranate）
矮生灌木，花重瓣，葉、花及果均較原種與另一變種為小
。栽培於平地。觀賞。

（1c）紅石榴　**Punica granatum** Linn. var. **pleniflorum** Hayne（Many-petaled
pomegranate）　落葉小喬木，花重瓣。栽培於平地。原產波斯
。觀賞、藥用（皮與根用於絛蟲之驅除）。

(95)　玉蕊科　LECYTHIDACEAE（Lecythis Family）

常綠喬木或灌木；葉單一，大形，無腺點，但有時邊緣具腺體，
互生而屢叢生於小枝頂端，托葉不存；花大形，顯著，兩性，對稱，
單一或成總狀花序，腋生或頂生；萼片與花瓣通常4～6，花瓣偶有
缺乏者；子房之先端構成扁平之花盤，花瓣與雄蕊則着生此盤之內；
雄蕊多數。排成數列，外側者每變為假雄蕊而狀似副冠，花絲基部合
生；子房下位或半下位，2～6室，每室具1～多數軸生胚珠，花柱
單一；核果、革質漿果或蒴果，具木質纖維，裂開（蓋裂）或否；種
子無胚乳，胚分裂或否。全球18屬，約230種，分佈南美洲、非洲
西部、馬來西亞及其他熱帶地區。台灣有3屬4種，包括引進者，其
檢索如下：

屬之檢索

A 1.　萼片2；葉長20～42（可達60）公分，寬8～20公分。

　B 1.　萼片宿存性，花瓣4；果具4～6稜角，徑3～10公分，種子1
　　　　或稀2粒，呈球形或橢圓形 ⋯⋯⋯ 1.碁盤脚樹屬　*Barringtonia*

　B 2.　萼片脫落性，花瓣6；果球形，無稜角，徑13～15公分，種子18

～24粒，外具稜角 ⋯⋯⋯⋯⋯⋯⋯⋯ 2. 巴西栗屬　*Bertholletia*

A 2.　萼片 4～6；葉長10公分，寬 4 公分；種子 1 或少數粒⋯⋯⋯⋯⋯
　　⋯⋯⋯⋯⋯⋯⋯⋯⋯⋯⋯⋯⋯⋯⋯⋯⋯⋯⋯⋯ 3. 猴胡桃屬 *Lecythis*

1．碁盤脚樹屬 BARRINGTONIA Forst.

種之檢索

A 1.　葉先端近於鈍圓，全緣，葉寬15～20公分；花序普通，花絲12～15
　　公分，淡紫紅色（上半部）；核果具 4～6 稜角，4～6 方形，長
　　10公分，寬10公分，狀如圍碁盤下之脚⋯⋯⋯⋯⋯⋯⋯⋯⋯⋯
　　⋯⋯⋯⋯⋯⋯⋯⋯⋯⋯⋯⋯⋯⋯⋯⋯(1)碁盤脚樹　*B. asiatica*

A 2.　葉先端漸銳尖，緣具鋸齒，葉寬 8～10公分；花序下垂，花絲長 3
　　公分，紫紅色；核果具 4 稜，長橢圓形，長 4.5 公分，寬 2 公分⋯
　　⋯⋯⋯⋯⋯⋯⋯⋯⋯⋯⋯⋯⋯⋯⋯⋯⋯(2)水茄苳　*B. racemosa*

（1）　碁盤脚樹 Barringtonia asiatica (Linn.) Kurz (*Mammea asiatica* Linn.)
　　（ Indian barringtonia ）　　常綠喬木，花成頂生短而直立之總狀花
　　序。產恒春鵝鑾鼻半島之船帆石、香蕉灣及砂島一帶，另蘭嶼
　　之紅頭海濱公園、望南角及朗島一帶亦多有之。分佈馬來西亞
　　、澳洲及太平洋諸島。薪柴、觀賞。

（2）　水茄苳　Barringtonia racemosa (Linn.) Roxb.(*Eugenia racemosa* Linn.)
　　（ Small－leaved barringtonia ）常綠中喬木，花成腋生長而下垂之總
　　狀花序。產北部海濱，如基隆、金山、澳底及宜蘭、南部恒春
　　牡丹灣地區，另台北私人庭園、台灣大學及墾丁公園內亦有栽
　　培。熱帶亞洲、太平洋諸島、熱帶澳洲及玻里尼西亞。觀賞、
　　防風定砂。（圖448）

2．巴西栗屬 BERTHOLLETIA Humb. et Bonpl.

　　巴西栗　Bertholletia excelsa Humb. et Bonpl. (Brazil nut)　　常綠大喬木
；葉長橢圓形，波狀，長 27～34 公分，寬 8～11 公分；葉柄長
2公分；花頂生，總狀花序，花徑 3.8公分，花瓣 6 片；果球形，徑

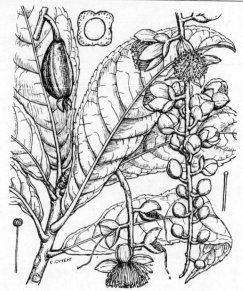

圖 448　水茄苳Barringtonia racemosa (Linn.) Roxb.

圖 449　巴西栗Bertholletia excelsa Humb. et Bonpl.

約 15 公分，果殼堅厚，木質，內藏種子 1～24 個；種子具稜角，黑褐，長 10 公分，徑 4 公分。栽培於台北植物園、嘉義農業試驗所及美濃竹頭角。南美圭亞那及巴西亞馬遜河原產，熱帶地區多有栽培。果樹之外，種子搾油，材供裝飾。（圖449）

3．猴胡桃屬 LECYTHIS Loefl.

猴胡桃 Lecythis zabucajo Aubl.（Monkey nut）　喬木；葉長 11 公分，寬 3.8公分，互生，全緣或帶鋸齒；花大，成圓錐花序；萼 4～6 裂；花瓣 6 枚（有 4），雄蕊多數；果長而皺，成爲殼果，內藏種子 1 枚。栽培於嘉義農業試驗所。南美圭亞那及巴西原產。充果樹之外，種子油用製肥皂及燃燈，材供水中柱梁。

(96) 野牡丹科 MELASTOMATACEAE（Melastoma Family）

小喬木、灌木、少數草本，稀有藤本者；小枝對生；葉具柄，單一，對生，偶成輪生，全緣或具細或鈍鋸齒，主脈 3～9 條，無油細胞；托葉不存；花兩性，整齊，各部分之數爲 3～6，但常爲 5；萼筒與子房分離或連生，其頂端着生萼片、花瓣及雄蕊；萼片覆瓦或鑷合狀；花瓣覆瓦狀，離生或基部稍合生；雄蕊與花瓣同數或倍之，同長或較短，花絲離生，在花蕾時反曲，花藥 2 室，多爲孔開，藥隔屢向下延伸或具各式附屬體；子房下位或上位，2～6 室，每室具多數軸生胚珠，花柱或柱頭 1；漿果或蒴果，均藏於萼筒之內，如爲蒴果則作不規則之胞背開裂；種子小，無胚乳。全球有 175 屬，3,000種，分佈於熱帶地區及美國東部。本科台灣產者 10 屬，其檢索如下：

屬之檢索

A 1. 花藥縱裂，胎座有側膜、底生、或特立中軸等。

　B 1. 子房 2～5 室，具底生胎座；葉具長柄，背面銹褐色……………………………………………………… 1. 銹葉野牡丹屬 Astronia

　B 2. 子房 1 室，具特立中軸胎座；葉幾無柄，背面不爲銹褐…………………………………………………… 7. 美錫蘭樹屬　Memecylon

A 2.　花藥孔裂，子房具中軸胎座。

　B 1.　種子直立、橢圓形、倒卵形，不彎曲。

　　C 1.　蒴果，胞背裂開。

　　　D 1.　子房頂端呈圓形或圓錐形。

　　　　E 1.　雄蕊 8 ，具距 ·················· 2. 深山野牡丹屬　*Barthea*

　　　　E 2.　雄蕊 4 ，無距 ······················· 3. 柏拉木屬　*Blastus*

　　　D 2.　子房頂端扁平或凹入·················· 4. 金石榴屬　*Bredia*

　　C 2.　漿果，不裂開。

　　　D 1.　藥隔具 2 小瘤與 1 距，子房之頂端呈圓錐狀截形，葉叢生，

　　　　　　藤本狀 ··························· 5. 野牡丹藤屬　*Medinilla*

　　　D 2.　藥隔具 1 距，子房之頂端呈圓形，葉對生，直立灌木········

　　　　　　·· 10. 紅果野牡丹屬　*Pachycentria*

　B 2.　種子作半圓形，反曲。

　　C 1.　雄蕊長短不一，呈 2 型 ··············· 6. 野牡丹屬　*Melastoma*

　　C 2.　雄蕊同長或稍同長，僅 1 型。

　　　D 1.　雄蕊 8 ，同長；蒴果 ··············· 8. 金錦香屬　*Osbeckia*

　　　D 2.　雄蕊 10 ，稍同長或不同長，漿果································

　　　　　　································ 9. 糙葉金錦香屬　*Otanthera*

1.　銹葉野牡丹屬　ASTRONIA Nor.

　銹葉野牡丹　**Astronia ferruginea** Elm.（Rusty-leaf astronia）　常綠中喬木，枝、葉及花序均密佈銹褐色柔毛。產恒春半島，如浸水營、壽卡及牡丹，另蘭嶼及綠島之濶葉樹林內亦頗多見之。分佈菲律賓北部及西里伯島。觀賞。（圖450）

2.　深山野牡丹屬　BARTHEA Hook. f.

　深山野牡丹　**Barthea formosana** Hay.（Taiwan barthea）　常綠灌木；葉長卵形，先端尾狀銳尖而歪斜。產中央山脈中、高海拔之森林內。觀賞。（圖451）

3.　柏拉木屬　BLASTUS Lour.

　柏拉木　**Blastus cochinchinensis** Lour.（Cochinchina blastus）　常綠小灌

圖 450　銹葉野牡丹 Astronia ferruginea Elm.

圖 451　深山野牡丹 Barthea formosana Hay.

木，全體近於平滑，脈三出。產北、中部中、高海拔之森林內。分佈我國南部、中南半島、琉球及東印度。觀賞。（圖452）

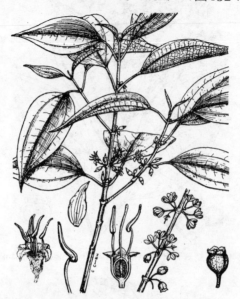

圖 **452**　柏拉木 Blastus cochinchiensis Lour.

4．金石榴屬 **BREDIA** Blume

種之檢索

A 1.　葉圓至卵狀圓形或心狀卵形至卵形，基部圓至心狀；小枝密生粗毛。

　　B 1.　葉短小，先端鈍或圓，長至 4 公分，寬 2 ～ 3.5 公分，脈掌狀，8 ～ 9 條，稍呈全緣；聚繖花序長 14 公分，萼片三角形…………………………………………………………⑶圓葉布勒德藤　*B. rotundifolia*

　　B 2.　葉稍長，先端漸尖，長可至 8 公分，寬 1.5 公分，脈掌狀，5 ～ 7 條，邊緣具細鋸齒；聚繖花序長 5 ～ 7 公分，萼片披針形…………………………………………………………⑷布勒德藤　*B. scandens*

A 2.　葉橢圓狀卵形、潤卵形或長橢圓形，基部銳尖、鈍或漸尖而為楔狀；小枝被粉白顆粒及疏生剛毛或軟細毛。

B 1. 萼筒長 0.3 公分，倒圓錐形，萼片鑿形；蒴長 0.5 ～ 0.6 公分……
…………………………………………………⑴小金石榴　*B. gibba*

B 2. 萼筒長 0.5 ～ 0.7 公分，漏斗形，萼片齒牙狀；蒴長 1 公分……
…………………………………………………⑵金石榴　　*B. oldhamii*

（1）　小金石榴　**Bredia gibba** Ohwi (Humped　bredia)　　小灌木；嫩枝
被粉狀小顆粒與剛毛；葉卵圓形，長 3 ～ 7 公分。產南部地區
，如旗山。觀賞。

（2）　金石榴　**Bredia oldhamii** Hook. f. (Oldham　bredia)　　常綠小喬木
；嫩枝疏被柔毛；葉長橢圓形，長 7 ～ 11 公分。產全省低海
拔之森林內，以北部爲多。觀賞。

（3）　圓葉布勒德藤　**Bredia rotundifolia** Liu et Ou (Round‐leaf bredia)
攀緣小灌木；嫩枝密生毛茸，葉近於圓形，長 2 ～ 4 公分。產
嘉義。觀賞。

圖 **453**　布勒德藤 Bredia scandens (Ito et Matsum.) Hay.

（4）　布勒德藤　**Bredia scandens**（Ito et Matsum.）　Hay.（*B. hirsuta* Blume var. *scandens* Ito et Matsum.）（Climbing bredia）　蔓性灌木，全體密生毛茸；葉卵狀心形，具細尖鋸齒。產中央山脈海拔 800 ～ 2,000 公尺之森林內。觀賞。（圖453）

　　5.　野牡丹藤屬　**MEDINILLA** Gaud.

種之檢索

A 1.　葉橢圓狀倒卵形，長 10 ～ 20 公分，脈作上下双重三出，背面平滑；花序頂生或腋生⋯⋯⋯⋯⋯⋯⋯⋯(1)台灣野牡丹藤　*M. formosana*

A 2.　葉橢圓狀卵形，長 9 ～ 12 公分，脈僅下部一次三出，背面稍被鱗片；花序腋生⋯⋯⋯⋯⋯⋯⋯⋯⋯(2)蘭嶼野牡丹藤　*M. hayataiana*

（1）　台灣野牡丹藤　**Medinilla formosana** Hay.（Taiwan medinilla）　蔓性灌木，枝上散生皮孔。產南部，如六龜扇平、壽卡、雙流、牡丹、大武及南仁山。觀賞。

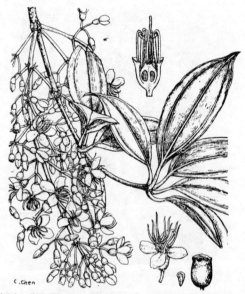

圖 **454**　蘭嶼野牡丹藤 Medinilla hayataiana Keng

（2）　蘭嶼野牡丹藤　**Medinilla hayataiana** Keng（Hayata medinilla）　蔓
性灌木，全體被暗褐色粉粃。產蘭嶼。觀賞。（圖454）

6．野牡丹屬 MELASTOMA Linn.

種之檢索

A 1．葉長 4 ～ 12公分，寬 2 ～ 6 公分。

B 1．葉乾呈綠色，背面被短毛；萼片平滑…(1)蘭嶼野牡丹　　*M. affine*

B 2．葉乾帶黃色，背面密生長毛；萼片亦被密毛。

C 1．花瓣紫色 ………（2a）野牡丹　　*M. candidum* forma *candidum*

C 2．花瓣純白色…………………………………………………………

…………（2b）白花野牡丹　*M. candidum* forma *albiflorum*

A 2．葉長 2 ～ 4 公分，寬 1 ～ 1.5公分………………………………

………………………………………(3)水社野牡丹　　*M. intermedium*

（1）　蘭嶼野牡丹　**Melastoma affine** Don（Island melastoma）灌木，葉
基狹窄，具 3 ～ 5 脈。產蘭嶼及綠島。亞洲南部、自馬來西亞
至我國南部及菲律賓，均有分佈。觀賞。

（2a）野牡丹 **Melastoma candidum** D. Don forma **candidum**（Common mela-
stoma）灌木，葉基心形，具 5 ～ 7 脈。產全省低海拔之後生
林或草生地。分佈我國南部、蘭嶼、綠島、中南半島及菲律賓
。觀賞。

（2b）白花野牡丹 **Melastoma candidum** D. Don forma **albiflorum** J. C. Ou
（White-flowered melastoma）灌木，花色白。產宜蘭員山鄉山麓
。本名在原產地稱白埔筆花，該處民間有繁殖栽培，作爲藥用
者。

（3）　水社野牡丹　**Melastoma intermedium** Dunn（Shui she melastoma）
常綠小灌木；葉較上列 2 種爲小，長不超過 4 公分。產於永社
、蓮華池及日月潭一帶。觀賞。（圖455）

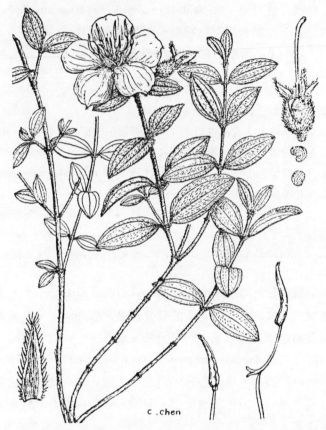

圖 455　水社野牡丹 Melastoma intermedium Dunn

7. 美錫蘭樹屬 MEMECYLON Linn.

（1）　美錫蘭樹　**Memecylon coccubum** Jack.　（Memecylon）　常綠灌
　　　木；葉幾無柄，對生，全緣；漿果橢圓形，藍色。栽培於省立
　　　林業試驗所恒春分所石筍洞四周。藥用。

（2）　革葉羊角扭 **Memecylon lanceolatum** Blanco（Lance-leaf memecylon）
　　　小喬木；葉幾無柄；子房1室，具特立中軸胎座。產蘭嶼
　　　河流至森林邊緣。分佈菲律賓、婆羅洲及西里伯島。觀賞。

8. 金錦香屬 OSBECKIA Linn.

種之檢索

A 1. 葉寬 0.5 ～ 0.8 公分，全緣；花藥長 0.2 ～ 0.3 公分，花絲 0.3 ～ 0.45 公分；蒴長 0.5 ～ 0.7 公分 ⋯⋯⋯⋯⑴金錦香　*O. chinensis*

A 2. 葉寬 2 ～ 2.5 公分，具細鋸齒；花藥長 0.6 公分，花絲 1 ～ 1.2 公分；蒴長 1.5 ～ 1.8 公分⋯⋯⋯⋯⋯⋯⑵潤葉金錦香　*O. crinita*

（1）　金錦香　**Osbeckia chinensis** Linn. (Chinese osbeckia)　矮小灌木，葉狹窄，寬不及 1 公分；蕚在其凹所具星狀叢毛。產大屯山及中央山脈高海拔之處。分佈我國、馬來西亞、印度、菲律賓、澳洲、日本及琉球。觀賞。（圖 456）

圖 456　金錦香 Osbeckia chinensis Linn.

（2）　潤葉金錦香　**Osbeckia crinita** Benth. (Long- hair osbeckia)　小灌木，葉寬超過 2 公分，蕚全面具星狀毛。僅產南投一帶，如日

月潭水社。分佈我國南部、中南半島、馬來西亞、緬甸至印度
。觀賞。

9. 糙葉金錦香屬 OTANTHERA Blume

糙葉金錦香 Otanthera scaberrima（Hay.）Ohwi（*Osbeckia scaberrima* Hay.
）（Rough－leaved otanthera）　小灌木，全株具硬毛，雄蕊形態長短
不一。產中央山脈中海拔以上之高地，以東部尤爲多。觀賞。(圖 457)

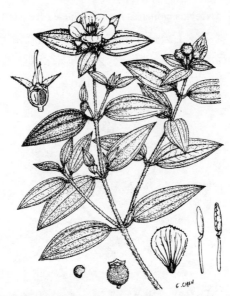

圖 **457** 糙葉金錦香 Otanthera scaberrima (Hay.) Ohwi

10. 紅果野牡丹屬 PACHYCENTRIA Blume

紅果野牡丹 Pachycentria formosana Hay.（Taiwan pachy centria）附生小
灌木，全體平滑，藥隔基部後面具 1 短距；漿果先端截形。着生於中
央山脈海拔 1,000 ～ 2,400 公尺之潤葉樹林內之樹上或岩石堆積之
腐植土上。觀賞。(圖 458)

圖 458　紅果野牡丹 Pachycentria formosana Hay.

(97) 紅樹科 **RHIZOPHORACEAE** (Mangrove Family)

常綠喬木或灌木，枝具粗大之節；葉單一，對生，革質，托葉常存；花兩性，腋生，上位或周位；萼3〜16裂，宿存，鑷合狀；花瓣與萼裂片同數，每作V字形凹折並剪裂，在蕾中疊摺；雄蕊與花瓣同數或更多，每成對與花瓣對生，花藥2室或更多；子房下位，1〜6室，花柱單一；胚珠2，着生於室之內角上部；漿果、核果，通常內藏種子1，稀有2顆；種子具直而色綠之胚，胚乳多存；又種子每在果實內發芽，幼苗在樹上形成，通稱之爲胎生（viviparity）。本科植物具多種特殊之根，如呼吸根（respiratory root）、膝根（knee root）、板根（plank buttressus root）等。紅樹林之種類，就廣義解釋，計有9科、26種，但就本科而言，約有4屬17種，台灣自生者計4屬4種，其檢索如下：

屬之檢索

A 1. 萼片 4，花藥多室 ·················· 4. 五梨跤屬 *Rhizophora*

A 2. 萼片 5 ～ 16，花藥 2 ～ 4 室。

 B 1. 萼片 8 ～ 16，子房下位 ················· 1. 紅茄苳屬 *Bruguiera*

 B 2. 萼片 5 ～ 6（稀有 4），子房半下位。

  C 1. 萼片大，卵形；花瓣先端凹裂，雄蕊 10 ～ 12，子房 3 ～ 4 室··· ·············· 2. 細蕊紅樹屬 *Ceriops*

  C 2. 萼片小，線狀橢圓形；花瓣先端 2 裂之後，再作細裂；雄蕊多 數，子房 1 室 ··············· 3. 水筆仔屬 *Kandelia*

1. 紅茄苳屬 BRUGUIERA Lam.

紅茄苳　**Bruguiera gymnorrhiza**（Linn.）Lam.（*Rhizophora gymnorrhiza* Linn.,*B. conjugata* sensu Merr., non Linn.）（Many-petaled mangrove） 常綠

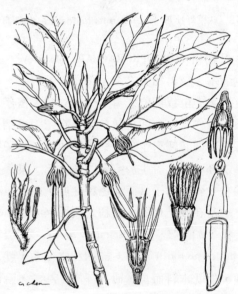

圖 459　紅茄苳 Bruguiera gymnorrhiza (Linn.) Lam.

小喬木，除幹基之支柱根外，尚有自地下昇出之膝根；花單立，紅或帶黃色。產於高雄海濱，如左營。曾生育於高雄港口內之紅樹林，已於 10 年前全部被工廠所流出之廢液毀滅，目前僅有使君子科之欖李與馬鞭草科之海茄苳，見於旗津與第二港口之間的地區，各約有 50 株群生而已。分佈熱帶非洲東、南部，馬達加斯島、亞洲東、南部至馬來西亞、澳洲與玻里尼西亞。材供坑木、製漿及薪炭，樹皮則可抽取鞣質（單寧）。（圖 459）

2. 細蕊紅樹屬 CERIOPS Arn.

細蕊紅樹　**Ceriops tagal** (Perr.) C. B. Rob.　(*Rhizophora tagal* Perr.)

（Ceriops）　　常綠灌木；葉倒卵狀橢圓形，先端圓而微凹；花 5～6，密生而成聚繖狀。前曾產於高雄港口內之沼澤，現已絕跡。分佈馬來西亞、婆羅洲、菲律賓及印度。柴薪。（圖 460）

圖 460　細蕊紅樹 Ceriops tagal (Perr.) C. B. Rob.

3. 水筆仔屬 KANDELIA Wight et Arn.

水筆仔 **Kandelia candel** (Linn.) Druce (*Rhizophora candel* Linn.) (Kandelia) 常綠小喬木；花成二出聚繖花序，基部圍有盃形且先端作 2 裂之

苞1個。產淡水、笨秦林（米粉埔）至竹圍關渡、八里鄉、控子尾及龍源、新竹之紅毛港南岸（2公頃）及仙腳石等河口，另本省西海岸地區已有本種之人工林，如嘉義塭港、東石（民國50～52年間由淡水引入，成活率僅10％）等地，所謂森林下海，即指此及其他紅樹林樹木而言者也。分佈我國南部、婆羅洲、印度、琉球及日本南部。材

圖 461　水筆仔 Kandelia candel (Linn.) Druce

供坑木及樹皮含鞣質，爲褐色染料。（圖 461）。

4．五梨跤屬 RHIZOPHORA Linn.

五梨跤　Rhizophora mucronata Poir.（Four-petaled mangrove）常綠小喬木，氣根每自莖枝高處下垂；葉橢圓形，先端具1早落性之芒尖，易與其他紅樹林植物識別。前曾產於高雄前鎮沼澤地區，今則已絕跡，僅路竹、烏樹林等地尙見少許。分佈世界舊熱帶。材供建築、製漿及薪炭，樹皮則可提煉鞣質。（圖 462）

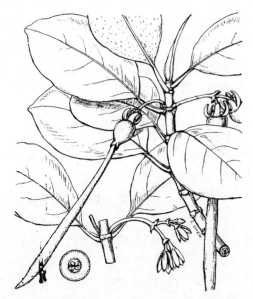

圖 **462** 五梨跤 Rhizophora mucronata Poir.

按紅樹林(mangrove)之生長，必須具備之環境條件，有如下數項：

(1) 限於熱帶赤道兩側高溫多雨之海岸及其隣近之河流。

(2) 必須海水流速緩慢，海浪平靜，潮水漲滿與退落之間的地區，尤必須有淡水之混流。

(3) 多含腐植質與泥砂混合之土壤（淤泥，空氣不流通），鹽鹼土地之酸鹼度在 pH 7～8 度之處。

(4) 風力較弱之地，如海灣、海埔新生地、魚塭及河口。

(5) 就台灣地區而言，除水筆仔一種適於溫冷之處外，其他紅樹科 3 種與欖李、海茄苳等，皆宜生於暖熱之地，通常台灣北部與南部之平均氣溫，相差約 5°C。

（98）使君子科 COMBRETACEAE (Combretum Family)

喬木、灌木或藤本；葉具柄，互生、叢生或對生，單一，全緣；托葉不存；花無梗，兩性，稀爲單性，通常成穗狀或總狀；萼片 4 ～

5；花瓣4～5或缺如，形小；雄蕊4～10 或更多，排成2列；子房下位，1室，胚珠2～6粒，自細長之珠柄下垂，花柱1，軟柔；乾果，內含1種子，表面具2～5稜脊或作翅狀；子葉疊摺，無胚乳。全球有15 屬280種，分佈舊世界熱帶地區，在溫帶地區每有栽培。台灣4屬，包括栽培者，其檢索如下：

屬之檢索

A 1. 花瓣存，每花4～5片。

 B 1. 蔓性灌木，生長內陸地帶；葉對生，先端漸銳，基部鈍圓；花紅或爲紅白之混合色；核果表面具稜脊。

  C 1. 萼筒頗短，花瓣4，深紅色，雄蕊8；葉質厚⋯⋯⋯⋯⋯⋯⋯⋯⋯⋯⋯⋯⋯⋯⋯⋯⋯⋯⋯⋯⋯1.藤訶子屬 *Combretum*

  C 2. 萼筒特長，花瓣5，爲紅白之混合色，雄蕊10；葉質薄⋯⋯⋯⋯⋯⋯⋯⋯⋯⋯⋯⋯⋯⋯⋯⋯⋯⋯⋯⋯3.使君子屬 *Quisqualis*

 B 2. 直立大喬木，生長海濱沼澤地帶；葉互生，先端圓或微凹，基部楔形；花白色，花瓣5，雄蕊10；核果表面平滑⋯⋯⋯⋯⋯⋯⋯⋯⋯⋯⋯⋯⋯⋯⋯⋯⋯⋯⋯⋯⋯⋯2.欖李屬 *Lumnitzera*

A 2. 花瓣不存⋯⋯⋯⋯⋯⋯⋯⋯⋯⋯⋯⋯⋯4.欖仁屬 *Terminalia*

1. 藤訶子屬 COMBRETUM Linn.

長蔓藤訶子 Combretum grandiflorum G. D. (Giant - flowered combretum)

蔓性灌木；葉對生；花瓣深紅色，4片；雄蕊8。栽培於省立林業試驗所生物系臘葉標本館之橋旁，作爲陰棚。原產熱帶地區。觀賞。

2. 欖李屬 LUMNITZERA Willd.

欖李 Lumnitzera racemosa (Willd.) Willd. (*Jussieua racemosa* Willd.) (Lumnitzera)常綠喬木；葉箆形，先端圓而微凹。產於瀕海之沼澤地區，如高雄港旗津尚有50 餘株，路竹及烏樹林亦有之。分佈熱帶亞洲與非洲、澳洲及太平洋諸島。材製器具，每植爲觀賞。(圖 463)

圖 463 欖李 Lumnitzera racemosa (Willd.) Willd.

圖 464 使君子 Quisqualis indica Linn.

3. 使君子屬 QUISQUALIS Linn.

使君子　**Quisqualis indica**　Linn.（Rangoon creeper）　落葉性蔓性灌木；果具 5 稜脊，色黑。栽培於全省平地。分佈熱帶地區。種仁爲有效之驅蛔劑，亦植供觀賞。（圖 464）

4. 欖仁屬 TERMINALIA Linn.

種之檢索

A 1. 葉幾爲對生，核果外具顯著之硬翼 5 …………⑴三果木　*T. arjuna*

A 2. 葉叢生、互生或稀近於對生，核果外具不明顯之 5 或 2 稜脊或否。

　B 1. 小枝 2 型，即具長梗與短梗；葉叢生於短枝之上，基部無或有 1 ～ 2 腺體；果扁橢圓形。

　　C 1. 葉形中等，長 8 ～ 17 公分，寬 3.5 ～ 7 公分，基部無腺體，第一側脈 6 ～ 9，葉柄細長，長 2.5 ～ 5.5 公分，寬 0.12 公分…………………………………⑵馬尼拉欖仁樹　*T. calamansanai*

　　C 2. 葉大形，長 20 ～ 26 公分，寬 10 ～ 13 公分，基部屢有 1 ～ 2 腺體，第 1 側脈 8 ～ 10，葉柄粗短，長 0.8 ～ 1.1 公分，寬 0.2 公分………………………………⑵欖仁樹　*T. catappa*

　B 2. 小枝僅 1 型；葉互生或對生，葉身無腺體，但葉柄先端却有 2 腺體；核果倒卵形，僅具不明顯之 5 稜脊或否…………………………………⑷訶梨勒　*T. chebula*

（1）　三果木 **Terminalia arjuna**（Roxb.）　Bedd.（*Pentaptera arjuna* Roxb.）（Arjan terminalia）　大喬木；葉長橢圓形，兩端均圓。栽培於省立林業試驗所中埔分所、六龜分所、恒春分所、台南糖業試驗所、屏東糖廠及潮州農場等地。原產印度、錫蘭。單寧原料、觀賞。（圖 465）

（2）　馬尼拉欖仁樹 **Terminalia calamansanai** Bolfe（Philippine almond）落葉大喬木；葉橢圓形，長 8 ～ 17 公分，寬 3.5 ～ 7 公分，基部無腺體，側脈 6 ～ 9 對。栽培於屏東恒春林區管理處庭園及美濃廣林雙溪工作站（竹頭角熱帶植物園）。原產菲律賓之呂宋。觀賞。

圖 **465**　三果木　Terminalia arjuna（Roxb.）Bedd.

（3）　欖仁樹　**Terminalia catappa** Linn.（Indian almond）　落葉大喬木；葉倒卵形，先端近於圓。產全省平地，即由宜蘭、基隆至恒春之鵝鑾鼻爲止。各地、公園頗多植之。分佈舊世界熱帶。材供建築、製器具；樹皮含鞣質，用作染料；種子搾油，用途亦廣；此外每植作觀賞。

（4）　訶梨勒　**Terminalia chebula** Retz.（Chebulic myrobalan）　落葉大喬木；葉橢圓形，先端短突尖。栽植於林業試驗所各分所及工作站，如中埔、嘉義公園、恒春墾丁公園等處。原產馬來西亞、緬甸、印度及錫蘭。材供建築，種子藥用，亦爲單寧之原料。

33．繖形目 UMBELLIFLORAE

花多成繖形、頭狀或總狀花序，各部之數爲 4〜5；萼之裂片小形；雄蕊 5，與萼裂片對生或其數倍之；子房退化爲 2 心皮，下位，

1〜4室，各具1胚珠；種子有胚乳，種皮1〜2層。本目之成木本者，有4科，其檢索如下：

科之檢索

A 1. 子房1室；萼之裂片呈齒狀。

　B 1. 花瓣覆瓦狀，花梗無關節⋯⋯⋯⋯⋯⋯⋯⋯⋯⑽枳薩科　Nyssaceae

　B 2. 花瓣鑷合狀，初成筒形，後展開，花梗有關節⋯⋯⋯⋯⋯⋯⋯⋯
　⋯⋯⋯⋯⋯⋯⋯⋯⋯⋯⋯⋯⋯⋯⋯⑼八角楓科　Alangiaceae

A 2. 子房2〜4室，萼之裂片呈齒狀或否。

　B 1. 葉單一，無托葉；萼片、花瓣、雄蕊各4⋯⋯⋯⋯⋯⋯⋯⋯
　⋯⋯⋯⋯⋯⋯⋯⋯⋯⋯⋯⋯（101）山茱萸科　Cornaceae

　B 2. 葉成掌狀、三出或羽狀複葉，稀為單一，有托葉；萼片、花瓣、
　雄蕊各為5⋯⋯⋯⋯⋯⋯⋯⋯⋯⋯（102）五加科　Araliaceae

（99）八角楓科　ALANGIACEAE（Alangium Family）

　　喬木或灌木；葉單一，互生，托葉不存；花小，完全成腋生之聚繖花序，花梗有關節；萼截形或具4〜10齒；花瓣4〜10，線形，基部合生，雄蕊與花瓣同數或為其數之2〜4倍，內側有長毛；花盤存在；子房下位，1〜2室，胚珠1，下垂；核果冠有萼與花盤；種皮2層，有胚乳。本科單屬約22種，分佈於舊世界熱帶與亞熱帶。

八角楓屬　ALANGIUM Lam.

台灣2種，其檢索如下：

種之檢索

A 1. 葉卵形或橢圓形，基部呈歪斜截形，全緣或作1〜3淺裂；花瓣6
　〜8片⋯⋯⋯⋯⋯⋯⋯⋯⋯⋯⋯⋯⋯(1)華瓜木　*A. chinense*

A 2. 葉心形至潤卵形，基部對稱，全緣或作3〜5淺裂；花瓣5〜6片
⋯⋯⋯⋯⋯⋯⋯⋯⋯⋯⋯⋯⋯⋯⋯⋯(2)八角楓　*A. platanifolium*

（1）　華瓜木 **Alangium chinense** (Lour.) Rehd. (*Stylidium chinense* Lour.)
（Chinese alangium）　小喬木，花長約 2 公分。產北、中部中高
海拔之潤葉樹林內。分佈我國、日本、馬來西亞及印度。材製
傢俱，葉供飼料。（圖 466）

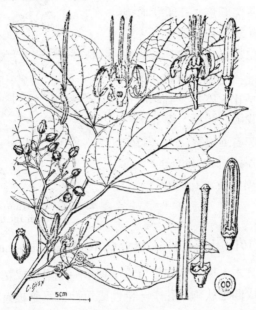

圖 **466** 華瓜木 Alangium chinense (Lour.) Rehd.

（2）　八角楓　**Alangium platanifolium**　(Sieb. et Zucc.) Harms. (Marlea
platanifolia Sieb. et Zucc.) (Oriental alangium) 小喬木，花長約 3 公分
。產北、中部之潤葉樹林內。分佈我國及日本。觀賞。

（100）　梔薩科　NYSSACEAE (Nyssa Family)

喬木或灌木；葉互生，單一，托葉不存；花雌雄異株或為雜性；
雄花無萼或僅具小齒；花瓣 5 或更多；雄蕊為花瓣之倍數，有花盤；
雌花之萼與子房連生；花瓣 5 或更多，形小；子房下位，1 室，偶有
6～10 室者　(Davidia)　，胚珠單獨，下垂；核果，種皮 2 層。全球
3 屬 8 種，分佈北美與亞洲。台灣栽培者一屬。

喜樹屬 CAMPTOTHECA Decne.

喜樹 Camptotheca acuminata Decne.

（Camptotheca）落葉大喬木；葉橢圓
狀卵形以至長橢圓形；花頭狀而排
為圓錐花序，萼片與花瓣各 5，雄
蕊 10 ；果呈翅果狀。栽培於省林
業試驗所台北植物園、台灣大學森
林學系傍、竹山、水里及林試所各
分所。原產我國之江西、湖北、四
川以至雲南等省。觀賞之外，材含
旱蓮（喜樹）鹼（camptothecine），
據謂有治血癌之效。（圖467）

圖 467　喜樹 Camptotheca
acuminata Decne

(101) 山茱萸科　CORNACEAE（Dogwood Family）

喬木、灌木、稀有多年生草本；葉單一，對生或互生，托葉不存
；花細小，成圓錐狀總狀花序，兩性或單性而為雌雄異株；萼作 4～
5 淺裂或半截狀，花瓣 4～5，稀缺如；雄蕊 4～5，具花盤；子房
下位，1～4室，花柱單一或淺裂，每室具 1 下垂胚珠；核果或漿果，
種皮 1 層，胚小，胚乳豐富。世界有 12 屬約 95 種，分佈於北半球
之溫帶及亞熱帶，少數產於南半球。在台灣者可見 3 屬 4 種，屬之檢
索如下：

屬之檢索

A 1. 花生於小枝之上；葉對生，稀呈互生 ………A. 四照花族　Corneae
　B 1. 葉常綠性，具鋸齒；子房1室；漿果 …1.桃葉珊瑚屬　*Aucuba*
　B 2. 葉通常落葉性，全緣；子房2室；核果 ……2. 四照花屬 *Cornus*

A 2. 花生於葉表中肋之中央；葉互生 ………B. 葉長花族　Helwingieae

3. 葉長花屬　*Helwingia*

A. 四照花族 CORNEAE

桃葉珊瑚屬 AUCUBA Thunb.

種之檢索

A 1. 葉稍小，披針形以至倒卵形，長 7 ～ 10公分，寬 2 ～ 2.5 公分；染
色體爲 2 n ……………………………(1)桃葉珊瑚　*A. chinensis*

A 2. 葉大，橢圓狀卵形以至橢圓形，長 10 ～ 18公分，寬 4 ～ 5公分；染
色體爲 4 n ……………………………(2)東瀛珊瑚　*A. japonica*

（1）　桃葉珊瑚　**Aucuba chinensis** Benth. (Chinese aucuba)　常綠灌木
；葉小。產恒春半島如大武山、浸水營至雙流之低海拔地區。
分佈湖北、四川、雲南及廣東。觀賞。

（2）　東瀛珊瑚　**Aucuba japonica** Thunb. (Japanese aucuba) 常綠大灌

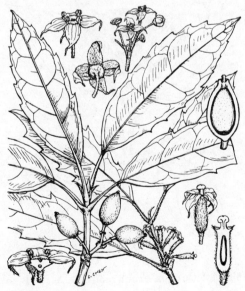

圖 468　東瀛珊瑚 Aucuba japonica Thunb.

木；葉大。產北、中部中、高海拔之處，如陽明山之大屯山麓
、阿里山等地均見之。分佈日本。材製手杖、煙管、箸筷等及
葉爲家畜飼料。（圖468）

2. 四照花屬 CORNUS Linn.

種之檢索

A 1. 葉互生，柄長 3 ～ 9 公分⋯⋯⋯⋯⋯⋯⋯⋯(2)燈台樹 *C. controversa*

A 2. 葉對生，柄長 1 ～ 3 公分。

　B 1. 喬木；葉柄長 2 ～ 3 公分；花成繖房狀圓錐花序，花序無花瓣狀
　　　之苞片；單果（核果）⋯⋯⋯⋯⋯⋯⋯(1)水木　*C. brachypoda*

　B 2. 灌木；葉柄長 1 公分；花成頭狀花序，花序具花瓣狀之白苞片 4
　　　；複果⋯⋯⋯⋯⋯⋯⋯⋯⋯⋯⋯⋯⋯(3)四照花 *C. kousa*

（1）　水木 Cornus brachypoda C. A. Mey. ex Miq. (*C. macrophylla* Wall. ex

圖 469　水木 Cornus brachypoda C.A. Mey. ex Miq.

Clarke,　　　*controversa* auct. Jap.　non Hemsl.）（Giant dogwood）
落葉喬木；葉對生，卵狀橢圓形。產本省中、東部海拔 1,000
公尺上下之濶葉樹林邊緣或後生林內，霧社湖邊，偶而見之，
量頗稀少。分佈我國、韓國及日本。材供建築，製器具，供彫
刻，亦植爲觀賞。（圖 469）

（2）　燈台樹 **Cornus controversa** Hemsl.（Water
　　dogwood）　落葉喬木；葉互生，濶橢圓
　　形。產桃園山區海拔 1,000　公尺之處
　　。分佈我國及日本。觀賞。（圖 470）

（3）　四照花　　**Cornus kousa** Buerg. ex Miq.
　　（Flowering dogwood）落葉灌木；葉對生。
　　產羅東太平山、花蓮清水山一帶及和平
　　鄉高海拔之處，另台北大屯山、文山及
　　南部見晴等之針濶葉樹混淆林內亦見之
　　。分佈我國中部、韓國及日本。觀賞。

圖 470　　燈台樹 Cornus
　　　　　controversa
　　　　　Hemsl.

B. 葉長花族 HELWINGIEAE

3. 葉長花屬 HELWINGIA Willd.

葉長花 **Helwingia japonica**（Thunb.）F. G. Dietr. subsp. **formosana**（Ka-
neh. et Sasaki）Hara et Kurosawa,（*H. formosana* Kaneh. et Sasaki）（Taiwan
helwingia）落葉灌木，花成短纖形花序，生於葉表中肋之上。產全省
中、高海拔，陰濕溪谷之林內，其中如太平山海拔 2,000　公尺之針
葉樹林內，阿里山與眠月神木村間對高岳之台灣胡桃濶葉樹林內，以
及溪頭之樹林途傍每多見之。分佈我國及日本。藥用。（圖 471）

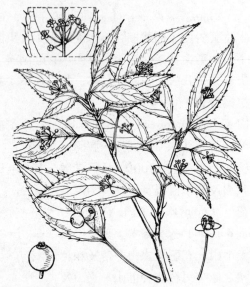

圖 471 葉長花 Helwingia japonica (Thunb.) F.G. Dietr. subsp. formosana (Kaneh. et Sasaki) Hara et Kurosawa

（102）五加科　ARALIACEAE (Ginseng Family)

落葉或常綠喬木、灌木，屢見有纏繞性藤本，亦有爲草本者；莖與枝屢具針棘，內具廣濶之髓；葉互生、對生、成掌狀、羽狀或二回羽狀複葉，全緣或分裂，具細鋸齒、鋸齒或鈍鋸齒，屢有星狀毛茸；托葉存或缺如；花兩性或單性而爲異株，整齊，形小，色綠白，多成纖形或稀爲頭狀花序，各部分之數爲 5～4 或其數倍之；萼鐘狀或退化，全緣或作齒牙狀；花瓣 5～12 （稀多至 30 片），分離或合生，鑷合或稍作覆瓦狀排列，具花盤；雄蕊 5 或與花瓣同數，花藥 2 室，縱裂；雌蕊 1，子房下位，1～15 室，每室具 1 下垂胚珠，花柱與子房室及心皮同數，基部合生，亦屢有無花柱者；漿果或核果，種子內之胚細小，胚乳豐富。通常分佈於熱帶及溫帶地區，熱帶以馬來西亞、中南半島及美洲爲 2 大分佈地區，其他亞熱帶與溫帶亦頗多，全球約有 65 屬 800 種。台灣有 12 屬 16 種，包括引進及固有者。

屬之檢索

A 1.　葉單一。

  B 1.　藤本，利用氣根附着物體而攀緣上昇 …… 6. 常春藤屬　*Hedera*

  B 2.　直立喬木或灌木。

    C 1.　葉全緣至作 2～3 片至 5 片分裂 … 4. 杞李蓁屬　*Dendropanax*

    C 2.　葉通常作 5，7，9，10～14 片掌狀分裂（稀有 3 裂者）。

      D 1.　葉作 10～14 片掌狀分裂，乾則呈膜質，葉柄基部有 1 對附屬體；花爲 4 之數………………………… 12. 蓮草屬　*Tetrapanax*

      D 2.　葉作 5～9 片掌狀分裂（稀有 3 裂者），乾則呈革質，葉柄基部無附屬體或具多數層櫛狀之附屬體；花爲 5 之數（稀有 4 數者）。

        E 1.　子房 4～5 室；葉柄具 1～3 層輪生櫛狀毛；花爲 4～5 之數 ……………………… 3. 蘭嶼金盤屬　*Boerlagiodendron*

        E 2.　子房 2 或 8～10 室，葉柄無附屬體，花爲 5 之數。

          F 1.　子房 2 室；葉作 5 淺裂或齒牙狀，背面密被絨毛；花局部成頭狀………………………… 11. 裏白金盤屬　*Sinopanax*

          F 2.　子房 8～10 室；葉作 5～9 掌狀中裂，背面平滑；花局部成繖形 ……………………… 5. 八角金盤屬　*Fatsia*

A 2.　葉爲掌狀複葉。

  B 1.　葉爲掌狀複葉或 3 出葉。

    C 1.　小葉 3 出，形小，小葉柄短；莖或葉柄具反曲之鈎刺……………………………………………… 1. 三葉五加屬　*Acanthopanax*

    C 2.　小葉 5～15，形大，小葉柄長；莖或葉柄無刺。

      D 1.　蔓性或匍匐性灌木，花柱近於無………………………………………………… 7. 鵝掌蘗屬　*Heptapleurum*

      D 2.　直立喬木，花柱短………………… 10. 江某屬　*Schefflera*

  B 2.　葉爲 1～3 回羽狀複葉。

    C 1.　纏繞性灌木，花柱近於合生 …………8. 五葉參屬 *Pentapanax*

C 2.　直立喬木或多年生草本，花柱分岐。

　　D 1.　莖無刺，花瓣作鑷合狀排列 ……………9.福祿桐屬　*Polyscias*

　　D 2.　莖通常具刺，花瓣作覆瓦狀排列 …………2.楤木屬　*Aralia*

1.　三葉五加屬 ACANTHOPANAX Miq.

三葉五加 **Acanthopanax trifoliatus**（Linn.）Merr.（*Zanthoxylum trifoliatum* Linn.）（Three-leaved acanthopanax）　蔓性灌木；漿果扁圓形，具宿存之 2 裂花柱。產全省中海拔以至於平野之地。分佈我國東南部、中部、中南半島、印度及菲律賓。植爲生籬，嫩芽與葉可爲蔬菜。（圖472）

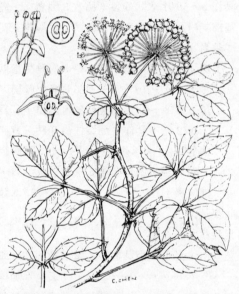

圖 472　三葉五加 Acanthopanax trifoliatus (Linn.) Merr.

2.　楤木屬 ARALIA Linn.

種之檢索

A 1.　小葉小形，具鈍鋸齒，平滑，背面粉白…⑴裏白楤木　*A. bipinnata*

A 2. 小葉大形，具粗鋸齒，背面在中肋、側脈及細脈上均密生黃褐絨毛
　　，稍帶粉白⋯⋯⋯⋯⋯⋯⋯⋯⋯⋯⋯(2)刺楤　*A. decaisneana*

（1）　裏白楤木　**Aralia bipinnata** Blanco（Taiwan angelica tree）　落葉
　　小喬木，小葉長4～7公分。產全省海拔1,100～2,200公
　　尺之林緣或向陽地區。分佈琉球及菲律賓。嫩葉可供食用。
　　（圖473）

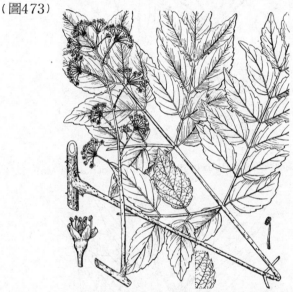

圖**473**　裏白楤木 Aralia bipinnata Blanco

（2）　刺楤 **Aralia decaisneana** Hance（Decaisne angelica tree）　鵲不踏。
　　落葉小喬木；小葉8～15 公分。產北、中部潤葉樹之下部向
　　陽地區及開墾跡地。分佈我國南部及海南島。材製木屐，嫩葉
　　可食。

　　　3.　蘭嶼金盤屬 **BOERLAGIODENDRON** Harms.

　　蘭嶼八角金盤 **Boerlagiodendron pectinatum** Merr.（Lanyu boerlagiodend-
ron）常綠小喬木；葉之裂片銳，長約為葉全長之半。產蘭嶼及綠島。
分佈菲律賓之巴丹群島。觀賞。（圖 474）

圖 474　蘭嶼八角金盤 Boerlagiodendron pectinatum Merr.

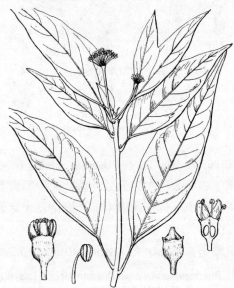

圖 475　台灣杞李蓡　Dendropanax pellucido‑punctatus (Hay.)
Kaneh. ex Kaneh. et Hatus.

4．杷李葰屬 DENDROPANAX Decaisne et Planch.

種之檢索

A 1． 葉全緣至 3～5 裂，倒卵形或濶卵形，先端突然短尖⋯⋯⋯⋯⋯
⋯⋯⋯⋯⋯⋯⋯⋯⋯⋯⋯⋯⋯⋯⋯(2)三裂杷李葰　*D. trifidus*

A 2． 葉全緣至 3 裂，倒卵形至披針狀長卵形，先端尾狀⋯⋯⋯⋯⋯⋯
⋯⋯⋯⋯⋯⋯⋯⋯⋯⋯⋯⋯(1)台灣杷李葰 *D. pellucido-punctatus*

(1)　台灣杷李葰　Dendropanax pellucido - punctatus (Hay.) Kaneh. ex
Kaneh. et Hatus. (*Gilibertia pellucido-punctatus* Hay.)常綠小喬木；葉
全緣至作 3 裂，具透明腺點。產全省海拔 500～1,800 公尺
之濶葉樹林內。觀賞。（圖475）

(2)　三裂杷李葰 Dendropanax trifidus (Thunb.) Mak. ex Hara (*Gilibertia*
trifida Thunb.)（ Three-lobed-leaf dendropanax ）　蘭嶼杷李葰。常
綠小喬木；葉倒卵或濶卵形，全緣至作 3～5 裂；花成繖形花
序，花瓣、雄蕊及花柱各 5；果濶橢圓形。產蘭嶼。分佈日本
。觀賞。

5．八角金盤屬 FATSIA Decaisne et Planch.

台灣八角金盤　Fatsia polycarpa Hay. (Taiwan fatsia)　常綠大灌木；
葉裂片呈短尾狀銳尖，長超過葉全長之半 。產全省海拔 1,300～
1,700公尺濶葉樹林中陰濕之地。髓心用作瓶塞。(圖 476)

6．常春藤屬 HEDERA Linn.

台灣常春藤 Hedera rhombea (Miq.) Bean var. formosana (Nakai) Li 　(
Hedera formosana Nakai)（ Taiwan ivy ）常綠攀緣灌木，莖枝具氣根。產
全省山麓以至高地之森林內，大屯山山麓亦有之。觀賞。(圖 477)

7．鵝掌葉屬 HEPTAPLEURUM Gaertn.

種之檢索

圖 476　台灣八角金盤 Fatsia polycarpa Hay.

圖 477　台灣常春藤 Hedera rhombea (Miq.) Bean var.
formosana (Nakai) Li

A 1.　小葉 7 ～ 9，花、果各部均爲 5 之數……(1)鵝掌蘗　*H. arboricolum*

A 2.　小葉 5 ～ 6；花、果各部均爲 6 之數……(2)蘭嶼鵝掌蘗　*H. odorata*

（1）　鵝掌蘗　**Heptapleurum arboricolum** Hay.（Epiphytic heptapleurum）
着生蔓性常綠灌木；葉掌狀複葉，小葉全緣。產全省平野以至
1,800　公尺之岩壁及樹上，如和社，墾丁公園多所見之。分
佈我國海南島。可供盆栽觀賞之用。(圖 478)

圖 478　鵝掌蘗 Heptapleurum arboricolum Hay.

（2）　蘭嶼鵝掌蘗 **Heptapleurum odorata**（Blanco）Liu et Liao, comb. nov.
(Polyscias odorata Blanco）　藤本；花成纖形狀圓錐花序。分佈菲
律賓。觀賞。

8．五葉參屬　**PENTAPANAX** Seem.

台灣五葉參 **Pentapanax casta-**
nopsisicola Hay.（Epiphytic pentapanax）
着生蔓性灌木，葉爲奇數一回羽狀
複葉，小葉5～7，漸銳尖。產北
、中部海拔1,300～2,300 公尺
之潤葉樹林內。觀賞。（圖 479）

圖 479 台灣五葉參 Pentapanax castanopsisicola Hay．

9. 福祿桐屬 POLYSCIAS Forst.

種之檢索

A 1. 葉爲 2～3 回羽狀複葉，小葉小，狹長橢圓形至披針形…………
……………………………………………⑴裂葉福祿桐　*P. fruticosa*

A 2. 葉爲 1 回羽狀複葉，小葉大，卵形、橢圓狀卵形或圓形…………
……………………………………………⑵福祿桐　*P. guilfoylei*

（1）　裂葉福祿桐　**Polyscias fruticosa** Harms.(Shrubby polyscias)　常綠
灌木，葉2～3回羽狀複葉。栽培於全省平地。原產印度。觀
賞。

（2）　福祿桐 **Polyscias guilfoylei**（Cogn. et March.）Bail.（*Aralia guilfoylei*
Cogn. et March.）(Guilfoyle polyscias)　常綠灌木，枝佈滿皮孔，
奇數1回羽狀複葉，小葉3～4對。栽培。原產太平洋諸島。
園景樹，尤適於盆栽。（圖 480）

圖 **480**　福祿桐 Polyscias guilfoylei (Cogn. et March.) Bail.

10. 江某屬 SCHEFFLERA J. R. et G. Forst.

種之檢索

A 1.　壯木之小葉，通常作不規則缺刻或屢呈全緣，長對寬之比，約爲 3
　　　 ： 1 ，花 5 ～ 10 朵成纖形狀圓錐排列 ………1. 江某　*S.* octophylla
A 2.　壯木之小葉全緣，長對寬之比，約爲 4 ： 1 ；花單一至 2 ～ 6 朵成
　　　 叢生狀總狀花序 …………………… 2. 台灣鵝掌蘗　*S. taiwaniana*
　（1）　江某 **Schefflera octophylla** (Lour.) Harms (*Aralia octophylla* Lour.)
　　　　（Common schefflera）　　半落葉大喬木，小枝充滿髓心，小葉多
　　　　枚；纖形花序成圓錐形；核果有縱溝。產全省低海拔至平地之
　　　　潤葉樹林中，陽明山、日月潭、南仁山及墾丁公園尤多見之。
　　　　分佈我國南部、中南半島、日本南部及琉球。材製合板、木屐
　　　　及其他器具。

（2）　台灣鵝掌蘗 **Schefflera taiwaniana**（Nak.）Kaneh.（*Agalma taiwania-num* Nak.）（Taiwan schefflera）常綠小喬木；花叢生花序成總狀。產中央山脈海拔 1,800～2,600 公尺之間地區。觀賞。（圖 481）

圖 481　台灣鵝掌蘗 Schefflera taiwaniana (Nak.) Kaneh.

11. 裏白金盤屬 SINOPANAX Li

裏白八角金盤 **Sinopanax formosanus**（Hay.）Li（*Oreopanax formosana* Hay.）（Taiwan sinopanax）　常綠小喬木；單葉作掌狀淺裂，被有絨毛。產中央山脈海拔 1,800～2,600 公尺間之向陽地帶。觀賞。（圖 482）

12. 蓪草屬 TETRAPANAX K. Koch

蓪草 **Tetrapanax papyriferus**（Hook.）K. Koch（*Aralia papyrifera* Hook.）（Pith paper tree）常綠大灌木，小枝內充滿白髓心。產全省山麓至海拔 1,900 公尺之潤葉樹林內，如烏來，新竹山區，梨山勝光等地每多見之。分佈我國東南部及雲南。髓心稱之為蓪草，可為造紙原料，

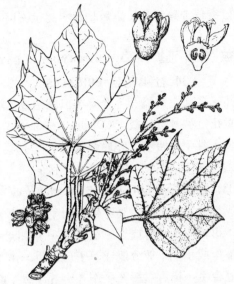

圖 482　裏白八角金盤 Sinopanax formosanus (Hay.) Li

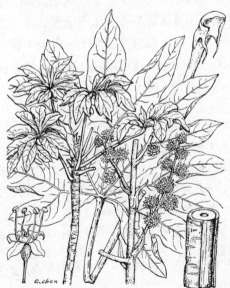

圖 483　蓮草 Tetrapanax papyriferus (Hook.) K. Koch.

顯微鏡技術每用以夾持實驗材料，便於切片，另供藥用。（圖 483）

（Ⅱ）後生花被（合瓣）亞綱 METACHLAMYDEAE （SYMPETALAE）
34. 杜鵑花目 ERICALES

花兩性或單性，各部之數為 5，合瓣，但原始者花瓣離生；雄蕊下位或周位，常為花冠裂片之倍數 （Obdiplostemonous），花藥孔開；子房為合生心皮，具中軸胎座；胚珠多數，珠皮 1 層；種子具小胚及胚乳。分佈溫帶及熱帶之山區。成木本者 1 科。

（103）杜鵑花科 ERICACEAE（Heath Family）

喬木、灌木或全株呈灌木狀；葉互生、對生或輪生，單一，落葉或常綠，無托葉；花兩性，整齊或否，花序單一，總狀、繖房狀、叢生狀及圓錐狀，腋生或頂生；萼分離或與子房連生，作 4～5 中等或深裂，宿存；花冠合生，稀有離瓣者，作 4～5 淺裂；雄蕊與花冠裂片同數或倍之，或數不固定，生於子房下花盤之邊緣，花藥 2 室，孔裂、隙裂，稀有縱裂者，屢具附屬體，花粉通常成 4 合體；子房上或下位，2～5 或多至 10 室，每室具胚珠 1～多數，通常為中軸胎座，花柱與柱頭 1；果多為蒴果，稀為漿果及核果，種子有胚乳，胚直。全球約有 70 屬與 1,500 種。台灣有 6 屬 30 餘種。

種之檢索

A 1. 子房上位；蒴果，稀有時為肉質之萼所包圍因而呈漿果狀。

  B 1. 匍匐狀灌木；果實為花後肥大之肉質之萼所包圍，因而呈漿質；葉具鋸齒或細鋸齒 ⋯⋯⋯⋯⋯⋯ 2. 白珠樹屬 *Gaultheria*

  B 2. 直立灌木；蒴果，萼在花後乾燥，不肥大；葉通常全緣，稀有鋸齒或細鋸齒者（如馬醉木與毛蕊木）。

    C 1. 花大，花冠呈鐘形或漏斗形，裂片大，雄蕊通常露出；蒴果為胞間裂開 ⋯⋯⋯⋯⋯⋯ 6. 杜鵑花屬 *Rhododendron*

    C 2. 花小，花冠呈壺形或圓筒形，裂片頗小，雄蕊隱藏於花冠之內；蒴果胞背裂開。

      D 1. 種子少數，形大 ⋯⋯⋯⋯⋯⋯ 1. 弔鐘花屬 *Enkianthus*

D 2.　種子多數，形小。

　　E 1.　蒴片邊緣肥厚；藥隔無距，但在花絲上部有距；葉為落葉
　　　　　性，全緣且質薄 ……………………… 4. 南燭屬　*Lyonia*

　　E 2.　蒴片邊緣質薄；藥隔有距；葉為常綠性，具鋸齒且質厚…
　　　　　……………………………………… 5. 馬醉木屬　*Pieris*

A 2.　子房下位，漿果。

　B 1.　小枝具稜角，平滑；花單一，花冠之裂片 4，深裂且反卷，雄蕊
　　　　8，子房 2 室 …………………………… 3. 毛蕊木屬　*Hugeria*

　B 2.　小枝無稜角，被毛或平滑；花成總狀、聚繖狀或叢生狀，花冠之
　　　　裂片 5，淺裂，稍反卷，雄蕊 10，子房 5 室…………………
　　　　……………………………………… 7. 越橘屬　*Vaccinium*

1.　弔鐘花屬 ENKIANTHUS Lour.

台灣弔鐘花　Enkianthus perulatus C. K. Schn.

（Enkianthus）俗稱燈台樹。落葉灌木；葉倒卵
形具細鋸齒；花叢生，白色，下垂，早葉開放
或與新葉同時抽出；蒴果。產台北北挿天山海
拔 1,600 ～ 1,700 公尺之多崖山頂、鞍部
，在水青剛之林緣，量極稀少。阿里山工作站
（林務局）庭園亦有栽培此屬之植物 1 株。分
佈日本西部、九州及四國。觀賞。（圖 484）

圖 484　台灣吊鐘花
Enkianthus
perulatus
C.K. Schn.

2.　白珠樹屬 GAULTHERIA Linn.

種之檢索

A 1.　小灌木狀，高可達30公分；葉小，長橢圓形至披針形，長 0.7 ～1.3
　　　公分，葉先端銳或鈍，側脈不明顯，背面有腺點，葉柄長 1 公厘；
　　　節間長 2 ～ 5 公厘；花幾頂生或稀腋生，花冠壺形色白，肥大之萼
　　　成熟呈奶白色。

　B 1.　花頂生，成總狀至圓錐花序……………………………………
　　　………………（1a）高山白珠樹　　*G. borneensis* forma *borneensis*

B 2. 花生於小枝上部之葉腋，單一‥‥‥‥‥‥‥‥‥‥‥‥‥‥‥‥‥‥
    ‥‥‥‥‥‥‥‥（1b）單花白珠樹 *G. borneensis* forma *taiwaniana*

A 2. 灌木狀，高達 50～100 公分；葉大，卵形，長 4～8 公分，葉先端
  尾狀，側脈明顯，背面幾無腺點，葉柄長 3～4 公厘；節間長 1.2
  ～3 公分；花幾腋生，花冠鐘形，黃色，肥大之萼成熟變暗紫色‥‥
  ‥‥‥‥‥‥‥‥‥‥‥‥‥‥‥‥‥‥‥‥⑵白珠樹 *G. cumingiana*

（1a）高山白珠樹 **Gaultheria borneensis** Stapf. forma **borneensis**（Winter
  green）常綠小灌木，葉不超過 2 公分。產中央山脈高地草原及
  砂礫地區。分佈菲律賓及婆羅洲。觀賞。

（1b）單花白珠樹 **Gaultheria borneensis** Stapf. forma **taiwaniana**（Ying）
  Liu et Liao（Simple – flowered winter green） 常綠小灌木；小
  枝、葉、花及果完全與原種相同，差異點僅在於其花為單一，
  腋生而已。產合歡山及南湖大山，量頗稀少。觀賞。

（2） 白珠樹 **Gaultheria cumingiana** Vidal（Cuming's winter green） 常綠

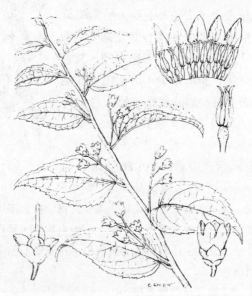

圖 485 白珠樹Gaultheria cumingiana Vidal.

小灌木，葉卵形，長 4～8 公分。產中央山脈海拔 1,600　公尺以上之地區，以在向陽之地爲多，陽明山硫黃泉地帶亦產之。分佈我國東南部及菲律賓。葉揉之，發出濃厚芳香，因而爲香油原料。(圖 485)

3. 毛蕊木屬　HUGERIA Small

台灣毛蕊木 **Hugeria japonica**(Miq.)Nak. var. **lasiostemon**(Hay.)Sasak. (*Vaccinium japonicum* Miq. var.*lasiostemon* Hay.) (Taiwan hugeria) 落葉小灌木，花具長梗，單一；漿果熟變紅色。產中央山脈高海拔地區，向陽之地。觀賞。(圖 486)

圖 486　台灣毛蕊木 Hugeria japonica (Miq.) Nak. var. lasiostemon (Hay.) Sasak.

4. 南燭屬 LYONIA Nutt.

南燭　Lyonia ovalifolia (Wall.)　Druce (*Andromeda ovalifolia* Wall., *L. ovalifolia* (Wall.) Dr. var. *lanceolata* Hand.-Mazz.) 落葉小喬木，蒴果具宿存之萼。產中央山脈海拔 2,000　公尺左右之高地，陽明山竹仔湖硫黃泉地帶亦有之。分佈我國南部、喜馬拉雅、阿薩姆及緬甸。觀賞。(

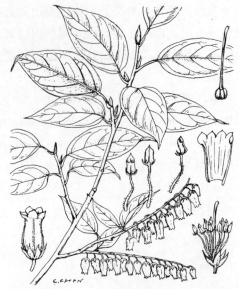

圖 **487** 南燭 Lyonia ovalifolia (Wall.) Druce

圖 487）

5. 馬醉木屬 **PIERIS** D. Don

台灣馬醉木 **Pieris japonica** (Thunb.) D. Don (*Andromeda japonica* Thunb., *P. taiwanensis* Hay.) （Horse-intoxicated pieris） 常綠灌木，葉叢生枝梢，上半具鋸齒。產中央山脈海拔 2,000 公尺上下地區， 陽明山硫黃泉地區亦有之。葉、種子有劇毒，可殺害蟲，若馬誤食之，必致昏醉，因而有馬醉木其名。觀賞。（圖 488）

圖 **488** 台灣馬醉木 Pieris japonica (Thunb.) D. Don

6. 杜鵑花屬 RHODODENDRON Linn.

種之檢索

A 1. 附生植物，即植物附生於樹上或岩上。

　B 1. 葉大，倒卵形，長 4 ～ 5 公分，寬 2 ～ 2.5 公分；花色白或淡紅
　　　　………………………（6 a ）着生杜鵑 *R. kawakamii* var. *kawakamii*

　B 2. 葉中等，倒披針形至倒卵形，長 2 ～ 3 公分，寬 0.8 ～ 1.2 公分
　　　　；花黃色 ……（6 b ）黃花着生杜鵑 *R. kawakamii* var. *flaviforum*

A 2. 陸生植物，即植物生長於地上。

　B 1. 葉為石楠型或杜鵑花型。

　　C 1. 葉為石楠型，即葉為常綠性，僅有春季生長者一型，表（腹）
　　　　　面平滑。

　　　D 1. 葉卵狀披針形或長橢圓形，背(裏)面平滑或僅中肋有毛；花白
　　　　　　………………………………(13)玉山杜鵑 *R. pseudochrysanthum*

　　　D 2. 葉濶披針形、長橢圓形或倒披針形。

　　　　E 1. 葉背被灰褐絨毛；花白或粉紅………………………………
　　　　　　………………………………(3)台灣杜鵑 *R. formosanum*

　　　　E 2. 葉背通常幾近平滑或具紅腺點。

　　　　　F 1. 葉背具紅腺點，花白…(17)紅星杜鵑 *R. rubropunctatum*

　　　　　F 2. 葉背平滑，無腺點，花淡紅。

　　　　　　G 1. 萼邊緣具櫛狀緣毛…………(19)十字路杜鵑 *R. tanakai*

　　　　　　G 2. 萼邊緣平滑………………(2)西施花 *R. ellipticum*

　　C 2. 葉為杜鵑花型，即葉兼為落葉性，有春、秋生長者二型，表（
　　　　　腹）面被毛。

　　　D 1. 雄蕊 4 ～ 6 。

　　　　E 1. 葉小，長 0.4 ～ 1.5 公分，寬 0.2 ～ 1 公分，側脈 2 ～ 4
　　　　　　對；花柱平滑………………(12)中原氏杜鵑 *R. nakaharai* (1)

　　　　E 2. 葉大，長 1.5 ～ 8 公分，寬 1 ～ 4 公分，側脈 4 ～ 5 對；

花柱基部到中部被毛。

  F 1. 葉小，寬 1～1.7 公分；花冠小，帶紅色，徑 2.5 公分
    ………………………………⑴南澳杜鵑　*R. breviperulatum*

  F 2. 葉大，寬 1～4 公分；花冠大，紅色，徑 3～3.5 公分
    ………………………………⑼毛柱杜鵑　*R. lasiostylum*

D 2. 雄蕊 7～10。

 E 1. 花紅，帶紅或桃紅色。

  F 1. 花桃紅色…………………⑯紅毛杜鵑 *R. rubropilosum*

  F 2. 花紅或帶紅色。

   G 1. 葉小且狹，寬 0.4～1.2 公分。

    H 1. 葉線狀倒披針形，長 2～4.5 公分…………
     ………………………⑸烏來杜鵑　*R. kanehirai*

    H 2. 葉卵形至長橢圓形，長 0.4～1.5 公分………
     ………………⑿中原氏杜鵑　*R. nakaharai (2)*

   G 2. 葉大且潤，寬 1.2～4.5 公分。

    H 1. 葉具多數腺毛；花冠紅色…………
     ………………………⒀金毛杜鵑　*R. oldhami*

    H 2. 葉與上述者不同，花冠薔薇紅色至深紅色………
     ………………………⒅唐杜鵑　*R. simsii*

 E 2. 花白或紫色。

  F 1. 花白色…………………⑾白花杜鵑 *R. mucronatum*

  F 2. 花紫色…………………⒂艷紫杜鵑 *R. pulchrum*

B 2. 其他特殊型，葉與 B 1 所述者不相同。

 C 1. 花白色；蒴果長 2.5 公分………⑷香港杜鵑 *R. honkongense*

 C 2. 花桃色；蒴果長 0.8～1.5 公分。

  D 1. 雄蕊 5 …………………⑻披針葉杜鵑 *R. lamprophyllum*

  D 2. 雄蕊 10。

   E 1. 花冠屢唇狀 4～5 裂；葉橢圓狀披針形，倒披針形及橢圓
    卵形，寬 1.5～2 公分…………⒇田代氏杜鵑　*R. tashiroi*

E 2. 花冠 5 裂，對稱；葉菱狀卵形或卵形，寬 2 ～ 3.5 公分……
……………………………………………⑽滿山紅 *R. mariesii*

（1） 南澳杜鵑 **Rhododendron breviperulatum** Hay. (Nan-au azalea) 小
灌木，葉長可達 3 公分，花冠粉紅色，雄蕊 5 。產南澳、花蓮
及南投山區。觀賞。

（2） 西施花 **Rhododendron ellipticum** Maxim. (Taiwan azalea) 常綠灌
木；葉長橢圓形，長可達 12 公分，邊緣反卷；花冠淡紅色，
雄蕊 10 。產全省山麓及山腰之潤葉樹林內。分佈我國南部及
琉球。觀賞。

（3） 台灣杜鵑 **Rhododendron formosanum** Hemsl. (Formosan azalea)
常綠小喬木；葉長可達 15 公分，背面被灰褐絨毛；花冠色白
或粉紅，雄蕊 10 ，稀到 12 。產中央山脈潤葉樹林之上部，
南至恒春半島之浸水營亦常有之。觀賞。

（4） 香港杜鵑 **Rhododendron honkongense** Hutch. (Hongkong azalea)
灌木；嫩葉紅色；花冠白色。產台北志良及南投眉原。分佈香
港及我國廣東，每生於海拔 800 公尺之處。觀賞。

（5） 烏來杜鵑 **Rhododendron kanehirai** Wils. (Kanehira azalea) 常綠
小灌木，葉線狀倒披針形，長可達 4 公分；花冠濃紅色，雄蕊
10 。產北部文山區、石碇、乾溝、烏來及北勢溪兩岸之叢林
內。觀賞。

（6a）着生杜鵑 **Rhododendron kawakamii** Hay. var. **kawakamii** (Kawakami
azalea) 着生常綠小灌木；花冠色白或淡紅，雄蕊 10 。產中
央山脈高地潤濕森林內之樹幹上，量稀少，溪頭亦偶見之。觀
賞。

（6b）黃花着生杜鵑 **Rhododendron kawakamii** Hay. var. **flaviflorum**
Liu et Chuang (Yellow flowered kawakami azalea)常綠灌木；花冠黃色
，雄蕊 10 ；蒴果。產中央山脈之高山，如大元山、三星山、
八仙山及阿里山海拔 1,900 ～ 2,400 公尺之間的針潤葉樹混

涌林內，每附着於鐵杉或岩石上之腐植土上。觀賞。(圖 489）

圖 489　黃花着生杜鵑 Rhododendron kawakamii Hay. var. flaviflorum Liu et Chuang

（7）　披針葉杜鵑 **Rhododendron lamprophyllum** Hay. (Lance-leaf-azalea)
灌木；嫩葉鮮綠色；花冠桃色，雄蕊 5。產巒大山及六龜藤枝卑南主山中腹之鐵杉林下。觀賞。

（8）　毛柱杜鵑　**Rhododendron lasiostylum** Hay. (Woolly-styled azalea)
常綠小灌木，嫩枝被鱗狀毛茸，葉長達 5 公分；花冠紅色，雄蕊 5。產埔里附近之山區。觀賞。

（9）　滿山紅　**Rhododendron mariesii** Hemsl. et Wils. (Maries' azalea)
落葉小灌木，枝平滑；葉卵狀菱形，長達 6 公分；花冠桃紅色，雄蕊 10。產台北石碇皇帝殿一帶、埔里、蓮華池及守城大山亦有之。分佈我國及琉球。觀賞。

（10）　白花杜鵑 **Rhododendron mucronatum** (Blume) G. Don (*Azelea mucronata* Blume) (Snow azalea)　常綠灌木，枝密生毛茸；春葉大

，秋葉小；花冠白色，雄蕊10（屢有8～9者）。栽培。台
北陽明山公園、士林園藝試驗所山仔後工作站及台灣大學校園
內多有種植。原產我國中部，日本亦有分佈。觀賞。

(11)　中原氏杜鵑 Rhododendron nakaharai Hay.（Nakahara azalea）　匍
匐狀灌木，密被頭皮垢狀毛茸；葉長寬相若；花冠深紅色，雄
蕊10。產北部陽明山、大屯山及七星山海拔500～1,100
公尺間之地區。觀賞。

(12)　金毛杜鵑 Rhododendron oldhamii Maxim.（Oldham azalea）　常綠
灌木，小枝、葉面及花序均被黃褐黏質腺毛；花冠紅色，雄蕊
10。產全省山麓以迄於高地，但恒春例外，尤以大屯山及石
碇爲多。觀賞。

(13)　玉山杜鵑　Rhododendron pseudochrysanthum Hay.（*R. morii* Hay.）
（Yüshan azalea）常綠小喬木；花冠白色，上唇散生濃紅斑點，
雄蕊10；蒴果長2公分。產中央山脈針潤葉樹混淆林及針葉
樹林上部露岩或當風之地區。觀賞。

(14)　艷紫杜鵑　Rhododendron pulchrum Sweet（Lovely　azalea）　又名
錦繡杜鵑。常綠大灌木，密被粗毛；花冠艷紫，雄蕊10。栽
培。陽明山公園、台灣大學校園及山仔后工作站。分佈不詳，
可能爲我國原產。觀賞。

(15)　紅毛杜鵑 Rhododendron rubropilosum Hay.（Red-hairy azalea）　常
綠灌木，全體密佈氈毛；葉長卵形，長不超過5公分；花冠桃
紅色，雄蕊7～10。產中央山脈針葉樹林之上部，尤多見之
於高地草原，如大禹嶺至合歡山之間。觀賞。

(16)　紅星杜鵑 Rhododendron rubropunctatum Hay.　（Red-spotted
azalea）　常綠小喬木，枝平滑；葉長達11公分；花冠白色，
雄蕊10。產北部七星山及烏來之插天山。觀賞。

(17)　杜鵑，別稱映山紅、照山紅、唐杜鵑　Rhododendron simsii
Planch.（Sims' azalea）灌木，枝具粗毛；葉長達5公分；花冠薔薇

紅至暗紅色，雄蕊 7～10 。產恒春半島之原始林內。分佈我
國長江及珠江流域各省，早春開花，紅花與綠地互相暉映，故
有映山紅之俗名，極宜觀賞。

（18）　十字路杜鵑　**Rhododendron tanakai** Hay.（Shihtsulu azalea）常綠
小灌木；葉長可達 12 公分；花冠淡紅色，雄蕊 10 。僅生於
阿里山十字路。觀賞。

（19）　大武杜鵑　**Rhododendron tashiroi** Maxim.（Tashiro azalea）半落
葉性灌木；葉每 3 枚作輪生狀；花冠淡紅色（桃紅色），雄蕊
10 。產大武山。分佈日本南部及琉球。觀賞。

7．越橘屬 VACCINIUM Linn.

種之檢索

A 1.　葉全緣。

  B 1.　葉形大，長 6.5～8.5 公分，寬 2.5～4.5 公分，先端漸尖；花
序腋生，花藥之距被毛……………………(2)珍珠花　*V. caudatifolium*

  B 2.　葉形中等或小，長 0.8～5 公分，寬 0.5～2 公分，先端鈍圓或
凹缺，花序頂生兼腋生，花藥之距平滑。

    C 1.　附着性，根部常具塊體；葉長 3～5 公分，寬 1.5～2 公分；
萼片平滑，花絲全部被毛…………(4)凹葉越橘 *V. emarginatum*

    C 2.　匍匐性；葉長 0.8～1.1 公分，寬 0.5～0.8 公分；萼片具緣
毛，花絲上部具細毛……………(6)高山越橘　*V. merrillianum*

A 2.　葉具細鋸齒或鋸齒。

  B 1.　葉卵形、橢圓形、長橢圓形、卵狀橢圓形及菱狀橢圓形，長 1～
5.5 公分，寬 1～2.5 公分，先端鈍、銳或漸尖。

    C 1.　萼外部密生絨毛，花筒被疏細毛…………………………………
………………………………(1)越橘　*V. bracteatum longitubum*

    C 2.　萼及花筒外部平滑。

      D 1.　花藥無距。

E 1.　葉長 3.5～5.5 公分，寬 1.5～2.5 公分；花序僅具小形
　　　苞片，小花梗長 0.2 公分…………(3)米飯花　*V. donianum*

E 2.　葉長 1～3 公分，寬 1～1.5 公分；花序具大小形態二種
　　　苞片，小花梗長 0.4～0.5 公分……………………………
　　　……………………………(5)清水米飯花　*V. formosanum*

　D 2.　花藥有距………………………(8)賴特氏越橘 V. wrightii

B 2.　葉披針形至長橢圓狀披針形，長 5.5～9 公分，寬 1.5～2.5 公
　　　分，先端尾狀漸尖；萼及花筒平滑，花藥具距………………
　　　……………………………………(7)巒大越橘　*V. randaiense*

（1）　越橘 Vaccinium bracteatum Thunb. var. longitubum Hay.（Long-tube
　　　blue berry）　常綠小喬木，與原種不同之點，在其花筒之細毛
　　　，稍呈稀疏及花序無大苞片而已；漿果熟變黑色。產中部山區
　　　900～1,800　公尺之處。觀賞。

（2）　珍珠花　Vaccinium caudatifolium Hay.（*V. dunalianum* auct. non
　　　Wight）（Blue berry）常綠小喬木，屢呈着生性；葉橢圓形，先端
　　　作長突銳尖。產中央山脈針濶葉樹混淆林之內。觀賞。

（3）　米飯花　Vaccinium donianum Wight（Don blue berry）　常綠小喬
　　　木；葉菱狀橢圓形，先端銳。產北部陽明山之沙帽山，中、東
　　　部中、高海拔之濶葉樹林內。分佈我國南部、琉球及印度。柴薪。

（4）凹葉越橘　Vaccinium emarginatum Hay.（Tuber blue berry）　着生常
　　　綠小灌木；葉先端凹缺，根具狀似馬鈴薯之塊體。附生於中央
　　　山脈中、高海拔針濶葉林之樹上，普遍。觀賞。

（5）　清水米飯花　Vaccinium formosanum Hay.（Chingshui blue berry）
　　　常綠小灌木；葉較賴特氏越橘稍小而已。產太魯閣及清水之石
　　　灰岩上。觀賞。

（6）　高山越橘　Vaccinium merrillianum Hay.（Merrill blue berry）　匍匐
　　　常綠小灌木；葉倒卵形，先端微凹，長約 1 公分。產中央山脈
　　　高海拔地區。觀賞。（圖 490）

（7）　巒大越橘　　Vaccinium randaiense　Hay.（Luanta blue berry）

常綠小喬木；葉狹披針形，先端長尾銳尖，長約 6 公分。產中
央山脈中、高海拔之濶葉樹林內，恒春半島浸水營亦產之。觀
賞。

（8） 賴特氏越橘 **Vaccinium wrightii** A. Gray（Wright blue berry） 常綠
小喬木；葉卵形至菱狀長橢圓形，先端漸銳尖，兩面近於同色
。產宜蘭東澳及埔里霧社等。分佈琉球。觀賞。

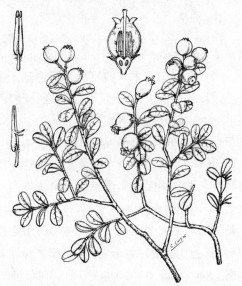

圖 **490** 高山越橘 Vaccinium merrillianum Hay.

35.櫻草目 PRIMULALES

花幾近於整齊，各部之數爲 5；花冠合瓣；雄蕊成單輪，與花冠
連生，而與裂片對生；子房 1 室，胚珠附着於底生而爲柱狀之胎座上
；種子有胚乳，種皮 2 層。本目之成木本者，僅紫金牛一科。

(104) 紫金牛科 MYRSINACEAE（Myrsine Family）

喬木、灌木、稀呈草本狀，樹脂管存在；葉互生，稀稍呈對生或
輪生狀，單葉，表面具細腺點或離生線紋；花小，兩性或單性，成總

狀或圓錐花序，萼作 4〜5 深裂，離生，或屢具細腺點，呈鑷合狀、覆瓦狀或囘旋狀排列，宿存；花冠輻狀或管狀，有時離生（*Embelia*），裂片 4〜5，囘旋覆瓦狀或稀呈鑷合狀排列；雄蕊與花瓣同數而對生，花藥 2 室，內向，縱裂或孔開；子房上位或半下位，1 室，1 花柱，胚珠多數，着生於底生之特立中軸胎座上；果多爲核果，具 1 或少數種子；胚乳存，胚直或微彎。全球約 30 屬 550種，分佈於熱帶及亞熱帶地區。台灣 4 屬，其檢索如下：

屬之檢索

A 1. 花梗基部具小苞片 1 對；子房與果實呈半下位，種子多數有稜角………………………………………………………………… 3. 山桂花屬　*Maesa*
A 2. 花梗不具小苞片；子房與果實完全上位，種子單一，壓縮狀球形或球形。
  B 1. 花冠之裂片，在蕾時向右作回旋排列 …………1. 樹杞屬 *Ardisia*
  B 2. 花冠之裂片，在蕾時作鑷合或覆瓦狀排列。
    C 1. 花序總狀，花瓣離生 ……………… 2. 賽山椒屬　*Embelia*
    C 2. 花序叢生或成繖形狀，花瓣基部稍合生……4. 鐵仔屬 *Myrsine*

1. 樹杞屬　**ARDISIA** Swartz

種之檢索

A 1. 莖呈草本狀，高 10〜30公分，稀有高至50公分者。
  B 1. 葉全緣。
    C 1. 葉長 12〜16公分，寬 3.5〜5.5公分，背面銹色；花序、果實均大 …………(1 a) 短莖紫金牛　*A. brevicaulis* var. *brevicaulis*
    C 2. 葉長 2〜6.5公分，寬 0.6〜2公分，背面紅紫色；花序、果實均小 ……(1 b) 裏菫短莖紫金牛　*A. brevicaulis* var. *violacea*
  B 2. 葉下半全緣，上半具鋸齒、不齊細鋸齒、細鋸齒、疏鋸齒及齒牙，長 1.5〜7.5公分，寬 0.6〜3公分。

C 1.　葉緣僅混生不明顯之鈍鋸齒；花瓣無斑點····························

···(2)華紫金牛 *A. chinensis*

C 2.　葉有明顯之鋸齒或齒牙；花瓣有斑點，但多或少不一。

　　D 1.　葉基心形··························(7)麥氏紫金牛　*A. maclurei*

　　D 2.　葉基銳、鈍或圓形。

　　　　E 1.　萼片長度幾與花瓣相等··········(8)輪葉紫金牛　*A. pusilla*

　　　　E 2.　萼片短於花瓣························(6)紫金牛　*A. japonica*

A 2.　莖爲小喬木或灌木，高達 1 ～ 5 公尺。

B 1.　葉緣具齒狀鋸齒或疏銳鋸齒，齒端有突出腺體或邊緣呈波狀或鈍
　　　鋸齒。

　　C 1.　葉緣具齒狀鋸齒或疏銳鋸齒，齒端有突出腺體。

　　　　D 1.　葉具齒狀鋸齒；萼片半圓形，具緣毛，腺點少··············

　　　　·······························(3)鐵雨傘　　*A. cornudentata*

　　　　D 2.　葉具疏銳鋸齒；萼片橢圓狀披針形，無緣毛，腺點多········

　　　　······························(12)阿里山雨傘仔　*A. stenosepala*

　　C 2.　葉緣波狀或具波狀鋸齒及鈍鋸齒。

　　　　D 1.　葉線狀披針形至線形，長 15 ～ 25 公分····················

　　　　·····························(5)百兩金 *A. crispa* var. *dielsii*

　　　　D 2.　葉橢圓形、倒卵狀長橢圓形、濶披針形及倒披針形，長 6 ～
　　　　　　　17 公分。

　　　　　　E 1.　生葉背面佈滿細黑腺點（以 × 10 倍之放大鏡視之）；總梗
　　　　　　　　　長 7 公分··················(13)黑點紫金牛 *A. virens*

　　　　　　E 2.　生葉背面疏佈大橙色腺點；總梗長 2 ～ 3 公分············

　　　　　　·····························(4)硃砂根　*A. crenata*

B 2.　葉全緣，無邊緣腺點。

　　C 1.　萼片三角狀卵形或濶披針形；葉柄色綠或淡綠。

　　　　D 1.　小枝軟柔；葉狹倒披針形，寬 2 ～ 2.5 公分，先端銳至漸尖
　　　　　　　；萼片有緣毛，總花梗 2.5 公分···························

　　　　　　··················· (9)稜果紫金牛　*A. quinquegona*

D 2.　小枝粗大；葉長橢圓形至倒卵形，寬 3 ～ 5 公分，先端銳、
　　　鈍或圓；萼片全緣或稍被緣毛，總花梗 10 ～ 15 公分⋯⋯⋯⋯
　　　⋯⋯⋯⋯⋯⋯⋯⋯⋯⋯⋯⋯⋯⋯⋯⋯⋯⑽樹杞　　*A. sieboldii*

C 2.　萼片半圓形；葉柄紅色（嫩時）⋯⋯⑾春不老　　*A. squamulosa*

（1a）短莖紫金牛　Ardisia brevicaulis Diels var.　brevicaulis（Short-stemmed
　　　ardisia）常綠矮灌木，嫩部有腺毛。產北部地區，如烏來、乾
　　　溝、福山及新竹山區。分佈我國四川及雲南。觀賞。

（1b）裏菫短莖紫金牛　　Ardisia brevicaulis Diels var. violacea（Suzuki）
　　　Walker（Violet-leaf ardisia）小灌木；葉裏菫紫色。產北部檜山、福
　　　山之樟科植物林內。觀賞。

（2）華紫金牛　Ardisia chinensis Benth.（Chinese ardisia）　匍匐矮灌木；
　　　嫩部有毛及暗褐鱗被。產北、中部之森林內，蘭嶼亦產之。分
　　　佈我國東南部。觀賞。

（3）　鐵雨傘　Ardisia cornudentata Mez.（Horny-toothed ardisia）　常綠
　　　小灌木，葉具齒狀鋸齒，核果熟變朱紅色。產中、南部自山麓
　　　至中海拔之森林內，墾丁公園及鵝鑾鼻亦產之。觀賞。

（4）　硃砂根　Ardisia crenata Sims（*A. lentiginosa* Ker）（Crenate-leaf
　　　ardisia）又名萬兩金。常綠灌木，葉背疏佈橙色腺點；核果球
　　　形，紅色。產中央山脈中、高海拔之森林內。分佈我國、日本
　　　、琉球及爪哇。觀賞，尤適於盆插。

（5）　百兩金　Ardisia crispa（Thunb.）DC. var. dielsii（Lévl.）Walker（*A.*
　　　dielsii Lévl.）（Diels coral ardisia）常綠小灌木，葉線形或線狀披
　　　針形。產北部之森林內，尤以陽明山爲多。原種分佈我國、日
　　　本及琉球。觀賞、藥用。（圖 491）

（6）　紫金牛　Ardisia　japonica　Blume（Japanese ardisia）匍匐性常綠小
　　　灌木，全株被粒狀毛茸。產八仙山。分佈我國、日本及韓國。
　　　藥用（退熱）。

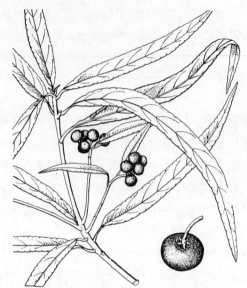

圖 **491** 百兩金 Ardisia crispa (Thunb.) DC. var.
dielsii (Lévl.) Walker

（7） 麥氏紫金牛　**Ardisia maclurei** Merr. (Maclure ardisia)　匍匐性小
灌木，全株嫩部密被褐色長柔毛。產烏來阿玉之潤葉樹林內。
分佈海南島。觀賞。

（8） 輪葉紫金牛 **Ardisia pusilla** A. DC. (Whorl-leaf ardisia)　匍匐性小
灌木，核果球形，色紅而具黑點。產北、中部之森林內。分佈
我國南部、韓國、日本及菲律賓。觀賞。

（9） 稜果紫金牛　**Ardisia quinquegona** Blume (Asiatic ardisia) 常綠小
灌木，嫩枝被褐色。產全省山麓及山腹潤葉樹林內。分佈我國
、香港、越南、琉球及日本。觀賞。

（10） 樹杞　**Ardisia sieboldii** Miq.(Siebold ardisia)　常綠小喬木，嫩時
被有褐色鱗片及粒狀毛茸；核果先紅，後變黑色。產全省山麓
至中海拔之森林內。分佈我國福建、浙江、日本南部、琉球及
小笠原。材供建築、薪炭，每植爲觀賞。

（11） 春不老 **Ardisia squamulosa** Presl（Ceylon ardisia） 常綠小喬木，葉倒卵或倒披針形，果紫黑而有黑點。栽培於全省平地。分佈我國海南島、中南半島、泰國、緬甸及錫蘭。觀賞。

（12） 阿里山雨傘仔 **Ardisia stenosepala** Hay.（Narrow-sepaled ardisia）常綠小灌木，葉基部側脈作銳角射出，萼片狹細爲其特點。產阿里山奮起湖、溪頭鳳凰山海拔 1,600 ～ 2,000 公尺之間地區。本種屢所見之。觀賞。

（13） 黑星紫金牛 **Ardisia virens** Kurz（*A. rectangularis* Hay.）（Black-spot ardisi 常綠灌木；核果球形，暗紅色，密佈黑點。產全省山地。分佈我國南部、中南半島、緬甸、孟加拉、阿薩姆以至蘇門答臘。觀賞。

2. 賽山椒屬 EMBELIA Burm. f.

種之檢索

A 1. 葉小形，長 2.5 ～ 3.5 公分，寬 1 ～ 1.5 公分，全緣，先端微凹，基部銳至鈍，側脈 3 ～ 4 對；萼片與花瓣各 4 。

  B 1. 小枝具小乳頭狀突起；花梗被腺狀柔毛‥‥‥‥‥‥‥‥‥‥‥‥‥‥‥‥‥‥‥‥‥‥‥‥‥‥(2)毛藤木槲 *E. laeta* var. *papilligera*

  B 2. 小枝與花梗無如上述特點‥‥‥‥‥(1)藤木槲 *E. laeta* var. *laeta*

A 2. 葉大形，長 5 ～ 10 公分，寬 2 ～ 4 公分，具細鋸齒或稀近於全緣，先端銳尖，基部圓形、歪形、心形及鈍形，側脈 7 ～ 15 對；萼片與花瓣各 5 。

  B 1. 葉背之網狀脈不隆起；萼片濶卵形，花瓣外部具突出之腺體，花藥背面無黑點‥‥‥‥‥‥‥‥‥‥‥‥‥‥‥‥(3)賽山椒 *E. oblongifolia*

  B 2. 葉背之網狀脈隆起；萼片卵形，花瓣外部具黑點，花藥具黑點‥‥‥‥‥‥‥‥‥‥‥‥‥‥‥‥‥‥‥‥(4)野山椒 *E. rudis*

（1） 藤本槲 **Embelia laeta**（Linn.）Mez var. **laeta**（Samara laeta

Linn.）（Vine embelia）蔓性藤本，葉倒卵形；核果球形。產北部
山區。分佈我國南部及中南半島。觀賞。

（2）　毛藤木槲 **Embelia laeta**（Linn.）Mez var. **papilligera**）（Nak.）Walker
（Twig-hanging embelia）　　蔓性灌木，花梗具腺狀短毛。產中央
山脈海拔 1,100～2,600 公尺之間地區。分佈我國南部、香
港及越南。觀賞。

（3）　賽山椒　**Embelia oblongifolia** Hemsl.（Lenticel-bearing embelia）　常
綠大藤本，小枝、葉柄兼具多數皮孔與粒狀毛茸。產北部山麓
以及全省中、高海拔之森林內。分佈我國東南及西南部、香港
及海南島。觀賞。

（4）　野山椒　**Embelia rudis** Hand.-Mazz.（Wild embelia）　常綠灌木，
葉具細銳鋸齒。產中部地區，如蓮華池、眉原、日月潭及溪頭

圖 **492** 野山椒 Embelia rudis Hand.-Mazz.

。分佈我國南部及四川。觀賞。(圖 492)

3. 山桂花屬 **MAESA** Forsk.

種之檢索

A 1.　葉兩面均平滑。

　B 1.　陰性樹種；枝爲下垂性；葉具腺狀鋸齒，每緣 4～7 對，色灰綠
　　　　；萼片外部具 4～5 條紋，花瓣之裂片，其長爲花冠之¾，子房
　　　　下位；果徑約爲 0.7 公分，果柄長 0.3 公分，種子 97～123 粒
　　　　⋯⋯⋯⋯⋯⋯⋯⋯⋯⋯⋯⋯⋯⋯⋯(1)山桂花　*M. japonica*

　B 2.　陽、中性樹種；枝爲斜昇性；葉具鋸齒，每緣 10～14 對，色綠；
　　　　萼片外部不具條紋，或有之而不明顯，花瓣之裂片，其長爲花冠
　　　　之½，子房半下位；果徑約爲 0.5 公分，果柄長 0.1～0.15 公分
　　　　，種子24～30粒⋯⋯（2 a）台灣山桂花　*M. tenera* var. *tenera*

A 2.　葉兩面嫩時均具粗毛，老則稍變平滑，但葉背脈上仍具粗毛⋯⋯
　　　　⋯⋯⋯⋯⋯⋯（2 b）恒春山桂花　*M. tenera* var. *perlarius*

（1）　山桂花 **Maesa japonica** (Thunb.) Moritzi (Japanese maesa)　常綠
　　蔓性灌木；果大，徑約 7 公厘。產全省潤葉樹林之內，尤以大
　　屯山麓特多。分佈我國、越南、日本及琉球。觀賞、適於插花
　　。

（2 a）台灣山桂花 **Maesa tenera** Mez var. **tenera** (*M. formosana* Mez) (Tai-
　　wan maesa) 常綠灌木；果中等，徑約 5 公厘。產全省潤葉樹林
　　之內，極爲普遍，蘭嶼亦產之（見於野銀村山坡一帶）。分佈
　　我國、日本九州及琉球。觀賞。(圖 493)

（2 b）恒春山桂花 **Maesa tenera** Mez var. **perlarius** Liu et Liao,
　　(Hengchun maesa)常綠灌木；果小，徑 2～5 公厘。產南部，三
　　地門至鵝鑾鼻之墾丁。我國東南部及中南半島。觀賞。

圖 **493** 台灣山桂花 Maesa tenera Mez

4. 鐵仔屬 MYRSINE Linn.

種之檢索

A 1. 匍匐性灌木；葉長橢圓形，長 3 ～ 8 公分，寬 1 ～ 3 公分，全緣；萼片、花冠裂片及雄蕊各 4 ，柱頭單一；核果徑約 0.4 公分，紅色
···(2)蔓竹杞　*M. stolonifera*

A 2. 灌木至小喬木。

　B 1. 小灌木；葉倒卵形或長橢圓形，長 0.5 ～ 1.3 公分，寬 0.3 ～ 0.9 公分，上半部具細銳鋸齒；萼片、花冠裂片及雄蕊各 4 ，柱頭多裂；核果徑約 0.3 公分，紅色··········(1)非洲鐵仔　*M. africana*

　B 2. 小喬木；葉長橢圓形或倒披針形，長 10 ～ 15 公分，寬 1.5 ～ 3 公分，全緣；萼片、花冠裂片及雄蕊各 5 ，柱頭單一，核果徑約 0.7 公分，紫黑色··················(3)大明橘 *M. sequinii*

（1）　非洲鐵仔　**Myrsine africana** Linn.（African myrsine）　常綠小灌木，枝有毛；側脈在葉緣互相分離。產中央山脈高海拔及台東大針山之濶葉樹林內。亞洲及非洲。果爲寄生蟲之驅除劑（非洲）。（圖494）

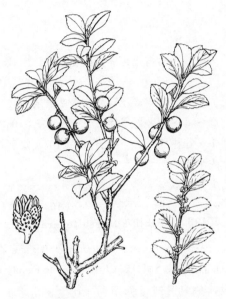

圖494　非洲鐵仔 Myrsine africana Linn.

（2）　蔓竹杞　**Myrsine stolonifera**（Koidz.）Walker（*Anamtia stolonifera* Koidz.）（Stolon-bearing myrsine）匍匐性灌木，側脈在葉緣合而爲一緣脈。產中央山脈濶針葉樹林之內，溪頭鳳凰山稜線上尤多見之。分佈我國、日本本州及九州、屋久島。觀賞。

（3）　大明橘　**Myrsine sequinii** Lévl.（*M. neriifolia* Sieb. et Zucc.）（Sequin myrsine）　常綠小喬木；各側脈在葉緣互相分離；漿果。產北、中部及浸水營之濶葉樹林內。分佈我國、日本及琉球。材供薪炭，樹皮可爲家畜環蟲類之驅除劑。

36.柿樹目 EBENALES

　　葉無托葉；花兩性或單性，整齊；花瓣合生，覆瓦狀；雄蕊4～5，但常爲花冠裂片之2倍數以上，子房上、下位，胚珠每室1～2，着生於中軸；種子有胚乳。本目台灣產者4科，其檢索如下：

科之檢索

A 1.　子房上位。

　　B 1.　有官能的雄蕊（另有退化者）與花冠裂片同數⋯⋯⋯⋯⋯⋯⋯⋯
　　　　　⋯⋯⋯⋯⋯⋯⋯⋯⋯⋯⋯⋯⋯⋯⋯（105）山欖科 Sapotaceae
　　B 2.　有官能的雄蕊，其數爲花冠裂片之2倍或多倍。
　　　C 1.　花柱2～8，花多爲單性⋯⋯⋯⋯⋯（106）柿科 Ebenaceae
　　　C 2.　花柱1，花兩性⋯⋯⋯⋯⋯（107）安息香科 Styracaceae(1)

A 2.　子房下位或半下位。

　　B 1.　子房完全2～5室，雄蕊1～3輪⋯⋯⋯⋯⋯⋯⋯⋯⋯⋯⋯⋯⋯
　　　　　⋯⋯⋯⋯⋯⋯⋯⋯⋯⋯⋯⋯⋯（108）灰木科　Symplocaceae
　　B 2.　子房上部1室，下半部3～5室，雄蕊1輪⋯⋯⋯⋯⋯⋯⋯⋯⋯
　　　　　⋯⋯⋯⋯⋯⋯⋯⋯⋯⋯⋯⋯⋯安息香科 Styracaceae (2)

(105) 山欖科 SAPOTACEAE（Sapote Family）

　　喬木或灌木，均具乳汁；葉單一，互生，全緣，革質，托葉缺如；花小，兩性；萼4～8裂，花冠4～8裂，裂片成1～2層，覆瓦狀排列；雄蕊與花冠裂片同數且與之對生，退化雄蕊屢見宿存；子房上位，5～6室，花柱單一，胚珠每室1粒；果多爲漿果，質硬；種皮1層，胚大，胚乳小。全球約40屬425種，廣汎分佈於熱帶地區。台灣6屬，包括栽培者，其檢索如下：

屬之檢索

A 1.　葉背具黃金狀褐色絨毛。

　　B 1.　枝下垂；葉卵狀橢圓形，具短尖，基鈍圓；花6～50朵簇生，無退化雄蕊；漿果近於球形，長 5 ～ 9 公分，色暗紫或淡綠，種子 4 ～ 6 粒 ………………………………… 2. 星蘋果屬 *Chrysophyllum*

B 2. 枝斜昇；葉橢圓形至倒卵形，先端鈍圓，基楔狀；花 2 ～ 3 朵簇生，退化雄蕊 5 ；核果橢圓形，長 1.2 公分，色黑，種子 1 ～ 2 粒 ……………………………………… 6. 樹青屬 *Pouteria*

A 2. 葉背色綠或銀灰。

B 1. 果徑 5 ～ 10 公分，卵圓、橢圓或球形。

C 1. 葉革質，先端鈍，側脈不明顯；退化雄蕊 6 ，呈花瓣狀，子房 10 ～ 12 室；果熟變茶褐色，呈疣狀粗糙，先端圓形，種子 2 ～ 5 ，壓扁狀橢圓形，長約 2 公分 ……… 1. 人心果屬 *Archras*

C 2. 葉紙質，先端漸尖，側脈 10 ～ 20 對，明顯；退化雄蕊屢有 1 ～ 2 ，花絲狀；子房 4 ～ 6 室；果熟呈橙黃，光滑，先端漸尖至鈍頭，種子 1 ，橢圓形，長約 4 公分 …… 3. 蛋黃果屬 *Lucuma*

B 2. 果徑約 2.5 公分，球形或卵形。

C 1. 葉背稍呈銀灰色；花冠裂片 18 ，子房 10 ～ 11 室；種子 4 ……… ……………………………………… 4. 猿喜果屬 *Mimusops*

C 2. 葉背綠色；花冠裂片 6 ，子房 6 室；種子 1 ……………………… ……………………………………… 5. 山欖屬 *Palaquium*

1. 人心果屬 ACHRAS Linn.

人心果 **Achras zapota** Linn.（ Sapodilla ）常綠中喬木；葉通常叢生枝端，兩面均平滑，革質；花萼 6 裂，作 2 輪列；花冠或筒狀，白色，先端 12 裂，分作兩輪；雄蕊 6 ，花藥 2 室，縱裂；雌蕊 1 ；果多型，暗褐色，外附糠狀之疣。栽培於省立農業試驗所士林與嘉義分所，另嘉義、竹山等地區以及省立林業試驗所恒春分所。品種有 Manilla、Apel、Koelon、Betawi、Ketjik、Baramashea、Large fruit、 Mammoth giant、Poncen 及 Heart 等。南美原產。熱帶果樹。（圖 495）

2. 星蘋果屬 CHRYSOPHYLLUM Linn.

星蘋果 **Chrysophyllum cainito** Linn.（Star apple ）常綠中喬木；枝常下垂，嫩枝及嫩芽均密被黃紅褐而帶光澤之毛茸；葉互生，卵狀橢圓

圖 495　人心果 Achras zapota Linn.

圖 496　星蘋果 Chrysophyllum cainito Linn.

形，表面**深綠色**，光滑，背面密被金黃至黃紅絨毛；花之萼片 5～6 ，花冠鐘狀 5～6 裂，雄蕊 5～6，花藥 2 室，縱裂，子房 8～9 室 ；果實熟變暗紫或淡綠。栽培於士林、嘉義農業試驗所及省立林業試 驗所恒春分所。中美及西印度原產，現熱帶各地均有栽培。果樹兼觀 賞。品種有 Purple 及 Green。（圖 496）

3. 蛋黃果屬 LUCUMA Molina

蛋黃果　**Lucuma nervosa** A. DC.（Canistel）　常綠小喬木；葉互生， 倒卵形或長橢圓形，先端漸尖，基楔狀，兩面均有光澤，側脈顯明， 10～20 對，全緣；花 2～3 朵簇生；萼 5，稀成 6，分作 2 輪；花 冠 10 裂，瓣片成兩輪；雄蕊數 5 或 6，其中有 1～2 退化，花藥 2 室；雌蕊 1，柱頭 4～5 淺裂，子房被淡褐色或白色短毛，通常 5 室 ，稀有 4～6 室者；果橢圓、或濶卵形，果頂長尖，熟變橙黃色，光 滑；種子橢圓形，長 4 公分，徑 2 公分，栗褐色，具光澤。栽培於嘉

圖 **497**　蛋黃果 Lucuma nervosa A. DC.

義農業試驗所、台南及省立林業試驗所恒春分所。品種有長形及心形等。美國佛羅里達州南部及古巴原產，爪哇及菲律賓均有栽培。熱帶果樹。（圖497）

4．猿喜果屬　MIMUSOPS Linn.

高起猿喜果　**Mimusops kauki** Linn.（Mimusops）　　常綠小喬木；葉互生，革質，兩面均光滑；花之萼6，分為2層；花冠白色，先端18裂，分為2輪，外列12枚，內列6枚；雄蕊12，成2輪，外列6本已退化，內列6本為完全雄蕊，花藥2室，縱裂；雌蕊1，柱頭尖細，子房10～11室；果熟變橙黃色，種子4。嘉義農業試驗所栽有2棵。馬來西亞、緬甸原產。亞洲、美洲及澳洲熱帶地區均有栽培。果樹之外，材製枕木、家具及器具。台北植物園目前尚有猿喜果 *M. elengi* Linn. 及六蕊猿喜果 *M. hexandra* Roxb.各僅有1及3株。（圖498）

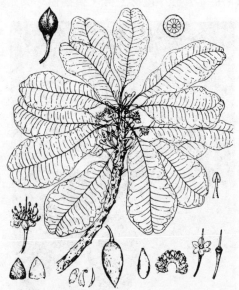

圖 **498**　高起猿喜果Mimusops kauki Linn.

5. 山欖屬 PALAQUIUM Blanco

大葉山欖　Palaquium formosanum Hay. (Taiwan nato tree)　俗稱蟲古公。常綠大喬木，小枝粗壯，色黑褐；葉痕明顯。產北、東部海岸，如基隆及金山，另恒春半島，如墾丁公園及海濱，以及蘭嶼亦產之。台北市及板橋竂有栽培。分佈菲律賓。建築及染料。(圖499)

圖 499　大葉山欖 Palaquium formosanum Hay.

6. 樹青屬 POUTERIA Aubl.

樹青 Pouteria obovata (R. Br.) Baehni (*Seralisia obovata* R. Br., *Sideroxylon ferrugineum* Hook. et Arn.) (Pouteria) 常綠中喬木，全株密被銹色短絨毛；核果橢圓形，長約12公厘。產北部、基隆和平島、野柳、小基隆(三芝)等地以及恒春半島與蘭嶼之珊瑚石灰岩上。分佈我國南部、琉球、小笠原諸島、菲律賓、馬來西亞及印度。材供建築及製農具與舂桿等。(圖500)

圖 500 樹青 Pouteria obovata (R. Br.) Baehni

（106）柿樹科　EBENACEAE（Ebony Family）

喬木或灌木，心材堅硬，色暗或黑；葉互生，全緣，無托葉；花
幾爲單性或雜性；雄花之花冠 3～7 裂，覆瓦狀排列，雄蕊數爲花冠
裂片之 2～4 倍，花絲短，藥隔突出，花藥 2 室，退化子房存在；雌
花通常單生，萼 3～6 裂，宿存，屢在花後肥大，子房上位，2 或更
多室（通常 4～8 室），每室具倒懸胚珠 1～2；花柱屢分裂；果爲
漿果；種子有種皮 2 層，胚乳硬。全球 6 屬，300 種，分佈於熱帶及
亞熱帶地區。台灣 1 屬 11 種。

1. 柿樹屬 DIOSPYROS Linn.

種之檢索

A 1. 果徑 4～8 公分。

B 1.　常綠性喬木；葉長橢圓形，長 15～30 公分，革質；漿果熟變暗紅
色，被長絨毛，種子帶圓形⋯⋯⋯⋯⋯⑾毛柿　*D. discolor* var. *utilis*

B 2.　落葉性喬木；葉濶橢圓、倒卵或卵狀橢圓形，長 8～15 公分，厚
紙質；漿果熟變橙黃或橙紅，種子扁平⋯⋯⋯⋯⑸柿樹　*D. kaki*

A 2.　果徑 1.5～3.5 公分。

B 1.　幹枝有刺。

C 1.　葉倒披針形，表面平滑，基鈍或楔形；枝有刺⋯⋯⋯⋯⋯⋯⋯
⋯⋯⋯⋯⋯⋯⋯⋯⋯⋯⋯⋯⑴宜昌柿　*D. amarta*

C 2.　葉卵狀長橢圓形，表面被毛，基圓或淺心形；幹枝有刺⋯⋯⋯
⋯⋯⋯⋯⋯⋯⋯⋯⋯⑺山柿　*D. montana*

B 2.　幹枝無刺。

C 1.　果橢圓形。

D 1.　葉厚革質，倒卵形，先端圓或微凹，長 4～6 公分，寬 1.5
～2.5 公分；漿果長 0.8～1.2 公分⋯⋯⋯⋯⋯⋯⋯⋯⋯
⋯⋯⋯⋯⋯⋯⋯⑶象牙樹　*D. ferrea* var. *buxifolia*

D 2.　葉厚紙質至紙質，長橢圓至披針狀橢圓形或橢圓形至卵狀橢
圓形，先端銳尖至鈍，長 7～15 公分，寬 2～6 公分；漿果
長 1.5～3.5 公分。

E 1.　葉長橢圓至披針狀橢圓形，長 7～10 公分，寬 2～3 公分
；漿果長 1.5～2 公分，外部被毛⋯⋯⋯⋯⋯⋯⋯⋯
⋯⋯⋯⋯⋯⋯⋯⋯⋯⑵烏材柿　*D. eriantha*

E 2.　葉橢圓至卵狀橢圓形，長 10～15 公分，寬 5～6 公分；漿
果長 3.5 公分，平滑⋯⋯⋯⋯⋯⋯⋯⋯⋯⋯⋯⋯⋯⋯
⋯⋯（9 b）橢圓果紅柿　*D. oldhamii* forma *ellipsoidea*

C 2.　果扁球形至球形。

D 1.　葉寬 5～8 公分。

E 1.　葉背平滑或被疎毛，葉基銳或鈍；果壓縮狀球形，徑 2～
2.5 公分⋯⋯⋯⋯（9 a）紅柿　*D. oldhami* forma *oldhami*

E 2.　葉背呈淡粉白，葉基鈍或圓；果球形，徑 2 公分⋯⋯⋯⋯
⋯⋯⋯⋯⋯⋯⋯⋯⋯⋯⑷霧台柿　*D. japonica*

D 2. 葉寬 1.5～5 公分。

    E 1. 葉革質，先端鈍圓‧‧‧‧‧‧‧‧‧‧‧‧‧‧‧‧‧‧‧‧‧(6)黃心柿　*D. maritima*

    E 2. 葉紙質，先端銳尖至漸尖。

      F 1. 花黃白色，花絲及花藥均有毛‧‧‧‧‧‧‧‧‧‧‧‧‧‧‧‧‧‧‧‧‧

        ‧‧‧‧‧‧‧‧‧‧‧‧‧‧‧‧‧‧‧‧‧‧‧‧‧‧‧(8)山紅柿　*D. morrisiana*

      F 2. 花粉紅色，花絲上部及花藥基部稍有毛，其他平滑‧‧‧‧‧‧

        ‧‧‧‧‧‧‧‧‧‧‧‧‧‧‧‧‧‧‧‧‧‧‧‧‧‧(10)紅花柿　*D. sasakii*

（1）　宜昌柿　**Diospyros armata** Hemsl.（Spiny persimmon）　瓶蘭花。
落葉喬木；葉倒披針形；花腋生，單立。栽培於省林業試驗所
台北植物園花圃及新竹動物園內。分佈我國浙江及湖北。觀賞
，生籬。（圖 501）

圖 501　宜昌柿 Diospyros armata Hemsl.

（2）　烏材柿　**Diospyros eriantha** Champ. ex Benth.（Wooly-flowered persim
mon）又名軟毛柿。常綠小喬木；芽、嫩葉被白毛；葉披針狀長
橢圓形；果橢圓形。產全省潤葉樹林之下部，自北部陽明山，
烏來起經日月潭，南至墾丁公園，均常見之。分佈我國南部、

香港、琉球、蘇門答臘及婆羅洲。材供薪炭、製農具，亦植爲觀賞。

（3）　象牙樹 **Diospyros ferrea** (Willd.) Bakh. var. **buxifolia** (Rottb.) Bakh. (*Pisonia buxifolia* Rottb.) (Philippine ebony persimmon) 烏皮石苓。常綠大灌木至小喬木；葉厚革質，倒卵形，先端圓或凹缺；雄花 2～3 朵，萼 3 裂，雌花單立。產恒春半島、蘭嶼及彭佳嶼。墾丁公園內亦有栽培。分佈菲律賓群島、亞洲及非洲等熱帶地區。裝飾用材，尤適於作家屋之圓柱。

（4）　霧台柿　**Diospyros japonica** Sieb. et Zucc. (Wutai persimmon) 大喬木；葉寬 5～8 公分，背面呈淡粉白，基部鈍或圓形；果球形，徑約 2 公分。產屏東霧台海拔 1,000 公尺之處。分佈我國中部、日本南部及琉球。用材。

（5）　柿樹　**Diospyros kaki** Thunb. (Persimmon) 落葉喬木；葉濶橢圓形，先端突尖。栽培於平地、山麓各地。我國原產，現廣汎栽植於熱帶、亞熱帶及溫帶各地。果樹，材製家具。

（6）　黃心柿　**Diospyros maritima** Blume (Coast persimmon) 常綠小喬木，材部黃色；葉長橢圓形，兩面均色綠。產恒春半島南部，如墾丁公園及蘭嶼沿海之森林內，尤多生於石灰岩之上，基隆附近亦有之。分佈琉球、菲律賓、馬來西亞、爪哇及澳洲。植之以護岸防風。果之毒質，可爲魚族之麻醉劑。

（7）　山柿　**Diospyros montana** Roxb. (Mountain persimmon) 落葉喬木，小枝被毛；葉互生，膜質，全緣，兩面有毛，背面最爲顯著；花腋生，萼 4 裂，子房 8 室，花柱 4；果球形。栽植於美濃竹頭角熱帶植物園及省立林業試驗所恒春分所。分佈馬來西亞、緬甸、印度、菲律賓及澳洲熱帶地區。材供建築及製各種用具。

（8）　山紅柿　**Diospyros morrisiana** Hance (Morris persimmon) 常綠小雄蕊 8～10，合生成筒或與花瓣連生，花藥線形，2 室；子

喬木；葉長橢圓形；花單立，腋生，黃白色；萼4裂；花冠鐘狀壺形，4裂；果球形，徑1.6公分，黃褐色。產北、中部潤葉樹林之內，陽明山尤多見之。分佈我國南部、日本及琉球。材製用具及把柄。

（9a）紅柿 **Diospyros oldhamii** Maxim. forma **oldhamii**（Oldham persimmon）
落葉喬木，小枝平滑；葉卵狀橢圓形；花腋生，每5～6朵叢生，萼、花冠平滑；果壓扁球形，徑2.5公分，橙色。產北、中部潤葉樹林之內，竹東鹿場分場一帶，每多見之。材製用具。

（9b）橢圓果紅柿 **Diospyros oldhamii** Maxim. forma **ellipsoidea**（Odashima）Li（*D. hayatai* Odashima forma *ellipsoidea* Odashima）（Odashima persimmon）落葉喬木，與原種之差異點在其漿果呈橢圓形，長3.5公分，寬2.8公分，外部平滑。產新竹新城。觀賞。

（10）紅花柿 **Diospyros sasakii** Hay.（Red-flowered persimmon）落葉小喬木；葉卵狀披針形，緣波狀；雄花腋生，3～5朵叢生，萼4裂，先端屢呈凹缺，外部平滑，雄蕊14～16。產烏來及花蓮太魯閣。分佈琉球。建築，果可供食。

（11）毛柿（台灣黑檀）**Diospyros discolor** Willd. var. **utilis**（Hemsl.）Liu et Liao（*D. utilis* Hemsl.）（Taiwan ebony）常綠大喬木，與原種不同之處，在其葉形大，下垂；萼之裂片橢圓形，花冠筒稍長；果亦大，果皮之顏色稍淡而呈暗紅。產恒春半島海濱、蘭嶼及綠島；墾丁公園大門停車廣場下坡之森林內，有胸徑50～80公分之大喬木20餘株，已於民國43年指定為毛柿母樹林。台灣黑檀為貴重用材。

　　（107）**安息香科 STYRACACEAE**（Storax Family）
喬木或灌木，全體具星狀毛或小鱗片；葉互生，單一，全緣或具鋸齒，托葉缺如；花兩性，成頂生或腋生之圓錐、總狀、聚繖花序，有時叢生；萼4～5裂，多少與子房連生；花瓣4～7，近於離生；

房上位，稀半下位，上部1室，下部3～5室，每室有胚珠1至數粒
；果爲蒴果或核果狀；種子僅有種皮1層，胚乳豐富。全球約11屬
150種，分佈於亞洲東部、馬來西亞及熱帶美洲。台灣二屬其檢索如
下：

屬之檢索

A 1.　種子兩端具翅；雄蕊筒長，分離之花絲有長短二型⋯⋯⋯⋯⋯⋯
⋯⋯⋯⋯⋯⋯⋯⋯⋯⋯⋯⋯⋯⋯⋯ 1. 假赤楊屬　　*Alniphyllum*
A 2.　種子無翅；雄蕊互相分離而着生於花冠之基部或否，花絲僅一型⋯
⋯⋯⋯⋯⋯⋯⋯⋯⋯⋯⋯⋯ 2. 野茉莉（紅皮）屬 *Styrax*

1. 假赤楊屬 ALNIPHYLLUM Matsum.

假赤楊 **Alniphyllum fortunei**(Hemsl.) Mak. (*Halesia fortunei* Hemsl.) (For-
tune's China - bell) 土名冇打、紅鷄油。落葉喬木；蒴長橢圓形，縱裂

圖 502　假赤楊 Alniphyllum fortunei (Hemsl.) Mak.

成 5 片，內藏多數有翅種子。產全省潤葉樹林之內，北部山區尤多見
之。分佈我國東、西南部、海南島、長江流域及中南半島。材製茶箱
並供薪炭。(圖 502)

2. 野茉莉屬 STYRAX Linn.

種之檢索

A 1. 葉革質，背面色呈淡褐銀白⋯⋯⋯⋯⋯⋯⋯(4)紅皮　*S. suberifolius*
A 2. 葉紙質至厚紙質，背面色綠。
　B 1. 花瓣披針形，長 0.6～1.2 公分，寬 0.2～0.4 公分。
　　C 1. 葉長橢圓、倒卵狀長橢圓至菱狀長橢圓形，紙質，全緣至具疏
　　　　鋸齒；花梗長 2～3 公分⋯⋯⋯⋯(1)烏皮九芎　*S. formosanum*
　　C 2. 葉潤橢圓至近於圓形，厚紙質，具細鋸齒；花梗長 0.9 公分⋯
　　　　⋯⋯⋯⋯⋯⋯⋯⋯⋯⋯(3)台灣野茉莉　*S. matsumurai*
　B 2. 花瓣橢圓形，長 1.6 公分，寬 0.8～1 公分⋯⋯⋯⋯⋯⋯⋯⋯
　　　　⋯⋯⋯⋯⋯⋯⋯⋯⋯⋯(2)蘭嶼野茉莉　*S. japonicus*

（1）　烏皮九芎　**Styrax formosanum** Matsum. (Formosan snow bell) 落葉
　　　小喬木；葉卵狀長橢圓形；花瓣細狹。產北、中部山麓，砍伐
　　　跡地及平地水田與小溪邊。材製薪炭，製轆轤，亦植為生籬。

（2）　蘭嶼野茉莉　**Styrax japonicus** Sieb.et Zucc. (*S. kotoensis* Hay.)
　　　(Lanyu snow bell)小喬木，葉近於菱形，花瓣寬潤。產蘭嶼。分佈
　　　琉球、菲律賓、我國中部長江流域、韓國及日本。材製用具。

（3）　台灣野茉莉　**Styrax matsumurai** Perk. (Matsumura snow bell) 落
　　　葉小喬木；葉潤卵形，花瓣細狹。產新竹、台中之山麓叢林內
　　　。觀賞。(圖 503)

（4）　紅皮　**Styrax suberifolius** Hook. et Arn. [*S. suberifolius* Hook. et Arn.
　　　var. *hayataianum* (Perk.) Mori] (Cork-leaf snow bell) 常綠喬木，內皮
　　　紫紅色，葉背密被褐而帶銀白之星狀絨毛。分佈我國南部、香
　　　港。材製枕木、薪炭及器具。

圖 503　台灣野茉莉 Styrax matsumurai Perk.

(108) 灰木科 SYMPLOCACEAE (Symplocos Family)

常綠喬木或灌木，稀有落葉者，如灰木　(*Symplocos　paniculata*)
葉具葉柄，單一，成螺旋狀排列；花序呈穗狀、總狀、圓錐狀，有時
花叢生；花通常具1苞片與2小苞片，整齊，兩性，稀有單性者，每
具芳香；萼片5，覆瓦狀或鑷合狀；花瓣5，僅基部略為合生，偶有
合生至一半以上者；雄蕊通常多數或稀減少至5，每成列或成束而與
花瓣連生，花藥球形，2室，向內，縱裂；子房下位或半下位，2～
5室，每室具下垂胚珠2～4，花柱1，在兩性或雌花每具盾狀或作
3～5裂之柱頭；花盤存在，呈5腺狀或5裂；核果之中果皮質薄，
內果皮堅硬，木質化，球形、囊形、卵形、橢圓形、筒狀或紡錘形，
核平滑或具稜角；種子直立或反曲，每室1粒，具豐富胚乳，胚直或
反曲，子葉頗短，線形。全球1屬250種，所有熱、亞熱、溫、寒四
帶均有之。就地區言，東南亞洲、澳洲、熱帶美洲到美國東南部都有

分佈，惟不見於非洲。

　　台灣有 22 種，其檢索如下：

灰木屬 SYMPLOCOS Jacq.

種之檢索

A 1. 葉爲落葉性，多少呈菱形狀，表面中肋凹入⋯⋯ ⒂灰木　*S. paniculata*

A 2. 葉爲常綠性。

　　B 1. 花瓣大部合生，惟上部裂開，花絲之分離部極短；核果紡錘形⋯
　　　　⋯⋯⋯⋯⋯⋯⋯⋯⋯⋯⋯⋯⒃南嶺山礬　*S. pendula* var. *hirtystylis*

　　B 2. 花瓣僅基部合生，雄蕊筒極短。

　　　C 1. 葉表之中肋幾凸出。

　　　　D 1. 葉厚紙質，背面中肋近於扁平，葉柄長 0.3 公分；花成圓錐
　　　　　　花序。

　　　　　E 1. 葉卵狀橢圓形及卵狀披針形，長 5 ～ 8 公分，寬 2.3 ～ 3
　　　　　　　公分，先端尾狀漸尖，幾屬全緣⋯⋯⋯⋯⋯⋯⋯⋯⋯
　　　　　　　⋯⋯⋯⋯⋯⋯（1 a）高山灰木 *S. anomala* var. *anomala*

　　　　　E 2. 葉卵形，長 1.5 ～ 3.8 公分，寬 1 ～ 2 公分，先端短尖或
　　　　　　　短漸尖，全緣或具細鋸齒⋯⋯⋯⋯⋯⋯⋯⋯⋯⋯⋯⋯
　　　　　　　⋯⋯⋯⋯（1 b）玉山灰木　*S. anomala* var. *morrisonicola*

　　　　D 2. 葉革質，背面之中肋凸出，葉柄長 0.5 ～ 1 公分；花成短總
　　　　　　狀、穗狀或叢生。

　　　　　E 1. 葉長 5 ～ 10 公分，寬 2 ～ 4 公分，通常具鋸齒；花盤平滑
　　　　　　　⋯⋯⋯⋯⋯⋯⋯⋯⋯⋯⋯⋯⋯⑾革葉山礬 *S. lucida*

　　　　　E 2. 葉長 3 ～ 5 公分，寬 2 公分，全緣；花盤具長毛⋯⋯⋯
　　　　　　　⋯⋯⋯⋯⋯⋯⋯⋯⋯⋯⒅南仁山礬　*S. shilanensis*

　　　C 2. 葉表之中肋幾均凹入，稀有扁平者。

　　　　D 1. 花序幾生在無葉之後生小枝上，叢生或成穗狀。

　　　　　E 1. 葉長 22 ～ 27 公分，寬 5 ～ 8 公分，基鈍；花序之小枝頗粗，

，徑 0.6 ～ 1 公分…………(9)恒春山礬　*S. koshunensis*

E 2. 葉長 8 ～ 14 公分，寬 2 ～ 3.5 公分，基楔；花序之小枝頗
　　　細，徑 0.4 ～ 0.5 公分。

　F 1. 小枝縱斷面具充實之髓心；葉表之第一側脈扁平或稍凹
　　　，紙質，全緣或具不顯明之腺狀鋸齒………………………
　　　……………………………(4)山羊耳　*S. glauca*

　F 2. 小枝縱斷面具橫階段狀之髓心；葉表之第一側脈頗凹入
　　　，即葉身表面凸出，革質，具顯明之腺狀鋸齒…………
　　　……………………………(9)枇杷葉山礬　*S. stellaris*

D 2. 花序生於葉腋間之初生小枝上，呈穗狀，總狀，聚繖狀，又
　　　花屢爲叢生。

E 1. 葉長 1 ～ 2.1 公分，寬 0.8 ～ 1.2 公分，葉柄 0.1 ～ 0.2
　　　公分，屢呈叢生狀…………(14)能高山礬　*S. nokoensis*

E 2. 葉長 4 ～ 25 公分，寬 1.2 ～ 9 公分，葉柄 0.1 ～ 2.5 公分
　　　，互生，稀呈叢生。

　F 1. 核果圓筒狀長卵形；乾葉呈茶褐色……………………
　　　………………(5)巒大山礬　*S. glomerata* subsp. *congesta*

　F 2. 核果球形、橢圓形、卵形及長卵形；乾葉呈黃綠、綠色
　　　、稀爲茶褐色。

　G 1. 葉通常長 10～25 公分，葉柄 1 ～ 2.5 公分。

　　H 1. 葉 15～25 公分，寬 4 ～ 9 公分。

　　　I 1. 新芽被茶褐毛茸；葉長橢圓形，背面被茶褐絨毛
　　　　　，具細鋸齒 …………（2 a）銹葉山礬　*S. co-*
　　　　　chinchinensis subsp.*cochinchinensis* var.*cochinchinensis*

　　　I 2. 新芽平滑；葉倒長卵形，背面平滑，具粗鋸齒…
　　　　　……………………(8)小西氏山礬　*S. konishii*

　　H 2. 葉長 10～15 公分，寬 2.5 ～ 8 公分。

　　　I 1. 葉濶卵形，寬 4 ～ 8 公分，葉柄長 1 ～ 2.5 公分
　　　　　…………………（2 c）蘭嶼山礬　*S. cochin-*
　　　　　chinensis subsp. *cochinchinensis* var.*philippiensis*

　　　I 2. 葉長橢圓形，寬 2.5 ～ 3.5 公分，葉柄長 0.8 ～

　　　　　　1.2公分……………………………………………

　　　　　（2b）山猪肝　*S. cochinchinensis* subsp. *laurina*

G 2.　葉通常長 4 ～ 10公分，稀至 12公分，葉柄 0.1 ～ 1 公分。

　　H 1.　葉幾全緣或具不顯明之細鋸齒（以肉眼視之），呈倒長卵形至倒披針形………………………………………………………………⑳蒲崙葉灰木　*S. wikstroemifolia*

　　H 2.　葉具顯明鋸齒，稀有全緣者，長橢圓形、橢圓形、倒卵形、倒長卵形、倒披針形、卵形、濶卵形及長卵形。

　　　I 1.　花序穗狀或花為叢生，無花梗，即或有之亦極短，約 0.1 公分。

　　　　J 1.　葉革質，倒長卵形、倒披針形至卵狀橢圓形，有鋸齒……………⑩光葉山礬　*S. lancifolia*

　　　　J 2.　葉紙質，長卵狀橢圓形至卵狀橢圓形，全緣至具鋸齒…………⑺薄葉灰木　*S. inconspicua*

　　　I 2.　花序總狀，花梗長 0.1 ～ 1 公分。

　　　　J 1.　葉紙質，長卵至卵形，先端尾狀，葉柄 0.15 ～ 0.5 公分…………⒀小葉白筆　*S. modesta*

　　　　J 2.　葉革質或厚紙質，倒卵、長橢圓、橢圓、倒披針形及濶橢圓形，先端鈍、短銳、漸尖及突漸尖，葉柄長 0.5 ～ 1 公分。

　　　　　K 1.　葉不呈濶橢圓形，先端不呈突漸尖，不呈粗鋸齒。

　　　　　　L 1.　葉倒卵形，先端鈍或短銳，長 2 ～ 4.7 公分，寬 1 ～ 2.3 公分，上中部具細鋸齒，葉柄 0.2 ～ 0.4 公分………………………………………………⑿倒卵葉山礬　*S. macrostroma*

　　　　　　L 2.　葉長橢圓形、倒披針形或稀呈橢圓形，先

端漸尖，長 6 ～ 12公分，寬 1.5 ～ 2.5 公
分，具細鋸齒或不明顯之細鋸齒，葉柄長
0.5 ～ 0.8 公分。

M 1. 葉倒披針形或長橢圓形，長 8 ～ 12公形
，上、中部具細鋸齒，第一側脈 8 ～ 12
對⋯⋯⋯⑹平遮那山礬 *S. heishanensis*

M 2. 葉長橢圓形或橢圓形，長 4 ～ 9 公分，
幾具細鋸齒，第一側脈 5 ～ 6 對⋯⋯⋯
⋯⋯⋯⋯⋯⑶小山豬肝 *S. eriostroma*

K 2. 葉潤橢圓形，先端突漸尖，長 5 ～ 7 公分，
寬 2.5 ～ 3.7 公分，具粗鋸齒，葉柄長 0.5
～ 0.7 公分⋯⋯⑰佐佐木氏山礬 *S. sasakii*

（1 a）高山灰木 **Symplocos anomala** Brand var. **anomala** 〔 *S.
doii* Hay., *Bobua morrisonicola* (Hay.) Kaneh. et Sasaki var. *matudai*
Hatusima) (Mountain sweet leaf) 常綠灌木；葉卵狀橢圓形或卵
狀披針形，長 5 ～ 8 公分；果近於橢圓形，長 1 ～ 1.3公分。
產南部，如武威山，海拔 700 ～ 1,500 公尺之處，量頗稀少
。分佈我國、琉球、中南半島、馬來西亞、緬甸、泰國、婆羅
洲及蘇門答臘。觀賞。

（1b ）玉山灰木 **Symplocos anomala** Brand var. **morrisonicola**
(Hay.) Liu et Liao (*S. morrisonicola* Hay. *S. kiraishiensis* Hay.)
(Morrison mountain sweet leaf) 常綠灌木；稍似原種，但以其葉
卵形，長 1.5 ～ 3.8 公分，寬 1 ～ 2公分，先端短或短漸尖
，全緣或具細鋸齒等，可區別之。產全省中、高海拔 1,600 ～
3,000 公尺間的地區。觀賞。

（2a ）銹葉山礬 **Symplocos cochinchinensis** (Lour.) Moor subsp. **cochinchin-
ensis** var. **cochinchinensis** *(S. ferruginifolia* Kaneh., *Dicalyx cochinchinensis*
Lour., *D. javanica* Blume) (Downy sweet leaf) 常綠喬木，小枝被生銹絨
毛；葉背被生銹褐色絨毛，尤其在中肋與脈上，花之萼片密被絨

毛。產北部龜山之乾溝及新店。分佈中南半島。觀賞。

（2b）蘭嶼山礬 **Symplocos cochinchinensis** (Lour.) Moor subsp. **cochinchin-ensis** var. **philippinensis** (Brand) Noot. (*S. ferruginea* Roxb. var. *philip-pinensis* Brand, *S.kotoensis* Hay., *S. patens* auct. non Presl., *S. lithocarpoides* Nakai excl. syn) (Lanyu Cochinchina sweet leaf) 常綠小喬木；與原變種之區別，在小枝平滑，葉呈潤卵形，背面平滑，側脈 5～10 對。產蘭嶼。分佈南洋，如爪哇之列沙、小巽他群島 (Lesser Sunda Islands)、西里伯島、麻六甲及菲律賓等地。觀賞。

（2c）山豬肝 **Symplocos cochinchinensis** (Lour.) Moor subsp. **laurina** (Retz.) Noot. (*Myrtus laurinus* Retz., *S. spicata* Roxb., *S. theophrastaefolia* Sieb. et Zucc., *S. spicata* Roxb. var. *acuminata* Brand, *S. stenostachys* Hay., *S. divaricativena* Hay.) (Formosan Cochinchina sweet leaf) 常綠小喬木；與原亞種之區別，在其小枝與葉平滑；萼片亦平滑，但屢具緣毛，產全省潤葉樹林之內。分佈我國、琉球及日本。柴薪。（圖504）

（3） 小山豬肝 **Symplocos eriostroma** Hay. (*S. somai* Hay. *S. sozanensis* Hay.) (Yangmingshan sweet leaf) 常綠小喬木，枝、葉均無毛，側脈約6對；花序總狀，花梗粗，苞與小苞有毛，早落。產北、中部之低、中海拔地區，如陽明山、烏來、桃園、平鎮、竹東、埔里及阿里山海拔 1,600 公尺之處，均產之。柴薪。

（4） 山羊耳 **Symplocos glauca** (Thunb.) Koidz. (*Laurus glauca* Thunb., *S. neriifolia* Sieb. et Zucc., *S. tashiroi* Matsum.) (Pale sweet leaf) 常綠小喬木；葉背有瘤粒，有時具蛛絲毛，脈顯明；花叢生，多數。產全省低、中海拔之潤葉樹林，大屯山、太平山、水社及溪頭鳳凰山等地屢有見之。分佈我國南部、海南島、中南半島、緬甸北部、印度北部及日本琉球等。柴薪。

（5） 巒大山礬 **Symplocos glomerata** King ex Clarke subsp. **congesta** (Benth.) Noot. var. **congesta** (*S. adinandrifolia* Hay., *Bobua theifolia* Kaneh. et Sasaki,

S. *nakaii* Hay., S. *phaeophylla* Hay., S. *kudoi* Mori）(Launta sweet leaf)

常綠小喬木，乾葉背面茶褐；花多數叢生，萼無毛。產中、南部，如蓮華池、關刀溪及恒春半島之潤葉樹林。觀賞。

圖504　山猪肝 Symplocos cochinchinensis（Lour.）Moor subsp. laurina（Retz.）Noot.

（6）　平遮那山礬　**Symplocos heishanensis** Hay.（S. *risekiensis* Hay.）(Heishana sweet leaf)　常綠小喬木；葉倒披針形或長橢圓形，側脈8～12對；花成總狀，苞早落或永存。產中央山脈潤葉樹林之上部，如太平山、鹿場大山、阿里山及大武山海拔1,000～2,600 公尺間之地區。分佈我國南部、中南半島。柴薪。

（7）　薄葉灰木　**Symplocos inconspicua** Brand　（S. *mollifolia* Dunn , S. *trichoclada* Hay., S. *microcalyx* Hay. , S. *microcalyx* Hay. var.

taiheizanensis Mori, *S. trichoclada* Hay. var. *koshunensis* Mori)
(Thin-leaf sweet leaf)　灌木，嫩枝、葉有毛；花成短穗狀或少數
成叢；核果球形。產全省海拔 500 ～ 2,500　公尺間之潤葉樹
林內，如溪頭尤多見之。分佈我國南部、海南島及菲律賓。柴
薪。

（8）　小西氏山礬 Symplocos konishii Hay. (Konishi sweet leaf)　常綠小
喬木，小枝平滑無毛；葉倒長橢圓形，側脈 7 ～ 8 對，葉柄長
2 公分；穗狀花序；萼具 5 齒牙；花冠乳白色，深 5 裂；果壺
狀球形。產中、高海拔（如佳保台）之潤葉樹林內。柴薪。

（9）　恒春山礬　Symplocos koshunensis Kaneh. (Hengchun sweet leaf)
小喬木，小枝平滑；葉長橢圓形，長 22 ～ 27公分，寬 5 ～ 7
公分，先端漸尖，基銳，全緣，背面沿側脈具褐色之毛，葉柄
長 2 公分；花生於後生枝條之葉痕上部，叢生，無柄，苞及萼
密被褐毛，花冠之裂片呈橢圓形，長 4 公厘。產恒春半島大武
之出水波。觀賞。

（10）　光葉山礬　Symplocos lancifolia Sieb. et Zucc. (*S. microcarpa*Champ., *S.
formosana* Brand, *S. arisanensis* Hay., *S. suishariensis* Hay.)　常綠小喬
木，全株嫩部被褐色毛茸；葉為長卵形或倒卵形，先端尾狀漸
尖，基鈍，具鋸齒，長 7 ～ 9公分；花穗狀，腋生；萼 5 裂；
花冠 5 深裂；雄蕊多數，長短不一；子房上部有毛，3室；核
果卵形，長 6 公厘。產中央山脈潤葉樹林之上部。分佈我國長
江流域及 西南各省，日本亦產之。柴薪。

（11）　革葉山礬　Symplocos lucida (Thunb.) Sieb. et Zucc. (*Laurus lucida*
Thunb., *S. Japonica* DC., *S. setchuensis* Brand, *S. glomeratifolia*
Hay., *S. ilicifolia* Hay.) (Japanese sweet leaf)　常綠小喬木，枝、葉
均無毛，乾后具稜角；葉革質、平滑，橢圓形，全緣，中肋兩
面均隆起；花總狀、穗狀或叢生狀；果橢圓形。產北、中部潤
葉樹林之內，尤以陽明山為多。分佈我國、韓國、日本、琉球、

中南半島、泰國、馬來西亞、緬甸及印度。柴薪。

(12) 倒卵葉山礬　Symplocos macrotroma Hay. (Obovate-leaf sweet leaf)
常綠灌木；葉革質，菱狀橢圓形或倒卵形，長4.5公分，寬2
公分，先端短漸凸，基楔，具細鋸齒，側脈4對；葉柄長0.4
公分；花穗狀；萼5裂；花冠5裂；雄蕊25；子房3室，柱
頭2～3裂。產北部，如烏來巴刀爾山至大溪角板山。薪材。

(13) 小葉白筆　Symplocos modesta Brand (Tail leaf sweet leaf)　常綠小
喬木，小枝平滑，軟柔；葉平滑，質薄，卵形，先端尾狀，具
齒狀鋸齒，側脈6對；花3～7朵成總狀。產中央山脈潤葉樹
林之上部，海拔在1,200～2,300公尺間之地區。觀賞。

(14) 能高山礬　Symplocos nokoensis (Hay.) Kaneh. (*Ilex nokoensis* Hay.,
Bobua crenatifolia Yamamoto) (Nenkao sweet leaf)　常綠小灌木；葉
簇生；花序腋生，花無梗，單立或2～3簇出。產中央山脈海
拔3,000～3,200公尺之間地區，如太平山、能高山及合歡
山等均見之。觀賞。

(15) 灰木　Symplocos paniculata (Thunb.) Miq.(*Prunus paniculatus* Thunb.,
Myrtus chinensis Lour., *S. crataegoides* Ham. ex G. Don)　(Chinese sweet
leaf)落葉灌木；葉質薄；花序呈圓錐狀，頂生，花梗頂端有關
節。產全省原野及山麓叢林，極為普通，尤以新北投為多。分
佈我國東北至南部、韓國、日本、中南半島、緬甸及印度北部
。觀賞。

(16) 南嶺山礬　Symplocos pendula Wight var. **hirtystylis** (Clarke) Noot. (*S.
confusa* Brand) (Asiatic sweet leaf)　常綠小喬木；葉長橢圓形，具
疏鈍鋸齒，側脈5～7對；總狀花序腋生；萼5裂；花冠5裂
；子房2室；核果圓柱形，長8公厘。產中央山脈之針、潤葉
混生林內，如在台北山區、阿里山、浸水營及知本山區等海拔
1,600～2,600公尺之間，可以見之。柴薪。

(17) 佐佐木氏山礬　Symplocos sasakii Hay.　(Sasaki sweet leaf)

常綠灌木；葉橢圓形、倒卵或卵狀橢圓形，長5公分，寬2.5
公分，先端突漸尖或尾狀，側脈5～7對，葉柄0.7公分；花
序總狀；萼片及花冠之裂片各5，雄蕊50左右；果卵形，長
1.3公分。產恒春半島浸水營及南仁山地區。柴薪。

(18) 南仁山礬 **Symplocos shilanensis** Y. C. Liu et F. Y. Lu (Shilan sweet
 leaf) 常綠小喬木，小枝平滑，具稜角；葉革質，橢圓形，乾時
 成黃綠色，長3～5公分，寬2～2.5公分，先端銳尖、漸尖
 或短尾狀，基部楔形，全緣，外卷，中肋兩面隆起，側脈4～
 5對，葉柄平滑，長0.5～0.7公分；花序腋生，穗狀，或叢
 生，苞片平滑，具緣毛，花冠5深裂，裂片圓形，雄蕊多數，
 較花冠長些，花藥心腎形，花絲平滑，少許成5束，具花盤，
 子房下位。產恒春長樂村南仁山。柴薪。

(19) 枇杷葉山礬 **Symplocos stellaris** Brand (*S. eriobotryaefolia* Hay.)
 (Loquat-leaf sweet leaf) 常綠小喬木，小枝平滑，中心具階段狀
 髓心；葉為革質，具腺尖鋸齒，長8～12公分，側脈9～10
 對，葉柄長1.2公分；花簇生於葉腋，無梗；核果長約1公分
 。產中央山脈海拔500～2,500公尺潤葉樹林之內。分佈我
 國中南部及琉球。柴薪。

(20) 蒲崙葉灰木 **Symplocos wikstroemifolia** Hay. (*S. microtricha* Hand.
 -Mazz.)常綠灌木；葉質薄（紙質），倒披針形，長8公分，寬
 2.4公分，先端短漸尖，基楔，全緣或緣呈波狀；花序穗狀；
 萼5裂；雄蕊15。產中央山脈高地，如太平山、巒大山、八
 仙山及恒春半島海拔900～1,700公尺間之地區。分佈我國
 中南部、海南島、中南半島及馬來半島。柴薪。

37.木犀目 OLEALES

本目一科，特徵詳科。

(109) 木犀科 OLEACEAE (Olive Family)

喬木、灌木、偶有藤本，盾狀毛被常可見之；葉對生，單葉或羽

狀複葉，托葉不存；花小，**兩性或單性**，整齊；萼4裂；花瓣4，基部合生；雄蕊2，花藥2室；子房上位，2室，各室具2直立或下垂胚珠，花柱單一或缺如，柱頭單一或作二裂；果有蒴果、漿果或翅果等；種具直胚，胚乳存在。全球約21屬400種，分佈熱帶至溫帶地區。台灣自生者5屬，引種者1屬，其檢索如下。

屬之檢索

A 1.　奇數羽狀複葉，翅果 ……………………………… 2.梣屬 *Fraxinus*

A 2.　單葉或三出複葉，核果或漿果。

　B 1.　攀緣灌木，單葉或三出複葉 ………… 3.山素英屬　*Jasminum*

　B 2.　直立木本，單葉。

　　C 1.　葉背具淡褐痂鱗 ……………………… 6.齊墩果屬　*Olea*

　　C 2.　葉背平滑。

　　　D 1.　葉柄特長，長可達3公分；花序腋生與頂生均有之；花冠裂片鑷合狀 …………………………… 5.李欖屬　*Linociera*

　　　D 2.　葉柄普通，花序腋生或頂生。

　　　　E 1.　花腋生，叢生或稀成聚繖狀或短總狀，花冠裂片覆瓦狀………………………………………… 7.木犀屬　*Osmanthus*

　　　　E 2.　花頂生，通常呈圓錐花序，稀為叢生，花冠裂片鑷合狀。

　　　　　F 1.　萼片作淺齒裂，三角形或半圓形；花瓣裂片呈長橢圓形；花柱特長，柱頭2裂；雄蕊大形，露出於外部………………………………………… 4.女貞屬　*Ligustrum*

　　　　　F 2.　萼片線狀披針形；花瓣裂片倒披針形，花柱缺如，柱頭球形，雄蕊頗小，隱藏於內部………………………………………… 1.流蘇樹屬　*Chionanthus*

1.　流蘇樹屬 CHIONANTHUS Linn.

流疏樹 Chionanthus retusus Lindl.(*C. retusus* Lindl.var. *serrulata* Koidz.)(Chinese fringe tree) 落葉喬木；花序成繖形狀聚繖花序，花白，花梗基

部有關節，萼、花冠均作深４裂，年開２次。產北部桃園、大溪、角
板山及南崁溪沿岸一帶。分佈我國、日本及韓國。材供製算盤子，每
植爲觀賞。本種每在春耕時期開花，爲春耕開始之指標植物。（圖505）

圖505　流疏樹Chionanthus retusus Lindl.

２. 梣屬 FRAXINUS Linn.

種之檢索

A 1. 小葉先端尾狀銳尖，具疏鋸齒；花萼截形⋯⋯⋯⋯⋯⋯⋯⋯⋯⋯
⋯⋯⋯⋯⋯⋯⋯⋯⋯⋯⋯⋯⋯⋯⋯⋯⋯⋯(1)台灣梣　*F. floribunda*

A 2. 小葉先端銳尖，全緣；花萼作４淺裂⋯⋯⋯⋯(2)白雞油 *F. griffithii*

（1）　台灣梣 Fraxinus floribunda Wall.(*F.insularis* Hemsl., *F.taiwaniana* Masam.,
F.sasakii Masam.) (Island ash)　俗稱枸土。落葉喬木，奇數羽狀複
葉，小葉有鋸齒，圓錐花序無毛。產全省山麓一帶，如烏來、

新店碧潭、太魯閣、六龜以及墾丁公園。分佈我國湖北、雲南
、尼泊爾及琉球奄美大島。材供建築，亦植供觀賞。

（2）　白鷄油　**Fraxinus griffithii** C.B. Clarke　(*F. floribunda* Wall. var.
integerrima Wenzig., *F. bracteata* Hemsl., *F. formosana* Hay., *F. minute-
punctata* Hay.) (Griffith's ash)　半落葉喬木；小葉全緣；圓錐花
序有毛。產全省潤葉樹林之下部，河畔及崩塌跡地尤多，花蓮
及恒春半島隨所見之。分佈我國、喜馬拉雅、日本、菲律賓及
爪哇。材供建築及製家具、農具、義肢等。亦植爲觀賞。（圖
506）

圖 506　白雞油　Fraxinus griffithii C.B. Clarke

3. 山素英屬 JASMINUM Linn.

種之檢索

A 1.　花白，單葉。

B 1.　葉小，卵形至披針形，長1.5～4公分；花冠裂片披針形⋯⋯⋯
⋯⋯⋯⋯⋯⋯⋯⋯⋯⋯⋯⋯⋯⋯⋯⋯⋯⋯⋯⋯⋯(1)山素英　*J. hemsleyi*

B 2.　葉大，潤卵圓形，長5～8公分；花冠裂片卵至圓形⋯⋯⋯⋯⋯
⋯⋯⋯⋯⋯⋯⋯⋯⋯⋯⋯⋯⋯⋯⋯⋯⋯⋯⋯⋯⋯(3)茉莉花　　*J. sambac*

A 2.　花黃，葉三出⋯⋯⋯⋯⋯⋯⋯⋯⋯⋯⋯⋯⋯(2)雲南黃馨　*J. mesnyi*

（1）　山素英 **Jasminum hemsleyi** Yamamoto（*J. subtriplinerve* sensu Matsum.
et Hay., non Blume）　(Hemsley　jasmine)　常綠蔓性灌木；基部葉
脈3～5出；漿果熟變黑色。產原野山麓，亦可昇達中海拔地
區。分佈我國南部至印度。觀賞，花供應茶種香料之原料。

（2）　雲南黃馨 **Jasminum mesnyi** Hance (Yellow-flowered jasmine)　蔓性
灌木，葉三出，花黃。栽培於台北各地。我國雲南原產。觀賞
。

（3）　茉莉花　　**Jasminum sambac** (Linn.) Ait. (*Nyctanthes sambac* Linn.)
(Arabian jasmine) 半落葉蔓性灌木；葉脈羽狀，5～6對；漿果

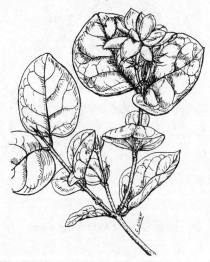

圖**507**　茉莉花Jasminum sambac (Linn.) Ait.

2 裂。栽培於各地。印度原產。觀賞、花作茶種香料之原料。（圖 507)

3. 女貞屬 **LIGUSTRUM** Linn.
種之檢索

A 1. 葉小，長 0.7～1.5 公分，寬 0.6～0.9 公分；花 2～3 朵叢生於枝頂；匍匐於岩石上之小灌木…………(4)玉山女貞　*L. morrisonense*

A 2. 葉中等或大形，長 1.5～8 公分，寬 1～4.5 公分；花成頂生之圓錐花序；地上性直立灌木或小喬木。

　B 1. 葉先端漸尖、長漸尖至尾狀。

　C 1. 嫩枝平滑；葉紙質，卵狀長橢圓至長橢圓形，寬 2.5～3 公分，葉柄長 0.7～1.1 公分…………(2)松田氏女貞　*L. matudae*

　C 2. 嫩枝被毛；葉革質，披針形，寬 1～2 公分，葉柄長 0.2 公分…………(5)清水女貞　*L. seisuiense*

　B 2. 葉先端呈短漸尖、銳、鈍至圓形。

　C 1. 花冠裂片爲花冠全長之 1/2～4/5。

　　D 1. 葉橢圓形，中肋上部被毛…………(6)深瓣女貞*L. shakaroense*

　　D 2. 葉濶卵形，中肋上部平滑或近於平滑……(7)小蠟　*L. sinense*

　C 2. 花冠裂片爲花冠全長之 1/3～2/5。

　　D 1. 葉長 1.5～2.5 公分，寬 1～1.2 公分………………………………(3)小果女貞　*L. microcarpum*

　　D 2. 葉長 2.5～8 公分，寬 1.2～4.5 公分。

　　　E 1. 葉大，長 5～8(10)公分，寬 2.5～4.5 公分，先端銳尖；萼之裂片先端鈍，花柱抽出於冠筒之外……………………（1 a ）日本女貞　*L. japonicum* var. *japonicum*

　　　E 2. 葉中等，長 2.5～6 公分，寬 1.2～3 公分，先端短銳、鈍或圓；萼之裂片先端銳尖，花柱隱藏於冠筒之內。

　　　　F 1. 花絲長 3～4 公厘，爲花藥長之 2 倍；冠筒長 3～4 公厘…………（1 b ）鈍頭女貞*L. japonicum* var.*pubescens*

　　　　F 2. 花絲頗短，約 1 公厘，爲花藥長之½倍；冠筒長 5 公厘…………（1 c ）阿里山女貞　*L. japonicum* var. *pricei*

（1a）日本女貞　**Ligustrum japonicum** Thunb. var. **japonicum** (Japanese privet) 常綠小喬木；葉濶卵形，側脈 4～5 對。栽植於台北市台灣大學校園之內。分佈我國、日本及韓國。植爲生籬，並供觀賞。

（1b）鈍頭女貞　**Ligustrum japonicum** Thunb. var. pubescens Koidz. (Hairy Japanese privet)　常綠小喬木，葉較原種稍小，有毛。產北、中部平野至中海拔地區。分佈日本南部、奄美大島及德之島。庭園樹。

（1c）阿里山女貞　Ligustrum japonicum Thunb.var.pricei(Hay.)Liu et Liao (Arishan Japanese privet)　常綠小喬木，與原種相似，僅葉稍小。產中央山脈中、高海拔地區。觀賞。

（2）　松田氏女貞 Ligustrum matudae Kanehira ex Shimizu et Kao(Matsuda's privet)　常綠小喬木；花序外，全株平滑；葉紙質，卵狀長橢圓至長橢圓形，長 5～8 公分；花序圓錐形。產恒春半島克阿路斯。觀賞。

（3）　小果女貞　Ligustrum microcarpum Kaneh. et Sasaki (Small-fruit privet) 小灌木；葉長橢圓形，長 2.5 公分，先端漸尖或鈍，有時微凹，葉柄長 0.5 公分；花成圓錐花序；果球形。產中央山脈 1,300～2,600　公尺間之地區。觀賞。

（4）　玉山女貞 Ligustrum morrisonense Kaneh. et Sasaki　(Yüshan privet) 小灌木；葉小，幾無柄，濶卵形至長橢圓狀卵形，先端鈍圓，側脈約 2；花冠長 0.6 公分，4 裂，子房 2 室；果球形。產中央山脈高海拔約 3,500　公尺附近之地，每匍匐於岩石之上及風強之處。觀賞。

（5）　清水女貞　Ligustrum seisuiense Shimizu et Kao　(Chingshui　privet) 小灌木；葉長銳尖或尾狀銳尖。產花蓮清水山，海拔 600～1,650　公尺處之石灰岩砂礫地。觀賞。

（6）　深瓣女貞　Ligustrum shakaroense Kaneh. (Shakaro privet)　　常綠小

喬木；葉長橢圓形，長 3～6.5公分，葉柄0.4～0.7公分；果球形。產北、中部高地之森林內，如阿里山、能高山及烏來屯鹿等地尤多見之。觀賞。(圖508)

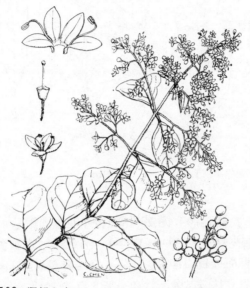

圖508　深瓣女貞 Ligustrum shakaroense Kaneh.

（7）　小蠟 **Ligustrum sinense** Lour. (Chinese privet)　俗稱毛女貞。常綠大灌木；葉卵形；花冠白。栽培於台北台灣大學校園包括傅園、台北市政府青年公園管理所、大同工學院、松山國中，另新店、淡水某國小亦有之。分佈我國四川、江蘇、福建及廣東。生籬、觀賞。

5．李欖屬LINOCIERA Swartz

蘭嶼李欖 **Linociera ramiflora** (Roxb.) Wall. (*Chionanthus ramiflora* Roxb., *L. cumingiana* Vidal)　常綠小喬木；葉對生，長橢圓形，長 8～12 公分，寬 4～5公分，葉柄特長，約 3公分；花序聚繖狀，萼片及花瓣各 4，花絲近於不存。產蘭嶼望南峰及天池一帶。分佈菲律賓。觀賞。(圖509)

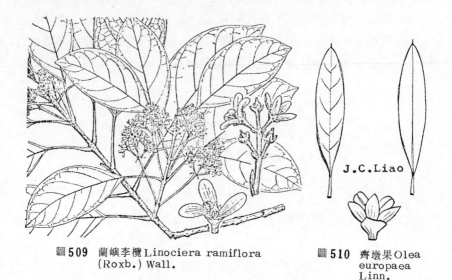

圖509　蘭嶼李欖Linociera ramiflora
(Roxb.) Wall.

圖510　齊墩果Olea
europaea
Linn.

6．齊墩果屬 OLEA Linn.

齊墩果 Olea europaea Linn. (Olive)　　小喬木；葉披針形，長2.5～7.5公分，背面被銀白痂鱗；核果。栽培於嘉義農業試驗所、鳳山農業試驗所及省立林業試驗所六龜分所。原產地中海沿岸。橄欖油之原料植物。（圖510）

7．木犀（桂花）屬 OSMANTHUS Lour.

種之檢索

A 1.　花成叢，腋生。

　B 1.　老葉全緣、銳鋸齒或刺狀粗鋸齒，披針、長橢圓至橢圓形，小或中形。

　　C 1.　老葉厚紙質，先端無芒刺，全緣或各邊具銳鋸齒達40…………
…………………………………………⑴木犀（桂花）*O. fragrans*

　　C 2.　老葉厚革質，先端具芒刺，全緣或各邊具刺狀粗鋸齒多達 8 。

　　　D 1.　葉橢圓或長橢圓形，葉脈顯明或不顯明，全緣或具 3 ～ 8 刺

状粗鋸齒‧‧‧‧‧‧‧‧⑵刺格　　*O. heterophyllus* var. *heterophyllus*

D 2.　葉披針形，葉脈頗不顯明或缺如，全緣‧‧‧‧‧‧‧‧‧‧‧‧‧‧‧‧‧‧‧‧

‧‧‧‧‧‧‧‧‧‧‧‧‧‧‧‧‧‧‧‧‧‧⑶高山刺格　*O. heterophyllus* var. *acutus*

B 2.　老葉全緣、稀呈銳鋸齒，披針形、濶披針形至長卵狀橢圓形，大形。

　　C 1.　葉濶披針形至長卵狀橢圓形，先端銳，葉柄長 1.8 ～ 3.1 公分

　　　　；核果長 1.6 公分，寬 0.6 公分‧‧‧‧‧‧‧‧‧‧‧‧‧‧‧‧‧‧‧‧‧‧‧

　　　　‧‧‧‧‧‧‧‧‧‧‧‧‧‧‧‧‧‧‧‧‧⑸高氏銳葉木犀　*O. lanceolatus* var. *kaoi*

　　C 2.　葉披針形，稀呈濶披針形，先端尾狀漸尖，葉柄長 0.5 ～ 1 公

　　　　分；核果長 0.9 公分，寬 0.5 公分‧‧‧‧‧‧‧‧‧‧‧‧‧‧‧‧‧‧‧

　　　　‧‧‧‧‧‧‧‧‧‧‧‧‧‧‧‧‧‧‧‧‧‧‧‧‧‧⑷尾葉木犀　　*O. lanceolatus*

A 2.　花序聚繖狀。

B 1.　葉橢圓形，長 7 ～ 8 公分，寬 1.8 ～ 2.5 公分，葉柄 1 ～ 1.3 公

　　　分，第一側脈 5 ～ 7 對；花序作短聚繖狀‧‧‧‧‧‧‧‧‧‧‧‧‧‧‧‧‧‧

　　　‧‧‧‧‧‧‧‧‧‧‧‧‧‧‧‧‧‧‧‧‧‧‧‧‧‧⑹橢圓葉木犀　*O. marginatus*

B 2.　葉倒披針形，長 9 ～ 18 公分，寬 3 ～ 5 公分，葉柄長 1.3 ～ 2.5

　　　公分，第一側脈 7 ～ 12 對；花序作長聚繖狀‧‧‧‧‧‧‧‧‧‧‧‧‧‧‧‧

　　　‧‧‧‧‧‧‧‧‧‧‧‧‧‧‧‧‧‧‧‧‧‧‧‧⑺大葉木犀　　*O. matsumuranus*

（1）　木犀（桂花）　**Osmanthus fragrans** Lour. (*O. asiaticus* Nak.) (Sweet

　　osmanthus) 常綠小喬木；側脈 9 對；果梗無關節。栽培於各地

　　。我國西南部原產。觀賞之外，花供芳香原料。

（2）　刺格 **Osmanthus heterophyllus** (G. Don) P.S. Green [*Ilex heterophylla*

　　G. Don,　*Olea ilicifolia* Hassk., *O. heterophyllus* (G. Don) P.S.　Green

　　var. *bibracteatus* (Hay.) Green, *Ilex aquifolium*　sensu　Thunb., non

　　Linn.] (Holly osmanthus)　　常綠小喬木；葉脈每側 5 ～ 7，全

　　緣或具大刺 3 ～ 4 對，葉柄初有毛。產中央山脈高地，小雪山

　　及鹿林山等。分佈我國及日本。觀賞。

（3）　高山刺格　**Osmanthus heterophyllus** (G. Don)　P. S.　Green　var.

　　acutus　(Masam. et Mori)　Liu et Liao　(*O. acutus* Masam. et Mori, *O.*

　　enervius　Masam. et Mori) (Acute-leaf osmanthus)　　另稱無脈木犀。常

綠灌木；葉長4.5～6.5公分，寬1～2.1公分，披針形，葉
柄0.5～0.7公分。產中央山脈高地。如答答卡、玉山（海拔
3,000 公尺）及達見等地。模式標本存省立林業試驗所(Hab.
Tataka, leg.: R. Kanehira et Sasaki, 27, Oct. 1918, Typus No. 20039).
琉球亦有之。觀賞。（圖511）

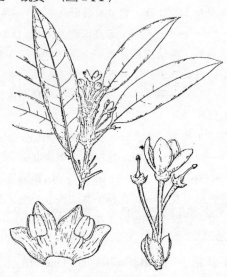

圖 511　高山刺格 Osmanthus heterophyllus (G. Don) P. S.
Green var. acutus (Masam. et Mori) Liu et Liao

（4）　尾葉木犀 **Osmanthus lanceolatus** Hay. var. **lanceolatus** (*O. daibuensis*
Hay., *O. gamostromus* Hay., *O. bibracteatus* Hay. excl. syn.)　(Moun-
tain sweet osmanthus)　常綠小喬木；葉長常在寬之4倍以上
，果梗無關節。產中央山脈北、中部之濶葉樹林內。材製器具
。

（5）　高氏銳葉木犀 **Osmanthus lanceolatus** Hay. var.　**kaoi** Liu et Liao（
Large-leaved sweet osmanthus)常綠大喬木，徑可達60 公分；葉厚
紙質，長卵狀橢圓形，全緣至鋸齒，長11.5 ～ 14.5 公分，
寬4.2～5.3公分，先端漸尖銳，鈍基，第一側脈8～10 對

，葉柄 1.8〜3.1公分；萼
呈 4 淺齒狀；核果長 1.6公
分，寬 0.6公分，柄長 1.1
〜1.6公分。產溪頭鳳凰山
海拔 1,900 公尺之稜線處
、六龜扇平之第 3 林班及花
蓮清水山。用材。模式標本
Hab.: Sanping, Kaohsiung; leg.:
Huang; Typus no. 5907; Feb. 24,
1972, Herbarium, Department of
Botany. (圖512)

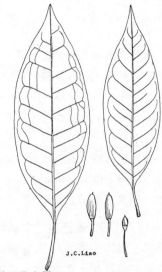

圖512　高氏銳葉木犀Osmanthus lanceolatus
Hay. var. kaoi Liu et Liao

（6）　橢圓葉木犀 **Osmanthus marginatus** (Champ. ex Benth.)
Hemsl. (*Olea marginata* Champ. ex Benth., *Osmanthus matsudai* Hay.)
(Oblong-leaf osmanthus)　常綠小喬木；葉長不超過 8 公分，側
脈 5〜7 對；果梗有關節。產竹山溪頭、恒春半島（如大武山
至南仁山）及蘭嶼天池一帶。觀賞。

（7）　大葉木犀 **Osmanthus matsumuranus** Hay. (*O. obovatifolius* Kaneh.,
O. wilsonii Nak.) (Lance-leaf osmanthus)　常綠小喬木；葉長 9〜18
公分，側脈 7〜12 對；果梗有關節。產全省潤葉樹林內，陽
明山、烏來、溪頭、日月潭等地區，尤多見之。分佈我國南部
及海南島。觀賞。

38. 龍膽目 GENTIANALES

莖內具內生靭皮部 (Intraxylar phloem) ；葉幾全對生；花常整齊
，各部之數為 5 ；花冠合瓣，裂片在蕾中旋捲；種皮 1 層，種子具直
胚與胚乳。本目 4 科，其檢索如下：

科之檢索

A 1. 植物具乳液，種子有毛叢。

　B 1. 花柱 1，花絲分離，花粉不成花粉塊……………………………………
　　　………………………………………（111）夾竹桃科 Apocynaceae

　B 2. 花柱 2，花絲合生，花粉爲花粉塊…………………………………
　　　……………………………………（112）蘿藦科 Asclepiadaceae

A 2. 植物所具特徵與上述者不同。

　B 1. 子房上位，2～4室 ……………（110）馬錢科 Loganiaceae

　B 2. 子房下位，2室 …………………（113）茜草科 Rubiaceae

(110) 馬錢科 LOGANIACEAE (Logania Family)

　喬木、灌木或草本，屢有藤本。葉對生，單一；托葉存在，分離或合生，有時缺如；花整齊，成頂生或腋生單一或複合之聚繖花序；萼小，具4～5齒；花冠4～5裂，冠筒短或長；雄蕊4～5，與花冠連生，並與裂片互生，花藥2室；子房上位，2～4室，花柱單一，柱頭頭狀或2裂，胚珠1～多數，着生於中軸或基底；蒴果胞間裂開，偶有爲漿果者；種子1～多數，有時具翅，胚直，胚乳豐富。全世界有30屬800種，分佈於亞熱帶或熱帶地區。台灣有5屬7種。其檢索如下：

屬之檢索

A 1. 花冠裂片作左旋排列，漿果 …………………… 2. 灰莉屬 *Fagraea*

A 2. 花冠裂片作覆瓦或鑷合狀排列，蒴果或漿果。

　B 1. 花冠作覆瓦狀排列。

　　C 1. 葉披針形至橢圓狀披針形，背面具灰白或茶褐絨毛；萼裂片4，雄蕊4，蒴果 ……………………………… 1. 白埔姜屬 *Buddleia*

　　C 2. 葉橢圓至倒卵形，背面不如上述；萼裂片5，雄蕊5；漿果………………………………………… 4. 假木荔枝屬 *Geniostoma*

B 2.　花冠裂片作鑷合狀排列，漿果。

C 1.　葉披針形，脈羽狀；柱頭棒狀，每室 1 胚珠………………
…………………………………… 3.蓬萊葛屬　*Gardneria*

C 2.　葉卵、潤橢圓、橢圓或長橢圓形，脈掌狀三出或稀五出；柱頭
頭狀或作二淺裂，每室胚珠多數 …… 5.馬錢子屬　*Strychnos*

1.　白埔姜屬　BUDDLEIA Linn.

種之檢索

A 1.　葉之第一側脈 8 ～ 10 對；冠筒直立，雄蕊着生於冠筒之上部………
…………………………………………………⑴白埔姜　*B. asiatica*

A 2.　葉之第一側脈 5 ～ 7 對；冠筒彎曲，雄蕊着生於冠筒之中間………
………………………………………⑵台灣白埔姜　*B. formosana*

（1）　白埔姜　**Buddleia asiatica**
Lour. (Asiatic butter-fly bush)
一名駁骨丹。落葉灌木，側
枝方形；葉披針形，基楔狀
。產全省原野及山麓向陽地
區，較高地區之斷崖、河溪
及瘠地亦有之。分佈我國、
馬來西亞、菲律賓及印度。
觀賞。（圖513）

（2）　台灣白埔姜**Buddleia formo-
sana** Hatusima （Formosan
butter-fly bush) 又稱彎花醉魚
木。灌木，葉長橢圓狀披針
形，基圓形。產花蓮。分佈
琉球及日本南部。觀賞。

圖513　白埔姜 Buddleia
asiatica Lour.

2.　灰莉屬　FAGRAEA Thunb.

灰莉　**Fagraea sasakii** Hay. (Fagraea)　　另稱佐佐木灰莉。着生蔓性灌

木；葉柄基部擴大而成鞘狀；托葉爲之連接；花頂生，單一，萼、花冠及雄蕊各5，子房2室。產恒春高士佛及南仁山之潤葉樹林內。分佈我國之海南島。觀賞。（圖514）

3. 蓬萊葛屬 GARDNERIA Lam.

島田氏蓬萊葛 Gardneria shimadai Hay.(Gardneria) 蔓性灌木，葉披針形。產陽明山竹仔山地區。觀賞。（圖515）

圖514 灰莉 Fagraea sasakii Hay.

圖515 島田氏蓬萊葛 Gardneria shimadai Hay.

4. 假木荔枝屬 GENIOSTOMA Forst.

假木荔枝 Geniostoma glabra Matsum. (*G. kasyotense* Kaneh. et Sasaki (Geniostoma) 小灌木；葉倒卵狀長橢圓形。產蘭嶼及綠島。分佈琉球。觀賞。（圖516）

5. 馬錢子屬 STRYCHNOS Linn.

種之檢索

A 1. 蔓性灌木；葉長橢圓形，長6～8公分，先端銳或漸尖，葉柄長0.5公分；花稍呈繖形花序……………………(1)亨利馬錢 *S. henryi*

A 2. 中喬木；葉卵或潤卵形，長8～14公分，先端短銳，葉柄長1公分，花成聚繖花序……………………(2)馬錢 *S. nux-vomica*

(1)　亨利馬錢　Strychnos henryi Merr. et Yamam. ex Yamam. (Henry's snake wood) 蔓性灌木，全體略有毛；葉橢圓形，長 6～8公分。產屏東萬巒萬金村。觀賞。

(2)　馬錢　Strychnos nux-vomica Linn. (Snake wood)　　另稱番木鱉。常綠中喬木；葉卵或濶卵形，脈掌狀三出；漿果球形，徑 3公分。栽培於屏東水稻改良場及省立林業試驗所恒春分所（墾丁公園）。分佈印度、錫蘭、蘇門答臘、婆羅洲、中南半島及澳洲。種子具猛毒，但可爲中樞神經之興奮劑，亦可毒殺野獸，南洋土人用作毒矢。(圖517)

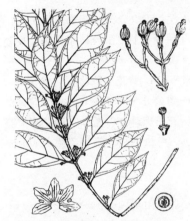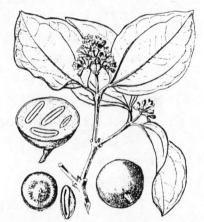

圖516　假木荔枝 Geniostoma glabra Matsum.

圖517　馬錢 Strychnos nux-vomica Linn.

(111) 夾竹桃科 APOCYNACEAE (Dogbane Family)

喬木、灌木、多數藤本，稀爲多年生草本，屢有乳汁；葉對生、輪生，稀互生，全緣，托葉多缺如；花兩性，整齊，成聚繖花序，頂生或腋生；萼4～5深裂，裂片覆瓦狀，宿存，內部基底屢具腺體；花冠高脚碟狀，裂片5或4，作左或右廻轉性排列，冠喉屢具附屬體；雄蕊5～4，着生於冠筒，花絲短，花藥通常箭形，藥隔屢突出具多附生於柱頭；花粉分離或成4分體；子房2心皮，上位，分離或稍合生，胚珠多數，花盤成環狀杯形或裂塊，花柱 1，單一或分離，柱頭成肉質之輪環；果成二 蓇葖，有時爲漿果或核果狀，種子多型，壓扁而具長叢毛，胚乳少或缺如，胚直。全球 130 屬，1,200 種，主分佈於熱帶或亞熱帶等地區。台灣有 15 屬 27 種，屬之檢索如下：

A 1. 葉互生。

　B 1. 老小枝粗肥而多肉；葉長 20～30 公分，寬 6～10 公分，第一側脈 25～37 對；2 心皮離生，後成蓇葖10.緬梔（雞蛋花）屬 *Plumeria*

　B 2. 老小枝木質；葉長 9～20 公分，寬 0.7～6 公分，第一側脈 8～10 對；2 心皮合生，後成核果。

　　C 1. 葉線形，長 9～12 公分，寬 0.7～0.9 公分；花冠黃色，長 3.6 公分，裂片倒披針形，花藥輳合並附生於柱頭之上；果菱角形（三角形），長 2 公分，寬 3 公分⋯⋯⋯⋯⋯⋯⋯⋯⋯⋯⋯⋯⋯⋯⋯⋯⋯⋯ 14. 黃花夾竹桃屬　*Thevetia*

　　C 2. 葉倒披針形或倒卵形，長 15～20 公分，寬 4～6 公分；花冠白色，長 6 公分，裂片半圓形，花藥與柱頭分離；果橢圓形，長 6 公分，徑 5 公分 ⋯⋯⋯⋯⋯⋯⋯ 6. 海檬果屬 *Cerbera*

A 2. 葉對生或輪生。

　B 1. 花藥輳合並附生於柱頭。

　　C 1. 花冠裂片捩扭，先端具細長尾狀之附屬體⋯⋯⋯⋯⋯⋯⋯⋯⋯⋯⋯⋯⋯⋯⋯⋯⋯⋯⋯⋯⋯⋯⋯⋯ 12. 羊角拗屬 *Strophanthus*

　　C 2. 花冠裂片先端無附屬體。

　　　D 1. 直立灌木 ⋯⋯⋯⋯⋯⋯⋯⋯⋯⋯⋯ 9. 夾竹桃屬　*Nerium*

　　　D 2. 攀緣、纏繞灌木（藤本）。

　　　　E 1. 花冠鐘形 ⋯⋯⋯⋯⋯⋯⋯ 7. 酸藤屬 *Ecdysanthera*

　　　　E 2. 花冠高腳盆形。

　　　　　F 1. 花冠裂片線形，雄蕊着生於冠筒下部⋯⋯⋯⋯⋯⋯⋯⋯⋯⋯⋯⋯⋯⋯⋯⋯⋯⋯⋯ 4. 錦蘭屬　*Anodendron*

　　　　　F 2. 花冠裂片倒三角狀篦形，雄蕊着生於冠筒上部⋯⋯⋯⋯⋯⋯⋯⋯⋯⋯⋯⋯⋯⋯⋯⋯ 15. 絡石屬　*Trachelospermum*

B 2. 花藥與柱頭分離。

C 1. 蔓性灌木或藤本。

D 1. 葉 2 ～ 5 輪生，披針形、倒卵形、倒卵狀橢圓形及長橢圓形，寬 3 ～ 4.5 公分；冠喉內部無毛；核果或蒴果。

E 1. 生葉肉質或紙質，乾變紙質，先端漸尖，側脈疎出且顯明；雄蕊着生於冠筒之中下部；蒴果 1 ，表面被多刺……………………………………………………… 1. 黃蟬屬 *Allamanda*

E 2. 生葉革質，乾變厚革質，先端鈍或圓，側脈密集且不顯明；雄蕊着生於冠筒之上中部；核果通常 2 ，稀為 1 ，作收縮性連結，表面平滑 …………… 3. 阿莉藤屬 *Alyxia*

D 2. 葉對生，線狀披針形，寬 1 ～ 1.2 公分；冠喉內部具厚瓣狀鱗片；漿果 1 ，平滑 ………………… 8. 山橙屬 *Melodinus*

C 2. 直立大喬木至小灌木。

D 1. 體有刺，作二次分叉，生於分枝處或葉腋；葉潤卵或心形，對生；2 心皮合生，漿果 …………… 5. 卡梨撒屬 *Carissa*

D 2. 體無刺；葉倒披針形、橢圓形、倒卵形、長橢圓形，對生或輪生；2 心皮離生，蓇葖或核果。

E 1. 大喬木；葉 4 ～ 10 輪生，長 25 ～ 30 公分，側脈 30 ～ 60 對；蓇葖圓筒形，長 30 ～ 60 公分 ……… 2. 黑板樹屬 *Alstonia*

E 2. 大至小灌木；葉對生或 3 ～ 4 輪生，長 8 ～ 13 公分，側脈 5 ～ 17 對；核果或蓇葖，橢圓形或彎橢圓形，長 1 ～ 5 公分。

F 1. 萼內部無腺體，胚珠每室 2 ；核果橢圓形直立，長 1 ～ 1.5 公分…………… 11. 蘿芙木屬 *Rauwolfia*

F 2. 萼內部有腺體，胚珠每室多數（ 7 ～ 14 ）；蓇葖彎橢圓形，長 3 ～ 5 公分……… 13. 山馬茶屬 *Tabernamontana*

1. 黃蟬屬 **ALLAMANDA** Linn.

種之檢索

A 1.　生葉肉質，光亮；花大，徑約 11 公分；在台灣不易結實⋯⋯⋯⋯⋯
⋯⋯⋯⋯⋯⋯⋯⋯⋯⋯⋯⋯⋯⋯⋯⋯⋯⋯(1)軟枝黃蟬　*A. cathartica*

A 2.　生葉紙質，不光亮；花小，徑 4～5 公分；易結實⋯⋯⋯⋯⋯⋯
⋯⋯⋯⋯⋯⋯⋯⋯⋯⋯⋯⋯⋯⋯⋯⋯⋯(2)小花黃蟬　*A. neriifolia*

（1）　軟枝黃蟬　**Allamanda cathartica** Linn. (Common allamanda)　常綠
蔓性灌木，全株平滑；葉 3～4 株輪生，長橢圓，先端漸尖，
長 8～12 公分；花成聚繖花序；萼綠色，5 裂；花冠鮮黃色
，漏斗形，5 裂，裂片近於圓形，冠筒細長；雄蕊 5；子房 1
室。栽培於平地各處，如台北、高雄澄清湖等。南美巴西原產
。觀賞兼植爲蔭棚。（圖 518）

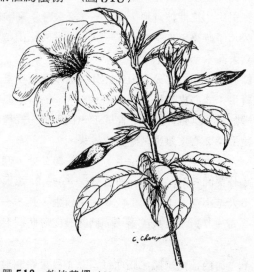

圖 518　軟枝黃蟬 Allamanda cathartica Linn.

（2）　小花黃蟬　**Allamanda neriifolia** Hook. (Oleander allamanda)　常綠
蔓性灌木；葉 2～5 枚輪生，長橢圓形，長 10～14公分；花
成圓錐花序；蒴果球形，徑 4～5 公分，外被棘刺；種子扁平
。栽培於平地各處，如台北植物園。巴西原產。觀賞。

　　　2．黑板樹屬 **ALSTONIA** R. Br.

黑板樹　**Alstonia scholaris** R. Br.
(Palimara alstonia)　常綠大喬木，枝輪生；葉 4～10 輪生。栽培於全省各地，如台北市台灣大學、建國中學、台北植物園、嘉義汸水省立林業試驗所中埔分所及高雄澄清湖等地，均可見到。分佈印度及菲律賓。材製茶箱、黑板。

　3．阿莉藤屬 ALYXIA R. Br.

　蘭嶼阿莉藤　**Alyxia insularis** Kaneh. et Sasaki（Lanyu alyxia）蔓性灌木；葉 4 枚輪生，厚革質，倒卵狀橢圓形，側脈多數，長 7 公分；果序腋生，果橢圓形，長 2 公分，

圖 519　阿莉藤 Alyxia insularis Kaneh. et Sasaki

果在種子之間縊縮。產蘭嶼及綠島。觀賞。（圖 519）

　　　　4．錦蘭屬　ANODENDRON A. DC.

　　　　　　種之檢索

A 1.　冠筒短小，長約 0.5 公分；果長卵狀橢圓形………(1)錦蘭 *A. affine*

A 2.　冠筒長大，長 1.5～2 公分；果線狀長橢圓形………………………
…………………………………………………(2)大錦蘭　*A. benthamianum*

（1）　錦蘭 **Anodendron affine**（Hook. et Arn.）Druce（*Holarrhena affine* Hook. et Arn.）（Asian cable creeper）　常綠蔓性灌木；子房在花盤之內而略超出：蓇葖長達 10 公分；種子有嘴並具冠毛。產全省山麓中、高海拔之潤葉樹林內。分佈我國南部、印度、琉球及日本。

（2）　大錦蘭 **Anodendron benthamianum** Hemsl.（Bentham cable creeper）　常綠蔓性灌木，全株平滑無毛；葉對生，長橢圓狀披針形；聚

繖花序每３朵一叢。產全省低海拔之叢林內。觀賞。(圖520)

圖 520 大錦蘭 Anodendron benthamianum Hemsl.

5．卡利撒屬 CARISSA Linn.

卡利撒　**Carissa grandiflora** A. DC. (Carissa)　常綠灌木，嫩枝淡綠色，光滑，每在分枝處或葉腋間，抽出Ｙ形之棘針一對，單叉或雙叉；葉對生，厚革質，濶卵形，長 4.5～7.5公分，兩面均光滑；聚繖花序；花色白；花冠５裂；雄蕊５；雌蕊１；子房２室，每室含胚珠多數；漿果卵狀橢圓形，長 3.7～4.7公分，熟呈鮮紅或朱紅，光滑，內藏種子 6～22 粒。栽培於士林園藝試驗所、芝山巖、員林百果山及嘉義農業試驗所。原產印度、錫蘭、緬甸、馬來西亞及爪哇等，每生育於乾燥砂礫之地。果樹。(圖521)

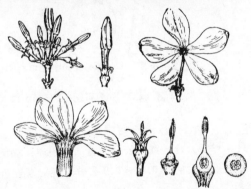

圖 **521** 卡利撒 Carissa grandiflora A. DC.

6. 海檬果屬 CERBERA Linn.

海檬果 **Cerbera manghas** Linn. (Cerberus tree) 常綠小喬木；葉叢生枝端，倒卵狀披針形，長15～20公分；聚繖花序頂生；花色白；萼片、花冠之裂片及雄蕊各5；心皮2，各藏胚珠2顆；核果扁橢圓形，紅色，內藏種子一顆。產北、東部、恒春半島、蘭嶼及綠島等海濱。如蘭陽地區及各地庭園均常見之。分佈我國、琉球、緬甸、馬來西

亞、印度、菲律賓及澳洲等海岸地區。材製箱櫃、木屐、器具；乳汁有劇毒，可爲吐瀉劑；亦爲優良之庭園樹。（圖522）

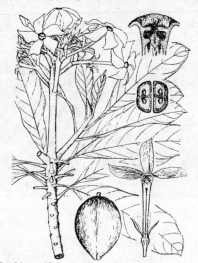

圖 522 海檬果 Cerbera manghas Linn.

7. 酸藤屬 ECDYSANTHERA Hook. et Arn.

種之檢索

A 1. 葉長 4～5 公分，寬 2 公分，背面帶粉白，橢圓或倒卵狀橢圓形，先端短銳，葉柄長 0.5～0.9 公分；花冠淡紅色，徑 0.35～0.4 公分⋯⋯⋯⋯⋯⋯⋯⋯⋯⋯⋯⋯⋯⋯⋯⋯⋯⋯⋯(1)酸藤 *E. rosea*

A 2. 葉長 5.5～7.5 公分，寬 2.5～3.5 公分，背面不白，橢圓至卵形，先端長銳尖，葉柄長 1～2 公分；花冠黃白色，徑 0.25～0.3 公分⋯⋯⋯⋯⋯⋯⋯⋯⋯⋯⋯⋯⋯⋯⋯⋯⋯⋯⋯(2)乳藤 *E. utilis*

（1）　酸藤　**Ecdysanthera rosea** Hook. et Arn. (Sour creeper)　　常綠蔓性藤本，汁具濃酸味；花冠壺形，裂片極短；蓇葖細線形。產全省山麓至中海拔之濶葉樹林內，極爲普遍，如烏來、獨立山一帶常見之。分佈我國中、南部、海南島、爪哇及蘇門答臘等地區。山胞以其葉作鹽之代用品，但決不可生食。

（2）　乳藤　Ecdysanthera utilis Hay. et Kawak. (Rubber creeper)　　常綠大藤本；葉較前種爲大，長可到 7.5～8 公分。產北、中部山麓之潤葉樹林內。分佈我國南部、海南島及琉球。橡膠原料，但品質極劣。（圖523）

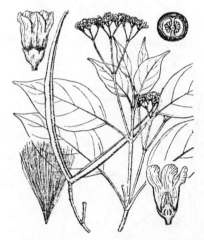

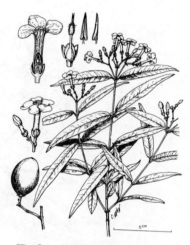

圖 523　乳藤 Ecdysanthera utilis Hay. et Kawak.

圖 524　細葉山橙 Melodinus angustifolius Hay.

8.　山橙屬 MELODINUS Forst.

細葉山橙　Melodinus angustifolius Hay. (Melodinus)　攀緣藤本，萼無腺體，冠喉有厚瓣片，心皮合生。產南部如墾丁公園至鵝鑾鼻等之珊瑚礁岩石上。觀賞。（圖524）

9.　夾竹桃屬 NERIUM Linn.

種之檢索

A 1.　小枝圓柱形，但屢作 4 稜狀，毒性較弱；萼片直立，緊貼於花冠………………………………………………(1)重瓣夾竹桃　*N. indicum* var. *plenum*

A 2.　小枝完全具 4 稜，毒性強烈；萼片展開，與花冠隔離………………………………………………………………(2)夾竹桃　*N. oleander*

（1）　重瓣夾竹桃　**Nerium indicum** Mill. var. **plenum** Mak.(Sweet scented oleander) 常綠灌木；花重瓣，色紅，果爲菁葖。栽培於全省平地，如宜蘭與中興新村植爲行道樹，恒春栽作防風林，其他尙植供觀賞。印度原產。防風、觀賞。（圖525）

圖525　重瓣夾竹桃　Nerium indicum Mill. var. plenum Mak.

（2）　夾竹桃　**Nerium oleander** Linn. (Oleander)　常綠灌木；花單瓣，色紅或粉紅。栽培於平地。原產地中海沿岸。觀賞、綠籬。

10. 緬梔（鷄蛋花）屬 PLUMERIA Linn.

種之檢索

A 1.　葉長橢圓形，先端銳‥‥‥‥‥‥‥‥‥‥‥‥‥‥‥‥(1)緬梔 *P. acutifolia*

A 2.　葉倒長卵形，先端圓或鈍‥‥‥‥‥‥‥‥‥‥‥‥(2)大花緬梔 *P. alba*

（1）　緬梔　**Plumeria acutifolia** Poir. (*P. acuminata* Ait., *P. rubra* auct. non Linn.) (Plumeria)　俗稱鷄蛋花。落葉小喬木，幹枝粗大，柔軟多

肉；葉長橢圓形，長20～30公分；花冠漏斗形，長5.5公分
，外部乳白色，裏面中心及基部黃色；萼片、花冠裂片及雄蕊
各5；果爲蓇葖。栽培於平地各處。墨西哥原產。觀賞之外，
花製香料。(圖526)

圖 526 緬梔 Plumeria acutifolia Poir.

(2) 大花緬梔 **Plumeria alba** Linn. (White plumeria) 落葉小喬木；葉
橢圓狀披針形；花色白，中央黃色，具芳香；果爲蓇葖。栽培
於台北植物園內。西印度原產。觀賞。

11. 蘿芙木屬 **RAUWOLFIA** Linn.

種之檢索

A 1. 葉橢圓狀披針形或橢圓至潤橢圓形。

B 1. 葉橢圓至潤橢圓形，長6～7公分，寬2.5～3.5公分，全部被
毛，葉柄上部具乳頭狀之毛12；核果壓縮狀球形，徑約0.8公分

‥‥‥‥‥‥‥‥‥‥‥‥‥‥‥‥‥‥‥‥‥‥⑴毛蛇木　*R, canescens*

B 2.　葉橢圓狀披針形，長 7～18公分，寬 4～6 公分，全體平滑；核
　　　果橢圓形，徑約 1 公分‥‥‥‥‥‥‥⑵印度蛇木　*R. serpentina*

A 2.　葉倒長卵狀披針形；核果鐮刀狀橢圓形‥‥‥⑶蘿芙木　*R. verticillata*

（1）　毛蛇木　**Rauwolfia canescens** Linn. (Hairy rauwolfia)　灌木；葉被
　　　絨毛；核果壓縮狀球形，色紅褐至紫黑，平滑，種子 2 粒，栽
　　　培於台北植物園及恒春分所。體內含有蘿芙鹼（　Rauwolfin　）
　　　有降低高血壓之效。

（2）　印度蛇木　**Rauwolfia serpentina** Benth. (Serpentine tree)　灌木，
　　　高約 1 公尺；葉橢圓狀披針形、背面稍呈青白色，無毛；花頂
　　　生，色白而帶淡紅，長約 2.5公分；核果單一或雙生，橢圓形
　　　，熟呈黑色。栽培於台灣大學園藝系及新店小格頭，仙芳農場
　　　栽植尤見多數。全株治療高血壓，用之使血壓降低。

（3）　蘿芙木　**Rauwolfia verticillata**
　　　(Lour.) Baill. (*Dissolaena verticil-*
　　　lata Lour.) (Taiwan devil pepper)
　　　常綠小灌木，全株平滑；葉
　　　3 枚輪生，紙質；花成聚繖
　　　花序；花冠之裂片向左疊合
　　　，冠喉有毛，花盤大；核果
　　　略歪，熟變紫色，長可至1.2
　　　公分。產北部觀音山、中部
　　　南投、南部恒春半島山麓叢
　　　林向陽之地區，其中以墾丁
　　　公園尤多。分佈我國東南、
　　　西南部、海南島、香港及中

圖 **527**　蘿芙木 Rauwolfia
　　　verticillata (Lour.)
　　　Baill.

南半島。根含蘿芙鹼 (Rauwolfin) 可治高血壓，惟本種含量不
高。(圖527)

12. 羊角拗屬 STROPHANTHUS DC.

金龍花 **Strophanthus　　dichotomus**　　DC.　　(Malay　strophanthus)
常綠蔓性灌木；葉對生，橢圓形，長9～11公分；花為2叉狀分岐
；花冠之裂片先端具1細長尾狀之附屬體，色呈紫紅；菁莢長可達20
公分。栽培於台北植物園。原產馬來西亞、印度及爪哇。種子含有毒
毛旋花配糖體 (Strophanthus glycoside)　　為一強心之藥劑。(圖528)

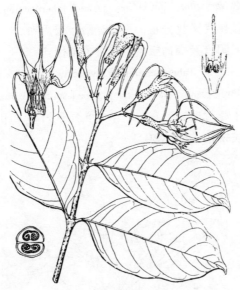

圖 **528**　金龍花 Strophanthus dichotomus DC.

12. 山馬茶屬 TABERNAEMONTANA Linn.

種之檢索

A 1.　葉乾呈紙或膜質，先端短銳、漸尖至尾狀漸尖。

　B 1.　葉先端尾狀漸尖，第一側脈5～8對，與中肋交叉之角度約為60
　　　　度；萼外部平滑。

　　C 1.　花冠裂片5，雄蕊5，雌蕊1‥‥(1a)山馬茶　*T. divaricata*

C 2. 花冠裂片多數（13～16片），雄蕊 6～10，退化雌蕊 1 ·········
··················（1 b）重瓣山馬茶 *T. divaricata 'Flore-pleno'*

B 2. 葉先端短銳至漸尖，第一側脈 9～17對，與中肋交叉之角度約為
80 度；萼外部被絨毛 ················(2)眞山馬茶 *T. pandacaqui*

A 2. 葉乾呈厚紙質，先端鈍或圓··········(3)蘭嶼山馬茶　　*T. subglobosa*

（1a）山馬茶 **Tabernaemontana divaricata** (Linn.) R. Br. ex Roem. et Schutt.
(*Nerium divaricatum* Linn.) (Crape jasmine tabernaemontana)　落葉灌
木，小枝作雙叉狀分岐，全體光滑；果爲菁莢。栽培於平地，
量稀少。印度及緬甸原產。觀賞兼藥用。

（1b）重瓣山馬茶 **Tabernaemontana divaricata** (Linn.) R. Br. ex Roem. et
Schutt. **'Flore-pleno'** (Many-petaled crape jasmine tabernaemontana)　落
葉灌木；花冠重瓣。栽培於平地，爲量頗多。印度及緬甸原產
。觀賞兼藥用。（圖529）

圖 **529** 重瓣山馬茶Tabernaemontana divaricata
(Linn.) R. Br. ex Roem. et Schutt.
'Flore-pleno'

（2） 眞山馬茶　Tabernaemontana pandacaqui Poir.（Pandacaqu tabernae-
montana）小灌木，小枝色綠，平滑；葉對生，紙質，長7.5～
11.3公分，寬2～3.6公分，第一側脈9～17 對，葉柄0.4
～0.7公分；花序頂生或腋生，聚繖狀；萼5裂；花冠之裂片
5～6裂；雄蕊5；花藥2室，箭形，縱裂；子房由2心皮所
構成，胚珠多數，在每室排成2列；蓇葖熟變橙紅，長約3公
分，寬2公分。產恒春四重溪、牡丹至鵝鑾鼻爲止，墾丁公園
尤多。分佈塞班島、菲律賓及新幾尼亞。觀賞兼藥用，供生籬
。（圖530）

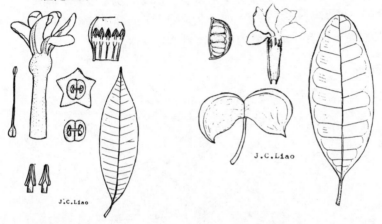

圖 **530**　眞山馬茶Tabernaemontana
pandacaqui Poir.

圖 **531**　蘭嶼山馬茶Tabernaemontana
subglobosa Merr.

（3）　蘭嶼山馬茶 **Tabernaemontana subglobosa** Merr.（*T. dichotoma* auct.
Kawakami, non Roxb.）　大灌木；葉對生，厚紙質，橢圓形至長
橢圓形，長9～13 公分，寬4.5～5.7公分，兩端鈍或圓形
，第一側脈9～12 對，葉柄長0。9～2公分；花序頂生，聚
繖或繖房狀；萼片5；花冠色白，扭曲；雄蕊5；蓇葖長約3
公分，寬2.5公分，厚1.2公分，熟時變金黃色。產蘭嶼海濱
野銀村。分佈菲律賓。觀賞。 本種過去被誤認爲印度山馬茶

Tabernaemontana dichotoma Roxb. 按印度植物誌之記載，印度山馬茶之特徵在葉乾呈革質，長 13.5～22公分，寬 3.6～8公分，第一側脈 18～24對，葉柄長 2～4.8公分；花序較長，長 6～16 公分，花作疏鬆排列；幼嫩部份如節或芽，部分常積被分泌之樹脂等，可以區別，該種之分佈，係在自印度至錫蘭等地區。(圖531)

14. 黃花夾竹桃屬 THEVETIA Linn.

黃花夾竹桃　　Thevetia peruviana (Pers.) Merr. (*Cerbera peruviana* Pers.) (Yellow oleander) 常綠小喬木；葉線形，兩端均銳；核果呈菱角形（三角形）。栽培於全省平地，如台北及墾丁公園等，隨所均見之。熱帶美洲原產。觀賞，植物體內的乳液有劇毒。(圖532)

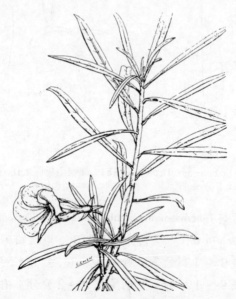

圖532 黃花夾竹桃 Thevetia peruviana (Pers.) Merr.

15. 絡石屬 TRACHELOSPERMUM Lemaire

細梗絡石**Trachelospermum gracilipes** Hook. f.(Slender-stem star jasmine) 纏繞性灌木；聚繖花序具長總梗，自枝頂之葉腋發出，冠筒長爲萼之2～4倍；果爲蓇葖。產全省低、中海拔之潤葉樹林及蘭嶼。分佈我國、中南半島、印度及日本。觀賞。（圖533）

圖 533　細梗絡石 Trachelospermum gracilipes Hook.f.

(112) 蘿藦科 ASCLEPIADACEAE (Milkweed Family)

直立或蔓性灌木或草本，具乳汁；葉對生或輪生，全緣，不具托葉；花小，兩性，整齊，頂生或腋生，成繖形、聚繖或總狀花序；萼片5；花冠5裂，裂片旋捲或作鑷合狀排列，冠喉具一輪絨毛、鱗片或附屬物（副冠）；雄蕊5，花絲合生或分離，屢具附屬體，花藥2室，內向，黏合於柱頭之上方，花粉多成塊體；不具花盤；子房由二離生心皮所構成，僅柱頭合生；果爲蓇葖，種子扁平，具冠毛；胚大，胚乳少。全球約有300屬3,500　種，分佈於熱帶及亞熱帶地區。台灣有12 屬，其檢索如下：

屬之檢索

A 1. 花絲分離；花藥先端不內曲，花粉塊具腺體，每室成對⋯⋯⋯⋯⋯⋯⋯⋯⋯⋯⋯⋯⋯⋯⋯⋯⋯⋯⋯⋯⋯⋯⋯1. 隱鱗藤屬　*Cryptolepis*

A 2. 花絲合生；花藥先端具膜質而內曲之附屬物，花粉塊蠟質，每室單生。

B 1． 花粉塊下垂 ……………………………… 2．牛皮消屬　*Cynanchum*

B 2． 花粉塊直立。

　C 1． 花冠之裂片呈覆瓦狀；副花冠之突起缺如或僅具 5 小鱗片。

　　D 1． 副花冠之突起着生於冠筒 ……… 4．武靴藤屬　*Gymnema*

　　D 2． 副花冠之突起着生於雄蕊之柱體。

　　　E 1． 花冠壺狀、鐘狀至筒狀。

　　　　F 1． 花大，徑約 5 公分；花冠筒狀；副花冠缺如…………

　　　　　　 ……………………………… 8．舌瓣花屬　*Stephanotis*

　　　　F 2． 花小，徑約 1 公分；花冠壺狀至鐘狀；副花冠鱗片宿存

　　　　　　 於花藥背面。

　　　　　G 1． 柱頭扁平、凸面或成嘴 …… 7．牛嬭菜屬　*Marsdenia*

　　　　　G 2． 柱頭頭狀或具鱗臍 ……… 9．夜香花屬　*Telosma*

　　　E 2． 花冠輻狀…………………… 10．鷗蔓屬　*Tylophora*

　C 2． 花冠之裂片呈鑷合狀；副花冠之突起具 5 小或大之鱗片。

　　D 1． 副花冠之突起具 5 大鱗片。

　　　E 1． 葉厚紙質，先端漸凸，基部具 3～5 掌狀脈，葉柄特長，

　　　　　 3 公分；花少數朶（ 6～7 ）一群，花梗平滑…………

　　　　　 ……………………………… 5．布朗藤屬　*Heterostemma*

　　　E 2． 葉厚肉質，先端短銳，基部無掌狀脈，葉柄短，長 1～1.5

　　　　　 公分；花多數朶（ 80～90 ）一群，花梗被疏長毛………

　　　　　 …………………………………… 6．毬蘭屬　*Hoya*

　　D 2． 副花冠之突起具 5 小鱗片 ……… 3．華他卡藤屬　*Dregea*

1． 隱鱗藤屬 CRYPTOLEPIS R. Brown

隱鱗藤 **Cryptolepis sinensis** (Lour.) Merr. (*Pergularia sinensis* Lour.) (Concealed-scale vine)　藤本；葉線狀長橢圓形，長 3.5～6.5公分，背面粉白，側脈 6～7 對；花序聚繖狀，花瓣黃色；蓇葖長 12～20公分。產南部與東部海濱及濕潤砂地之森林內。分佈東南亞洲及馬來西亞。觀賞。（圖534）

2.　牛皮消屬 CYNANCHUM Linn.

台灣牛皮消 **Cynanchum formosauum** (Maxim.)Hemsl. ex Forbes et Hemsl. (*Cynoctonum formosanum* Maxim.) (Taiwan dog strangle)　　纏繞性多年生藤本；葉對生，革質，長橢圓形，長2.5～7公分；花成聚繖狀圓錐花序；萼5裂；花冠肉質；蓇葖長7～9公分，種子扁平。產全省各地，叢林之內，尤多見之。分佈我國南部。藥用。(圖535)

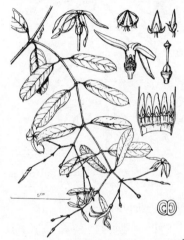 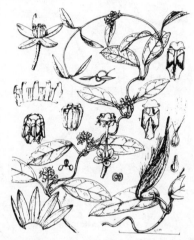

圖 **534**　隱鱗藤 Cryptolepis sinensis (Lour.) Merr.

圖 **535**　台灣牛皮消 Cynanchum formosanum (Maxim.)　Hemsl.　ex Forbes et Hemsl.

3.　華他卡藤屬 DREGEA E. Meyer

台灣華他卡藤 **Dregea formosana** Yamazaki (*Wattakaka volubilis* sensu Tsiang, non Linn. f. ex. Stapf.)(Dregea)　纏繞灌木，莖平滑；葉對生，卵形，膜質或肉質，長8～15公分；花呈繖形狀聚繖花序；萼5深裂；花冠5裂，輻狀；雄副花冠具5星狀鱗片，質厚；雄蕊5；蓇葖長10公分，種子濶卵形，長5公分。產南部。觀賞。(圖536)

4.　武靴藤屬 GYMNEMA R. Brown

羊角藤　**Gymnema alternifolium** (Lour.) Merr. (*Apocynum alternifolium* Lour.) (Naked-thread vine)藤本；葉倒卵形，長2.5～5公分；聚繖花序

被有細毛；蓇葖長 5～7公分，種子卵形。產全省低海拔之砂質土地。分佈我國東南及南部。藥用。（圖537）

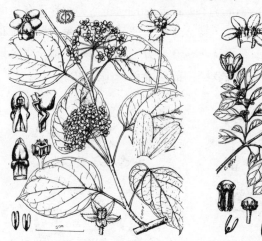

圖 536　台灣華他卡藤 Dregea formosana Yamazaki

圖 537　羊角藤 Gymnema alternifolium (Lour.) Merr.

5．布朗藤屬 HETEROSTEMMA Wight et Arn.

布朗藤　**Heterostemma brownii** Hay. (Brown's garland)　攀緣藤本；葉對生，長卵形，長 8～10 公分；花成繖形狀聚繖花序。產北部，但量稀少。藥用。（圖538）

6．毬蘭屬 HOYA R. Brown

毬蘭　**Hoya carnosa** (Linn. f.) R. Brown (*Asclepias carnosa* Linn. f.) (Common wax plant) 常綠攀緣藤本；葉對生，厚肉質，橢圓形，全緣，長 5～8公分；繖形花序成球形；萼 5 深裂；花冠 5 裂，輻狀展開，肉質；副花冠 5 裂；蓇葖線形，長 12 公分，種子倒披針形，先端有毛。產全省平野及山腹地帶。分佈我國南部、琉球及日本九州。觀賞。（圖539）

7．牛嬭菜屬 MARSDENIA R. Brown

台灣牛嬭菜　**Marsdenia formosana** Masamune (*Asclepias tinctoria* Roxb.) (Asiatic indigo) 常綠攀緣灌木，被毛；葉對生，紙質，卵形，長 4～7

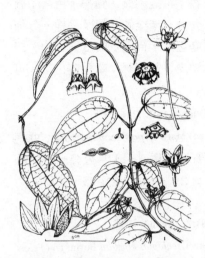

圖538　布朗藤 Heterostemma brownii Hay.

圖539　毬蘭 Hoya carnosa (Linn.f.) R. Br.

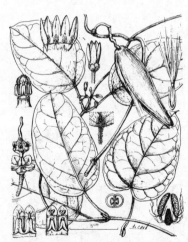

圖540　台灣牛嬭菜 Marsdenia formosana Masam.

圖541　舌瓣花 Stephanotis mucronata (Blanco) Merr.

公分；花成聚繖狀繖形花序；萼5全裂；花冠肉質，鐘形，色黃；副
花冠5；雄蕊5；心皮2；蓇葖長6公分。產全省山麓及平地。分佈
除我國中、東南部地區、香港及海南島之外，尚遍及印度、緬甸、菲
律賓、蘇門答臘、爪哇及熱帶非洲。靭皮可製粗絲；葉含藍色素，可
爲染料。(圖540)

8. 舌瓣花屬 STEPHANOTIS Thouars

舌瓣花 Stephanotis mucronata (Blanco) Merr. (*Apocynum mucronata* Blan-
co) (Taiwan crown ear) 纏繞灌木；葉質厚，長5～10 公分；花成繖
形狀聚繖花序，色白而有芳香；蓇葖長20 公分。產中部，量稀少。
分佈亞洲南部。觀賞。(圖541)

9. 夜香花屬 TELOSMA Coville

夜香花 Telosma cordata (Burm. f.) Merr. (*Asclepias cordata* Burm. f.) (Telo-
sma) 纏繞灌木；葉對生，卵狀心形，長4～12 公分，先端銳而漸
尖，基部心形，薄革質；花成繖形狀聚繖花序，色黃白；萼5深裂；
花冠5深裂；蓇葖披針形，長6～8公分；種子扁平，長5～7公分
（包括絹狀種髮）。產南部，量稀
少。分佈熱帶亞洲。觀賞。

10. 鷗蔓屬 TYLOPHORA R. Brown

鷗蔓 Tylophora ovata(Lindl.) Hook.
ex Steud. (*Diplolepis ovata* Lindl.)
(Tylophora)纏繞藤本；葉對生，長
2～6公分；花成聚繖狀繖形花序
；萼5深裂；花冠5深裂，紫色；
蓇葖平滑，長5～6公分，種子扁
平，卵狀長橢圓形，長包括種髮爲
3～4公分。產全省低海拔之森林
內，蘭嶼及綠島亦有之。分佈我國
南部及中南半島。觀賞。(圖542)

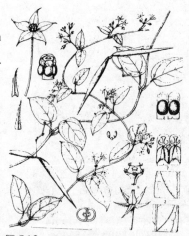

圖542 鷗蔓 Tylophora ovata
(Lindl.) Hook. et Steud.

(113) 茜草科 RUBIACEAE (Madder Family)

喬木、灌木、藤本或草本；葉對生或輪生，托葉多成對而生於相對兩葉柄之間或內側；花兩性，整齊，單一或成聚繖、圓錐或頭狀花序；萼4～5裂；花冠盆形、漏斗形，4～5裂，稀有8～10裂者，裂片覆瓦、鑷合或旋捲狀排列，雄蕊與花冠裂片同數，着生於冠喉或筒部，並與裂片互生，花藥內向，2至多室（10）；子房下位，且中軸或基底胎座，稀有1室而爲側膜胎座者，每室胚珠1～多數，花柱細長，單一或作2分岐，柱頭單一或作2分岐；蒴果胞間裂開，時爲漿果或核果，種子有或無翅，胚乳存，胚大。全球有400屬，5,000種，多分佈於熱帶及亞熱帶地區。台灣有34屬、89種及8變種，其爲木本者22屬，檢索如下：

屬之檢索

A 1. 柱頭單一，頭狀、棒狀或圓柱形。

　B 1. 藤本，花各部之數爲5。

　　C 1. 葉披針形，先端尾狀漸尖；花單一或2～3叢生，花梗具2小苞片，萼球形，裂片3角狀卵形，花冠裂片與花藥同長⋯⋯⋯⋯⋯⋯⋯⋯⋯⋯⋯⋯ 19. 瓢簞藤屬　*Thysanospermum*

　　C 2. 葉長橢圓形、長卵狀橢圓形，先端銳尖；花多數成頭狀，總花梗具4苞片，萼筒形，裂片線形，花冠裂片長爲花藥之2倍⋯⋯⋯⋯⋯⋯⋯⋯⋯⋯⋯⋯⋯⋯ 21. 鈎藤屬　*Uncaria*

　B 2. 灌木至喬木；花各部之數爲4、5或4～8。

　　C 1. 花成頭狀花序，頂生，花柱挺出於花外頗長，花各部之數爲4～5。

　　　D 1. 落葉性，葉長8～14公分，寬3.5～7.5公分，卵形、卵狀橢圓形至長卵狀橢圓形。

　　　　E 1. 喬木；葉柄長3～6公分，托葉卵狀長橢圓形；花各部之數爲5，花冠帶黃色；種子兩端有翅⋯⋯⋯⋯⋯⋯⋯⋯⋯⋯⋯⋯⋯⋯⋯⋯⋯⋯⋯⋯⋯ 1. 梨仔屬　*Adina*

　　　　E 2.　灌木；葉柄長約 1 公分，托葉濶卵形；花各部之數爲 4，
　　　　　　　花冠乳白色；種子無翅，具假種皮……………………………
　　　　　　　………………………………2. 風箱樹屬 *Cephalanthus*

　　　D 2.　常綠性，葉長 15～25 公分，寬 9～16 公分，濶倒卵形至橢圓
　　　　　　形；花各部之數爲 5 …………… 4. 欖仁舅屬　*Neonauclea*

　　C 2.　花成聚繖花序，腋生，花柱與冠筒同長或較短而至冠筒之 ½，
　　　　　且隱藏於冠筒之內；花各部之數爲 4～8…………………………
　　　　　………………………………… 8. 葛塔德木屬 *Guettarda*

A 2.　柱頭 2 或 4～6 裂。

　B 1.　柱頭 2 裂。

　　C 1.　花單一或叢生。

　　　D 1.　花單一。

　　　　E 1.　小喬木至大灌木；葉長 4～12 公分，普通對生；花徑 4～
　　　　　　　6 公分，花冠裂片先端銳或凹入，花各部之數爲 6～7 或
　　　　　　　更多 …………………………… 7. 黃梔花屬　*Gardenia*

　　　　E 2.　矮灌木；葉長 1～2 公分，簇生狀對生；花徑約 1 公分，
　　　　　　　花冠裂片先端屢作三淺裂，花各部之數爲 5 或更多………
　　　　　　　…………………………………… 17. 六月雪屬　*Serissa*

　　　D 2.　花叢生。

　　　　E 1.　花 1～3 成叢而生於枝頂；小枝具刺…………………………
　　　　　　　………………………………… 16. 茜草樹屬 *Randia* (1)

　　　　E 2.　花多數，叢生於葉腋；小枝無刺。

　　　　　F 1.　側脈與中肋交叉之處屢具腺點；花各部之數爲 5；漿果
　　　　　　　　橢圓形，種子半橢圓形 …………… 4. 咖啡樹屬 *Coffea*

　　　　　F 2.　側脈與中肋交叉之處無腺點；花各部之數爲 4；漿果球
　　　　　　　　形，種子碟形 …………… 6. 狗骨子屬　*Diplospora*

　　C 2.　花成各種花序，但與上述者不同。

　　　D 1.　花成圓錐、聚繖、繖房花序。

　　　　E 1.　蔓性灌木至爲藤本；萼片開花後一部分增大而成花瓣狀…

1. 梨仔屬 ADINA Salisb.

梨仔 Adina racemosa Miq. (Adina)　　落葉中喬木；葉卵形，對生；頭狀花序小，花密集，有苞片，萼裂片短，胚珠每室多數；種子有翅。產全省低、中海拔之處的潤葉樹林內，墾丁公園尤多。分佈我國、日本九州、四國及琉球。（圖543）

2. 風箱樹屬 CEPHALANTHUS Linn.

風箱樹 Cephalanthus naucleoides DC. (*C. glabrifolius* Hay., *C. occidentalis* sensu Matsum. et Hay., non Linn.) (Asiatic button bush)　　落葉大灌木；葉長卵形，對生；花成頭狀，胚珠每室1；種子無翅。產北部平野及塘岸等多濕之地，台北自來水廠及大直一帶尤多。分佈我國、緬甸上部及印度。觀賞。（圖544）

3. 金雞納屬 CINCHONA Linn.

種之檢索

A 1. 葉披針形至狹長橢圓形，長 8～15 公分，寬 1.5～2.5 公分，表面平滑，葉柄長 0.7～1.1 公分；花黃白色…………………………………………………………………………………………(1)小葉金雞納　*C. ledgeriana*

A 2. 葉濶卵形或濶橢圓形，長 14～25 公分，寬 7～15 公分，表面被毛，葉柄長 3 公分；花淡紅色……………(2)大葉金雞納　*C. pubescens*

(1)　小葉金雞納樹 Cinchona ledgeriana Moens. ex Trim. (Ledger bark cinchona)　小喬木；葉披針形至狹長橢圓形，對生；花成聚繖狀圓錐花序；蒴果小，長約 1.2 公分。栽培於台灣大學實驗林管理處溪頭營林區之有水坑工作站及省立林業試驗所六龜分所扇平工作站。原產南美秘魯。樹皮含雞納鹼 (Quinine)，為治瘧瘴聖藥。（圖545）

(2)　大葉金雞納樹 Cinchona pubescens Vahl (*C. succirubra* Pav.) (Peruvian bark cinchona)　中喬木；葉濶卵形或濶橢圓形，對生；蒴果大，長約 3 公分。栽培於台灣大學實驗林有水坑工作站及省立林

圖 543　梨仔 Adina racemosa Miq.

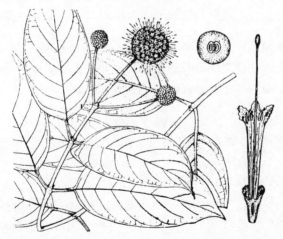

圖 544　風箱樹 Cephalanthus naucleoides DC.

業試驗所六龜分所扇平工作站。南美秘魯原產。治瘧解熱，兼有健胃之效。

圖 545　小葉金雞納樹 Cinchona ledgeriana Moens. ex Trim.

（3）　雜種金雞納樹　**Cinchona ledgeriana × pubescens**　　中喬木；葉具有上述二種之中間形態，有 α、β、γ 三品種。

4．咖啡樹屬 COFFEA Linn.

種之檢索

A 1.　常綠灌木；樹高 3～5 公尺；小枝作水平伸出，微下垂或下垂；葉長 7～15 公分，寬 2.5～7 公分，紙質；冠筒長在 1.2 公分以下；核果長約 1.3 公分，果皮質薄。

  B 1.　小枝作水平伸展或微下垂，葉面側脈間之葉身顯明凸起，雌蕊長 2.6～2.8 公分……………………………………⑴阿拉伯咖啡　*C. arabica*

  B 2.　小枝下垂，葉面平坦，雌蕊長 2 公分…………………………………………………………………………………………⑶剛果咖啡　*C. robusta*

A 2. 常綠中喬木，樹高12～15公尺，小枝斜昇；葉長16～36公分，寬 6
　　 ～19公分，革質；冠筒長 2.5 公分；核果長約 2.2 公分‧‧‧‧‧‧‧‧‧‧‧
　　‧‧‧‧‧‧‧‧‧‧‧‧‧‧‧‧‧‧‧‧‧‧‧‧‧‧‧‧‧‧‧‧‧‧‧‧‧(2)賴比利亞咖啡　　*C. liberica*

(1)　阿拉伯咖啡樹　**Coffea arabica** Linn. (Arabian coffee)　陰性常綠灌
　　 木，葉長橢圓形，光滑。栽培。中興大學實驗林惠蓀林場萱野
　　 營林區、斗六經濟農場、恒春省立林業試驗所恒春分所、墾丁
　　 公園一天峽後、台南、高雄、台東、玉里及花蓮等地，均有種
　　 植。原產東非阿比西尼亞。咖啡原料；咖啡為人所嗜飲，有健
　　 胃及興奮神經之效。（圖546）

圖 **546**　阿拉伯咖啡樹　Coffea arabica Linn。

(2)　賴比利亞咖啡樹　**Coffea liberica** Hiern (Liberian coffee)　常綠中
　　 喬木，葉倒卵狀長橢圓形，兩緣波狀。栽植於台灣大學園藝系
　　 、嘉義農業試驗所及省立林業試驗所恒春分所。原產非洲西部

。咖啡原料；咖啡爲人所嗜飮，有健胃及興奮神經之效。

（3）　剛果咖啡樹　**Coffee robusta** Lind. (Congo coffee)　　常綠大灌木，葉長橢圓形，側脈較前 2 種爲多，9～13 對。栽培，原產非洲剛果。咖啡原料。

5．虎刺屬 DAMNACANTHUS Gaertn. f.

種之檢索

A 1.　小枝平滑，通常無刺；葉僅一型，長 6～13 公分，側脈 5～15 對。

　B 1.　葉披針形至披針狀線形，寬 0.8～1.8 公分，長對寬之比爲 6.4 ～15.2 : 1，側脈 11～18 對，乾後不顯明 ……………………… ……………（1 a）細葉虎刺　　*D. angustifolius* var. *angustifolius*

　B 2.　葉長卵形，寬 2～3.3 公分，長對寬之比爲 3.9～4.4 : 1，側脈 5～7 對，乾後稍見隆起………………………………… ……………（1 b）長卵葉虎刺　　*D. angustifolius* var. *altimontanus*

A 2.　小枝被絨毛，節具長刺；葉屢有二型，長 2～3 公分，側脈 3～5 對…………………………………⑵台灣虎刺　　*D. indicus* var. *formosanus*

（1 a）細葉虎刺 **Damnacanthus angustifolius** Hay. var. **angustifolius**(Narrow-leaved damnacanthus)　　常綠小灌木，葉細長，尾狀漸尖。產全省潤葉樹林之內，即海拔在 600～2,700 公尺之間。分佈琉球。觀賞，尤宜於盆栽。（圖547）

（1 b）長卵葉虎刺 **Damnacanthus angustifolius** Hay. var. **altimontanus** Liao (High mountain damnacanthus)　　灌木，高達 0.7 公尺；小枝淡褐色，軟柔，平滑，稍光亮；葉對生，長 5.9～7。8 公分，寬 2.3 ～3.3 公分，長卵形，紙質，兩面平滑，中肋兩面均隆起，側脈 5～7 對，兩面稍見隆起，先端漸尖，基部鈍或銳形，網狀細脈疏且少，細鋸齒不顯明，幾成全緣，葉柄長 0.1～0.2 公分；花序頂生或腋生，2～4 朵叢生或繖形狀，花期 1 月至 3 月爲止，總花梗長 0.3～0.4 公分，色綠，除先端外，幾平滑

，花梗長 0。15～0.2 公分，色綠，平滑；萼 4 裂，齒狀，長
與寬 0.18 公分，自基部至先端成深至淡綠，花冠長 0.9公分
，寬 0.4公分，圓筒漏斗形，外部平滑，內部部分具有長白毛
，色乳色，裂片稍呈淡綠，長 0.2公分；雌蕊長 0.9公分，子
房綠色，徑 0.15 公分，稍呈球形，4 室，每室具 1 胚珠；花
柱長 0.8公分，乳色；柱頭 4 裂，乳色；雄蕊 4，花絲長 0.4
公分，乳色，花藥 2 室，長 0.15 公分；果 11～2 月成熟，
色爲紅色。產全省北、中部潤葉樹林之內，即在海拔 1,000
～2,500 公尺之間。觀賞、盆栽。(圖548)

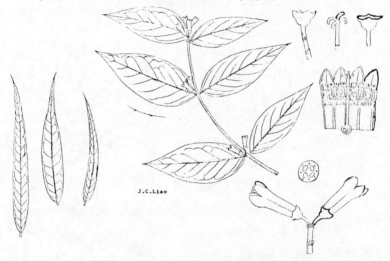

J.C.Liao

圖 547 細葉虎刺 Damnacanthus
angustifolius Hay.var.
angustifolius

圖 548 長卵葉虎刺 Damnacanthus
angustifolius Hay. var.
altimontanus Liao

（2） 台灣虎刺 **Damnacanthus indicus** Gaertn. f. var. **formosanus** Nak. (Tai-
wan damnacanthus)　常綠小灌木；葉屢有二型，一大一小，潤卵
形，先端具一短芒尖，基部圓或心形，長 2～3公分，葉腋具
長刺一對；花 1～3 朵腋生，色白；萼與花冠各作 4 裂；雄蕊
4，着生於冠喉；子房下位，四室，每室各具胚珠 1；柱頭 4

裂；核果球形，徑 0.7 公分，外有 4 稜溝，熟變紅色。產全省低、中海拔潤葉樹林之陰處。分佈我國、韓國及日本。觀賞、藥用。

6．狗骨子屬 DIPLOSPORA DC.

變種之檢索

A 1． 葉長 9～13 公分，寬 3～4 公分，葉柄長 0.7～1 公分…………
………………………………（1a）狗骨子 *D. dubia* forma *dubia*

A 2． 葉長 6～7 公分，寬 2 公分，葉柄長 0.3～0.5 公分…………
………………………（1b）武威狗骨子 *D. dubia* forma *buisanensis*

（1a）狗骨子 Diplospora dubia (Lindl.
） Masam. forma **dubia** (*Canthium dubium* Lindl., *D. tanakai* Hay., *D. viridiflora* DC.) 常綠小喬木；葉大；柱頭 2 裂；漿果熟變紅色。產全省之潤葉樹林內。分佈我國南部及琉球。材製擔桿、印章，種子可爲咖啡之代用品。（圖549）

（1b）武威狗骨子 **Diplospora dubia** (Lindl.) Masam. forma **buisanensis**(Hay.) Liu et Liao，(*Diplospora buisanensis* Hay.)

圖 549 狗骨子 Diplospora dubia (Lindl.) Masam.

常綠灌木；葉長短、寬窄均較原種爲小，葉柄亦短。產南部武威山。觀賞。

7．黃梔屬 GARDENIA Ellis

變種之檢索

A 1. 大灌木，樹高 3 公尺，分枝疏；葉倒卵形、倒長卵形至橢圓形，先
　　　端短銳尖，長 6～12公分，寬 2～4公分。

　B 1. 葉倒長卵形至橢圓形；花單瓣⋯⋯⋯⋯⋯⋯⋯⋯⋯⋯⋯⋯⋯⋯⋯
　　　　⋯⋯⋯⋯⋯⋯⋯⋯⋯⋯（1a）黃梔　*G. jasminoides* var. *jasminoides*

　B 2. 葉倒卵形；花重瓣⋯⋯⋯⋯⋯⋯⋯⋯⋯⋯⋯⋯⋯⋯⋯⋯⋯⋯⋯⋯
　　　　⋯⋯⋯⋯⋯⋯⋯⋯（1b）重瓣黃梔　*G. jasminoides* var. *flore-pleno*

A 2. 小灌木，樹高 0.6 公尺，分枝密；葉倒披針形，先端長銳尖，長 4
　　　～8公分，寬 1～2公分。

　B 1. 花重瓣 ⋯⋯⋯⋯（1c）重瓣小黃梔　*G. jasminoides* var. *radicans*

　B 2. 花重瓣⋯⋯⋯⋯⋯⋯⋯⋯⋯⋯⋯⋯⋯⋯⋯⋯⋯⋯⋯⋯⋯⋯⋯⋯⋯
　　　　⋯⋯（1d）小黃梔　*G. jasminoides* var. *radicans* forma *simpliciflora*

（1a）黃梔 Gardenia jasminoides Ellis var. **jasminoides** (*G. florida* Linn., *G. gran-*
　　diflora Lour.) (Cape jasmine) 常綠大灌木；葉對生，全緣，長 6～
　　12 公分，側脈 6～8 對，托葉合生；花頂生，萼 6（7）裂
　　；花冠色白，有芳香，先端 6（7）裂，冠筒長約 3 公分；雄
　　蕊 6，花藥線形；子房下位，初 1 室後成 2 室，內藏胚珠多數
　　，柱頭 2 裂；果長橢圓形，黃紅色，外有縱稜 6～7 條。產全
　　省低、中海拔之潤葉樹林內，以北部為多。分佈我國、日本、
　　琉球及中南半島。材供彫刻，製農器，花為茶種香料，果則供
　　染料。

（1b）重瓣黃梔 Gardenia jasminoides Ellis var. **flore-pleno**(Thunb.) Liu [*G.flo-*
　　rida Linn. var. *flore-pleno* Thunb., *G. jasminoides* Ellis var. *ovalifolia* (Sims)
　　Nak.] (Many-petaled cape　jasmine) 葉倒卵形；花瓣重瓣。栽培於平
　　地各地，台北市台灣大學校園有之。分佈日本 。同前。(圖550)

（1c）重瓣小黃梔 Gardenia jasminoides Ellis var. **radicans** Mak. (Many-petaled
　　radican cape jasmine)　　小灌木，葉小，花瓣重瓣。栽培於平地
　　各處。分佈我國。觀賞。

（1d）小黃梔 Gardenia jasminoides Ellis var. **radicans** Mak. forma **simpliciflora**

Mak.(Radican cape jasmine）　小灌木，葉小，花瓣單瓣。栽培於平地各處。分佈我國。觀賞。

圖 550　重瓣黃梔 Gardenia jasminoides Ellis var. flore-pleno(Thunb.) Liu

8. 葛塔德木屬　GUETTARDA Linn.

葛塔德木 **Guettarda speciosa** Linn.

(Zebra wood)　落葉喬木；葉倒濶卵形，對生；花成腋生之聚繖狀圓錐花序，花冠裂片每多於 5，通常 6 ～ 7；核果色白。產恒春鵝鑾鼻半島之砂島、蘭嶼野銀及綠島。分佈熱帶亞洲、非洲、玻里尼西亞及太平洋諸島。材製家俱，每植爲定砂植物。（圖551）

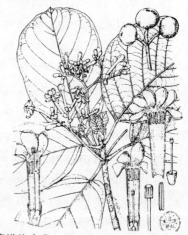

圖 551　葛塔德木 Guettarda speciosa Linn.

9．仙丹花屬　**IXORA** Linn.

種之檢索

A 1.　葉長 8～14公分，寬 4～5公分；花稍剛直。

　B 1.　葉倒卵形至橢圓形，花橙紅色……………………⑴仙丹花　　*I. chinensis*

　B 2.　葉倒長卵形，花白色………………………⑵白仙丹花　　　*I. parviflora*

A 2.　葉長 4.5～6.5公分，寬 2公分；花軟柔而白…………………………

　　………………………………………………⑶綠島仙丹花　*I. philippinensis*

（1）　仙丹花　**Ixora chinensis** Lam.(Red ixora)　常綠灌木，側枝向上畢
　　　直昇出；葉對生，革質，全緣，兩面平滑，側脈 5～7 對；繖
　　　房花序頂生，花紅色；萼 4～5 裂，花冠 4～5 裂，雄蕊 4；
　　　子房下位，2室，各藏胚珠 1；柱頭 2 裂；漿果球形，熟變紅
　　　色，通常稀少結實。栽培於全省平地及山麓各處。分佈我國南
　　　部及馬來。庭園樹尤適於盆栽。

圖 **552**　白仙丹花 Ixora parviflora Vahl.

（2）　白仙丹花 **Ixora parviflora** Vahl (White ixora)　　常綠小喬木；葉
先端鈍而基楔，全緣，長 8〜14 公分；聚繖花序全體集合成
球形；花冠白色，冠筒先端 4 裂；核果球形，但稀有結實者。
栽培於全省各地。印度原產。觀賞。（圖552）

（3）　綠島仙丹花 **Ixora philippinensis** Merr. (*I. hayatai* Kaneh., *I. graciliflora
sensu* Hay., non Benth. 1850)　　常綠灌木；葉革質，橢圓形或卵
狀橢圓形，長 4.5〜6 公分，先端銳尖，基部銳尖至鈍形，葉
柄長約 0.5公分；花白，成聚繖狀繖房花序，花冠軟柔，4 裂
；雄蕊 4；子房 2 室，柱頭 2 裂；果球形，種子 2。產綠島。
分佈菲律賓。觀賞。

10. 鷄屎樹屬　LASIANTHUS Jack

種及變種之檢索

A 1.　葉基頗歪，小枝幾全被長毛…………⒀圓葉鷄屎樹　*L. plagiophyllus*
A 2.　葉基銳或圓；小枝被短毛，稀有平滑或近於平滑或具長毛者。
　B 1.　葉兩面被毛，花之苞片呈葉狀………⑸毛鷄屎樹　*L. cyanocarpus*
　B 2.　葉表平滑或幾近平滑，花之苞片不明顯或缺如。
　　C 1.　萼裂片長對寬之比爲 2〜2.5 或 4〜5：1。
　　　D 1.　小枝及葉背具壓平狀毛茸；萼裂片長對寬之比爲 2〜2.5 倍
　　　　，冠筒與萼筒之長之比爲 2.2〜2.3：1。
　　　　E 1.　葉長 7〜8公分，寬 1.5〜2 公分…………………………
　　　　　…（1 a）密毛鷄屎樹　*L. appressihirtus* var. *appressihirtus*
　　　　E 2.　葉長 9〜11公分，寬 2.5〜4 公分…………………………
　　　　　…（1 b）大葉密毛鷄屎樹　*L. appressihirtus* var. *maximus*
　　　D 2.　小枝及葉背具展開之毛；萼裂片長對寬之比爲 4〜5 倍，冠
　　　　筒與萼筒之長之比爲 1.5：1……⑷柯氏鷄屎樹　*L. curtisii*
　　C 2.　萼裂片長對寬之比爲 0.6〜1.2：1。
　　　D 1.　老小枝幾近平滑或平滑。

E 1.　老小枝幾爲平滑；葉披針狀橢圓形，長 9～15公分，葉柄

長 0.7～1 公分，葉緣平滑‥‥‥‥‥‥‥‥‥‥‥‥‥‥‥‥‥‥‥

‥‥‥‥‥‥‥‥‥‥‥‥‥‥(9)日本雞屎樹　*L. japonicus*

E 2.　老小枝及嫩小枝均平滑；葉長卵形，長 7～8 公分，葉柄

長 0.3～0.5 公分，葉緣具毛‥‥‥‥‥‥‥‥‥‥‥‥‥‥‥‥

‥‥‥‥‥‥‥‥‥‥‥‥‥(11)薄葉雞屎樹　*L. microstachys*

D 2.　老小枝密被展開或壓平之毛。

　　E 1.　萼裂片呈截形、齒牙狀或無裂片‥‥‥‥‥‥‥‥‥‥‥‥‥‥

‥‥‥‥‥（12 c）台東雞屎樹 *L. obliquinervis* var. *taitoensis*

　　E 2.　萼裂片狹三角、正三角至濶三角形（雞屎樹稀有截形者爲

例外）。

　　　　F 1.　葉長15～25公分，第一側脈 9～11 對；果熟變白色‥‥‥

‥‥‥‥‥‥‥‥‥‥‥‥‥(3)白果雞屎樹　　*L. chinensis*

　　　　F 2.　葉長 4～15（稀至18）公分，第一側脈 6～7（4～8

）對；果熟變紫或黑色。

　　　　　　G 1.　葉長 4～6公分，花序有小苞片‥‥‥‥‥‥‥‥‥

‥‥‥‥‥‥‥‥‥‥‥(10)小葉雞屎樹　　*L. microphyllus*

　　　　　　G 2.　葉長 6～18公分，花序無苞片。

　　　　　　　　H 1.　葉橢圓形、濶卵形、長對寬之比爲 2～2.3：1‥‥

‥‥‥‥‥‥‥‥‥‥(2)文山雞屎樹　　*L. bunzanensis*

　　　　　　　　H 2.　葉長橢圓形、長卵形、橢圓形及倒卵形，長對寬之

爲 2.3～3.3：1。

　　　　　　　　　　I 1.　葉緣上下波狀，長13～18公分‥‥‥‥‥‥‥‥

（12 a）雞屎樹　*L. obliquinervis*　var. *obliquinervis*

　　　　　　　　　　I 2.　葉全緣或稍扁平而作波狀，長 6～15公分。

　　　　　　　　　　　　J 1.　小枝具展開之毛，花冠 4 裂（稀作 5 裂）‥‥‥

‥‥‥‥‥‥‥‥‥‥(8)南仁雞屎樹　　*L. hiiranensis*

　　　　　　　　　　　　J 2.　小枝具壓平之毛，花冠 5 裂。

　　　　　　　　　　　　　　K 1.　葉先端漸尖或尾狀漸尖。

L 1. 萼長 0.2 公分，5～6 裂，冠筒外面平滑
　　；果球形平滑……⑹琉球雞屎樹　*L. fordii*

L 2. 萼長 0.4 公分，5 裂，冠筒外面被毛；果
　　倒卵形，稍具毛……………………………
　　…………⑺台灣雞屎樹　*L. formosensis*

K 2. 葉先端銳尖或漸尖；萼長 0.1 公分；果球形
　　，平滑…………………………………（12 b ）
　　清水氏雞屎樹　*L. obliquinervis* var. *simizui*

（1 a）密毛雞屎樹　**Lasianthus appressihirtus** Simizu　var. **appressihirtus**
　　(Dense-hairy lasianthus) 灌木；葉倒披針狀長橢圓形；果球形。
　　產北部，如烏來之屯鹿、里門岸一帶之潤葉樹林內。分佈琉球
　　。觀賞。

（1 b）大葉密毛雞屎樹 Lasianthus appressihirtus Simizu var. **maximus** Simizu
　　ex Liu et Chao (Large-leaf dense-hairy lasianthus) 灌木；葉較原
　　種為大。產地與原種相同。觀賞。

（2）　文山雞屎樹　**Lasianthus bunzanensis** Simizu (Wenshan lasianthus)
　　灌木；葉橢圓或卵形。產全省低海拔之潤葉樹林內。分佈菲律
　　賓之呂宋島。觀賞。

（3）　白果雞屎樹 **Lasianthus chinensis** Benth. (*L. odajimae* Masam.) (White-
　　fruited lasianthus) 灌木，葉長橢圓形，果熟變白色。產北部低
　　海拔之潤葉樹林內，士林、文山及烏來尤多。分佈我國南部及
　　中南半島。觀賞。

（4）　柯氏雞屎樹 **Lasianthus curtisii** King et Gamble (*L. formosensis*
　　Matsum. var. *hirsutus* Matsum.) (Curtis' lasianthus) 灌木；葉厚紙質
　　或薄革質，長橢圓形或披針狀長橢圓形，長 5～8 公分；萼裂
　　片線狀披針形，具長毛。產全省低海拔之潤葉樹林內。分佈琉
　　球、我國南部、中南半島及馬來半島。觀賞。

（5）　毛雞屎樹　**Lasianthus cyanocarpus** Jack (Blue-fruit lasianthus) 灌木

；葉長橢圓形，長 15～20 公分，兩面被毛；花爲多數宿存之
葉狀苞所包圍，萼與花冠同長；果卵狀球形，徑 0.6～0.7公
分，熟變靑色，種子 5。產恒春半島，如南仁山及大武出水坡
等地低海拔之潤葉樹林內，蘭嶼亦可見到，北部僅烏來有之。
分佈琉球、我國南部及印度。觀賞。

（6）　琉球鷄屎樹 Lasianthus　fordii　Hance (*L. tashiroii* Matsum.) (Liuchu
　　lasianthus)　灌木，全體被疎毛；葉倒卵狀長橢圓形，托葉形小
　　。產全省低、中海拔之潤葉樹林內及蘭嶼。分佈我國南部、琉
　　球、日本及菲律賓。觀賞。

（7）　台灣鷄屎樹 Lasianthus formosensis　Matsum. (*L. tashiroi*　Matsum.
　　var. *pubescens* Matsum.) (Taiwan lasianthus)　　灌木，全體密生粗毛；
　　葉長橢圓形，托葉小。產北、南部低海拔之潤葉樹林內。觀賞
　　。

（8）　南仁鷄屎樹 Lasianthus　hiiranensis　Hay. (Hiiranshan lasianthus)
　　灌木；葉倒卵形，托葉披針形，有長毛，花 4 數。產恒春南仁
　　山附近，如高士佛、南仁山等地。分佈菲律賓、馬來半島及印
　　尼爪哇。觀賞。

（9）　日本鷄屎樹 Lasianthus　japonicus　Miq. (*L. taiheizanensis* Masam. et
　　Suzuki) (Japanese lasianthus)　灌木；葉披針狀長橢圓形，側脈 6 對
　　。產全省低至高海拔之潤葉樹林內。分佈日本及我國南部。觀
　　賞。

（10）　小葉鷄屎樹　Lasianthus microphyllus Elm. (*L. parvifolius* sensu Hay.,
　　non Wight) (Small-leaf lasianthus)　　灌木；葉小，橢圓形，長 4～6
　　公分；托葉小。產中、南部中海拔之潤葉樹林。分佈菲律賓及
　　爪哇。觀賞。

（11）　薄葉鷄屎樹 Lasianthus microstachys Hay. [*L. seikomontanus* (Yamam.)
　　Masam] (Thin-leaf　lasianthus)　　灌木；葉長橢圓形，脈 4～5
　　，細脈近於平行。產全省低海之潤葉樹林內。觀賞。

（12a）鷄屎樹 Lasianthus obliquinervis Merr. var. obliquinervis (*L. nigrocarpus* Masam., *L. chinensis* sensu Henry, non Benth.) (Oblique-vined lasianthus) 灌木；葉長橢圓形；花5數，萼具5齒。產全省低海拔之濶葉樹林。分佈琉球、我國南部及菲律賓。觀賞。

（12b）清水氏鷄屎樹 Lasianthus obliquinervis Merr. var. simizui Liu et Chao (Simizu's lasianthus) 灌木；葉較原種爲短。產蘭嶼。觀賞。

（12c）台東鷄屎樹 Lasianthus obliquinervis Merr. var. taitoensis (Simizu) Liu et Chao (Taitung lasianthus) 灌木；葉倒披針形，寬不及2.5公分。產台東大武之出水坡及蘭嶼，見於低海拔之濶葉樹林內。觀賞。

（13）圓葉鷄屎樹 Lasianthus wallichii Henry (*L. plagiophyllus* Hance, *L. bordenii* Elm.) (Wallich's lasianthus) 灌木；全株密生長毛；葉基歪斜爲其特點。產全省低海拔之濶葉樹林，北自烏來、日月潭，南至恒春之南仁山，均常見之。分佈我國南部、琉球及菲律賓。觀賞。（圖553）

11. 壹冠木屬 LITHOSANTHES Blume

壹冠木 Lithosanthes biflora Blume(*L.gracilis* Hay.)(Two-flowered lithosanthes) 小灌木；葉倒卵形；花有梗，單一或成對。產恒春半島，水社附近亦有之。分佈海南島、馬來西亞、爪哇及菲律賓。觀賞。（圖554）

12. 橄樹屬 MORINDA Linn.

種之檢索

A 1. 常綠小喬木；葉長卵形，長20～30公分；花腋生，花冠裂片5數，冠筒長1公分；複合果單一，徑3～4公分，由多數（30～50）核果集合而成‧‧‧‧‧‧‧‧‧‧‧‧‧‧‧‧‧‧‧‧‧‧‧‧‧‧‧‧‧‧‧(1)橄樹 *M. citrifolia*

A 2. 蔓性灌木或藤本；葉倒卵形，長4～8公分；花頂生，花冠裂片4（稀有5）數，冠筒長0.4～0.5公分；複合果4～5叢生，徑約1公分，由少數（5～8）核果集合而成。

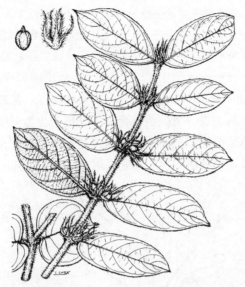

圖 553　圓葉鷄屎樹 Lasianthus wallichii Henrv

圖 554　壺冠木 Lithosanthes biflora Blume

B 1.　藤本，小枝被毛；葉小形，長 4 ～ 5 公分，寬 1.5 ～ 2 公分⋯⋯
　　⋯⋯⋯⋯⋯⋯⋯⋯⋯⋯⋯⋯⋯⋯⋯⋯⋯⋯⋯(2)小葉傘花樹　*M. parvifolia*

B 2.　蔓性灌木，小枝平滑；葉大形，長 7 ～ 8 公分，寬 3 ～ 4 公分⋯
　　⋯⋯⋯⋯⋯⋯⋯⋯⋯⋯⋯⋯⋯⋯⋯⋯⋯⋯⋯(3)傘花樹　*M. umbellata*

（1）　檄樹 **Morinda citrifolia** Linn. (Indian mulberry)　常綠小喬木，小
　　枝具 4 稜角；複合果黃色，漿質。產恒春半島及蘭嶼等之海濱
　　。分佈熱帶亞洲、澳洲及太平洋諸島。樹皮爲紅色染料，根爲
　　黃色染料並供藥用（用治赤痢、解熱）。（圖555）

圖 555　檄樹　Morinda citrifolia Linn.

（2）　小葉傘花樹 **Morinda parvifolia** Bartl. (Small-leaved mulberry)　藤
　　本；葉長橢圓形，先端具芒尖。產北、南部之濶葉樹林內，如
　　台北之陽明山、內湖，台南及恒春之四重溪等。分佈我國南部
　　廣東、香港及菲律賓之呂宋北部、巴丹與巴布晏島 (Babuyan)
　　等地。觀賞。

（3） 傘花樹 **Morinda umbellata** Linn. (Umbell-fruit mulberry) 蔓性灌木，葉較前種爲大。產全省潤葉樹林之下部。分佈我國南部、日本、琉球、菲律賓、馬來西亞及印度。觀賞。

13. 玉葉金花屬 MUSSAENDA Linn.

種之檢索

A 1. 葉長12～14公分，寬8～9公分，第一側脈7～9對，葉柄長1.5～5公分。

  B 1. 葉潤橢圓形，基銳，第一側脈8～9對⋯⋯⋯⋯⋯⋯⋯⋯⋯⋯⋯⋯⋯⋯⋯⋯⋯⋯⋯(1)大葉玉葉金花 *M. macrophylla*

  B 2. 葉潤卵形，基圓，第一側脈6～7對⋯⋯⋯⋯⋯⋯⋯⋯⋯⋯⋯⋯⋯⋯⋯⋯⋯⋯⋯⋯⋯(4)台灣玉葉金花 *M. taiwaniana*

A 2. 葉長4～10公分，寬3～3.5公分，第一側脈4～6對，葉柄長0.5～1.1公分。

  B 1. 莖平滑或稍有毛；葉長橢圓形，長8～10公分，毛少，基銳，葉柄長約1公分⋯⋯⋯⋯⋯⋯⋯⋯(2)玉葉金花 *M. parviflora*

  B 2. 莖密被毛；葉長卵形，長4～6公分，毛多，基圓，葉柄長0.3～0.5公分⋯⋯⋯⋯⋯⋯⋯⋯(3)毛玉葉金花 *M. pubescens*

（1） 大葉玉葉金花 **Mussaenda macrophylla** Wall. (*M. kotoensis* Hay.) (Large-leaved mussaenda) 蔓性灌木，漿果橢圓形。產蘭嶼。分佈我國廣東及雲南。觀賞。

（2） 玉葉金花 **Mussaenda parviflora** Miq. (*M. taihokuensis* Masam.) (Few-flowered mussaenda) 常綠藤本；花長不超過1.5公分；漿果橢圓形。產全省潤葉樹林之下部。分佈琉球。蔓莖爲纖維原料，亦可供觀賞。

（3） 毛玉葉金花 **Mussaenda pubescens** Ait.(Downy mussaenda) 蔓性灌木；花長超過2公分以上。產恒春半島及台東大麻里。分佈我國南部及海南島。觀賞。（圖556）

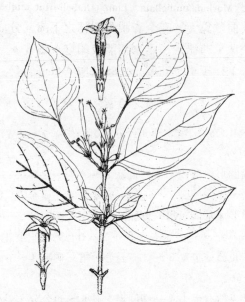

圖 556　毛玉葉金花 Mussaenda pubescens Ait.

（4）　台灣玉葉金花 **Mussaenda taiwaniana** Kaneh. (Taiwan mussaenda)
灌木，漿果球形。產埔里及日月潭地區。觀賞。

14. 欖仁舅屬 NEONAUCLEA Merr.

欖仁舅 Neonauclea reticulata (Havil.) Merr. (*Nauclea reticulata* Havil., *N.trun-
cata* Hay.) (False Indian almond)　常綠喬木；葉倒卵形；頭狀花序大，單
一或成對，外被有卵形之苞片 2 枚，萼裂片長，胚珠每室多數；種子
有翅。產南部嘉義至鵝鑾鼻及蘭嶼。分佈菲律賓。材供建築及造船。
（圖557）

15. 九節木屬 PSYCHOTRIA Linn.

種之檢索

A 1.　直立灌木；葉長 12～18 公分，寬 4～7 公分。

　B 1.　葉披針狀長橢圓形，先端漸尖；圓錐花序極短呈頭狀，萼裂片具

不明顯之齒牙；核果橢圓形………⑴蘭嶼九節木　*P. cephalophora*

B 2.　葉倒披針狀橢圓形至長橢圓形，先端短銳；花成聚繖狀長圓錐花
　　　序，萼裂片三角形；核果球形……………………⑵九節木　*P. rubra*

A 2.　匍匐藤本，莖下有氣根，每攀附其他樹木、幹、枝或岩石而上昇，
　　　葉長 2～4 公分，寬 1～2 公分……………⑶拎壁龍　　*P. serpens*

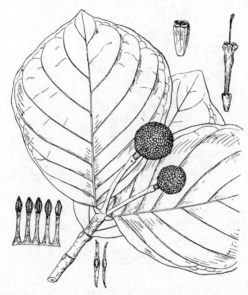

圖 **557**　欖仁舅　Neonauclea reticulata (Havil.) Merr.

（1）　蘭嶼九節木 **Psychotria cephalophora** Merr. (*P. kotoensis* Hay.)(Philippine wild coffee)　常綠灌木，核果橢圓形。產蘭嶼。分佈菲律賓。觀賞。

（2）　九節木　**Psychotria rubra** (Lour.) Poir. (*Antherura rubra* Lour.) (Wild coffee)　陰性常綠灌木；葉乾每呈現紫紅色。產全省潤葉樹林之內。分佈我國南部、中南半島、琉球及日本。根、葉可治腫毒。(圖558)

（3）　拎壁龍 **Psychotria serpens** Linn. (Serpentine psychotria)　藤本，每

匍匐他物而攀緣，莖下有氣根；核果白色，漿質。產北、中及東部山麓以至海拔 1,600 公尺以下之潤葉樹林內，陽明山、大屯山尤多見之。分佈我國、中南半島、琉球及日本。觀賞兼有袪風濕及良血行之效。

圖 558　九木節 Psychotria rubra (Lour.) Poir.

16. 茜草樹屬　RANDIA Linn.

種之檢索

A 1.　小枝無刺；葉大形，長 7～13公分。

　B 1.　葉倒長卵形；花成叢生狀，萼筒長於裂片，花柱極短‥‥‥‥‥‥
‥‥‥‥‥‥‥‥‥‥‥‥‥‥‥‥‥‥(1)台北茜草樹　*R. canthioides*

　B 2.葉橢橢圓形；花成聚繖狀，萼筒短於裂片，花柱特長‥‥‥‥‥‥‥‥
‥‥‥‥‥‥‥‥‥‥‥‥‥‥‥‥‥(2)茜草樹　*R. cochinchinensis*

A 2.　小枝具刺；葉小形，長 3～6公分。

B 1. 葉對生，長橢圓形；小枝每節具二刺，刺相對；花多數，宿存之萼不顯明；漿果徑約 1 公分‥‥‥‥‥‥‥⑶華茜草樹　*R. sinensis*

B 2. 葉作叢生狀對生，倒長卵形；小枝每節具一刺，與另一小枝相對而生；花少數，屢僅有一朵，宿存之萼顯明；漿果徑 2～3 公分‥‥‥‥‥‥‥‥‥‥‥‥‥‥‥‥‥‥‥‥⑷對面花　*R. spinosa*

（1）　台北茜草樹 **Randia canthioides** Champ.(Taipei randia)　小喬木；小枝與葉平滑；果梗長在 1 公分以上。產新店屈尺及桃園。分佈我國及琉球。觀賞。

（2）　茜草樹　**Randia cochinchinensis** (Lour.) Merr. (*Aidia cochinchinensis* Lour., *R. racemosa* F. Vill) (Cochinchina randia)　常綠小喬木；枝、葉平滑；果梗長 0.1～0.2公分。產北、中部，如烏來、內湖及日月潭等地之潤葉樹林內。分佈我國、日本、琉球、中南半島、馬來西亞、印度、菲律賓及澳洲。材製器具。

（3）　華茜草樹 **Randia sinensis** (Lour.) Roem. et Schult. (*Oxyceros sinensis* Lour.) (Chinese randia)　小灌木，每節有刺一對，為其特點。產阿里山、南部如曾文水庫、鳳山、旗山以及恒春半島，如墾丁等地。觀賞及生籬。

（4）　對面花 **Randia spinosa** (Thunb.) Poir. (*Gardenia spinosa* Thunb.) (Spiny randia)　落葉灌木；每節僅有一刺。產北、中部平野及山麓，如北投之關渡、彰化之八卦山等地。分佈我國南部、馬來西亞、印度、錫蘭、緬甸及阿比西尼亞。材製手杖、農具並供彫刻，亦植作生籬，供觀賞並藥用（葉可用於醫治腫毒）。（圖559）

　　　　　17.六月雪屬 **SERISSA** Comm.

　　六月雪　**Serissa japonica** (Thunb.) Thunb. (*Lycium japonicum* Thunb.) (Serissa)　常綠灌木；花有二型，一具短花柱與長雄蕊，另一則具長花柱與短雄蕊，各生於別株。產中海拔之地區。分佈我國、中南半島、泰國、日本九州及琉球。觀賞兼藥用。（圖560）

　　　　　18.玉心花屬 **TARENNA** Gaertn.

圖 559　對面花　Randia spinosa (Thunb.) Poir.

圖 560　六月雪 Serissa japonica (Thunb.) Thunb.

種之檢索

A 1.　小枝被毛；葉長 8～15公分，寬 3～4公分，葉柄長約 1.5 公分………………………………………………………⑴細葉玉心花　　*T. gracilipes*

A 2.　小枝平滑；葉長15～20公分，寬12公分，葉柄長 2～5公分…………………………………………………………⑵蘭嶼玉心花　　*T. kotoensis*

（1）　細葉玉心花 **Tarenna gracilipes** (Hay.) ohwi [*Chomelia gracilipes* Hay., *T. lancifolia* (Hay.) Kaneh. et Sasaki] (Narrow-leaf tarenna)　　灌木；葉倒披針形；花 5 數，冠筒長，裂片在蕾中旋卷；核果橢圓形，徑 0.5公分，種子多至 12 粒。產全省低、中海拔之濶葉樹林內，北自基隆，中經南投、阿里山，南至恒春南仁山、腊勝束及墾丁公園等地，均常有之。觀賞。

（2）　蘭嶼玉心花 **Tarenna kotoensis** (Hay.) Masam. (*Chomelia kotoenis* Hay.,

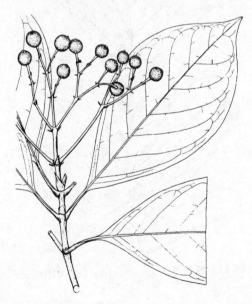

圖 561　蘭嶼玉心花 Tarenna kotoensis (Hay.) Masam.

T. zeylanica auct. non Gaertn.) (Lanyu tarenna) 常綠灌木；核果球形，徑約 1 公分，種子 3～4 粒。產恒春港口、墾丁公園舊開墾地區及蘭嶼。分佈日本南部、琉球之低海拔地區。觀賞。（圖561）

19. 瓢簞藤屬 THYSANOSPERMUM Champ.

瓢簞藤 **Thysanospermum diffusum** Champ. ex Benth. (Thysanospermum) 常綠蔓性灌木，全株被毛；葉對生，狹披針形，先端作尾狀漸尖，基鈍，長 5～7 公分；花具長梗，腋出，單立至 3 朵叢生，花冠白色，雄蕊 5；蒴果球形，徑 0.6 公分，2 室，胞背開裂。產全省中海拔之闊葉樹林，如新店坪林、東勢佳保台每多見之。分佈我國、香港及琉球。觀賞。（圖562）

圖 **562** 瓢簞藤 Thysanospermum diffusum Champ. ex Benth.

20. 貝木屬 **TIMONIUS** Rumph.

貝木　**Timonius arboreus** Elm. (Lan-
yu timonius)　常綠灌木；葉對生或
3枚輪生，倒卵狀長橢圓形；花單
性，腋生；核果球形，徑可至1.4
公分。產蘭嶼。分佈菲律賓。觀賞
。（圖563）

圖 **563**　貝木 Timonius
arboreus Elm.

21. 鉤藤屬 **UNCARIA** Schreber

台灣鉤藤 **Uncaria hirsuta** Havil.
[*U. kawakamii* Hay., *U. formosana* (Ma-
tsum.) Hay., *Ourouparia setiloba* Sasaki)]
(Formosan gambir) 蔓性灌木；葉腋具
鉤刺1對；蒴果紡錘形，種子多數

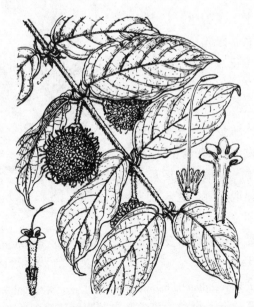

圖 **564**　台灣鉤藤 Uncaria hirsuta Havil.

，有翅。產北、中部山麓叢林內，以烏來、三峽、石門水庫地區尤爲多見。可採鞣質（單寧），另供藥用。（圖564）

22. 水金京屬 WENDLANDIA Bartl.

種之檢索

A 1. 小枝、葉柄、葉面及花序近於平滑至被微毛；托葉三角形或狹三角形，先端銳尖。

  B 1. 葉乾呈膜質，萼外部近於平滑……………⑴水金京 *W. formosana*

  B 2. 葉乾呈厚紙質，萼外部被毛………⑵蘭嶼水金京 *W. luzoniensis*

A 2. 小枝、葉柄、葉面及花序密被長毛；托葉腎形，先端圓形，反曲……
……………………………………………⑶毛水金京 *W. uvarifolia*

（1） 水金京 Wendlandia formosana Cowan (Formosan wendlandia)

常綠小喬木；葉對生，長橢圓形；聚繖狀圓錐花序頂生，萼5裂，花冠5裂，雄蕊5；子房2室；蒴果球形，徑0.25公分，外爲永存之萼所包圍。產全省潤葉樹林之下部，尤以北部山麓，如台北之烏來、姆指山、指南宮及內湖等地多所見之。分佈我國南部、中南半島、琉球奄美大島。材製坑木及擔桿。（圖565）

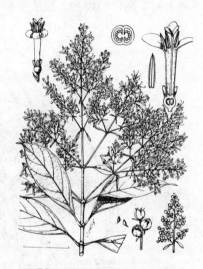

圖565 水金京 Wendlandia formosana Cowan.

（2） 蘭嶼水金京 Wendlandia luzoniensis DC. (Luzon wendlandia) 小喬木；葉長橢圓形，平滑；花成聚繖狀圓錐花序，有毛。蘭嶼及綠島。分佈菲律賓。觀賞。

（3） 毛水金京 **Wendlandia uvarifolia** Hance (*W. erythroxylon* Cowan)(Common wendlandia) 常綠小喬木，枝、葉均被密毛，托葉潤圓或腎形。產中、南部潤葉樹林之下部，如苗栗、埔里眉原、六龜扇平及恒春半島浸水營甚多，另蘭嶼亦有之。分佈我國南部及海南島。觀賞及柴材。

39. 筒花目 TUBIFLORAE

多草本，少數爲灌木或喬木；花各部之數大多成爲數相等之4輪，或構成雌蕊的心皮及雄蕊兩者之數較少，花冠合瓣，多不整齊；雄蕊1輪而與花冠連生；種皮1層。本目包括之科，爲數頗多，其爲木本而見之於台灣者有9科，其檢索如下：

科之檢索

A 1. 葉互生，至少枝條上部之葉如此（紫草科）。

  B 1. 花冠整齊，雄蕊與花冠裂片同數並與之互生。

    C 1. 子房完整而不分裂，花柱頂生，花葯不跨舉。

      D 1. 子房每室有多數軸生胚珠 ………（117）茄科　Solanaceae

      D 2. 子房每室有1～4直立胚珠。

        E 1. 萼分離 ………………（114）旋花科　Convolvulaceae

        E 2. 萼合生，鐘形或管狀 ………（115）紫草科　Boraginaceae

  B 2. 花冠不整齊，常具二唇，雄蕊之數較花冠裂片爲少，常爲4，花葯每見跨舉（即基部向左右伸起）………………………………………………………………………………………………（122）苦檻藍科　Myoporaceae

A 2. 葉對生。

  B 1. 葉爲單葉，種子無翅或極少有翅。

    C 1. 子房2～4室，胚珠着生中軸、直立或下垂，花冠不整齊或多少不整齊，雄蕊較花冠裂片之數爲少，常爲4或2。

      D 1. 子房2室，具中軸胎座。

        E 1. 花具顯著之苞片，節特別粗肥………………………………………………………………………………（120）爵牀科　Acanthaceae

　　E 2．花無顯著之苞片，節不特別粗肥⋯⋯⋯⋯⋯⋯⋯⋯
　　　　⋯⋯⋯⋯⋯⋯⋯⋯⋯⋯⋯⋯（118）玄參科 Scrophylariaceae
　D 2．子房4室，胚珠單獨或成對，多爲直立⋯⋯⋯⋯⋯⋯
　　　　⋯⋯⋯⋯⋯⋯⋯⋯⋯⋯⋯⋯⋯⋯⋯⋯（116）馬鞭草科 Verbenaceae
　C 2．子房1室，具側膜胎座 ⋯⋯⋯（121）苦苣苔科　Gesneriaceae
　B 2．葉爲複葉，種子有翅 ⋯⋯⋯⋯⋯（119）紫葳科　Bignoniaceae

（114）旋牛花科 CONVOLVULACEAE (Morning-glory Family)

　　直立或攀緣草本、灌木或少數小喬木，常具乳液；葉互生，無托葉；花大，腋生，常具2苞片；萼片5，常分離而宿存；花冠漏斗形，疊摺而旋卷；雄蕊5，連生於冠筒基部；子房2室，常爲花盤所圍繞，花柱、柱頭各1〜2，胚珠每室1〜2；蒴果時有具毛之種子，胚乳黏質。約40屬，多分佈於熱帶。本科在台灣之成木本者3屬，其檢索如下：

屬之檢索

A 1．葉全緣。
　B 1．葉橢圓形，基部銳或鈍，革質；花多數，15朵或更多，成聚繖、
　　　　總狀或圓錐花序，花冠裂片白色，裂片再作2裂；漿果⋯⋯⋯⋯
　　　　⋯⋯⋯⋯⋯⋯⋯⋯⋯⋯⋯⋯⋯⋯⋯⋯(1)伊立基藤屬　*Erycibe*
　B 2．葉呈潤心形，紙質；花少數，4〜5朵成叢，花冠裂片紅紫，扁
　　　　平；蒴果⋯⋯⋯⋯⋯⋯⋯⋯⋯⋯⋯⋯⋯⋯(2)牽牛花屬　*Ipomoea*
A 2．葉單一而具7裂片，頗類似木薯之葉⋯⋯⋯(3)木玫瑰屬　*Merremia*

1．伊立基藤屬 ERYCIBE Roxb.

　　伊立基藤 Erycibe henryi Prain (Henry's erycibe)　　常綠藤本，葉脈6〜7對；漿果長1.8公分，色黑。產北部山區，如士林芝山巖、烏來、石碇皇帝殿、新北投大屯山山麓，另恒春墾丁公園猴洞及蘭嶼亦有之。分佈我國南部、日本南部至琉球。觀賞。（圖566）

圖 566　伊立基藤 Erycibe henryi Prain

2．牽牛花屬 IPOMOEA Linn.

樹牽牛　**Ipomoea crassicaulis** (Benth.) Robins. (*Ipomoea fistulosa* Mart. ex Choisy, *Batatas crassicaulis* Benth.) (Tree morning glory)　蔓性灌木 ；葉長 10～15　公分，兩面均平滑。栽培於全省平地各處。分佈美國南部、墨西哥及巴西。觀賞。（圖567）

3．木玫瑰屬 MERREMIA Dennst.

木玫瑰　**Merremia tuberosa** (Linn.) Rendle (*Operculina tuberosa* Linn.) (Rose wood tree)　常綠藤本；葉圓形，長 11 公分，寬 11 公分，通常具 7 裂片（深 7 裂），葉柄長 5.5公分。栽培於平地各處，如省立林業試驗所、台灣大學園藝系及士林。熱帶美洲原產。植爲蔭棚兼觀賞。（圖568）

圖 **567** 樹牽牛 Ipomoea crassicaulis (Benth.) Robins

（115）紫草科 BORAGINACEAE (Borage Family)

喬木、灌木及小灌木，罕爲草本；葉
互生或稀近於對生，全緣或具齒牙或鋸齒
，無托葉；花成聚繖或圓錐花序；萼筒狀
或鐘狀，5裂，稀有2～3裂者；花冠5
裂，作覆瓦或廻旋狀排列，稀有鑷合狀者；
雄蕊5，花藥2室，花柱球形，2裂或4
裂（有再作2次尖裂者）；子房上位，2
～4室，胚珠成對，直立或自中軸伸出；
果爲核果或由4小堅果構成；胚直或彎，
胚乳有或無。全球約100屬，1,700 種
。分佈於溫帶至熱帶地區。本科之成木本
者，台灣有4屬9種，屬之檢索如下。

圖 **568** 木玫瑰 Merremia tuberosa (Linn.) Rendle

屬之檢索

A 1. 花柱 2 ～ 4 ，萼小形，花冠裂片先端銳尖或鈍。

　B 1. 花柱 2 裂。

　　C 1. 葉全緣或具鋸齒；花成聚繖狀，柱頭 2 裂，顯明……………… ……………………………………… 2. 厚殼樹屬　*Ehretia*

　　C 2. 葉全緣；花成穗狀，柱頭 2 裂，但不顯明……………………… ……………………………………… 3. 銀丹屬　*Messerschmidia*

　B 2. 花柱 2 裂之後，再作 1 次尖裂（共 4 裂）…………………… ……………………………………… 1. 破布子屬　*Cordia*

A 2. 花柱單一，柱頭小，點狀；萼大形，花後增大；花冠裂片先端漸尖 …………………………………… 4. 假酸漿屬　*Trichodesma*

1. 破布子屬　**CORDIA** Linn.

種之檢索

A 1。 葉長卵形，具銳鋸齒，基部銳；萼頗呈歪形；核果橢圓形，種子具 25 餘凸突………………………………⑴呂宋破布子　*C. cumingiana*

A 2。 葉潤卵形，全緣而作波狀至具 1 ～ 2 齒牙，基圓；萼稍整齊；核果 球形，種子具皺紋…………………………⑵破布子　　*C. dichotoma*

　（1）　呂宋破布子 **Cordia cumingiana** Vildal　(*C. kanehirai* Hay.) (Cuming cordia) 落葉小喬木；葉披針狀卵形，長 7 ～ 12 公分，寬 3.5 ～ 4 公分，先端漸尖，葉柄 0.7～ 2 公分；花成聚繖狀圓錐花序；果橢圓形，長 1.3公分，寬 0.7公分。僅產於恒春墾丁公園及龜子角地區。分佈菲律賓呂宋。觀賞。（圖569）

　（2）　破布子 **Cordia dichotoma** Forst. f. (*C. myxa* sensu Matsum., non Linn.) (Sebastan plum cordia)　落葉中喬木，小枝被毛；葉潤卵形，長 9～ 15 公分，寬 5.5～ 10 公分，全緣而作波狀至具 1 ～ 2 齒牙，先端短銳或鈍，葉柄長 2 ～ 3 公分；花成聚繖狀圓錐花

序，花冠色帶黃；果球形，徑 0.5～0.7公分，具一粒種子。產全省平野，村落傍邊尤多見之。分佈我國、小笠原、琉球、馬來西亞、印度、菲律賓及澳洲。材供建築，製木屐，又觀賞之外，果可供食用。

圖 **569**　呂宋破布子 Cordia cumingiana Vidal

2. 厚殼樹屬 EHRETIA Linn.

種之檢索

A 1. 葉近於無柄，呈叢生狀，長 2～2.5公分，寬 1公分，全緣或具 1 ～2齒牙；花 1～3朵，單立或成聚繖花序……………………… ……………………………………⑷小葉厚殼樹　 *E. microphylla*

A 2. 葉具柄，柄長 1～4公分，互生，形較前種爲大，長 9～19公分，寬 3.5～9公分，全緣或具粗鋸齒或細鋸齒；花序具 20～50朵或更多之花。

　B 1. 葉全緣。

C 1. 小枝與葉被短毛；萼裂片線形，長於核果⋯⋯⋯⋯⋯⋯⋯⋯⋯
　　⋯⋯⋯⋯⋯⋯⋯⋯⋯⋯⋯⋯⋯⋯⋯(5)台灣厚殼樹　*E. resinosa*

C 2. 小枝與葉幾屬平滑；萼裂片三角狀卵形，短於核果。

　D 1. 葉濶卵形，長 15～19 公分，寬 7～8 公分，葉柄長 3.5 公分
　　　，背面之側脈在與中肋交叉之處，具有毛叢與腺體；核果扁
　　　球形⋯⋯⋯⋯⋯⋯⋯⋯⋯⋯⋯⋯⋯(2)蘭嶼厚殼樹　*E. lanyuensis*

　D 2. 葉長橢圓形，長 11～13 公分，寬 5 公分，葉柄長 1.5 公分，
　　　背面之側脈在與中肋交叉之處，無毛叢與腺體；核果球形⋯
　　　⋯⋯⋯⋯⋯⋯⋯⋯⋯⋯⋯⋯⋯(3)長葉厚殼樹　　*E. longiflora*

B 2. 葉具粗或細鋸齒。

　C 1. 葉表面具貼伏狀毛茸，緣有粗鋸齒；冠筒爲裂片之 1.5 倍長；
　　　核果徑 1～1.5 公分，熟變橙黃色⋯⋯⋯(1)破布烏　*E. dicksoni*

　C 2. 葉表面近於平滑，緣具細鋸齒；冠筒爲裂片之 0.33 倍長；核
　　　果徑 0.3 公分，熟變橙黑色⋯⋯⋯⋯⋯(6)厚殼仔　*E. thyrsiflora*

（1）　破布烏 **Ehretia dicksoni** Hance　(Liuchu ehretia)　落葉小喬木，
　　　小枝被剛毛；葉濶卵形、橢圓形或倒卵形，長 10～15 公分
　　　，先端銳或鈍，基部圓或心形，緣具鋸齒，葉柄長 1～1.5 公
　　　分；花成圓錐花序；萼 5 裂；花冠色白；雄蕊 5；花柱 2 裂；
　　　果球形，徑約 1 公分，熟變橙色，通常具 2 粒種子。產全省平
　　　野及山麓，如陽明山、水里、水底寮及墾丁公園。分佈我國南
　　　部、日本及琉球。材製器具，葉極粗糙，山胞每用以磨光器物
　　　。

（2）　蘭嶼厚殼樹 **Ehretia lanyuensis** Liu et Chaung　(Lanyu ehretia)
　　　常綠小喬木，全株無毛；葉具長柄（柄長約 3.5 公分），濶卵
　　　形，長 15～19 公分，寬 7～8 公分，側脈 5～6 對，背面
　　　下部 2～3 脈腋之間，具有腺體與毛叢；花成聚繖狀圓錐花序
　　　；果扁球形，徑約 0.5 公分，種子 4 粒，背側具有瘤粒，並有
　　　5 稜脊。產蘭嶼低海拔森林之內。觀賞。（圖570）

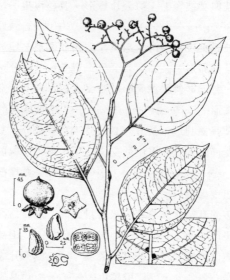

圖 570 蘭嶼厚殼樹 Ehretia lanyuensis Liu et Chaung

（3） 長葉厚殼樹 **Ehretia longiflora** Champ. (Long-flowered ehretia)
落葉喬木，全株平滑；葉有柄，互生，長橢圓形，全緣，長12
公分，側脈4〜5對；花成聚繖狀繖房花序；萼5裂；花冠白
或董色，長1公分，5裂；雄蕊5；子房4室，各藏胚珠1粒
；核果球形，徑0.6公分。產全省山麓或後生林內，陽明山竹
仔湖、溪頭屢有見之。分佈我國南部及香港。觀賞。

（4） 小葉厚殼樹 **Ehretia microphylla** Lam.(Small-leaf ehretia)   常綠小
灌木；葉作叢生狀輪生，倒卵形，長2〜2.5公分；花1〜3
朵，成聚繖花序；花冠色白，5裂；果球形，熟變黃紅色，內
藏種子1粒。產南部、恒春半島、小琉球及東部海濱，高雄壽
山、鳳山、枋寮至鵝鑾鼻多所見之。觀賞。

（5） 台灣厚殼樹 **Ehretia resinosa** Hance (*E. navesii* Vidal, *E. formosana* He-
msl.) (Resinous ehretia)   落葉小喬木；葉有柄，倒卵狀長橢圓形

、橢圓形或卵形，長9.5～12公分，側脈7～9對；花成聚
繖狀繖房花序；萼5片，線形；花冠色白，5裂；雄蕊5，柱
頭2；核果球形，徑約0.5公分，萼宿存而包圍其果，爲其特
點。產南部旗山及恒春半島沿海，如墾丁地區。分佈菲律賓。
觀賞。

(6) 厚殼仔**Ehretia thyrsiflora** (Sieb. et Zucc.) Nak. (*Cordia thyrsiflora* Sieb.
et Zucc., *E. taiwaniana* Nak.) (Taiwan ehretia) 常綠中喬木；
葉長橢圓形或橢圓形，長6～15公分，細鋸齒，葉柄長1.5
～2公分；花成圓錐花序；萼5裂；花冠鐘形，5裂；雄蕊5
；核果球形，徑約0.3公分，熟變橙黑色，種子1～2粒。產
全省山麓、平野及村落周圍。分佈我國南部及琉球。材供建築
，製刀鞘、槍柄，亦供薪炭。

3. 銀丹屬 **MESSERSCHMIDIA** Linn. ex Herb.

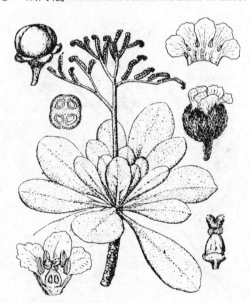

圖**571** 銀丹Messerschmidia argentea (Linn.f.) John

銀丹 **Messerschmidia** **argentea** (Linn. f.) John (Messerschmidia)　　俗稱白水草。小喬木；全株密被銀白柔毛；葉叢生，倒卵形，肉質，長10～15公分，寬4～5公分，幾無柄；花成聚繖花序；萼及花冠4或5裂；雄蕊4或5，花藥無柄，子房4室，各室具1胚珠，柱頭稍作2裂；果球形，徑約0.4公分，萼宿存。產北部基隆社寮島、淡水及恒春半島海濱，另蘭嶼沿岸亦有之，通常生育於砂地或珊瑚石灰岩上。分佈於熱帶亞洲、馬達加斯加 (Madagascar, 現改馬拉加西 Malagasy)、馬來西亞、熱帶澳洲及玻里尼西亞。觀賞。（圖571）

4．假酸漿屬 TRICHODESMA Br.

假酸漿 **Trichodesma khasianum** Clarke (Khasya trichodesma)　　大亞灌木；葉對生，莖、枝方形，上部者每互生，長9～24公分；圓錐花序頂生，苞片披針形，花色碧；萼深5裂；花冠深5裂；果球形，熟變

圖 **572**　假酸漿 Trichodesma khasianum Clarke

碧紫色，被包於花後增大之宿存萼內。產中南部，如嘉義中埔、高雄
六龜至鵝鑾鼻半島之山麓及平野。分佈印度之阿薩姆。觀賞。(圖572)

(116)　馬鞭草科 VERBENACEAE (Verbena Family)

喬木、灌木或草本；小枝具 4 稜角；葉爲單葉或複葉，對生或輪
生，托葉缺如；花兩性，形歪或具 2 唇，成聚繖或圓錐花序；萼作 4
～5 淺裂或齒狀，宿存；花冠筒狀，4～5 裂，裂片覆瓦狀；雄蕊 4
，稀有 2 或 5 者，與花冠連生，花藥 2 室，屢見其跨舉（divergent，卽
基部向左右兩側伸展），縱裂；花盤存而細小；子房上位，2～8 室
，屢成 4 室，每室具胚珠 1 或 2，直立或稀下垂；果多成核果，亦有
漿果或蒴果者；胚直，胚乳多不存。全球約 70 屬 750種，分佈於熱
帶及亞熱帶。台灣有 9 屬，其檢索如下。

屬之檢索

A 1.　成爲紅樹林而生長於沿海海水中，具多數直立之呼吸根‥‥‥‥‥
‥‥‥‥‥‥‥‥‥‥‥‥‥‥‥‥‥‥‥‥‥‥ 1. 海茄苳屬　*Avicennia*
A 2.　生長於陸地，且無直立之呼吸根。
　B 1.　小枝通常具針刺或鉤刺。
　　C 1.　針刺 1 或 2，生於節處，但屢有不存者。
　　　D 1.　小枝每節具 1 對刺針；葉通常上半部具鋸齒，稀爲全緣；花
　　　　　序軟柔而直立，無苞片，萼外部無腺體，花冠紫或白，小形
　　　　　；核果球形，長 0.8 公分 ‥‥‥‥‥ 4. 金露花屬　*Duranta*
　　　D 2.　小枝每節僅具 1 刺針；葉通常全緣，但各邊緣屢有 1 齒牙；
　　　　　花序懸垂性，苞片大形，濶卵形而帶紫暈，脈紋顯著，萼外
　　　　　部具有大腺體，花冠黃色，大形，上部特大成假面形；核果
　　　　　倒卵形，長 2 公分 ‥‥‥‥‥‥‥‥ 5. 石梓屬　*Gmelina*
　　C 2.　小枝全部具多數鉤刺 ‥‥‥‥‥‥ 6. 馬纓丹屬　*Lantana*
　B 2.　小枝無針刺。
　　C 1.　葉掌狀複葉或稀爲單葉，如爲單葉則背面呈灰白色且屬草本狀
　　　　灌木 ‥‥‥‥‥‥‥‥‥‥‥‥‥‥‥ 9. 牡荊屬　*Vitex*

C 2. 葉為單葉，背面不為灰白色，自小灌木至大喬木。

  D 1. 葉形頗大，寬 14～30 公分，嫩葉揉之呈紅色；宿存之苞片膜
     質，形大而包被果實；核果徑 2～2.5 公分⋯⋯⋯⋯⋯⋯
     ⋯⋯⋯⋯⋯⋯⋯⋯⋯⋯⋯⋯⋯⋯⋯⋯⋯⋯ 8. 柚木屬　*Tectona*

  D 2. 葉中等、小形，寬 0.8～14 公分（如寬在 15～20 公分時，其
     脈為掌狀），嫩葉揉之不呈紅色；宿存苞片小形；核果徑
     0.3～1 公分。

    E 1. 花冠規則對稱，花序腋生 ⋯⋯⋯⋯⋯ 2. 紫珠屬　*Callicarpa*
    E 2. 花冠稍作 2 唇狀，左右對稱，花序頂生或腋生。

      F 1. 花藥跨舉（基端分離而向左右伸展）；冠筒與裂片長度
        稍相等 ⋯⋯⋯⋯⋯⋯⋯⋯⋯⋯ 7. 臭娘子屬　*Premna*

      F 2. 花藥合生（ 2 端均連接）；冠筒長為裂片之 3 倍⋯⋯⋯⋯
        ⋯⋯⋯⋯⋯⋯⋯⋯⋯ 3. 海州常山屬　*Clerodendron*

1.　海茄苳屬　AVICENNIA Linn.

海茄苳 Avicennia marina (Forsk.)　Vierh. (*Sceura marina* Forsk.)　(Black

圖 573　海茄苳 Avicennia marina (Forsk.) Vierh.

mangrove)常綠大喬木，周圍水面或地上（退潮時期），每見多數直立之呼吸根；葉對生，長４～６公分，乾後成生銹色；頭狀花序頂生；萼５深裂，花冠５裂，雄蕊５，柱頭２裂；蒴果。產新竹紅毛、彰化鹿港、東石、布袋、東港及高雄旗津等港口或河口之海緣，構成紅樹林。分佈東非、印度、錫蘭、馬來西亞、菲律賓、新幾尼亞、澳洲及太平洋諸島。防潮護岸，材製薪炭，在塩田、魚塭沿岩每多植之，用以防風蔽砂。（圖573）

2. 紫珠屬　CALLICARPA Linn.

種之檢索

A 1. 葉全緣或波狀·······························(6)長葉紫珠　*C. longissima*
A 2. 葉具細鋸齒及鋸齒。
　B 1. 葉上、中部具鋸齒，下部⅓全緣。
　　C 1. 葉紙質，倒卵形，基銳；花梗、萼及花瓣平滑···············
　　·····························(2)紫珠　*C. dichotoma*
　　C 2. 葉革質，倒披針形，基銳或作下延狀，老葉類似珊瑚樹之葉，具疎細鋸齒；花梗、萼及花瓣被黃毛················
　　·······················(11)恒春紫珠　*C. remotiserrulata*
　B 2. 葉幾全具細鋸齒或鋸齒，或葉緣下部¼以下全緣。
　　C 1. 嫩枝、葉柄、葉背及花序密生長毛，葉緣具細鋸齒。
　　　D 1. 葉倒披針形或狹長橢圓形，長18～27公分，寬６～８公分，葉柄長 1.5 ～ 3公分；萼深４裂，裂片線形，雌蕊與雄蕊同長·····················(7)鬼紫珠　*C. loureiri*
　　　D 2. 葉線狀倒披針形或披針形，長４～18公分，寬 0.7 ～ 3.8 公分，葉柄長 0.4 ～ 0.9 公分；萼淺４裂，裂片濶三角形，雌蕊長於雄蕊。
　　　　E 1. 葉長對寬之比爲 3.3 ～ 4.3：1，第 1 側脈６～９對·····
　　　　·····················(1)大屯紫珠　*C. acuminatissima*
　　　　E 2. 葉長對寬之比爲 6 ～ 6.7：1，第 1 側脈14～19對········

　　　　　　　　　　┄┄┄┄┄┄┄┄┄┄┄┄┄┄⑼細葉紫珠　*C. pilosissima*

C 2．　嫩枝、葉柄、葉背及花序密生短毛至幾為平滑。

　　D 1．　葉狹披針形；小枝及葉背密生白星狀毛，因而呈粉白┄┄┄┄┄

　　　　　　　┄┄┄┄┄┄┄┄┄┄┄⑷白背紫珠　*C. hypoleucophylla*

　　D 2．　葉披針形、長橢圓狀披針形、長卵形、長橢圓形至濶卵形，

　　　　　　小枝及葉背被有茶褐，金黃星狀毛、疏生白星狀毛或平滑，

　　　　　　而不為粉白。

　　　　E 1．　葉披針形，長 4〜6 公分，寬 0.8〜1.2 公分；雌蕊與雄

　　　　　　　蕊同長┄（10 b ）小葉紫珠　*C. randaiensis* forma *parvifolia*

　　　　E 2．　葉長橢圓狀披針形、長卵形、長橢圓形至濶卵形，長 5〜

　　　　　　　17 公分，寬 1.2〜9 公分；雌蕊長於雄蕊。

　　　　　F 1．　葉表、裏均密生或疏生星狀毛。

　　　　　　G 1．　葉表密生星狀毛。

　　　　　　　H 1．　花瓣紫紅色┄┄┄┄┄┄┄┄┄┄┄┄┄┄┄┄┄

　　　　　　　　　　┄┄┄（3 a ）粗糠樹　*C. formosana* forma *formosana*

　　　　　　　H 2．　花瓣白色┄┄┄┄┄┄┄┄┄┄┄┄┄┄┄┄┄┄

　　　　　　　　　　┄┄（3 b ）白花粗糠樹　*C. formosana* forma *albiflora*

　　　　　　G 2．　葉表平滑或疏生星狀毛┄┄┄┄┄┄┄┄┄┄┄┄

　　　　　　　　　┄┄┄┄┄┄┄┄┄┄┄⑻六龜粗糠樹　*C. pedunculata*

　　　　　F 2．　葉表、裏幾為平滑，惟脈上有毛為例外。

　　　　　　G 1．　葉通常大形，長 8〜15 公分，寬 4〜6 公分，兩面平

　　　　　　　　　滑。

　　　　　　　H 1．　小枝平滑或被疏毛┄┄┄┄┄┄┄┄┄┄┄┄┄

　　　　　　　　　┄┄┄┄┄┄（5 a ）女兒茶　*C. japonica* var. *japonica*

　　　　　　　H 2．　小枝被密毛┄┄┄┄┄┄┄┄┄┄┄┄┄┄┄┄

　　　　　　　　　┄┄（5 b ）蘭嶼女兒茶　*C. japonica* var. *kotoensis*

　　　　　　G 2．　葉通常小形，長 5〜8 公分，寬 1〜2.5 公分，背面

　　　　　　　　　側脈上具星狀毛┄┄┄┄┄┄┄┄┄┄┄┄┄┄┄

　　　　　　　　　┄┄（10 a ）巒山紫珠　*C. randaiensis* forma *randaiensis*

（1） 大屯紫珠 Callicarpa acuminatissima Liu et Tseng （Taiwan beauty berry）一名銳葉紫珠。常綠灌木；葉倒披針形，長漸銳尖。僅產大屯山。觀賞。

（2） 紫珠 Callicarpa dichotoma (Lour.) K. Koch (*Porphyra dichotoma* Lour.) （Purple beauty berry） 落葉灌木；全體近於平滑；花序略生於葉腋之上側。產台北士林芝山巖及桃園。分佈我國、韓國及日本。觀賞。

（3 a） 粗糠樹 Callicarpa formosana Rolfe forma formosana (Formosan beauty berry) 另名杜虹花。常綠灌木， 全體被密毛；葉橢圓形至卵形。全省平野及山麓均普遍見之。分佈我國南部、琉球及菲律賓。觀賞。

（3 b） 白花粗糠樹 Callicarpa formosana Rolfe forma albiflora Yamam.(White-flower Formosan beauty berry) 灌木；花白色。僅產新店之石碇山區而栽培於台灣大學文學院及農化館後面。觀賞。

（4） 白背紫珠 Callicarpa hypoleucophylla Lin et Wang (White-leaf beauty berry) 灌木，小枝被白絨毛；葉具短柄，狹披針形，長 10～16 公分，寬 2～3公分，第 1 側脈約 9對，葉背具粉白絨毛。產六龜扇平之南鳳山。觀賞。

（5 a） 女兒茶 Callicarpa japonica Thunb. var. japonica （ Japanese beauty berry)落葉灌木，花藥孔開。產基隆嶼及綠島。分佈我國、日本、琉球及婆羅洲。嫩葉可爲茶之代用品。

（5 b） 蘭嶼女兒茶 Callicarpa japonica Thunb. var. kotoensis (Hay.) Masam. (*C. antaoensis* Hay.) (Lanyu beauty berry) 小灌木，與原種相較，僅全體多被毛茸而已。蘭嶼。觀賞。

（6） 長葉紫珠 Callicarpa longissima (Hemsl.) Merr. (*C. longifolia* Lam. var. *longissima* Hemsl.) (Long-leaf beauty berry) 灌木，全體平滑；葉線狀披針形或倒披針形，先端漸銳尖，長可達 2.5公分，葉柄長 1～2公分；聚繖花序腋出；萼鐘形，邊緣近於截形；花冠淺 4

裂；雄蕊４；子房球形，花柱細長，柱頭頭狀，先端具有十字
形之淺溝。僅產於烏來。分佈我國南部。觀賞。

（7）　鬼紫珠 **Callicarpa loureiri** Hook.et Arn. (*C. kochiana* Mak.) (Devil
beauty berry)　大灌木，全體密被長星狀毛；核果白色。產北、
中部山麓之後生林內，新店碧潭、烏來尤多見之。分佈我國南
部、海南島、中南半島及日本。觀賞。（圖574）

圖 574　鬼紫珠 Callicarpa loureiri Hook. et Arn.

（8）　六龜粗糠樹 **Callicarpa pedunculata** R. Br (Liuchu beauty berry)
大灌木；葉表平滑或具疏星狀毛。產六龜至卑南主山間之天池
，海拔約在 1,600　公尺之處。分佈香港。觀賞。

（9）　細葉紫珠 **Callicarpa pilosissima** Maxim. (Narrow-leaf beauty berry)
另名紅面將軍。小灌木，全體密被褐黃長毛；葉倒披針形或長

橢圓狀倒披針形，先端長尾狀，基鈍，細鋸齒，長 8〜18 公
分，側脈 14〜19 對，葉柄 0.4〜0.7 公分；聚繖花序生於
葉腋上部；子房不完全 2 室；核果球形，徑 0.3 公分，平滑。
產全省高地之潤葉樹林，恒春半島低海拔，如達仁鄉河邊亦有
之。觀賞。

（10 a）巒大紫珠 Callicarpa randaiensis Hay. forma **randaiensis** (Luanta beauty
berry)　　小灌木，全體幼嫩部分被有星狀毛茸；葉披針形或
長橢圓狀披針形，長 3〜8 公分，寬 1〜2 公分，背面散佈黃
色腺點，側脈 5〜7 對；聚繖花序腋生；萼及花冠 4 裂；雌蕊
較雄蕊爲長；核果扁球形，徑約 0.4 公分，熟變紫色。產中央
山脈 1,500〜2,500 公尺之潤葉樹林內。觀賞。

（10 b）小葉紫珠　Callicarpa randaiensis Hay. forma　**parvifolia** (Hay.) Liu et
Liao （ *C. parvifolia* Hay. ）　　(Few-leaf beauty berry)　小灌木，全
株嫩部被星狀毛茸；葉對生，具細鋸齒，長 4〜6 公分，側脈
5〜6 對。本品種與巒大紫珠極相類似，但以其葉小，萼先端
呈鈍圓形及雌雄蕊長度相等，可以識別。產台東。觀賞。

（11）恒春紫珠　**Callicarpa remotiserrulata** Hay. (Hengchun beauty berry)
小灌木，嫩枝平滑；葉具疏鋸齒。產恒春半島，如雙流、牡丹
及南仁山等地。觀賞。

3．海州常山屬 CLERODENDRON　Linn.

種之檢索

A 1.　葉心形，全緣、齒牙、鋸齒或作 3〜5 淺裂。

　B 1.　葉全緣、齒牙或鋸齒，兩面被密毛，脈掌狀 3，稀至 5；花白或
　　　稍帶淡紅。

　　C 1.　花重瓣，萼長 1.4 公分，屢具假雄蕊；葉長 17〜20 公分⋯⋯
　　　　⋯⋯⋯⋯⋯⋯⋯⋯⋯⋯⋯⋯⋯⋯⋯⋯(3)重瓣臭茉莉　*C. fragrans*

　　C 2.　花單瓣，萼長 0.75 公分，完全雄蕊 4；葉長 6〜17 公分⋯⋯

....⑼白毛臭牡丹　*C. viscosum*

B 2．葉全緣至作 3 ～ 5 淺裂，平滑，脈掌狀 5 ～ 7 ；花紅或純白。

　　C 1．花紅色..

　　　　................（5 a ）龍船花　　*C. paniculatum* forma *paniculatum*

　　C 2．花白色......（5 b ）白龍船花　　*C. paniculatum* forma *albiflorum*

A 2．葉長橢圓形、橢圓形、卵狀橢圓形、濶卵形至菱狀卵形。

　B 1．葉全緣；萼片色綠、乳白或紅紫。

　　C 1．攀緣灌木；萼片大形，乳白或紅色；花冠裂片鮮紅色；核果藏
　　　　於萼內。

　　　　D 1．花之萼片紅紫..................⑹紅萼吐龍珠　*C.* × *speciosum*

　　　　D 2．花之萼片乳白........................⑺吐龍珠　　*C. thomsonae*

　　C 2．直立或蔓性灌木；萼片小形，綠色，花冠裂片綠白或白而帶紅
　　　　暈；核果露出於萼外。

　　　　D 1．蔓性灌木；葉革質，長 4 ～ 8 公分，葉柄長 1 公分；每 1 總
　　　　　　花梗具花 3 朵，腋生，冠筒長 3 公分，裂片大小不整齊；核
　　　　　　果倒卵形，徑約 1 公分..............⑷苦藍盤　　*C. inerme*

　　　　D 2．直立灌木；葉紙質，長 12 ～ 15 公分，葉柄長 3 公分；每 1 總
　　　　　　花梗具花 15 朵或更多，頂生，冠筒長 1.6 公分，裂片稍整齊
　　　　　　；核果球形，徑約 0.6 公分.........⑵大青　　*C. cyrtophyllum*

　B 2．葉具粗鋸齒；萼片淡紅或帶綠暈。

　　C 1．葉橢圓形，先端鈍，但有細小突尖，長 6 ～ 10 公分，葉柄長
　　　　0.9 ～ 2.5 公分..................⑴爪哇大青　*C. calamitosum*

　　C 2．葉卵狀橢圓形至菱狀卵形，先端短銳，長 6 ～ 15 公分，葉柄長
　　　　3 ～ 8 公分。

　　　　D 1．花多，萼片帶紅暈；葉菱狀卵形；小枝及葉背脈上被毛......
　　　　　　..................（8 a ）海州常山 *C. trichotomum* var. *trichotomum*

　　　　D 2．花少，萼片帶綠暈；葉卵狀橢圓形；小枝及葉背幾爲平滑...
　　　　　　.........（8 b ）法氏海州常山　　*C. trichotomum* var. *fargesii*

（1）　爪哇大青　Clerodendron calamitosum Linn. (Solved stones glorybower
）　灌木；葉橢圓形，具粗鋸齒；花白。栽培。新莊、台中、
台南及枋寮水底寮等地均見之。爪哇原產。民間藥草，用以治
膀胱結石（聞有溶化結石之功效）。

（2）　大青　Clerodendron cyrtophyllum Turcz. (*C. glaberrium*　Hay.) (May-
flower glorybower)　　灌木；葉表深綠，裏面淡綠而有黑點。產北
部平野、山麓，頗爲普遍。分佈我國。葉爲藍靛染料，根供藥
用，以治頭風，在海南島有以其葉作蔬荣者。

（3）　重瓣臭茉莉　Clerodendron fragrans Vent. (Fragrant　glorybower)
小灌木；全體密生氈毛；葉心形，全緣或具不齊波狀齒牙；聚
繖花序密花，全體成繖房狀，頂生，花重瓣，色白，雄蕊常退
化成假雄蕊，或僅剩 1～2，或全無。產北部平野及山麓，如
淡水附近山麓，滿山皆是。分佈亞洲南部。觀賞。

（4）　苦藍盤　Clerodendron inerme (Linn.) Gaertn. f.　(*Colkameria inermis*
Linn.) (Sea side clerodendron)　　蔓性灌木；花每 3 朵成聚繖花序，
腋生。產全省海濱地區。分佈我國南部、緬甸、馬來西亞、日
本、琉球及澳洲。根莖煎汁可治療皮膚之病。

（5a）龍船花　Clerodendron paniculatum Linn. forma **paniculatum** (Scarlet
glorybower)　小灌木，枝平滑；花呈紅色，成頂生大圓錐花序
。產全省平野及山麓，南部尤多見之。分佈我國南部、中南半
島、馬來西亞、泰國及印度。觀賞。（圖575）

（5b）白龍船花　Clerodendron paniculatum Linn. forma **albiflorum** (Hemsl.
Hsieh　(White glorybower)　　與原種之區別點，在於其花爲純白
而已。稀少，僅在墾丁公園有栽培。分佈中南半島、馬來西亞
、泰國及印度。根供藥用，以治皮膚及淋病。

（6）　紅萼吐龍珠 Clerodendron × speciosum Lem. (Red-flowered bleeding
heart　glorybower)　　常綠蔓性灌木；萼潤大，紅紫色。栽培於
全省平地各處。分佈非洲，爲一雜交種。觀賞。

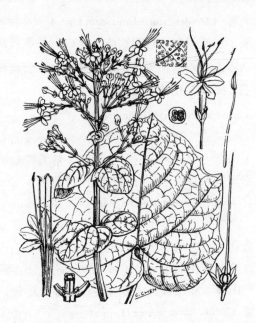

圖 575　龍船花 Clerodendron paniculatum Linn.

（7）　吐龍珠 **Clerodendron thomsonae** Balf. (Bleeding heart glorybower)
常綠蔓性灌木；萼潤大，乳白色，花冠高盆形，鮮紅色。栽培
於全省平地各處。非洲原產。觀賞。

（8a）海州常山 **Clerodendron trichotomum** Thunb. var. **trichotomum** (Harle-
quin glorybower)　落葉大灌木或小喬木，全株被褐毛，並具腥
臭；萼淡紅，花冠白色。產全省平野及常綠潤葉樹林之中、下
部。分佈我國、韓國、日本、琉球及菲律賓。材製箱櫃，根爲
中藥之常山，可治瘧瘴，其煎汁作牛馬之殺蝨劑。

（8b）法氏海州常山 **Clerodendron trichotomum** Thunb. var. **fargesii** Rehd.
(Farges harlequin glorybower)　土名山豬茄。落葉大灌木，全株
近於平滑；葉小，萼綠色，先端更銳。產南部、高雄到鵝鑾鼻
。分佈我國及日本。藥用。

（9）　白毛臭牡丹 **Clerodendron viscosum** Vent. (*C. canescens* Wall.) (Woolly glorybower)　灌木；小枝被白色絨毛。產北、中部低海拔之後生林內。分佈我國及印度。觀賞。

4. 金露花屬　DURANTA Linn.

品種之檢索

A 1.　花青色 ………………………（1 a ）金露花　　*D. repens*　forma *repens*

A 2.　花白色 ………………………（1 b ）白金露花　　*D. repens* forma *alba*

（1a ）金露花 **Duranta repens** Linn. forma **repens** (Creeping sky flower)　俗稱台灣連翹。常綠小喬木；花碧青色，成總狀或圓錐花序；核果橙黃。栽培於全省平地各處。南美原產。生籬及觀賞。(圖576)

圖 576　金露花 Duranta repens Linn.

（1b ）白金露花 **Duranta repens** Linn. forma **alba** (Mast.) Matuda (White Creeping sky flower)　常綠小喬木；花純白，成總狀或圓錐花序。栽

培於全省平地，量稍稀少。南美原產。生籬及觀賞。

5．石梓屬　**GMELINA** Linn.

菲律賓石梓　**Gmelina philippinensis** Champ. (Bristly bushbeech)　常綠半
蔓性灌木；花黃，假面形，下有葉狀大苞片１枚，核果。栽培。台北
植物園第一宿舍旁及荷花池邊之蔭棚，即係本種。原產菲律賓及泰國
。觀賞，尤適於為蔭棚。（圖577）

圖**577**　菲律賓石梓 Gmelina philippinensis Champ.

本屬另有一種，雲南石梓 **Gmelina arborea** Roxb.(Spineless bushbeech)
落葉大喬木；葉濶卵形，對生，基部為心形。掌狀脈３～５，葉
柄長７～１２公分；花黃褐，成頂生總狀花序；核果熟呈黃色。栽培
於省立林業試驗所育林系之龜山碧山苗圃尤多見之。分佈我國雲南、
馬來西亞及印度。觀賞。

6．馬纓丹屬　**LANTANA** Linn.

變種之檢索

A 1.　花紅紫；葉稍大，土乾後邊緣尚呈扁平·······················
·······················（1a）馬纓丹　　*L. camara* var. *camara*

A 2.　花初黃後變橙；葉中等，土乾後邊緣內捲（向上捲）···········
·······················（1b）黃橙馬纓丹　　*L. camara* var. *mitis*

（1a）馬纓丹 **Lantana camara** Linn. var. **camara** (Common lantana)　常
綠灌木，全株均具刺激性惡臭；小枝方形，稜角上具鈎刺；花
頭狀，通常紅轉紫紅色（另有花呈桃紅而轉紅色者）；核果紫
色，球形；種子1粒，香菇形，茶褐色。栽培，現已馴化而散
生於全省平野。原產美洲，美國得克薩斯州。觀賞。（圖578）

圖 **578**　馬纓丹 Lantana camara Linn.

（1b）黃橙馬纓丹　**Lantana camara** Linn. var. **mitis** L. H. Bailey.(Yellow flo-
wered lantana)　常綠灌木，形稍較原種爲小；花黃色，後變橙色

，形稍小。栽培，散生於台北市內庭園各處。原產熱帶美洲。觀賞。

7. 臭娘子屬 PREMNA Linn.

種之檢索

A 1. 葉橢圓形，上半部屢具粗鈍齒，楔狀而基下延，長 6 ～ 8 公分，寬 2.5 ～ 4 公分，葉柄長 1 ～ 2 公分‥‥‥‥⑴臭黃荊　*P. microphylla*

A 2. 葉潤卵形，全緣而屢具不規則之小鋸齒，基圓或心形，長 8 ～ 14 公分，寬 5 ～ 9 公分，葉柄長 3 ～ 7 公分。

　B 1. 葉背稍平滑，無腺體；萼截狀而具淺齒，雄蕊 4 ‥‥‥‥‥‥‥ ‥‥‥‥‥‥‥‥‥‥‥‥‥‥‥‥‥‥‥⑵臭娘子　*P. obtusifolia*

　B 2. 葉背被絨毛，脈腋具腺體；萼之裂片呈三角形，雄蕊 5 ‥‥‥‥ ‥‥‥‥‥‥‥‥‥‥‥‥‥‥‥‥‥‥‥⑶毛魚臭木　*P. odorata*

（1）　臭黃荊 **Premna microphylla** Turcz. (*P. japonica* Miq., *P. formosana* Maxim.) 一名小葉魚臭木。落葉灌木；葉菱形；花冠外側具腺毛。產大屯山潤葉樹林之上層而與紅楠混生，海拔在 700 ～ 950 公尺之間，另花蓮及恒春貓鼻頭與鵝鑾鼻之海濱亦見之。分佈我國、日本及琉球。枝爲民間藥草，主治瘧疾及心腹之痛。

（2）　臭娘子 **Premna obtusifolia** R. Brown (*P. integrifolia* sensu Forbes & Hemsl., non Linn.) (Headache tree premna) 半落葉小喬木；葉潤卵形，基部圓或略呈心形。產台北平野及恒春半島海濱。分佈我國、馬來西亞、琉球及菲律賓。材供建築及柴薪。

（3）　毛魚臭木 **Premna odorata** Blanco (Fragrant premna)　小喬木與前種類似，但葉背被軟毛。產北、南部近海之山麓叢林內。分佈菲律賓。觀賞。（圖579）

8. 柚木屬 TECTONA Linn.

柚木 **Tectona grandis** Linn. f. (Teak)　又稱麻栗。落葉喬木，小枝方

圖579 毛魚臭木 Premna odorata Blanco

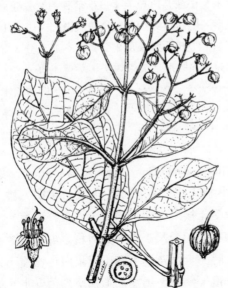

圖580 柚木 Tectona grandis Linn.f.

形，全株幼嫩部及花、果均被有星狀綿毛；葉對生，橢圓形或倒卵形，先端圓、銳或鈍形，基部楔狀，全緣，長20～50公分，寬14～30公分，表面具硬毛狀瘤粒，側脈10～18對；二岐狀聚繖花序腋生或頂生而成圓錐花叢，萼5～6裂；花冠白或藍色，5～6裂，長6公厘，雄蕊5～6，子房4室，柱頭先端二裂；核果球形，外具縱稜多條，徑2～2.5公分，種子1～2顆。栽培。原產泰國、馬來西亞、緬甸及印度。優良用材，建築之外，尚製枕木、船艦夾板、家具等，植於台中以南經高雄、屏東而至內埔潮州之間，尤以竹山及旗山有大面積之人造林。（圖580）

9.　黃荊屬　VITEX Linn.

種之檢索

A 1.　葉掌狀複葉，小葉3～5，全緣或具鋸齒，先端銳尖至尾狀漸尖，背面不白或稍呈灰白色；木本性。

　B 1.　落葉灌木，小枝具白短毛；頂小葉長約7公分，寬1.2公分，小葉披針形，尾狀漸尖，葉背稍帶灰白…………(1)黃荊 *V. negundo*

　B 2.　常綠喬木，小枝平滑；頂小葉長8～14公分，寬3～3.5公分，小葉倒卵狀橢圓形，先端銳尖，葉背不白…………………………………………………………………………………(2)薄姜木　　*V. quinata*

A 2.　葉為單葉，全緣，先端圓形，背面呈灰白色；草本狀…………………………………………………………………(3)蔓荊　　*V. rotundifolia*

（1）　黃荊 **Vitex negundo** Linn. (Negundo chaste tree)　通稱牡荊。落葉灌木，小枝方形；花淡紫色，萼齒顯明，雄蕊4，子房4室，柱頭2裂；核果倒卵形。產全省平野海濱，如恒春半島山麓（可達海拔300公尺）有廣大面積之群落，冬、春季乾燥（2～4月）時，全面落葉，滿山呈現白色株叢。分佈我國、馬來西亞、印度、錫蘭、馬達加斯加至熱帶東非。材供薪炭，莖、葉及種子（牡荊子）可供藥用，有通經利尿之效。（圖581）

圖 581　黃荊 Vitex negundo Linn.

（2）　蒲姜木 **Vitex quinata** (Lour.) F. N. Will. (*Cornutia quinata* Lour.) (Five-leaved　chaste　tree)　又名山蒲荊、大牡荊。常綠喬木；小葉倒卵狀橢圓形；萼截狀，具不痕跡之齒。產全省山麓地區。分佈我國南部、馬來西亞、印度及菲律賓。材供建築、架橋。

（3）　蔓荊　**Vitex rotundifolia** Linn. f. (Simple leaf chaste　tree)　另名海蒲荊。亞灌木；單葉。產全省海濱砂地。分佈東南亞洲、澳洲及太平洋諸島。定砂樹種，其果俗稱蔓荊子，可供藥用，有治療感冒及頭痛之效。

（117）　茄科 SOLANACEAE (Nightshade Family)

　　小喬木、灌木或草本，直立或蔓性；葉互生，全緣，深裂或爲羽狀複葉，無托葉；花兩性，多屬整齊；萼5裂；花冠輻射、鐘形、漏斗或高盆形，5裂，在蕾中鑷合或疊摺；雄蕊與花冠連生，且與裂片同數而互生，花藥屢作轇合，其中有1或更多爲不孕性；下位花盤通常存在；子房上位，2室，胚珠多數，着生於膨大之中軸，花柱1，柱頭2；漿果或蒴果，種子具彎胚。本科具有毒者頗多，可供觀賞、藥用及糧食者，亦爲數不少。全球有80屬，2,000種，分佈於熱帶及溫帶地區。在台灣之成木本者6屬，其檢索如下。

屬之檢索

A 1. 雄蕊5，全部爲孕性，能產生花粉。

　B 1. 漿果而不裂開。

　　C 1. 花藥羇合於花柱之四周 ·················· 6. 茄屬　　*Solanum*

　　C 2. 花藥爲分開性。

　　　D 1. 節具刺，花紫色 ·················· 4. 枸杞屬　　*Lycium*

　　　D 2. 節無刺，花綠白至奶油色或黃色。

　　　　E 1. 柔軟灌木；生葉紙質；花小，長約2公分，寬0.7公分，綠白至奶油色 ··················· 2. 夜香花屬　　*Cestrum*

　　　　E 2. 蔓性灌木；生葉肉質；花大，長在10公分以上，寬18公分，黃色，狀似黃蟬之花 ·········· 5. 金杯花屬　*Solandra*

　B 2. 蒴果裂開 ·································· 3. 曼陀羅屬　*Datura*

A 2. 雄蕊4，其中常含有1小形或退化之雄蕊，二強··················
·································· 1. 番茉莉屬　*Brunfelsia*

1. 番茉莉屬 BRUNFELSIA Linn.

番茉莉 **Brunfelsia hopeana** (Hook.) Benth. (*Franciscea hopeana* Hook.) (Manaca rain tree) 常綠灌木；花初紫色，後變白色；蒴革質，雖熟而不開裂，在台北不結實。栽培於全省平地，如台北台灣大學、台北植物園及青年公園內均能見之。觀賞。（圖582）

2. 夜香花屬 CESTRUM Linn.

夜香花 **Cestrum nocturnum** Linn. (Night jessamine)　柔軟灌木；葉薄，披針狀長橢圓形。栽培於全省各平地，台北尤多。原產西印度。觀賞。（圖583）

3. 曼陀羅屬 DATURA Linn.

圖 5 82　番茉莉　Brunfelsia hopeana (Hook.) Benth.

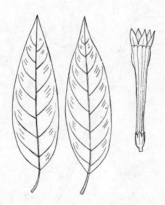

圖 583　夜香花　Cestrum nocturnum Linn.

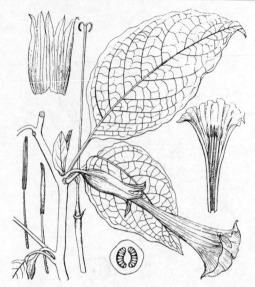

圖584　大花曼陀羅 Datura suaveolens Humb. et Bonpl. ex Willd.

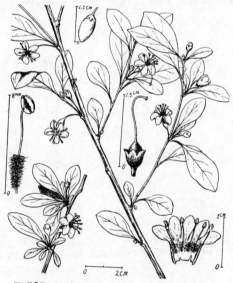

圖585　枸杞 Lycium chinense Mill.

大花曼陀羅 **Datura suaveolens** Humb. et Bonpl. ex Willd. (Angel's trumpet)
常綠灌木；花色純白，長 25 ～ 55　公分，雄蕊 5。栽培。每見之於
陽明山、台北市、溪頭及奮起湖等地。觀賞。(圖584)

4．枸杞屬　LYCIUM Linn.

枸杞　**Lycium chinense** Mill. (Chinese wolfberry)　落葉灌木，莖屢具刺
；花紫色，雄蕊 5；漿果熟變緋紅或紅色，種子多。栽培於全省各地
。原產我國中、南部、日本及韓國。果名曰枸杞，爲普通之滋養補品
，根皮則稱地骨皮與葉均爲解熱、止渴及強精之藥。(圖585)

5．金杯花屬 SOLANDRA Sw.

金杯花　**Solandra nitida** Zucc.　(
Chalice vine) 落葉蔓性大灌木；葉長
橢圓形，側脈 5 對，具長柄；花黃
，單一，萼作 5 裂，裂片披針形，
雄蕊 5，子房 2 室；漿果。栽培，
見之於淡水聖、渡民哥紅毛城及中
山堂附近、陽明山、台北市松山與
台北植物園附近及新莊等地。觀賞
。(圖586)

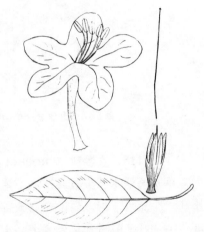

6．茄屬 SOLANUM Linn.

山煙草　**Solanum verbascifolium**
Linn. (Mountain tobacco) 常綠灌木，
全株密被黃褐星狀毛茸；葉濶卵形

圖 5 86　金杯花 Solandra
nitida Zucc.

或橢圓形，全緣，長約 10 公分，側脈 5 ～ 7 對；聚繖狀花序作繖房
狀排列；萼 5 裂；花冠白色；雄蕊 5；漿果熟變黃色，表面平滑。產
中、南部山野。分佈汎熱帶。藥用，根爲解熱及強壯之用。(圖587)

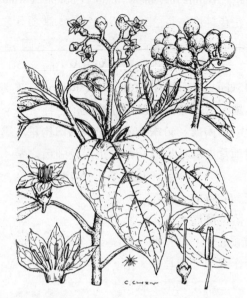

圖 587　山煙草 Solanum verbascifolium Linn.

(118) 玄參科 SCROPHULARIACEAE (Figwort Family)

　　草木、灌木、少數爲喬木；葉互生、對生或輪生，托葉不存；花兩性，不整齊；萼 5 裂；花冠 5 裂，假面狀而常具二唇，冠喉每爲下唇 (palate) 所阻塞；完全雄蕊 4，退化者 1 或不存，二強，花藥合生或跨舉；子房上位，1 室，具 4 側膜胎座，胚珠多數，花柱 1，柱頭 2；蒴果每爲宿存之萼所包被，稀爲漿果；種子有胚乳與小胚。全球有 190 屬，3,000 種，分佈於北、南兩半球。本科在台灣之成木本者，惟泡桐一屬，四種（包括一雜種）。

種之檢索

A 1.　蒴果長橢圓形，長 5 ～ 7 公分，果皮質厚⋯⋯⋯⑴泡桐　*P. fortunei*

A 2.　蒴果卵狀橢圓形至卵狀球形，長 2.5 ～ 4 公分，果皮質稍薄。

B 1. 花序末端之後生總花梗，幾近於無，花長 3～4公分，裂片白紫
　　　色；果萼反卷…………………………………⑵白桐　*P. kawakamii*

B 2. 花序末端之後生總花梗顯明，花長 5～6公分，裂片紫色；果萼
　　　直立而緊貼於果皮，稀有反卷者。

　　C 1. 葉表面幾爲平滑，僅具少數黏毛………………………………
　　　　………………………………⑶台灣泡桐　*P. × taiwaniana*

　　C 2. 葉表面具有密生之黏毛…………⑷絨毛泡桐　*P. tomentosa*

（1）　泡桐 Paulownia fortunei Hemsl. (Fortune's paulownia)　落葉大喬
　　　木，全株幼嫩部分密被毛茸；葉具長柄，對生，呈不整齊之心
　　　形，全緣或緣略呈波狀，長約25公分，寬約20公分；圓錐
　　　花序頂生，花先葉開放；花冠長可至10公分，淡黃，喉部帶
　　　紫暈；雄蕊4，二強，子房長橢圓形，有毛；蒴果表面多皺紋
　　　，2片開裂，種子膜質而有薄翅，長約6公厘。栽培於中部地
　　　區，如竹山、埔里等地，生長快速。原產我國。貴重用材之外
　　　，兼製樂器、箱櫃。又本種另有供藥用之處。

（2）　白桐 Paulownia kawakamii Ito (*P. thyrsoidea* sensu Cheng, non Rehd.)
　　　(Kawakami's paulownia)　落葉大喬木，全株初被絨毛，後變平滑
　　　；葉心形或方形狀心形，全緣或邊緣具不規則之齒牙，時作 3
　　　～5淺裂，長寬均可達30公分；圓錐花序頂生；花冠長 3～
　　　4公分，純白，內佈紫點。產新竹、埔里、竹山、台東、內太
　　　魯閣等中海拔之濶葉樹林內，花蓮鳳林及竹山溪頭地區造林頗
　　　多，生長快速。分佈我國湖北及福建。用途與前種同。

（3）　台灣泡桐　Paulownia × taiwaniana Hu et Chang(Taiwan paulownia)
　　　落葉喬木；葉濶卵形；花紫色，成頂生之圓錐花序，但局部成
　　　聚繖花序；蒴果卵形，長 3.5～4.5公分，寬2公分，種子具
　　　翅。產苗栗二本松、台中谷關、霧社及嘉義交力坪。用材。本
　　　種爲前列二種間之雜種，因而其特徵均介於二者之中間。(圖588)

（4）　絨毛泡桐 Paulownia tomentosa Steud. (Matted-hairy leaf paulownia)

落葉喬木，小枝密被短柔毛，後變無毛；葉濶卵至卵形，長 11～23 公分（可達 45 公分），先端漸尖，基部心形，全緣或每有顯著之三裂，表面被短柔毛，背面密生絨毛，葉柄長 7～18 公分；花序圓錐形；萼 5 裂；花冠 5～6 公分，紫色，裏面有暗點及黃紋，外面具腺質短柔毛；蒴果卵形，長 2.7～3.6公分。台灣曾有栽培，惟量稀少。原產韓國欝陵島及日本九州北部山區。用材、製木屐及家具。

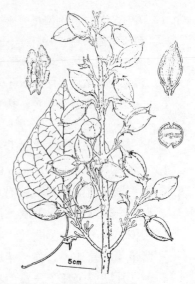

圖 588　台灣泡桐　Paulownia × taiwaniana Hu et Chang

(119) 紫葳科 BIGNONIACEAE (Bignonia Family)

喬木、灌木、尤多藤本，另少數爲草本；葉對生、叢生或稀有互生者，葉單一或成一～二回羽狀複葉；花兩性，頂生或腋生，成圓錐或總狀花序；萼截形或 5 裂，時有附屬體並呈篦狀之苞；花冠 5 裂或作齒牙狀，屢成 2 唇，冠筒先端膨大；雄蕊通常 4 或 2，常爲二强，退化雄蕊 1，花藥多跨擧，2 室，縱裂；花盤多存在；雌蕊 1，子房 2 心皮，上位，多 2 室，有時上部 1 室，下部 2 室，花柱 1，柱頭 2，胚珠多數；蒴果開裂或稀成肉質而不開裂；種子具翅或否，無胚乳。全球有 110 屬 750 種，分佈於熱帶及亞熱帶地區。台灣有 13 屬 15 種，包括引進種在內。屬之檢索如下。

屬之檢索

A 1. 蔓性灌木或藤本。

B 1.　葉二出或三出，且具卷鬚。

　　C 1.　卷鬚 3 裂；葉、花揉之無大蒜氣味。

　　　　D 1.　雄蕊藏在冠筒之內，花冠裂片之邊緣不爲白色……………

　　　　　　　……………………………………… 1. 紫葳屬　*Bignonia*

　　　　D 2.　雄蕊稍露出於冠筒之外；花冠裂片之邊緣隆起且具白色短絨

　　　　　　　毛……………………………… 10. 炮仗花屬　*Pyrostegia*

　　C 2.　卷鬚單一或缺如；葉、花揉之，有大蒜氣味………………

　　　　　　…………………………………… 9. 蒜香藤　*Pseudocalymma*

B 2.　葉爲一回羽狀複葉，無卷鬚。

　　C 1.　雄蕊隱藏於花冠之內 …………………… 2. 凌霄花屬　*Campsis*

　　C 2.　雄蕊露出於花冠之外 ………… 14. 南非凌霄花屬　*Tecomaria*

A 2.　喬木或灌木。

　B 1.　葉爲掌狀複葉………………………… 13. 風鈴木屬　*Tabebuia*

　B 2.　葉爲單一、三出成羽狀複葉。

　　C 1.　果實不裂開；子房通常 1 室。

　　　　D 1.　萼作 2 深裂，葉單一或三出 ……… 4. 蒲瓜樹屬　*Crescentia*

　　　　D 2.　萼作 1 或 5 裂，葉三出或爲奇數羽狀複葉。

　　　　　　E 1.　葉三出；花 1～2 叢生，萼僅向 1 邊開裂，呈佛焰苞狀；

　　　　　　　　　果通常生於樹幹或大枝上，果柄頗短………………

　　　　　　　　　………………………………… 8. 臘燭樹屬　*Parmentiera*

　　　　　　E 2.　葉爲一回羽狀複葉；花成總狀或圓錐花序，萼 5 裂，鐘狀

　　　　　　　　　；果實生在小枝上，果柄特長 …… 6. 臘腸樹屬　*Kigelia*

　　C 2.　果實裂開；子房 2 室。

　　　　D 1.　葉單一，心形；花白色……………… 3. 梓樹屬　*Catalpa*

　　　　D 2.　葉爲羽狀複葉。

　　　　　　E 1.　葉爲一回羽狀複葉，小葉卵狀橢圓形；花橙紅色………

　　　　　　　　　………………………………… 12. 火焰木屬　*Spathodea*

　　　　　　E 2.　葉爲二～四回羽狀複葉，小葉卵狀橢圓形、長橢圓形至披

　　　　　　　　　針形；花紫、淡紫或白色。

F 1. 葉爲二回羽狀複葉，葉柄具翼，小葉多數，長橢圓形，
長 0.5 ～ 0.8 公分，寬 0.15 ～ 0.22 公分；蒴果球形，長
長 4.5 公分，寬 5 公分；花淡紫色⋯⋯⋯⋯⋯⋯⋯⋯⋯
⋯⋯⋯⋯⋯⋯⋯⋯⋯⋯⋯⋯ 5. 巴西紫葳屬　*Jacaranda*

F 2. 葉爲二～四回羽狀複葉，葉柄無翼，小葉少數，卵形、
長橢圓形，長 3.5 ～ 12 公分，寬 1.3 ～ 6 公分；蒴果壓
扁帶狀或線狀圓柱形長 30 ～ 80 公分，寬 1.7 ～ 7.5 公
分；花紫或白色。

G 1. 花紫色；果壓扁狀帶形，長 30 ～ 80 公分，寬 5 ～7.5
公分，厚 0.9 公分，果皮堅厚；小葉長 7 ～ 12 公分，
寬 3 ～ 6 公分；種子連翅，長 5 ～ 7.5 公分，寬 3 ～
3.6 公分 ⋯⋯⋯⋯⋯⋯⋯⋯⋯ 7. 木蝴蝶屬　*Oroxylum*

G 2. 花白色；果線狀圓柱形，長 45 ～ 60 公分，寬 1.7 ～ 2
公分，果皮較薄；小葉長 3.5 ～ 8 公分，寬 1.3 ～ 3.2
公分；種子連翅，長 1.1 ～ 1.2 公分，寬 0.3 ～ 0.45
公分 ⋯⋯⋯⋯⋯⋯⋯⋯ 11. 山菜豆屬　*Radermachera*

1. 紫葳屬　BIGNONIA Linn.

吊鐘藤 **Bignonia capreolata** Linn. (Trumpet flower)　常綠藤本，果長
10 ～ 17 公分。栽培於平地，至爲稀少。美國原產。觀賞。(圖589)

2. 凌霄花屬　CAMPSIS Lour.

種之檢索

A 1. 葉背平滑；萼之裂片，長爲全萼長之 ½；花冠短而寬，且具軟柔之
感覺⋯⋯⋯⋯⋯⋯⋯⋯⋯⋯⋯⋯⋯⋯⋯(1)凌霄花　*C. grandiflora*

A 2. 葉背具毛，最低限度中肋被毛；萼之裂片，長爲全萼長之 1/5 ～
2/5，花冠長而狹，且具堅硬之感覺⋯⋯⋯⋯⋯⋯⋯⋯⋯⋯⋯⋯
⋯⋯⋯⋯⋯⋯⋯⋯⋯⋯(2)美國凌霄花　　*C. radicans*

（1）　凌霄花 **Campsis grandiflora** Loisel. (*C. chinensis* Voss)(Chinese trumpet

creeper)　　木質藤本，氣根少數或缺如；小葉通常 7～9，
卵形至卵狀披針形，長 3.7～6.3公分，鋸齒，葉背平滑；花
色紅紫，徑 5 公分；蒴果先端鈍。栽培於平地。原產我國及日
本。觀賞。（圖590）

（2）　美國凌霄花 **Campsis radicans** Seem. (Trumpet vine)　　木質藤本，

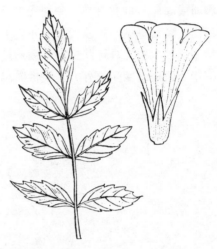

圖 589　吊鐘藤 Bignonia
　　　　 capreolata Linn.

圖 590　凌霄花 Campsis grandiflora
　　　　 Loisel.

圖 591　美國凌霄花 Campsis
　　　　 radicans Seem.

圖 592　楸樹 Catalpa ovata G.Don

小葉9～11　，卵形至卵狀橢圓形，長3.7～6.3公分，葉背
被毛；花色橙而帶紅紫；蒴果圓柱狀長橢圓形，先端嘴尖。栽
培於平地。原產美國南部。觀賞。（圖591）

3. 梓樹屬 CATALPA Scop.

楸樹 Catalpa ovata G. Don（Catalpa）　　落葉喬木；葉對生，具長柄，
濶卵或圓形，每有3裂，先端銳尖；花成圓錐花序，花冠漏斗狀，白
色而具暗紫斑點，雄蕊二強，4枚；蒴果線狀，細長，長30 公分，
種子扁平，兩端具絲狀長毛。栽培於墾丁公園。原產我國中、南部之
河岸一帶。庭園樹之外，其果供藥用，主治腎臟病。（圖592）

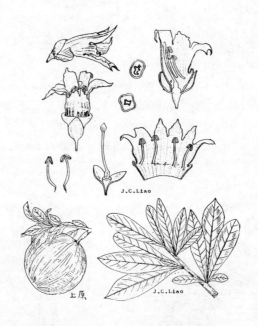

圖593　蒲瓜樹 Crescentia cujete Linn.

4. 蒲瓜樹屬 CRESCENTIA Linn.

種之檢索

A 1. 葉三出，花色茶紫⋯⋯⋯⋯⋯⋯⋯⋯⋯⋯(1)十字蒲瓜樹　*C. alata*

A 2. 葉單一，花色黃紫⋯⋯⋯⋯⋯⋯⋯⋯⋯⋯⋯(2)蒲瓜樹　*C. cujete*

(1) 十字蒲瓜樹 Crescentia alata H.B.K. (Three-leaf calabash tree) 落葉小喬木；葉三出；花茶紫色，生於樹幹及大枝之上。栽培於台灣大學植物學系臘葉標本館之右側。巴拿馬原產。觀賞。

(2) 蒲瓜樹 Crescentia cujete Linn. (Calabash tree) 落葉喬木，葉叢生，倒披針形，側脈 6～9 對；果球形至橢圓形。嘉義農專、美濃竹頭角熱帶植物園、萬巒農場、佳多國小、省立林業試驗所六龜分所及恒春分所石筍洞與水池附近，均有栽植。熱帶美洲，如巴西及西印度原產。觀賞。（圖593）

5. 巴西紫葳屬 JACARANDA Juss.

巴西紫葳 Jacaranda acutifolia Humb. et Bonpl. (Jacaranda) 落葉喬木；葉爲二回羽狀複葉，形狀類似鳳凰木；花淡紫色；蒴果扁球形，徑約 5 公分。栽培。士林園藝試驗所（現改爲台北市政府工務局公園路燈管理處士林管理所）、烏來瀑布附近之地、中興新村、彰化、竹山台灣大學實驗林管理處下坪熱帶植物園、台南公園及省立農業試驗所鳳山分所，均有栽植。巴西原產。阿根廷、美國加州南部及埃及開羅市，有栽爲行道樹者，夏威夷及紐西蘭亦均有植之。庇陰樹、庭園樹。民國 46 年 5 月由非洲引入。（圖594）

J.C.Liao　Apr.14,1979

圖 594　巴西紫葳 Jacaranda acutifolia Humb. et Bonpl.

6. 臘腸樹屬 **KIGELIA** DC.

臘腸樹 **Kigelia pinnata** (Jacq.) DC. (Sausage tree)　　大喬木；葉爲奇數一囘羽狀複葉，小葉 7～9 枚，長橢圓形或倒卵形，全緣或有時具鋸齒，背面平滑或稍被毛；花深紅，長約 8 公分；果狀似臘腸，茶色，長橢圓形，長 30～45 公分，下垂。台北植物園、水里、清水溝、嘉義農業試驗所及墾丁公園均有栽植。觀賞。（圖 595）

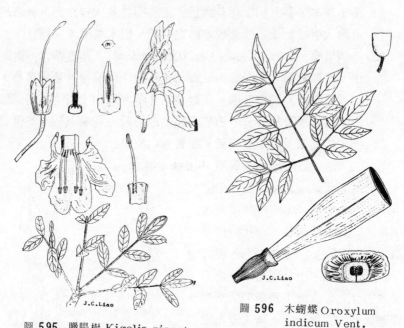

圖 **595** 臘腸樹 Kigelia pinnata
(Jacq.) DC.

圖 **596** 木蝴蝶 Oroxylum
indicum Vent.

7. 木蝴蝶屬 **OROXYLUM** Vent.

木蝴蝶 **Oroxylum indicum** Vent. (India trumpet flower)　　落葉大喬木；葉爲 2～4 囘羽狀複葉，寬 0.6～1.2 公尺；花紫色，雄蕊 4，另有 1 退化雄蕊；蒴果長 30～80 公分，種子具翅。栽培於省立林業試驗所恒春分所蝦洞右側。原產印度、馬來及中南半島，另我國南部亦

有栽培。觀賞。(圖596)

8. 蠟燭樹屬 **PARMENTIERA** DC.

蠟燭樹 *Parmentiera cerifera* Seem.
(Candle tree) 落葉小喬木；葉叢生
，三出，葉柄具翼；花色白；果圓
筒形，長 30～50公分。栽培於台
北植物園標本館之對面。熱帶美洲
，如巴拿馬原產。觀賞。(圖597)

圖 **597** 蠟燭樹 Parmentiera
cerifera Seem.

9. 蒜香藤屬 **PSEUDOCALYMMA** A. Sampaio et Kuhlm

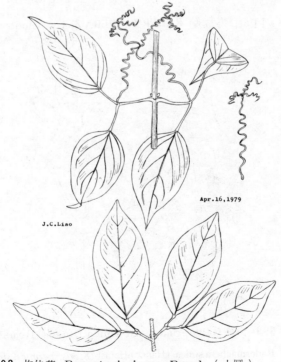

圖 **598** 炮仗花 Pyrostegia ignea Presl.（上圖）
蒜香藤 Pseudocalymma alliaccum Sandw.（下圖）

蒜香藤　**Pseudocalymma alliaccum** Sandw. (Garlic-scented vine)　常綠攀緣灌木；複葉對生，小葉2，卷鬚1或缺如，小葉長6～10公分，寬2～5公分，橢圓形，先端尖；聚繖花序腋生，花大，淡紫色，5裂；葉、花均具大蒜氣味。全省平地多有栽植，台中台灣省議會及嘉義河川邊尤多見之。原產西印度至阿根廷。庭園樹。（圖598下圖）

10.炮仗花屬 PYROSTEGIA Presl.

炮仗花　**Pyrostegia ignea** Presl.[*Bignonia ignea* Vell., *P. venusta* (Ker.) Baill.] (Orange trumpet vine)　藤本；葉2，捲鬚3；小葉卵形或卵狀長橢圓形，長5～7.5公分，先端短漸尖，基部濶楔形，葉柄被毛；花橙色，長5～7.5公分，成下垂，圓錐花序，花冠裂片作鑷合狀排列；蒴果長30公分。栽培於全省平地各處，淡水及嘉義。巴西原產。觀賞。（圖598上圖）

11.山菜豆屬 RADERMACHERA Zoll. et Moritzi

圖 599　山菜豆 Radermachera sinica (Hance) Hemsl.

山菜豆 **Radermachera sinica** (Hance) Hemsl.(*Stereospermum sinicum* Hance)

(Asia bell tree)　　落葉中喬木；葉對生，爲二～三回羽狀複葉，小葉具短柄，橢圓形或卵形，先端尾狀，全緣或作不規則之分裂，長3.5～8公分；圓錐花序頂生，花白或黃白色，雄蕊4；蒴果細圓筒形，長可達50公分；種子具翅。產全省低海拔之處，如台北公館水源地、烏來、墾丁公園等均可見之。分佈我國南部。觀賞。（圖599）

12. 火焰木屬 SPATHODEA Beauv.

火焰木　Spathodea campanulata Beauv. (Fountain tree, Tulip tree)　落葉大喬木；葉爲奇數羽狀複葉，長30～40公分，小葉4～9對，卵狀披針形或卵狀長橢圓形，全緣，長5～10公分，寬3～5公分，側脈8～9對；花大，成圓錐花序；花冠濃紅色，壓扁狀；萼舟形，長約7公分；雄蕊4；蒴果長橢圓狀披針形，長24公分，寬5公分；種子具翅。栽培。台灣大學園藝系溫室之旁、嘉義各地、台南、高雄、旗山、屏東及墾丁等各地公園，多有栽植。熱帶非洲及美洲。觀賞。（圖600）

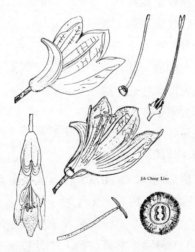

圖 600　火焰木 Spathodea campanulata Beauv.

13. 風鈴木屬 TABEBUIA Gomez.

巴拉圭風鈴木　Tabebuia pentaphylla　(L.) Hemsl. (*Bignonia pentaphylla* Linn.) (Roble blanco)　大喬木，可達 20 公尺；葉掌狀複葉，頗似大牡荆，小葉通常 5，長橢圓形或橢圓形，全緣，長 7.5～15 公分；花桃或白，長 5～10 公分；蒴果長 20～25公分，寬 0.6～1.2公分。栽培於台北植物園。熱帶美洲原產，如西印度、墨西哥至巴拉圭、委內瑞拉等國。行道樹、觀賞。

14. 南非凌霄花屬 TECOMARIA Spach

南非凌霄花 Tecomaria capensis (Thunb.) Spach. (*Bignonia capensis* Thunb.) (Cape honeysuckle)　常綠半蔓性灌木；葉爲奇數羽狀複葉；小葉5～9，濶卵形或卵形，長 1.2～5公分，先端銳尖或漸尖，有鋸齒；花頂生，總狀；花冠橙紅至深紅色，長 5 公分；蒴果線狀長橢圓形，壓扁狀，長 5～7公分，寬 0.8公分。栽培於全省各地，如省立林業試驗所台北植物園、台北市政府工務局公園路燈管理處青年公園等處，多所見之。原產南非，喜望峰尤多，美國佛州亦有栽培。生籬、觀賞。（圖601）

圖 601　南非凌霄花 Tecomaria capensis (Thunb.) Spach

(120) 爵床科 ACANTHACEAE (Acanthus Family)

草本、灌木包括藤本，稀有喬木；枝、葉之表皮細胞中，每具有鐘乳體 (cystolith) 之存在；葉大，對生，無托葉；花常成二出聚繖花序（ dichasium ），兩性，常具 2 唇，苞片顯著；萼之裂片 4～5；花冠常爲 2 唇或 1 唇，裂片覆瓦或廻旋狀排列；雄蕊 4，二強或 2，與冠筒連生並與其裂片互生，花絲互相分離或部分連生成對，花藥

2室或退化成1室，藥室轅合；花盤存在；子房上位，2室，花柱單一，胚珠每室2～多數；蒴果棍棒形，以彈力開裂；種子多數，胚大，胚乳稀存。全球250屬，2,600 種，分佈於熱帶地區。在台灣本科之爲木本者，有4屬6種，包含外來種在內。

圖 602 白珊瑚 Adhatoda vasica Nees

屬之檢索

A 1. 完全雄蕊 4 ……………………………………… 4. 鄧伯花屬 *Thunbergia*

A 2. 完全雄蕊 2 。

B 1.　花冠裂片不規則，但不成二唇狀 ……… 3.金葉木屬　　*Sanchezia*
B 2.　花冠裂片顯明而成二唇狀。
　C 1.　莖木質 ………………………………… 1.白珊瑚屬　　*Adhatoda*
　C 2.　莖草質 …………………………………… 2.爵牀屬　　*Justicia*

1．白珊瑚屬 ADHATODA Tourn. ex Medic.

白珊瑚　**Adhatoda vasica** Nees (Malabar nut)　常綠大灌木，全株具強烈奇嗅；花白而帶紅點及紅線紋；蒴果棍棒形。栽培於平地。分佈我國南部、馬來西亞、緬甸、印度及錫蘭。觀賞。（圖602）

2．爵牀屬 JUSTICIA Linn.

小澤蘭　**Justicia simplex** Don (Justicia)　草本狀灌木；葉對生，線狀披針形。產北部，如淡水、北投之田野及台北新公園與青年公園，以及中部地區。生籬、觀賞。

3．金葉木屬 SANCHEZIA Ruiz. et Pav.

圖 603　金葉木 Sanchezia nobilis Hook.f.

金葉木　**Sanchezia nobilis** Hook. f. (Noble sanchezia)　　常綠灌木，葉表面深綠而嵌有黃脈，蘋果長橢圓形。栽培於平地各處。南美厄瓜多爾原產。觀賞。（圖603）

4．鄧伯花屬　THUNBERGIA Retz.

種之檢索

A 1．直立多枝灌木；葉長橢圓形至長卵形，基銳，長 3 ～ 5 公分，寬
　　　0.8 ～ 2 公分，脈羽狀…………………………………⑴立鶴花　*T. erecta*

A 2．常綠藤本；葉潤卵形或卵狀長橢圓形，基心形或圓形，長 6 ～ 18 公
　　　分，寬 5 ～ 16 公分，基部具 3 ～ 7 掌狀主脈。

　B 1．莖被粗毛；葉潤卵形，成 5 角狀，掌狀脈 5 ～ 7 ………………
　　　………………………………………………………⑵大鄧伯花　*T. grandiflora*

　B 2．莖幾平滑；葉卵狀長橢圓形，掌狀脈 3 條…………………………
　　　…………………………………………………⑶月桂藤　　*T. laurifolia*

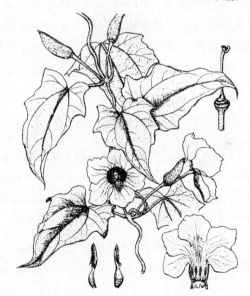

圖 **604**　大鄧伯花 Thunbergia grandiflor
　　　　　　　　　　　　　　　　　oxb.

（1）　立鶴花　**Thunbergia erecta**　T. Anders (Buch clockvine)　　直立多枝灌木；花單一，腋生，冠瓣藍紫色，其他白色。栽培於平地各處，台北天母、台灣大學植物學系溫室、淡水淡江中學校園，均有種植。原產非洲熱帶。觀賞。

（2）　大鄧伯花　**Thunbergia grandiflora** Roxb. (Bengal clockvine)　　常綠藤本，全體有粗毛；花冠藍紫色。栽培於平地各處，如台北植物園等。印度原產。陰棚、觀賞。（圖604）

（3）　月桂藤　**Thunbergia laurifolia** Lindl. (Laurel clockvine)　　常綠藤本，全體近於平滑；花藍色。栽培。台北植物園有之。印度原產。觀賞、陰棚。

(121) 苦苣苔科 GESNERIACEAE (Gesneria Family)

　　草本，稀爲灌木或小喬木，時有攀緣者；葉根生或對生，單葉，常作大、小相向着生；花不整齊，常具二唇；萼管狀，分離或與子房連生，5裂；花冠具斜冠瓣，下部每膨大；雄蕊4或2，時具1假雄蕊，藥合生並成對會合；花盤或鱗片存在；子房上位至下位，具2側膜或迸入之胎座，胚珠多數，花柱1，柱頭1～2；果爲蒴果或變爲肉質；種子小，胚直。本科之爲木本者，在台灣僅二屬，其檢索如下。

屬之檢索

A 1.　着生灌木；葉具疏粗鈍鋸齒，先端鈍形；花單一，小苞脫落性，萼片披針形；蒴果長5～6公分 ………… 1. 石弔蘭屬　*Lysionotus*

A 2.　蔓性灌木；葉全緣，先端尾狀；花成聚繖狀，苞片宿存性，濶卵形，萼片卵形；蒴果長約15公分 ………… 2. 長果藤　*Trichosporum*

1.　石弔蘭屬 LYSIONOTUS　D. Don

　　台灣石弔蘭　**Lysionotus warleyensis** Willm. (Taiwan lysionotus)　　着生常綠小灌木，葉3～4枚，輪生；蒴果長達8公分。產全省中、上部濶葉樹林之樹幹上，頗爲普遍。分佈我國。觀賞。（圖605）

圖 6 05　台灣石弔蘭 Lysionotus warleyensis Willm.

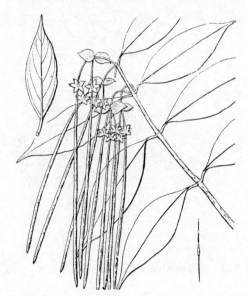

圖 606　長果藤 Trichosporum acuminatum (Wall.) O. Ktze.

2. 長果藤屬 TRICHOSPORUM D. Don

長果藤 **Trichosporum acuminatum** (Wall.) O. Ktze. (*Aeschynanthus acuminatus* Wall.) (Tapering-leaf basketvine)　蔓性灌木；蒴果線形，長達 15 公分。產全省平地及山麓。分佈香港及印度。觀賞。（圖606）

(122) 苦檻藍科 MYOPORACEAE (Myoporum Family)

灌木，稀爲喬木；葉互生，稀對生，常有腺毛、長毛，有時具鱗片或羽狀毛茸，無托葉；花腋生，單一，不整齊；萼 5 裂，宿存；花冠合瓣，多 5 裂；雄蕊 4，稀 5，與花冠連生；花藥 2 室，跨擧，上部則合生；子房 2 室或作假多室，每室具 1～3 下垂胚珠，柱頭 1～2；漿果或核果，種子之胚乳量少或不存。本科在台灣僅有 1 屬 1 種。

1. 苦檻藍屬 MYOPORUM Banks

圖 607　苦檻藍 Myoporum bontioides A. Gray

苦檻藍 **Myoporum bontioides** A. Gray (Myoporum)　常綠小灌木；葉

質厚，倒披針形，互生；核果球形，先端尖長。產南部海濱，量稀少，台南、高雄、小琉球、澎湖及蘭嶼海濱公園偶而見之。觀賞。（圖607）

40.山蘿蔔目　DIPSACALES

本目之成木本者，僅忍冬科一科，特徵請詳科。

(123) 忍冬科　CAPRIFOLIACEAE (Honeysuckle Family)

直立或攀緣灌木，稀爲草本；葉對生，單葉，深裂或爲羽狀複葉，托葉不存，或有之亦頗小；花兩性，雙出或成聚繖狀圓錐花序；萼3～5裂或作齒狀；花冠筒狀或輻狀，整齊5裂或成2唇，裂瓣在花蕾作覆瓦狀排列；花藥2室，縱裂；子房下位，2～5室，每室有胚珠1至多數，花柱長、短不一，柱頭2～5裂；果多爲漿果或核果；種子有胚乳與小胚。全球有15屬，400種。本科在台灣之爲木本者有5屬，其檢索如下。

屬之檢索

A 1.　葉爲奇數羽狀複葉，花序具橙色密槽多數……………………………
　　　……………………………………………… 4. 冇骨消屬　*Sambucus*

A 2.　葉爲單葉；花序與上述者不同。

　B 1.　藤本或稀呈小灌木；花冠通常具2唇，雄蕊5………………………
　　　　………………………………………………… 3. 忍冬屬　*Lonicera*

　B 2.　喬木或灌木；花冠作放射對稱，雄蕊5或4。

　　C 1.　葉小形，長1～2公分，寬0.5～1.2公分；花柱頗長。

　　　D 1.　植物爲落葉性；莖被短毛；葉緣具鋸齒；萼片呈篦形，花後增大，冠筒外部被毛，雄蕊抽出花外………………………
　　　　　………………………………………… 1. 糯米條屬　*Abelia*

　　　D 2.　植物爲常綠性；莖平滑；葉全緣；萼片具不整齊之齒牙，花後不增大，冠筒外部平滑，雄蕊隱在花內………………………
　　　　　………………………………………… 2. 黃臭木屬　*Coprosma*

　　C 2.　葉大形，長2～15公分，寬1.5～7公分；花柱頗短………………
　　　　………………………………………………… 5. 莢蒾屬　*Viburnum*

1. 糯米條屬　ABELIA R. Br.

台灣糯米條 Abelia chinensis R. Br. var. ionandra (Hay.) Masam. (*A. ionandra* Hay.) (Taiwan abelia)　落葉灌木，花成對或作三叉狀，在枝頂形成聚繖花序。產基隆島、蘇澳、和平、太魯閣及台東。分佈琉球。觀賞，台北庭園每用做生籬。（圖608）

2. 糞臭木屬　COPROSMA Forst.

糞臭木　Coprosma kawakamii Hay. (Kawakami honeysuckle)　常綠小灌木，小枝方形，平滑；葉對生而群集枝端。產中央山脈之最高處，如玉山或合歡山，海拔 3,000〜3,900 公尺之處，量稀少。觀賞。（圖609）

3. 忍冬屬　LONICERA Linn.

種之檢索

A 1.　葉背密生柔毛。

　B 1.　葉兩面均被毛，橢圓形，先端短銳，基鈍至圓。

　　C 1.　藤本；葉厚紙質，長 3〜8 公分，寬 2〜3 公分，側脈 5〜6 對；總花梗長 0.5〜0.6 公分，冠筒長 2 公分……………………………………………(3)毛金銀花　　 *L. japonica*

　　C 2.　直立灌木；葉革質，長 2.5 公分，寬 1.5 公分，側脈 3〜4 對；總花梗長 1 公分，冠筒 0.7 公分……………………………………(4)追分金銀花　　 *L. oiwakensis*

　B 2.　葉惟背面被毛且具紅腺體，卵狀長橢圓形，先端漸尖………………………………(2)紅星金銀花　　 *L. hypoglauca*

A 2.　葉背平滑或近於平滑………………………(1)禿葉金銀花　　 *L. acuminata*

(1)　禿葉金銀花　Lonicera acuminata Wall. (*L. henryi* Hemsl., *L. transarisanensis* Hay.) (Alishan honeysuckle)　另稱阿里山忍冬。常綠藤本，葉長橢圓狀披針形；漿果卵形，熟變碧黑。產中央山脈之針、潤葉樹混淆林內，海拔在 2,000〜3,000 公尺之處。分佈我國至印度東部。花供藥用，有解熱利尿之效。

(2)　紅星金銀花　Lonicera hypoglauca Miq. (Red-spotted honeysuckle)

圖 608　糯米條 Abelia chinensis R. Br. var.
ionandra (Hay.) Masam.

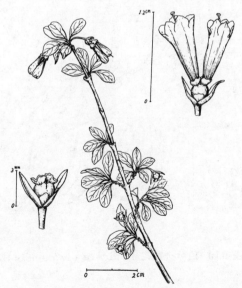

圖 609　糞臭木 Coprosma kawakamii Hay.

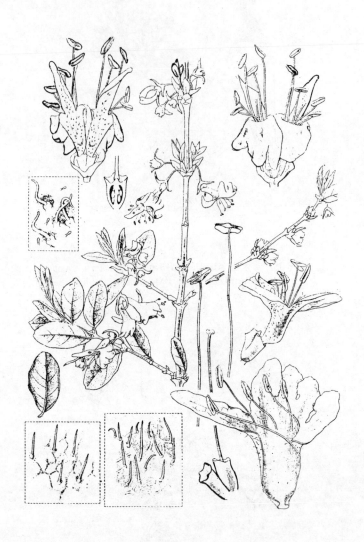

圖 610　追分金銀花 Lonicera oiwakensis Hay.

蔓性灌木；葉卵狀長橢圓形，背面粉白且佈紅腺點；漿果球形
，熟變黑色。產北、中部之平野及山麓。分佈我國、日本及琉
球。花供藥用。

（3） 毛金銀花 Lonicera japonica Thunb. var. sempervillosa Hay. (Downy honeysuckle) 常綠藤本；葉卵形至橢圓形；漿果球形，色黑。產北部低海拔之濶葉樹林內。花供藥用。(圖610)

（4） 追分金銀花 Lonicera oiwakensis Hay. (Tsuifen honeysuckle) 小灌木；葉革質，橢圓形，先端鈍或微凹。產中央山脈，如霧社或阿里山等地。觀賞。(圖610)

4．冇骨消屬 SAMBUCUS Linn.

圖 611 冇骨消 Sambucus formosana Nak.

冇骨消 Sambucus formosana Nak. (*Ebulus formosana* Nak. , *Sambucus formosana* Nak. var. *arborescens* Kaneh. et Sasaki) (Taiwan elder berry) 常綠小灌木，奇數羽狀複葉；核果漿質，熟呈黃紅色。產全省山麓至海拔

1，600公尺之處。分佈琉球及小笠原群島。民間藥草，有消除皮膚腫毒之效。（圖611）

5．莢蒾屬 VIBURNUM Linn.

種之檢索

A 1.　葉全緣、近於全緣或具疏細鋸齒，平滑或近於平滑。

  B 1.　葉革質，橢圓形，先端銳、鈍或圓⋯⋯⋯⋯⋯⋯⋯⋯⋯⋯⋯⋯⋯⋯⋯⋯⋯⋯⋯⋯⋯⋯⋯⋯⋯⋯⋯⋯⋯⋯⋯⋯⋯⋯⋯⋯(4)珊瑚樹　　*V. odoratissimum*

  B 2.　葉厚紙質至紙質，卵狀橢圓形至披針形，先端漸尖。

    C 1.　葉紙質，第 1 側脈羽狀，先端尾狀漸尖⋯⋯⋯⋯⋯⋯⋯⋯⋯⋯⋯⋯⋯⋯（ 2 a ）玉山糯米樹　　*V. foetidum* var. *integrifolium*

    C 2.　葉厚紙質，基部具顯明之主脈 3 條，先端呈短漸尖⋯⋯⋯⋯⋯⋯⋯⋯⋯⋯⋯⋯⋯⋯⋯⋯⋯⋯⋯⋯⋯⋯⋯(6)高山莢蒾　　*V. propinquum*

A 2.　葉緣具鋸齒，顯明或否，被毛或平滑。

  B 1.　葉小形，長在 2.8 公分以下⋯⋯⋯⋯⋯(5)小葉莢蒾　　*V. parvifolium*

  B 2.　葉中等、大形，長在 3 公分以上。

    C 1.　葉僅上部具 2～3 疏鈍鋸齒⋯⋯⋯⋯⋯⋯⋯⋯⋯⋯⋯⋯⋯⋯⋯⋯（ 2 b ）卵葉糯米樹　*V. foetidum* var. *rectangulatum*

    C 2.　葉上、中部或全部均具多數淺或銳鋸齒，或全部具多數細鋸齒。

      D 1.　葉上、中部或全部均具多數淺或銳鋸齒。

        E 1.　小枝密生黃茶色之毛，葉背被密毛。

          F 1.　葉濶卵、菱狀橢圓或長橢圓形，先端銳尖，寬 2.5～3.5 公分⋯⋯⋯⋯⋯⋯⋯⋯⋯⋯⋯⋯⋯⋯⋯⋯⋯⋯⋯（ 3 a ）菲律賓紅子仔　*V. luzonicum* var. *luzonicum*

          F 2.　葉卵狀長橢圓形，先端尾狀漸尖，寬 1.2～2.2 公分⋯⋯⋯⋯⋯⋯⋯⋯（ 3 b ）松田氏紅子仔　*V. luzonicum* var. *matsudai*

        E 2.　小枝被疏毛或近於平滑；葉背僅中肋及脈被毛，其他稍具疏毛或近乎平滑。

          F 1.　葉長卵形，基部圓至鈍圓，長 5～13 公分，寬 3.5～7 公分⋯⋯⋯⋯⋯⋯⋯⋯⋯⋯⋯⋯⋯⋯⋯⋯⋯⋯⋯⋯⋯⋯⋯⋯⋯（ 3 cl ）

　　　　　紅子仔　*V. luzonicum* var. *formosanum* forma *formosanum*

　F 2.　葉濶卵形，基部圓至心形，長 6～9 公分，寬 3.5～6

　　　　　···（3ｃ2）濶

　　　　　葉紅子仔 *V. luzonicum* var. *formosanum* forma *subglabrum*

D 2.　葉全部具多數細鋸齒。

　E 1.　葉心形···························⑴假繡球　　*V. cordifolium*

　E 2.　葉長橢圓形至長橢圓狀披針形。

　　F 1.　葉厚紙質，稍堅硬，先端鈍與漸尖兼之，葉柄長 0.8～

　　　　　1 公分；雄蕊隱在花內或稍露出·····················

　　　　　··················⑺台東莢蒾　　*V. taitoense*

　　F 2.　葉薄紙質，軟柔，先端漸尖，葉柄長約 2 公分；雄蕊抽

　　　　　出花外頗長·············⑻台灣莢蒾　　*V. taiwanianum*

（1）　假繡球 **Viburnum cordifolium** Wall. (*V. melanophyllum* Hay.) (Round-
　　　　leaf viburnum) 落葉灌木；葉基心狀，側脈 6～7 對；核果色黑
　　　　。產中央山脈高地。我國。觀賞。

（2a ）玉山糯米樹 **Viburnum foetidum** Wall. var. **integrifolium** Kaneh. et
　　　　Hatus. (Narrow-leaf fetid viburnum)　小灌木；葉長橢圓狀披針形，
　　　　側脈 4～6 對；核果光滑。產中央山脈之濶葉樹林內。觀賞。

（2b ）卵葉糯米樹　**Viburnum foetidum** Wall. var. **rectangulatum** (Graebn.)
　　　　Rehd. (Egg-leaf fetid viburnum)　　小灌木，枝懸垂，具星狀毛；核
　　　　果色紅。產中央山脈中、高海拔之濶葉樹林內。分佈我國。觀
　　　　賞。

（3a ）菲律賓紅子仔 **Viburnum luzonicum** Rolfe var. **luzonicum** (Philippine
　　　　viburnum)　　落葉灌木；葉卵形，密被黃褐之毛，背面亦具密
　　　　星狀絨毛；核果色紅。產平地至山麓。分佈菲律賓。觀賞。

（3b ）松田氏紅子仔 **Viburnum luzonicum** Rolfe var. **matsudai**　(Hay.)
　　　　Liu　et　Liao　(*V. villosifolium* Hay.) (Matsuda's　Philippine viburnum)
　　　　灌木，葉卵狀長橢圓形，長 4～5 公分，寬 1·5～2.2公分，

先端尾狀漸尖，基部鈍或圓，緣粗鋸齒，葉柄長0.2～0.3公分；核果長橢圓形，長0.6公分，寬0.4公分。產新店龜山、大溪拉拉山。觀賞。（圖612）

（3cl）紅子仔　**Viburnum luzonicum** Rolfe var. **formosanum** (Hance) Rehd. forma **formosanum**(*V. morrisonense* Hay., *V. mushaense* Hay., *V. luzonicum* Rolfe forma *oblongum* Suzuki ex Masam.) (Taiwan Philippine viburnum)

落葉灌木，葉卵狀長橢圓形，長5～13公分，寬3.5～7公分。產平地至山麓。分佈我國。觀賞。

圖 **612** 松田氏紅子仔 Viburnum luzonicum Rolfe var. matsudai (Hay.) Liu et Liao

圖 **613** 潤葉紅子仔Viburnum luzonicum Rolfe var. formosanum (Hance) Rehd. forma subglabrum (Hay.) Kaneh. et Sasak.

（3c2）潤葉紅子仔 **Viburnum luzonicum** Rolfe var. **formosanum** (Hance) Rehd. forma **subglabrum** (Hay.) Kaneh. et Sasak. (*V. subglabrum* Hay., *V. taihasense* Hay.) (Smooth Philippine viburnum)　灌木；葉潤卵形，基部圓至心形，長6～9公分，寬3.5～6公分，葉柄0.5公分；花瓣5裂，雄蕊5。產北部低海拔，如大屯山及礁溪等，以

及中央山脈高海拔，如大覇尖山、玉山及合歡山等地區，分佈
最高可達海拔 3,000　公尺之處。觀賞。〔圖613〕

（4）　珊瑚樹 **Viburnum　odoratissimum**　Ker. ex　Maxim. (*V. arboricolum*
Hay.) (Sweet viburnum)　常綠小喬木；葉橢圓形，先端銳、鈍至
圓。產中央山脈之中、高地，思源啞口、溪頭鳳凰山，另恒春
半島南仁山，爲較尤多；台北植物園且有栽培。分佈我國、韓
國、日本及琉球。低級用材。

（5）　小葉莢蒾　**Viburnum parvifolium** Hay.(Small-feaf viburnum)　落葉
小灌木；葉小，長不及 2 公分。產中央山脈高地，如玉山、大
雪山及南湖大山等高山。觀賞。

（6）　高山莢蒾　**Viburnum propinquum** Hemsl.(Mountain viburnum)　常
綠灌木；葉具顯明之主脈 3 條，乾時呈茶褐色。產中央山脈高
地之森林內，花蓮淸水山亦見之。分佈我國。觀賞。

（7）　台東莢蒾　**Viburnum taitoense** Hay. (Taitung viburnum)　常綠灌木
，葉緣具芒尖狀鋸齒。產中央山脈高地之森林內，花蓮淸水山
、台東亦有之。觀賞。

（8）　台灣莢蒾　**Viburnum taiwanianum** Hay. (Taiwan viburnum)　落葉
小灌木；葉長橢圓狀披針形，長可達 15　公分。產中央山脈高
地。觀賞。

41. 桔梗目 CAMPANULALES

多爲草本，少數成小灌木；花 5 數兼作 5 裂；花藥通常合生；子
房下位，具中軸胎座而有多數胚珠；種子有胚乳，種皮 1 層。本目之
成本者 1 科，如下。

（124）草海桐科 GOODENIACEAE (Goodenia Family)

草本與小灌木；葉單一，有時全爲根生，托葉不存；花不整齊；
萼管狀，與子房連生；花冠合瓣，每向一側開裂，2～1 唇；雄蕊 5
，花藥分離或沿花柱互相會合，內向，花粉在花前每聚積於花柱頂端
而呈膜狀之盃內，以供昆蟲傳粉；子房下位或半下位，1～2 室；果

爲蒴果，在草海桐屬爲核果；種子有胚乳及直胚。本科台灣產者1屬1種。

草海桐 Scaevola frutescens (Mill.) Krause (*Lobelia frutescens* Mill.)(Scaevola)常綠灌木，葉互生而叢集枝頂，倒卵形或箆形，長 7～12 公分。產沿海之海濱砂地，台北植物園及北港防風林工作站，均有栽培。分佈日本九州、琉球、太平洋諸島、馬達加斯加及澳洲等地。防風定砂，亦植爲觀賞。（圖614）

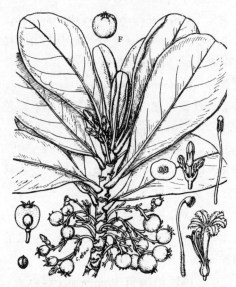

圖 614　草海桐 Scaevola frutescens (Mill.) Krause

Ⅶ. 單子葉植物綱 CLASS II. MONOCOTYLEDONEAE

(Single cotyledon plants)

42. 百合目 LILIFLORAE

花各部之數，爲標準之3或其倍數；花被2輪，通常分化爲蕚與花冠；雄蕊3～6；子房由3心皮構成，種子有胚乳。本目之有木本者，僅有龍舌蘭科一科。

(125) 龍舌蘭科 AGAVACEAE (Agave Family)

　　灌木，莖長；葉具纖維，線狀披針形，肉厚，叢生，全緣或具刺齒；花通常呈圓錐或總狀花序，有時形成一大密束花序，兩性或單性而異株，整齊或否；花梗每附隨苞片；花被筒短或長，裂片相等或否；雄蕊6，生於冠筒或裂片基部，花絲絲狀或向下漸變粗厚，分離，花藥線形，通常背生，內向；子房上位或下位，3室，具中軸胎座，花柱軟柔而細長，胚珠每室1～多數，作2列重疊排列；漿果或蒴果而爲胞背開裂；種子1～多數，胚乳肉質，圍繞小胚。全球有19屬500種，部分被置於百合或石蒜科，分佈於暖溫地區。葉爲重要纖維原料。台灣栽培者6屬，其檢索如下。

屬之檢索

A 1.　子房下位。

　B 1.　雄蕊長於花被，花柱絲狀 ⋯⋯⋯⋯⋯⋯ 1.龍舌蘭屬　　*Agave*

　B 2.　雄蕊短於花被，花柱中部以下肥厚⋯⋯⋯⋯⋯⋯⋯⋯⋯⋯

　　　　⋯⋯⋯⋯⋯⋯⋯⋯⋯⋯⋯⋯⋯ 4.白花龍舌蘭屬　　*Furcraea*

A 2.　子房上位。

　B 1.　花被裂片分離，形大，長2.5～10公分⋯⋯⋯⋯⋯⋯⋯

　　　　⋯⋯⋯⋯⋯⋯⋯⋯⋯⋯⋯⋯ 6.王蘭屬　　*Yucca*

　B 2.　花被裂片基部合生，形小，長0.6～2.5公分。

　　C 1.　胚珠多數 ⋯⋯⋯⋯⋯⋯⋯⋯⋯ 2.朱蕉屬　　*Cordyline*

　　C 2.　胚珠單一。

　　　D 1.　有木質之莖，葉展開 ⋯⋯⋯⋯ 3.虎斑木屬　　*Dracaena*

　　　D 2.　無莖或具極短之莖，葉直立 ⋯⋯ 5.虎尾蘭屬　*Sansevieria*

1.　龍舌蘭屬 AGAVE Linn.

種之檢索

A 1.　葉長1～2公尺，寬15～20公分，表面深綠而帶粉白，邊緣具明顯

之刺齒……………………………………………⑴龍舌蘭　*A. americana*

A 2.　葉長 0.4～1 公尺，寬 7～8 公分，表面深綠或綠色，稍帶粉白，
　　　邊緣幾無或具明顯而呈茶褐色之刺。

　B 1.　葉長約 1 公尺，邊緣幾無刺，或僅基部具不明顯之刺…………
　　　　………………………………………………⑶瓊麻　*A. sisalana*

　B 2.　葉長 0.4～0.6 公尺，邊緣具茶褐色之刺並具黃白之帶………
　　　　……………………………⑵白邊龍舌蘭　*A. angustifolia* var. *marginata*

（1）　龍舌蘭　**Agave americana** Linn. (Century plant)　葉自根際簇生；
　　　花序長 6～12 公尺，黃綠色。栽培於全島平地各處。熱帶美
　　　洲（墨西哥）原產。觀賞之外，自葉採取纖維。（圖615 ）

圖 **615**　龍舌蘭 Agave americana Linn.

（2）　白邊龍舌蘭 **Agave angustifolia** Haw. var. **marginata** Trel. (White-margined century plant)　　多肉質物，幹高可達 45 公分；葉叢生，長可達 60 公分，葉緣具黃白帶條。栽培全島平地各處。南美原產。纖維原料兼供觀賞。（圖616）

圖 **616**　白邊龍舌蘭 Agave angustifolia Haw. var. marginata Trel.

（3）　瓊麻 **Agave　sisalana** Per. (Sisal hemp)　　多肉植物，幹高 20～100公分；葉叢生，深綠色，長 1.1～1.8公尺，頂具黑尖刺，邊緣通常無刺；幼苗每在花序上成長。栽培，南部枋寮以南之恒春半島，自海濱至山麓地區，有大面積之栽植，台灣大學校園內亦有之。南美原產。台灣主要纖維原料植物。（圖617）

　　2．朱蕉屬 **CORDYLINE** Comm.

圖 617 瓊麻 Agave sisalana Per.

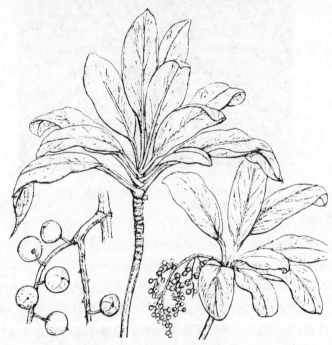

圖 618 朱蕉 Cordyline terminalis (Linn.) Kunth

朱蕉　Cordyline terminalis (Linn.) Kunth (*Asparagus terminalis* Linn.) (Common dracaena)　　常綠灌木；葉互生而群集莖頂；花被6，雄蕊6，子房3室，各具胚珠數粒；漿果球形，徑約1公分，熟時色紅。栽培於全島各地。我國南部、印度東部、麻六甲及澳洲北部。觀賞，插條易於繁殖。（圖618）

3. 虎斑木屬　DRACAENA　Linn.

種之檢索

A 1.　葉全部色綠。

　B 1.　莖細小；葉長35～45公分，寬2.4～4公分⋯⋯⋯⋯⋯⋯⋯⋯⋯⋯⋯⋯⋯⋯⋯⋯⋯⋯⋯⋯⋯⋯⋯⋯⋯⋯⋯ (1)番仔林投　*D. angustifolia*

　B 2.　莖粗大；葉長30～90公分，寬5.7～10公分⋯⋯⋯⋯⋯⋯⋯⋯⋯⋯⋯⋯⋯⋯⋯⋯⋯⋯⋯⋯⋯⋯⋯⋯⋯(2)虎斑木　*D. fragrans*

A 2.　葉緣具黃或白帶。

　B 1.　葉長30～90公分，寬5.7～10公分，邊緣具黃帶，葉柄較短⋯⋯⋯⋯⋯⋯⋯⋯⋯⋯⋯⋯⋯(3)黃邊虎斑木　　*D. fragrans 'Victoriae'*

　B 2.　葉長13～23公分，寬1.8～3.2公分，邊緣具白帶，葉柄長7.5～10公分⋯⋯⋯⋯⋯⋯⋯⋯⋯⋯(4)白邊虎斑木　*D. sanderiana*

（1）　番仔林投　Dracaena angustifolia Roxb. (Narrow-leaf dracaena)　常綠灌木，徑爲0.6～1.4公分；葉無柄，基部作鞘狀，全緣，長35～45公分，寬2.5～4公分；花成圓錐花序，花被綠白色，雄蕊6，子房3室，各具胚珠1粒；漿果橙黃，徑1.5公分。產南部山麓叢林內，如恒春半島、墾丁公園及鵝鑾鼻等地尤多見之，蘭嶼亦可見到。分佈菲律賓、馬來西亞、印度及澳洲。觀賞。

（2）　虎斑木　Dracaena fragrans Ker (Dracaena)　小喬木；葉叢生；花成圓錐花序，全長約30公分。栽培於全省平地。幾內亞（Guinea　）原產。觀賞。

圖 619 黃邊虎斑木 Dracaena fragrans Ker 'Victoriae'

圖 620 白邊虎斑木 Dracaena
sanderiana Sander

圖 621 白花龍舌蘭 Furcraea
gigantea Vent.

（3）　黃邊虎斑木　Dracaena fragrans Ker 'Victoriae' (Victoria dracaena)
　　　與原種頗類似，異點僅在其葉緣具黃帶。栽培於全省平地。觀
　　　賞。（圖619）

（4）　白邊虎斑木　Dracaena sanderiana Sander (Sander dracaena)　　灌木
　　　；葉緣具白帶。栽培於全省各地。原產喀麥隆（　Cameroun　）
　　　。觀賞。（圖620）

4.　白花龍舌蘭屬　FURCRAEA Vent.

白花龍舌蘭　Furcraea gigantea Vent. (Mauritius hemp)　　多肉植物；葉
叢生，綠色，先端及邊緣具刺。栽培。墾丁公園及埔里北坑。模里斯
島（　Mauritius　）。（圖621）

5.　虎尾蘭屬　SANSEVIERIA Thunb.

種之檢索

A 1.　葉圓柱形······································(1)筒葉虎尾蘭　　*S. cylindrica*
A 2.　葉倒披針形，扁平。
　B 1.　葉綠色·····························(2)非洲虎尾蘭　　*S. thyrsiflora*
　B 2.　葉深綠色。
　　C 1.　葉緣無黃帶 ··········（3a）虎尾蘭　*S. trifasciata* var. *trifasciata*
　　C 2.　葉緣具黃帶 ······（3b）黃邊虎尾蘭　*S. trifasciata* var. *laurentii*

（1）　筒葉虎尾蘭 Sanservieria cylindrica Boj.(Cylindric-leaf bowstring hemp
　　　)　葉呈肉質圓筒形，外具 5 稜。見之於台灣大學植物學系及
　　　總圖書館。熱帶非洲原產。盆栽。（圖622）

（2）　非洲虎尾蘭 Sanservieria thyrsiflora Thunb. (*S. guineensis* Willd.) (Afri-
　　　can bowstring hemp) 另稱大葉虎尾蘭。葉扁平，綠色，長 30～
　　　45公分，寬 8～9公分。栽培，盆栽。非洲西部幾內亞(Guinea
　　　)原產。觀葉植物。

（3a）虎尾蘭 Sanservieria trifasciata Prain var. **trifasciata** (*S. zeylanica* auct.
non Willd.) (Bowstring hemp)葉扁平，深綠色。非洲西部原產。觀葉，

亦植作生籬。

（3b）黃邊虎尾蘭 Sanservieria trifasciata Prain var. **laurentii** N. E. Br. (*S.zey-lanica* Willd. var. *laurentii* Hort.) (Golden stripe bowstring hemp)　葉扁平，深綠色，邊緣具黃帶。栽培，全島普遍。非洲西部，剛果原產。觀賞、生籬。

圖 **622**　筒葉虎尾蘭 Sanservieria cylindrica Boj.

6.　王蘭屬　YUCCA Linn.

種之檢索

A 1.　葉稍斜昇。

　B 1.　果具厚肉，下垂性；種子厚，胚乳具多數凹點⋯⋯⋯⋯⋯⋯⋯⋯⋯⋯

………………………………………………………(1)金棒王蘭　*Y. aloifolia*

B 2.　果具薄肉，直立或展開性；種子薄，胚乳平滑……………………
…………………………………………………(2)刺葉王蘭　*Y. gloriosa*

A 2.　葉作下垂狀，果亦下垂…………………(3)垂葉王蘭　*Y. recurvifolia*

(1)　金棒王蘭　**Yucca aloifolia**
Linn. (Spanish bayonet) 幹高 1
公尺，葉長 45～75公分，
寬 6 公分。栽培，全省各地
均見之。原產印度及墨西哥
。觀賞。（圖623）

(2)　刺葉王蘭　**Yucca gloriosa**
Linn. (Spanish dagger) 樹高 2.6
公尺；葉長 60～75公分，
寬 5 公分；果呈蘋果狀而不
裂開，外具 6 稜角，長 5～
6.3公分。栽培，全省各地
均見之。美國北至南部。觀賞。

圖 **623**　金棒王蘭 Yucca
aloifolia Linn.

(3)　垂葉王蘭　**Yucca recurvifolia** Salisb. (Curve-leaf bayonet)　灌木；
葉下垂，寬 4.5公分。各地均有栽培。北美原產。觀賞。

43. 鴨跖草目　COMMELINALES

葉具閉鎖之葉鞘；花被 2 層，外側者色綠而作萼狀，內側 3 片有
瓣柄；雄蕊 6 或 3；子房爲合生心皮，上位，花柱 1；種子有成花盤
狀之硬塊胚乳 (embryostega)。本目之成木本者有鞭藤科 1 科。

(126) 鞭藤科　FLAGELLARIACEAE (Flagellaria Family)

莖直立或攀緣；葉長，先端每變爲卷鬚，葉鞘閉鎖；花兩性或單
性而異株，成頂生之圓錐花序；花被 6 片，2 輪；雄蕊 6，花絲分離
，花藥向內，縱裂；子房上位，3 室，胚珠 1，自中軸懸垂，花柱 3
裂；果肉質或核果狀；種子有胚乳及小胚。分佈舊世界熱帶與亞熱帶

地區。台灣產鞭藤1屬1種。

鞭藤屬 FLAGELLARIA Linn.

印度鞭藤 **Flagellaria indica** Linn. (Flagellaria) 蔓莖藉卷鬚纏繞而上昇；葉披針形，先端變爲卷鬚；花白色，成圓錐花序；果球形，熟變紅色。產南部平地海濱，如恒春半島及東部花蓮附近，另蘭嶼亦有之。分佈熱帶亞洲、非洲及熱帶澳洲。纖維及包裝用料。（圖624）

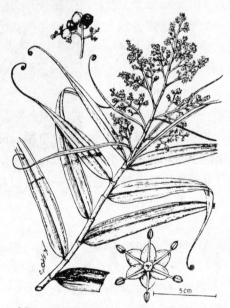

圖 624 印度鞭藤 Flagellaria indica Linn.

44. 禾本目 GLUMIFLORAE （GRAMINALES）

花極微小，通稱小花 (floret) ，着生於乾殼殼狀之苞片腋間，每與數空苞片排成小穗，無傳統之花被；雄蕊3～6；子房上位，由2～3心皮合成；果爲顆果或堅果；種子有豐富胚乳。本目之成木本者，僅禾本科中之竹亞科。

（127） 禾本科 **GRAMINEAE** (Grass Family)

　　草本，少有成灌木或喬木狀者，節　(node)　顯著；莖通稱稈(culm
)，有實心（如甘蔗、高粱等）與空心（如稻、麥及竹類）之別；
空心者在節處閉鎖；葉互生，作 2 列排列，有柄或否，由葉鞘 (sheath
)、葉舌 (ligule)　及葉片　(blade)　構成；葉鞘發達，擁抱莖稈，葉
片線形、披針形至長卵形，通常具平行脈，葉舌多呈膜質而透明，有
時由一列之毛所代表；花兩性或單性，因其構造與普通之花不同，通
稱小花　(floret)　；小花 1～多朵，在小穗軸　(rachilla)　上，生於排成
2 列之穀殼狀苞片　(bract)　之腋間，構成小穗（　spikelet　舊稱蕊花）
；小穗軸有關節或否，關節在穎之上方或下方；又小穗軸之下，尚附
有一顯露之軸柄 (pedicel)　，相當於普通花序之總梗　(peduncle)　；
小穗集成圓錐花序、穗狀花序，每一小穗之最下端，通常有空的苞片
2 枚，稱之爲穎（ 苞穎　　glume　），在最下者爲外穎（外苞穎 lower
or　first　glume　），在上部者爲內穎（內苞穎 upper or second
glume　）；又在穎之上方，即每一小花之下，有苞片 1 枚或更多，稱
爲稃（又稱護穎　lemmas　），稃普通僅有一枚或如有 2 或更多枚時
，則其最上端之一片，特名外稃，先端有芒或否，小花則自外稃腋間
抽出；在外稃之上者爲內稃（ 花穎　palea　），具脈 2 條；內稃之上
，在兩性花時，有 3～2 片膜質而帶透明之鱗被（　lodicule,　相當於
普通之花被）；雄蕊通常 3，稀有 1，2 或 6 者，露出花外，花藥 2
室，底生，成丁字形；雌蕊 1，子房上位，由 3 心皮構成，1 室 1 胚
珠，花柱作 2～3 分岐，具有羽狀或乳頭狀之柱頭；果實爲種子與果
皮連生之穎果　(caryopsis)　、稀爲堅果　(nut)　或漿果　(berry)　；
胚乳 (endosperm) 多澱粉，胚 (embryo) 小。全球約有 500 屬，9,000
種。本科分爲三亞科，其中僅竹亞科成木本。爲便於了解計，茲將竹
亞科與其他二亞科之分別點，製成檢索表於下。

亞科之檢索

　A 1.　稈木質，成爲喬木或灌木，普通均單一而不分岐；葉基收縮成圓形

，有關節，以與葉鞘連接；葉柄顯明；小穗由數小花構成，成熟後
自外、內穎脫落（因關節在穎之上方）；鱗被多爲3枚；花粉粒單
一‥‥‥‥‥‥‥‥‥‥‥‥‥‥‥‥‥‥‥①竹亞科　Bambusoideae

A 2.　稈爲草質，多年生或一年生，多年生者之稈基亦不爲木質；葉基通
　　　常無柄，且與葉鞘之間亦無關節；小穗由1～多數小花構成，鱗被
　　　多2片；花粉粒合成複塊。

　　B 1.　小穗由1～多數小花構成，孕性小花1朵或更多，至少其下部之
　　　　　小花爲孕性，不孕性小花位於小穗之更上部；成熟小穗自外、內
　　　　　穎分離而脫落（因關節在穎之上方）；小穗左右扁平‥‥‥‥‥
　　　　　‥‥‥‥‥‥‥‥‥‥‥‥‥‥‥‥‥②羊茅亞科　Festucoideae

　　B 2.　小穗由2花構成，下部小花爲非孕性或雄性，上部小花爲孕性；
　　　　　成熟小穗與外、內穎一齊脫落（因關節在穎之下方），小穗前後
　　　　　扁平‥‥‥‥‥‥‥‥‥‥‥‥‥‥‥③黍亞科 Panicoideae

竹亞科 BAMBUSOIDEAE (Bamboo Subfamily)

　　灌木或喬木，具木質而高長之稈，極稀爲多年生草本；葉片扁平
，除具多數縱脈之外，並常有橫脈，通常具葉柄，並有關節，俾使葉
柄與葉鞘連接；小穗兩性，2～多花，成熟之後，自宿存之外、內穎
分離而脫落，外稃具5～多脈，先端常無芒，鱗被多爲3枚，柱頭2
或3。

竹亞科營養器官之圖解

（1）　地下莖：竹類之地下莖，可區分爲如下4型。

　①　地下莖成長纖匐枝狀，稈合軸叢生 (Running rhizome with sym-
　　　podial culms) 成纖匐枝狀之地下莖，祇有頂芽而無側芽；又地
　　　下莖特長，全爲籜所包圍，當頂芽斜昇至地面時，即成爲筍，
　　　由筍而成稈後，再在其基底（稈柄）發出多數之稈及地下莖，
　　　因是稈即變成合軸而叢生。

　②　地下莖（稈柄）合軸叢生（合軸型 sympodial rhizocauls, Sympo-
　　　dial　type) 　　地下莖無芽，僅由稈柄處之芽，連續發筍而成稈
　　　，稈全體因而變成合軸叢生，即地下莖與稈合而爲一軸。

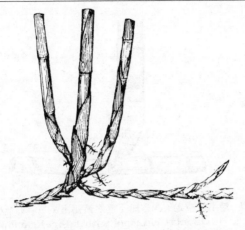

圖 625　地下莖成長纖匐枝狀，稈合軸叢生Running
rhizome with sympodial culms

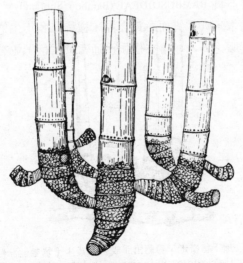

圖 626　地下莖（稈柄）合軸叢生（合軸型）Sympodial
rhizocauls, Sympodial type

③　地下莖橫走，稈自地下莖之節側出，單一而散生（單軸型
Horizontal rhizome with lateral monopodial culm, Monopodial type)

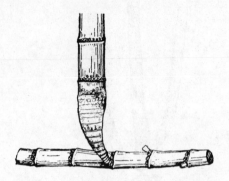

圖 627　地下莖橫走，稈自地下莖之節側出，單一而散生（單軸型）
Horizontal rhizome with lateral monopodial culm,
Monopodial type

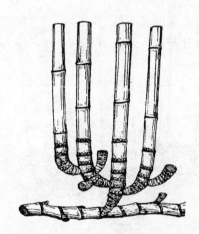

圖 628　地下莖橫走，稈側出而成合軸叢生（單軸性合軸型）
Horizontal rhizome with lateral sympodial
culms, Monopodial-sympodium or amphipo-
dial type

地下莖橫走，每節僅具側芽 1 枚，後抽出地面爲筍，稈因而單立，成爲散生，即地下莖各節不連續發芽，兩芽之間的各節，經常僅能發根，維持較長之距離。

④　地下莖橫走，稈側出而成合軸叢生（單軸性合軸型 Horizontal rhizome with lateral sympodial culms, Monopodial-sympodium or amphipodial type）　地下莖橫走，初年自側芽昇出爲筍，旋發育而成稈，此時稈單獨而散生。次年再由此稈柄處之芽連續發出多數之新稈，因而形成合軸叢生，即地下莖上之芽形成散生之稈，隨後，每一稈自其稈柄發生合軸之新稈，成爲叢生。

（2）　筍 (shoot)　　地下莖之頂芽或側芽，發育而上昇到地面時，即成爲筍。筍有春、秋兩型之別。一般春筍乃指自 3 月至 5 月止發出者。夏秋筍即爲自 6 月至 11 月止所形成者。筍之形、色因竹種而異，其構造顯著者，包括下面四部。

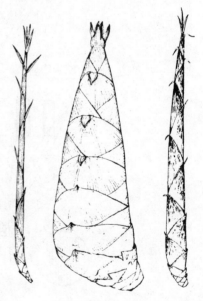

圖 **629**　筍 Shoot

①　籜 (Sheath, Vagina)　　籜俗稱筍殼，其大小、形態、構造，因種而大有差異，與附生於其上之籜葉、籜耳及籜舌等，共同爲竹類分類所不可缺少的標徵。

②　籜葉 (Sheath-blade)　　籜之頂端小片葉子，稱爲籜葉，有線形、披針形、三角形、卵形及濶三角形等，亦有不具籜葉者。

③　籜耳 (Sheath-auricle)　　着生在籜之先端，即籜葉基底兩側之耳狀小片，其上經常生有鬚毛。

④　籜舌 (Sheath-ligule)　　籜之先端與籜葉相接之處，有一片平頂

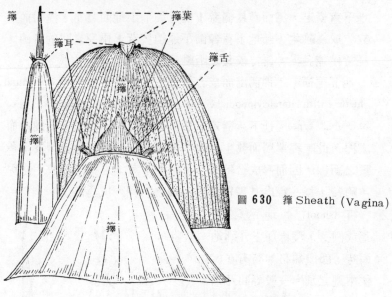

籜 Sheath (Vagina)　籜葉　籜耳　籜舌　籜

圖 **630**　籜 Sheath (Vagina)

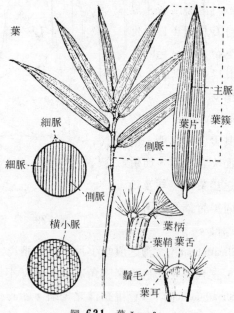

葉　細脈　細脈　側脈　橫小脈　主脈　葉片　葉簇　側脈　葉柄　葉鞘　葉舌　鬚毛　葉耳

圖 **631**　葉 Leaf

而呈舌狀之突起，稱爲葉舌，其頂緣每有鬚毛。

（3）　葉 (leaf)　　竹類之葉，每在小枝之先端，分左右兩行排列，形爲簇生。其形態，特別是其構造與籜頗相似，請詳上圖。

竹葉葉脈有兩種形態，一爲具完全平行之細脈者，另一爲在平行細脈之間，尚有橫細脈，使葉面呈格子（方眼）狀者 (transverse or tessellate veinlets) 均爲竹分類上之特點。

（4）　稈 (culm)　　竹類之莖，因有顯著的節與節間，節部閉塞，節間中空，所以特稱爲稈。稈節生有側芽，由芽發展成枝、葉及花，則與普通莖上長芽發展的情形無異。稈柄之形態與其能發生新稈與否，亦爲竹類分別之特徵。稈有直立稈及攀緣稈之分，直立稈再可分爲圓柱稈與方稈（方稈可以人力使其形成）等。

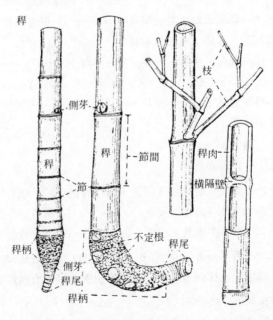

圖 632　稈 Culm

1. 根據營養器官之竹亞科各屬之檢索

A 1.　地下莖成纖匐枝狀或否，稈合軸叢生。

　B 1.　地下莖（稈柄）成纖匐枝狀。

　　C 1.　稈之節間長 36～70 公分；葉長 18～42 公分，側脈 8～15；籜表
　　　　面平滑，籜耳反卷，邊緣無毛……………… 7. 梨果竹屬 *Melocanna*

　　C 2.　稈之節間長 10～30 公分；葉長 4～23 公分，側脈 3～9；籜表
　　　　面被毛，籜耳直立，邊緣具毛。

　　　D 1.　稈徑 0.5～2 公分，葉之側脈 3～4 ………………………………
　　　　　……………………………… 16. 玉山箭竹屬　*Yushania*

　　　D 2.　稈徑 2～15 公分；葉之側脈 4～9。

　　　　E 1.　籜葉狹三角形；葉之側脈 8～9 ………………………………
　　　　　………………………… 3. 頭穗竹屬　*Cephalostachyum*

　　　　E 2.　籜葉線形；葉之側脈 4～6 ……8. 奧克蘭竹屬　*Ochlandra*

　B 2.　地下莖（稈柄）不成纖匐枝狀。

　　C 1.　稈籜永存，薄軟，籜耳、籜舌不顯著…………………………
　　　　　…………………………… 15. 廉序竹屬　*Thyrsostachys*

　　C 2.　稈籜脫落，革質，籜耳、籜舌通常顯著，稀有不顯著者（如莎
　　　　簕竹屬）。

　　　D 1.　籜舌顯著。

　　　　E 1.　籜耳顯著。

　　　　　F 1.　葉耳幼時通常顯著，老則脫落 … 2. 刺竹屬　*Bambusa*

　　　　　F 2.　葉耳通常不顯著 …………… 5. 慈竹屬　*Dendrocalamus*

　　　　E 2.　籜耳不顯著，細小 …………… 6. 巨草竹屬　*Gigantochloa*

　　　D 2.　籜舌不顯著，細小………… 11. 莎簕竹屬　*Schizostachyum*

A 2.　地下莖橫走，稈側出，單一而散生或次年再成合軸叢生。

　B 1.　稈永久單一而散生。

　　C 1.　稈之每節有小枝 2～5，叢生，葉緣兩邊具刺狀毛，籜葉線狀
　　　　披針形或缺如 ……………… 4. 寒竹屬　*Chimonobambusa*

C 2. 稈之每節僅有小枝 2，但稈之下部屢僅有 1 小枝者；葉緣一邊
具刺狀毛，另一邊疏生或全緣；籜葉鑿形至線狀披針形⋯⋯⋯
⋯⋯⋯⋯⋯⋯⋯⋯⋯⋯⋯⋯⋯ 9. 孟宗竹屬 *Phyllostachys*

B 2. 稈初年單一而散生，如同上述者，次年以後，再成合軸叢生。

C 1. 稈之每節小枝通常 1（梢部 2～3）或 1～2。

D 1. 稈之節間長 12～36 公分⋯⋯⋯⋯⋯⋯ 10. 箭竹屬 *Pseudosasa*

D 2. 稈之節間長 1～3 公分⋯⋯⋯⋯⋯⋯⋯⋯⋯
⋯⋯⋯⋯⋯⋯⋯⋯⋯⋯（1-1）稚子竹 *Arundinaria variegata*

C 2. 稈之每節有小枝 2～9 或更多。

D 1. 籜耳顯著⋯⋯⋯⋯⋯⋯⋯⋯⋯⋯⋯ 14. 唐竹屬 *Sinobambusa*

D 2. 籜耳不顯著。

E 1. 葉一簇 1（屢 2～3）；稈籜薄紙質⋯⋯⋯⋯⋯⋯
⋯⋯⋯⋯⋯⋯⋯⋯⋯⋯⋯⋯ 13. 崗姬竹屬 *Shibataea*

E 2. 葉一簇 3～13；稈籜革質至紙質。

F 1. 葉鞘平滑 ⋯⋯⋯⋯⋯⋯⋯⋯ 1. 青籬竹屬 *Arundinaria*

F 2. 葉鞘基部具微毛⋯⋯⋯ 12. 業平竹屬 *Semiarundinaria*

2. 根據生殖器官之竹亞科各屬之檢索

A 1. 雄蕊 3。

B 1. 花頂生。

C 1. 柱頭 2（罕為 3）⋯⋯⋯⋯⋯⋯⋯⋯ 16. 玉山箭竹屬 *Yushania*

C 2. 柱頭 3。

D 1. 內稃先端二叉，子房具維管束 2～3⋯⋯⋯⋯⋯⋯⋯
⋯⋯⋯⋯⋯⋯⋯⋯⋯⋯⋯⋯ 1. 青籬竹屬 *Arundinaria*

D 2. 內稃先端無叉，子房具維管束 4⋯⋯⋯ 10. 箭竹屬 *Pseudosasa*

B 2. 花側生。

C 1. 花柱長。

D 1. 稃（護穎）1～3，柱頭與鱗被各 3（但屢有 2），小穗含
小花 1～4，鱗被形態不一 ⋯⋯ 9. 孟宗竹屬 *Phyllostachys*

D 2. 稃（護穎）2，柱頭與鱗被各 3。

　　E 1. 一小穗含有小花 3 ～ 4；鱗被倒披針形………………

　　　　…………………………12. 業平竹屬　*Semiarundinaria*

　　E 2. 一小穗含有小花 2；鱗被倒卵形…………………………

　　　　…………………………13. 崗姬竹屬　*Shibataea*

　C 2. 花柱頭。

　　D 1. 柱頭 2………………………… 4. 寒竹屬　*Chimonobambusa*

　　D 2. 柱頭 3………………………… 14. 唐竹屬　*Sinobambusa*

A 2. 雄蕊 6（稀有 5 ～ 7 者）。

　B 1. 一小穗僅具 1 小花。

　C 1. 稃（護穎）2 ～ 3，內稃具龍骨線，柱頭 2 ～ 3…………

　　　　…………………………3. 頭穗竹屬　*Cephalostachyum*

　C 2. 稃（護穎）2 ～ 5，內稃不具龍骨線，柱頭 3……………

　　　　…………………………8. 奧克蘭竹屬　*Ochlandra*

　B 2. 一小穗通常具 2 ～ 8 小花，但極稀具 1 小花者（如黃金莎簕竹 1

　　　　～ 2）。

　C 1. 花柱短，鱗被 3 ………………………2. 刺竹屬　*Bambusa*

　C 2. 花柱長，鱗被 0、2 或 3（偶有 1 ～ 2）

　　D 1. 柱頭 1。

　　　E 1. 稃（護穎）2 ～ 3，外稃卵狀橢圓形，鱗被 0…………

　　　　　…………………………6. 巨草竹屬　*Gigantochloa*

　　　E 2. 稃（護穎）2 ～ 多數，外稃濶卵形，鱗被 0（偶有 1 ～ 2

　　　　　）…………………………5. 慈竹屬　*Dendrocalamus*

　　D 2. 柱頭 1 ～ 3，2 ～ 4 或 3。

　　　E 1. 雄蕊 6，柱頭 1 ～ 3 或 3，鱗被 0、3（1 ～ 2）。

　　　　F 1. 外稃與內稃稍同長，內稃頂端之二叉顯明，具龍骨線，

　　　　　　柱頭 1 ～ 3，鱗被 0（1 ～ 2）…………………

　　　　　　…………………………15. 廉序竹屬　*Thyrsostachys*

　　　　F 2. 外稃小於內稃，內稃頂端之二叉不顯明，不具龍骨線，

　　　　　　柱頭 3，鱗被 3（0）…………………………

　　　　　　…………………………11. 莎簕竹屬　*Schizostachyum*

E 2. 雄蕊 5 ～ 7 ，柱頭 2 ～ 4 ，鱗被 2···

·· 7. 梨果竹屬　*Melocanna*

1. 青籬竹屬　**ARUNDINARIA** Michx.

種之檢索

A 1. 稈高 1 ～ 7 公尺，節間長 8 ～ 30公分，每節小枝 2 ～ 9 ；稈籜綠色
或綠色而帶淡紫暈，籜葉線形，籜耳無毛；葉綠色。

 B 1. 稃（護穎）之縱脈 3 ··························(3)琉球矢竹　*A. linearis*

 B 2. 稃（護穎）之縱脈 5 ～ 11 。

  C 1. 子房具維管束 2 ··························(2)刑氏苦竹　*A. hindsii*

  C 2. 子房具維管束 3 。

   D 1. 果紡錘形，長 0.7 ～ 0.8 公分，褐色·······················

··(1)大明竹　*A. graminea*

   D 2. 果圓筒狀橢圓形，長 1.2 ～ 1.3 公分，暗褐色·············

··(4)空心苦竹　*A. simonii*

A 2. 稈高 0.3 ～ 1.2 公分，節間長 1 ～ 3 公分，每節之小枝 1 （有時 2
），稈籜乳白色而具綠條紋，籜葉披針形，籜耳具長毛；葉屢具黃
白縱條紋··································(5)稚子竹（縞竹）　*A. variegata*

（1）　大明竹 **Arundinaria graminea** (Bean) Mak. (*A. hindsii* Munro var. grami-
nea Bean) (Grass-like cane)　稈高 3 ～ 5 公尺，徑 0.2 ～ 2 公分，
節間長 10 ～ 25 公分；枝多數叢生；葉長 10 ～ 30公分，寬
0.5 ～ 1.7公分，側脈 2 ～ 4 ，細脈 5 ，葉柄長 0.1 ～ 0.2公
分；小穗含小花 3 ～ 10 ；稃（護穎）2 。栽培於省立林業試
驗所六龜分所以及嘉義、台北等處竹類標本園。原產琉球。植
供觀賞、材爲工藝品或支柱。

（2）　邢氏苦竹 **Arundinaria hindsii** Munro (Ramrod cane)　稈高 2 ～ 5
公尺，徑 1 ～ 3 公分，節間長 20 ～ 30公分；小枝 3 ～ 5 叢生
；葉長 6 ～ 25 公分，寬 0.4 ～ 1.7公分，側脈 3 ～ 5 ，細脈

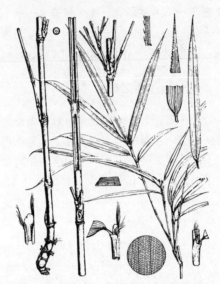

圖 633　刑氏苦竹 Arundinaria hindsii Munro

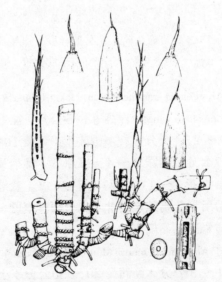

圖 634　刑氏苦竹 Arundinaria hindsii Munro

6〜7，葉柄長0.3〜0.5公分；小穗含小花7〜15 ；稃（護穎）2。栽培於六龜、嘉義埤仔頭、中興新村、溪頭及台北植物園。中國南部原產。材供製工藝品，竹筍味美，可供食用。（圖633、634）

(3) 琉球苦竹 **Arundinaria linearis** Hackel (Linear-leaf cane)　稈高1〜5公尺，徑0.5〜1.5公分，節間長10〜30公分，枝1〜多數叢生；葉一簇5〜9，長6〜28 公分，寬0.5〜1公分，側脈1〜4，細脈5，葉柄長0.2公分；小穗含小花3〜9；稃（護穎）2。栽培於六龜分所扇平工作站，另嘉義埤仔頭及台北植物園等處有之。琉球原產。供作籬笆，材供工藝品、捕魚工具及牆材。

(4) 空心苦竹 **Arundinaria simonii** (Carr.) A. et C. Riv. (Simon bamboo) 稈高3〜7公尺，徑1.3〜3公分，節間長8〜30 公分，環生白粉，枝2〜9叢生；葉長10〜30公分，寬1〜3公分，側脈3〜9，細脈5〜7，葉柄短；小穗含小花4〜9；稃（護穎）1或2。栽培於六龜分所扇平工作站，另嘉義埤仔頭、中興新村、竹山及台北植物園亦有種植。原產日本及我國浙江。材作工藝品、釣竿，另竹筍尚可食。

(5) 稚子竹 **Arundinaria variegata** (Sieb. ex Miq.) Mak. (*Bambusa variegata* Sieb. ex Miq., *B. fortunei* V. Houtte) (Dwarf white stripe bamboo)　稈高0。3〜1.2公尺，徑0.2〜0.6公分，節間1〜3公分，枝單一，有時2；稈籜薄，表面乳白色，具綠色條紋；葉長3〜14公分，寬0.4〜1.3公分，葉暗綠，間有黃白條紋，側脈3〜5，細脈7。栽培於六龜、嘉義埤仔頭、台北植物園及各公私庭園。原產地未詳，歐洲各國廣泛栽培。每作盆栽之用。

　　2. 刺竹屬 **BAMBUSA** Schreb.

種之檢索

A 1． 枝之節上有 1～3 短鈎刺。

 B 1． 籜葉濶卵狀三角形；小穗長 1.1～2.5 公分，稃（護穎）長 0.35
　 ～0.5 公分，外稃有縱脈 13～17，子房具維管束 3⋯⋯⋯⋯⋯
　 ⋯⋯⋯⋯⋯⋯⋯⋯⋯⋯⋯⋯⋯⋯⋯⋯⋯⋯(1)茨竹　*B. arundinacea*

 B 2． 籜葉卵狀披針形，小穗長 2.5～4 公分，稃（護穎）長 0.2 公分，
　 外稃有縱脈 9～11，子房具維管束 2。

　 C 1． 稈無縱條紋，初呈深綠色，後變橙綠或棕黃；幼籜亦無縱條紋
　 　 ，通常橙黃而帶綠色⋯⋯⋯⋯⋯⋯（10 a）刺竹　*B. stenostachya*

　 C 2． 稈具深綠縱條紋，初呈金黃色，後變橙黃，狀頗似金絲狀；幼
　 　 籜具奶黃縱條紋，其他灰綠色⋯⋯⋯⋯⋯⋯⋯⋯⋯⋯⋯⋯
　 　 ⋯⋯⋯⋯⋯⋯（10 b）林氏刺竹　*B. stenostachya 'Wei-fang Lin'*

A 2． 枝之節上無刺。

 B 1． 稈具不同色彩之縱條紋。

　 C 1． 稈初具白黃縱條紋，後即消失；稈本身呈棕綠或深綠色。

　 　 D 1． 稈初呈綠色，後變棕綠色；葉脈僅具有平行脈⋯⋯⋯⋯⋯
　 　 　 ⋯⋯⋯⋯⋯⋯⋯⋯（4 a）火管竹　*B. dolichomerithalla*

　 　 D 2． 稈深綠色；葉脈略呈不規則格子狀⋯⋯⋯⋯⋯⋯⋯⋯⋯
　 　 　 ⋯⋯⋯⋯（4 c）銀絲火管竹　*B. dolichomerithalla 'Silverstripe'*

　 C 2． 稈具暗綠或深綠之縱條紋；稈本身先呈黃綠（淺綠），後變灰
　 　 黃（金黃）色或先呈淡黃綠後成橙黃（棕黃）色或一直維持橙
　 　 黃色。

　 　 D 1． 稈先呈黃綠（淺綠）或淡黃綠。

　 　 　 E 1． 稈後成灰黃或金黃色，徑 4～10公分；籜舌具長毛⋯⋯
　 　 　 　 ⋯⋯⋯⋯⋯⋯（3 b）條紋長枝竹　*B. dolichoclada 'Stripe'*

　 　 　 E 2． 稈後成橙黃或棕黃色，徑 3～5公分；籜舌無長毛⋯⋯
　 　 　 　 （4 b）金絲火管竹　*B. dolichomerithalla 'Green Stripestem'*

　 　 D 2． 稈已成橙黃色。

　 　 　 E 1． 稈高 1～3 公尺，徑 1～2.5 公分；葉背密生白軟絨毛，
　 　 　 　 葉耳明顯，上端叢生棕鬚毛；籜之表面平滑，籜耳細小，

籜葉長三角形而平滑。

F 1.　葉一型；小穗單一⋯⋯⋯⋯⋯⋯⋯⋯⋯⋯⋯⋯⋯⋯⋯
⋯⋯⋯⋯⋯⋯（7 b）蘇枋竹　*B. multiplex 'Alphonse-Karr'*

F 2.　葉二型，頗似鳳凰竹；小穗 2 以上着生於枝節⋯⋯⋯⋯
⋯⋯⋯⋯⋯（7 d）條紋鳳凰竹　*B. multiplex 'Stripestem'*

E 2.　稈高 5～15 公尺，徑 4～15 公分；葉背無毛，葉耳不明顯
，且上端無毛；籜之表面密佈暗褐細短毛，籜耳明顯，類
似豬耳，籜葉三角形，被細毛⋯⋯⋯⋯⋯⋯⋯⋯⋯⋯⋯⋯
⋯⋯⋯⋯⋯⋯⋯⋯⋯⋯⋯⋯（13 b）金絲竹 *B.vulgaris* var. *striata*

B 2.　稈不具縱條紋，全體同色。

C 1.　葉二型，長 2.5～6 公分，寬 0.5～1 公分，側脈各邊 3～4
⋯⋯⋯⋯⋯⋯⋯⋯⋯⋯⋯⋯⋯（7 c）鳳凰竹　*B. multiplex 'Fernleaf'*

C 2.　葉一或多型，長 6～33 公分，寬 1～6 公分，側脈各邊 5～14

D 1.　籜舌上端具明顯之長毛。

E 1.　稈徑 1～6 公分，葉鞘表面平滑，籜葉基部邊緣左右向內
彎入⋯⋯⋯⋯⋯⋯⋯⋯⋯⋯⋯⋯⋯⋯⋯⋯⋯⋯⋯⋯⋯⋯
⋯⋯（9 b）長毛八芝蘭竹　*B. pachinensis* var. *hirsutissima*

E 2.　稈徑 5～10 公分；葉鞘表面被微毛；籜葉基部邊緣左右下
延狀，不向內彎曲⋯⋯⋯⋯⋯⋯(6)硬頭黃竹　*B. fecunda*

D 2.　籜舌上端平滑無毛，具不規則細鋸齒或僅有細毛。

E 1.　籜耳作斜直立，橢圓形，狀似豬耳。

F 1.　稈之節間特長，長 20～40 公分，圓柱形；葉脈平行⋯⋯
⋯⋯⋯⋯⋯⋯⋯⋯⋯⋯⋯⋯（13 a）泰山竹　*B. vulgaris*

F 2.　稈之節間中等，長 10～15 公分，膨脹成佛肚狀（稈之下
部者更甚）；葉脈方格狀⋯⋯⋯⋯⋯⋯⋯⋯⋯⋯⋯⋯⋯⋯
⋯⋯⋯⋯⋯⋯（13 c）短節泰山竹　*B. vulgaris 'Wamin'*

E 2.　籜耳與上述者不同，橫臥之長橢圓形、半圓形或僅殘留痕
跡。

F 1.　籜耳細小，不顯著。

G 1.　稈高 10～20 公尺，稍彎曲，徑 5～14 公分。

H 1.　稃（護穎）闊卵形，內稃之龍骨線間有縱脈 2，鱗
　　　　被長 0.1 公分‥‥‥‥‥‥‥‥‥‥‥‥‥‥‥‥‥‥‥‥‥
　　　　‥‥‥‥‥‥‥(2)竹變　　*B. beecheyana* var. *pubescens*

H 2.　稃（護穎）卵形，內稃之龍骨線間有縱脈 4，鱗被
　　　　長 0.2 公分‥‥‥‥‥‥‥‥‥‥‥(5)烏脚綠竹　*B. edulis*
G 2.　稈高 1～5 公尺（可達 10 公尺），直立，徑 0.5～5
　　　公分。

　　H 1.　稈 1～5 公尺（可達 10 公尺），徑 1～5 公分，節
　　　　　間圓柱形。

　　　　I 1.　葉鞘被微毛‥‥‥‥‥（7 a）蓬萊竹　*B. multiplex*
　　　　I 2.　葉鞘平滑‥‥‥‥‥‥‥‥‥(12)佛竹　*B. ventricosa* (1)
　　H 2.　稈 0.3～1 公尺，徑 0.5～1.5 公分，節間膨脹呈
　　　　　佛肚狀‥‥‥‥‥‥‥‥‥‥(12)佛竹　*B. ventricosa* (2)
F 2.　籜耳顯著，大及中等形。
　G 1.　葉寬 3～6 公分，側脈各 9～14‥‥‥‥‥‥‥‥‥‥
　　　　‥‥‥‥‥‥‥‥‥‥‥‥‥(8)綠竹　*B. oldhami*
　G 2.　葉寬 1.2～3 公分，側脈各 5～9。

　　H 1.　幼稈被白粉或蠟粉，稈下部節上生一長主枝，隔膜
　　　　　壁厚 0.5 公分。

　　　　I 1.　幼稈籜呈淺綠色，密佈黑褐細毛；籜耳較小，毛
　　　　　　少；稈徑 2～7 公分‥‥‥‥‥(11)烏葉竹　*B. utilis*
　　　　I 2.　幼稈籜呈銀綠且光亮；籜耳較大，毛多；稈徑 4
　　　　　　～10 公分‥‥‥‥‥（3 a）長枝竹　*B. dolichoclada*
　　H 2.　幼稈不被白粉，稈下部節上無枝，隔膜壁厚 0.5～
　　　　　1.5 公分‥‥‥‥‥（9 a）八芝蘭竹　*B. pachinensis*
（1）　茨竹 **Bambusa arundinacea** (Retz.) Willd. (*Bambos arundinacea* Retz.)
(Giant thorny bamboo)　又名緬甸刺竹。稈高 10～24 公尺，徑
5～15 公分，枝節具尖刺 2～3；籜葉稍反卷；葉一簇 5～
11，長 7～22 公分，寬 0.5～1.5 公分，側脈 4～6，細
脈 7～9，葉柄短；小穗 4～12 聚生於枝節，長 1.1～2.5

公分，含小花3～6；稃（護穎）2。栽培於六龜分所扇平工作站、嘉義埤仔頭、竹山、中興新村及台北植物園等地。原產東南亞熱帶各地。我國四川、貴州二省亦有栽培。材供建築、農具、編織工藝及造紙原料，另竹筍尚可食，每栽植爲防風林。

（2） 竹變 Bambusa beecheyana Munro var. pubescens (Li) Lin [*Sinocalamus beecheyana* (Munro) McClure var. *pubescens* Li] （Giant bamboo） 另稱麻竹舅。稈高可達 15 公尺，徑達 14 公分，略彎曲，節間長20～40公分；葉一簇8～16，長10～30公分，寬1.5～6公分，側脈7～11，細脈7；小穗1～6叢生，長2～3公分；稃（護穎）通常爲2。栽培於中、南部。我國南部原產。材供建築、造紙原料，另竹筍可供食，葉可爲釀酒原料。

（3 a）長枝竹 Bambusa dolichoclada Hay. (Long-branch bamboo) 稈高6～20 公尺，徑4～10 公分，幼稈初被白粉末，節間長20～45 公分；葉一簇5～13，長20～25公分，寬1.2～3公分，側脈6～8，細脈9，葉柄長0.2～0.4公分；小穗長3～4公分，一穗含小花4～12；稃（護穎）2。產台灣北部平地、山麓至海拔400公尺之處，通常栽植於田埂或農家之四週，頗爲普遍，台南關廟一帶有廣大面積之造林。防風林、用材及工藝品原料。

（3 b）條紋長枝竹 Bambusa dolichoclada Hay. 'Stripe' (Stripe long-shoot bamboo) 與原種不同之點，在籜舌更見顯著且密生長鬚毛，稈籜灰綠至淺綠色且具奶黃條紋，稈有初呈淺綠、黃綠後變灰黃或金黃色，並具暗綠縱條紋。產於中南部，始台中、南投及嘉義一帶。觀賞。

（4 a）火管竹 Bambusa dolichomerithalla Hay. (Blow-pipe bamboo) 稈高4～10 公尺，徑2～5公分，節間長25～60公分，小枝多數，多至 10 餘枝，叢生；葉一簇5～11，長9～27 公分

，幅1.5～3.5公分，側脈5～7，細脈7～10；小穗單一，着生於枝節，長4～6公分，含有小花6～8；稃（護穎）2。產中南部，即自台中至屏東，低海拔地區，尤多見其生長於沿溪流之兩岸。觀賞，材可製提燈或團扇。

（4 b）金絲火管竹 Bambusa dolichomerithalla Hay. 'Green Stripestem' (Stripe stem blow-pipe bamboo)　　與原種不同之點，在幼稈呈淺黃綠色，具淺綠色縱條紋；老稈自淺綠色轉變橙黃色，另具深綠縱條紋；稈籜淺綠色，具淺黃縱條紋。產中南部之山麓。用途與原種相同，觀賞。

（4 c）銀絲火管竹 Bambusa dolichomerithalla Hay. 'Silverstripe' (Silver stripe blow-pipe bamboo)　　與原種不同之處，在籜表具奶白條紋，密佈暗褐細毛，邊緣密生棕軟毛，老則脫落；稈至深綠色而具光澤，一、二年生幼稈具黃白（奶白）色縱條紋，三年後即消失；葉脈略呈不規則格子狀。產中南部地區。材供製工藝品，亦可製樂器，另作觀賞。

（5）　烏腳綠竹　Bambusa edulis (Odash.) Keng (*Leleba edulis* Odashima) (Edible bamboo) 稈高10～20公尺，徑4～12公分，略彎曲，節間長15～50公分，枝多數為叢生；葉一簇9～13，長10～33公分，寬2.5～4.5公分，側脈6～10，細脈9，葉柄長0.2～0.4公分；小穗1～4，聚生枝節，長3～3.7公分，含有小花4～12；稃（護穎）2。產台灣北部，如基隆至新竹，或至宜蘭，另花蓮亦有之，普通生長在海拔300公尺以下之地。觀賞。

（6）　硬頭黃竹 Bambusa fecunda McClure (Ngaang tau yellow bamboo) 稈高5～12公尺，徑5～10公分，節間長20～40公分，枝多數叢生；葉一簇4～13，長10～15公分，寬1～1.5公分，側脈5～6，細脈7。栽培。凡客家籍人居住之地，均有發現；桃園、新竹及苗栗等縣，尤多見之。我國南部原產。

材供建築、製農具及造紙原料，另植作防風林。

（7a）蓬萊竹 Bambusa multiplex(Lour.) Raeusch. (*Arundo multiplex* Lour., *B. shimadai* Hay.)　　又名觀音竹，石角竹 (Hedge bamboo) 稈高1～5公尺，有時可達 10 公尺，徑1～3公分，徑亦時達4‧5公分，節間長12～30公分，枝多數叢生；葉一簇5～20，長6～20 公分，寬1～2公分，背面粉白，側脈5～7，細脈5～8，葉柄長0.2～0.4公分；小穗單一；着生於枝節，罕有2～3，長3～4公分，含小花4～8；稃（護頴）2。栽培於北、中部田埂上，如台北、桃園、新竹、苗栗至台中及基隆至宜蘭。熱帶原產。植作耕地防風林、生籬，或爲觀賞，另材製傘柄、竹蓆及工藝品。

（7b）蘇枋竹 Bambusa multiplex (Lour.) Raeusch. 'Alphonse Karr' (*B. alphonse-karri* Satow) (Alphonse karr hedge bamboo) 與原種不同之處，在稈及枝簡間呈橙黃色而具深綠縱條紋；稈籜表面黃綠色具黃白色條紋。栽培於各地，均屬零星栽植，且多在各大寺院，如台南開元寺等，供作觀賞植物。

（7c）鳳凰竹 Bambusa multiplex (Lour.) Raeusch. 'Fernleaf' (*Ischurochloa floribunda* Büse ex Miq) (Fernleaf hedge bamboo)　與原種不同之處，在稈較纖細，枝較短小；葉一簇之數稍多，10～30或更多；葉片較小，長2.5～6公分，寬0.5～1公分，葉脈3～4；葉耳長卵形。栽培於北部低海拔之處。東南亞原產。多栽植於庭園，作爲生籬、盆景或於田埂上作爲防風林，材供作工藝品。

（7d）條紋鳳凰竹 Bambusa multiplex (Lour.) Raeusch. 'Stripestem' (Stripe stem hedge bamboo)　紅鳳凰竹。與鳳凰竹頗爲相似，葉有二型；稈枝之節間呈淺黃至紅色，並具不規則之深綠縱條紋。栽培於各公私庭園。原產日本、琉球。觀賞。

（8）　綠竹 Bambusa oldhami　Munro (Green bamboo)　　稈高6～12

公尺，徑3～12 公分，節間長20～35公分，枝多數叢生；
葉一簇6～15 ，長15～30公分，寬3～6公分，側脈7～
14 ，細脈7，格子狀，葉柄長0.2～0.6公分；小穗3～14
，聚生，長2.7～3公分，含有小花5～6；稃（護穎）2。
栽培，以全省自平地至海拔300公尺之間所見特多，面積約
4,450 公頃，均以探筍爲目的。原產我國南部。材供造紙原
料及作工藝品之外，竹筍可供食，亦用以製罐頭。

（9a）八芝蘭竹 Bambusa pachinensis Hay. (Pachilan bamboo)　　稈高2
～10 公尺，徑1～6公分，節間長15～70公分，每節具多
數小枝；葉一簇5～13 ，長8～20 公分，寬1.5～2.5公
分，側脈5～8，細脈8～9，脈均平行，葉柄長0.2公分；
小穗3～6或更多，聚生，長3～4公分，含小花4～5；稃
（護穎）2。見於低海拔地區，北部以台北、桃園及宜蘭，南
部如恒春，東部如花蓮等地，栽培較多。材供製工藝品及農具
，北南部植於住宅或田埂上，作爲防風林。

（9b）長毛八芝蘭竹 Bambusa pachinensis Hay. var. hirsutissima (Odash.) Lin
(*Leleba beisitiku* Odash. var. *hirsutissima* Odash.)　　類似原種，不同
之處在於葉鞘表面密生銀白細毛，籜舌上端則生剛毛而已。固
有種，全島均有零星栽培，尤以桃園南崁一帶，種植較多。用
途與原種相同。

（10a）刺竹 Bambusa stenostachya Hackel (Thorny bamboo)　　稈高5～24
公尺，徑5～15 公分，節間長13～35公分，小枝3出，稈
下部即惟有1枝，枝節上具尖刺3枚，刺彎曲而堅硬；葉一簇
5～9，長10～25公分，寬0.5～2公分，側脈5～6，細
脈8～9，格子狀，葉柄長0.2～0.4公分；小穗2～6聚生
，長2.5～4公分，含有小花4～12 ，完全花約有2～5；
稃（護穎）2。可能爲引進種。栽植於各低海拔地區，尤以中
南部爲多，栽培面積30,650 公頃。每在屋宇四周栽作防風林

，材供製建築、農具、家俱、工藝品、竹籠，竹筍可製筍乾及
酸筍之材料。

（10 b）林氏刺竹 Bambusa stenostachya Hackel 'Wei-fang Lin' Lin (Lin's
thorny bamboo)與原種之不同處爲稈枝節間呈淺黃後轉變爲橙黃
色，另具深綠縱條紋；幼籜表面呈灰綠色，具有奶黃縱條紋。
栽培於台北植物園及桃園一帶人家庭園之內。觀賞及耕地防風
林之用。

（11）烏葉竹 Bambusa utilis Lin (Useful bamboo, False long-shoot bamboo)
稈高 3～14 公尺，徑 2～7 公分，節間長 15～50公分，枝
多數，叢生；葉一簇 5～11，長 10～25公分，寬 1.2～2.5
公分，側脈 6～9，細脈 8～9，脈均平行，葉柄長 0.2～0.4
公分；小穗 1～多數，聚生，長 2.5～4 公分，含有小花 4～
6；稃（護穎）2。產北、中部海拔 300公尺以下地區，栽培
尤爲頗多。材供製工藝品、建築及農具，另栽植於田埂或農家
四周，作爲防風林，或作香蕉、果樹等支柱之用。本種頗類似
長枝竹，不同之處在其稈高與徑較長枝竹爲小，稈籜幼時呈淺
綠色，表面通常密生黑褐細毛，籜耳較小，籜舌邊緣呈尖齒狀
，密生細毛。（圖635、636）

（12）佛竹　Bambusa ventricosa McClure (Swollen bamboo)　　另稱葫蘆竹
。稈二型；正常稈高 1～4 公分，徑 1～2.5公分，有時高達
10 公分，徑達 5 公分，節上環生白粉末，節間長 25～50公
分，枝多數叢生；另一爲畸形竹，稈高 0.3～1公尺，徑 0.5
～1.5公分，節間短，膨脹呈佛肚狀，枝多數，叢生；葉一簇
5～13，長 10～25公分，寬 1.2～2.5公分，側脈 5～9
，細脈 7～8，脈均平行，葉柄短。栽培於各地。我國廣東原
產，廣泛栽植於全球。材供製工藝品或裝飾，爲珍貴盆景植物
。

（13 a）泰山竹 Bambusa vulgaris Schrad. ex Wendl. var. **vulgaris** (Common bam-

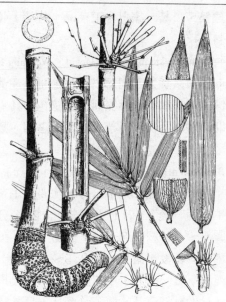

圖 635　烏葉竹 Bambusa utilis Lin

圖 636　烏葉竹 Bambusa utilis Lin

boo)　稈高 10～20公尺，徑5～15 公分，節間長 20～40
公分，枝多數，叢生；葉一簇5～11 ，長 10～30公分，寬
1.8～3公分，側脈6～9，細脈7～9，格子狀，葉柄長
0.2～0.4公分；小穗4～12 或更多，叢生，長2～3.5公
分，含小花5～10 ；稃（護穎）1～2。栽培於台北縣雙溪
鄉，現台北植物園、中興新村、竹山、嘉義埤仔頭及六龜以及
其他庭園等地，均有栽植。非洲原產，全球有栽植。材可供建
築、製農具、工藝品及造紙原料。

（13 b）金絲竹 Bambusa vulgaris Schrad. ex Wendl. var. **striata** Gamble （
triped common bamboo) 與原種之不同處，在於其稈枝節間呈黃至
橙黃色，具深綠縱條紋；籜片表面淺綠且具黃綠條紋，稈較原
種小，但稈內較厚；柱頭通常單一，鱗被卵狀橢圓形，邊緣無
毛。栽培於各地庭園。非洲原產，全球廣泛栽植。材供建築、
製農具、工藝品，另栽植供觀賞。

3. 頭穗竹屬　CEPHALOSTACHYUM Munro

馬達加斯加頭穗竹 Cephalostachyum madagascariense Camus (Madagascar
head-flower bamboo)　稈高6～22 公尺，徑3～15 公分，節間長
15～30公分，枝多數，叢生；葉一簇5～13 或更多，長8～23

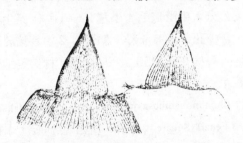

圖 **637**　馬達加斯加頭穗竹 Cephalostachyum
madagascariense Camus

公分，寬 1.3～4.5公分，側脈8～9，細脈6，格子狀，葉柄短；
小穗聚集成球狀，徑3～4公分，花柱長，柱頭3，羽毛狀，雄蕊6

，鱗被 3 。栽培於省立林業試驗所中埔分所、嘉義埤仔頭竹類標本園。馬拉加西（ Malagasy， ，即馬達加斯加島原產 ）。材供農具及工藝品。

4．寒竹屬 CHIMONOBAMBUSA Mak.

種之檢索

A 1. 稈外表呈圓筒形，節上無刺，每節小枝叢生；籜具有籜耳、籜舌及籜葉；葉一簇 5 ～ 7 ⑽，側脈 2 ～ 3 ，平行脈；葉鞘長 7 ～ 15 公分 ⋯⋯⋯⋯⋯⋯⋯⋯⋯⋯⋯⋯⋯⋯⋯⋯⋯⋯⋯⑴內門竹　*C. naibunensis*

A 2. 稈外表四方形，節上具一輪刺（疣狀突起即為變態氣根），每節小枝初 3 出後成叢生；籜不具籜耳、籜舌及籜葉；葉一簇 3 ～ 5 ，側脈 4 ～ 7 ，格方狀；葉鞘長 4 ～ 7 公分⋯⋯⋯⋯⋯⋯⋯⋯⋯⋯⋯⋯⋯⋯⋯⋯⋯⋯⋯⋯⋯⋯⑵四方竹　*C. quadrangularis*

（1）　內門竹 **Chimonobambusa naibunensis** (Hay.) McClure et Lin (Nai-bun bamboo)　恒春矢竹。稈高 3 ～ 6 公尺，徑 0.5 ～ 1 公分，圓筒形，節間長 12 ～ 28 公分，枝多數，叢生；葉一簇 5 ～ 7 ，有時多達 10 ，長 6 ～ 14 公分，寬 0.5 ～ 1.2 公分，側脈 2 ～ 3 ，細脈 5 ～ 8 ，脈均平行，葉柄長 0.3 ～ 0.6 公分，葉鞘 7 ～ 15 公分，平滑無毛；小穗 2 ～ 10 ，聚生枝節，長 2 ～ 4 公分，含小花 1 ～ 6 ；稃（穎護）2 。栽培於屏東縣內門番社舊地址，海拔在 1,050 公尺之處。材供製工藝品，另可栽植為生籬。

（2）　四方竹 **Chimonobambusa quadrangularis** (Fenzi) Mak. (*Bambusa quadrangularis* Fenzi) (Square bamboo)　地下莖橫走，單稈散生；稈高 2 ～ 6 公尺，徑 1 ～ 3 公分，外表呈四方形，但內為圓狀，每節具有環生針刺，節間長 5 ～ 20 公分；枝初 3 出，後變多數，叢生；籜無籜耳、籜舌及籜葉；葉一簇 3 ～ 5 ，長 10 ～ 20 公分，寬 1 ～ 2 公分，側脈 4 ～ 7 ，細脈 5 ～ 6 ，格子狀，葉

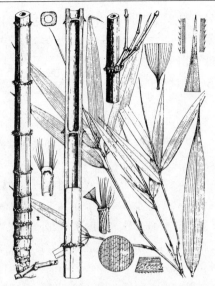

圖 **638** 四方竹 Chimonobambusa quadrangularis (Fenzi) Mak.

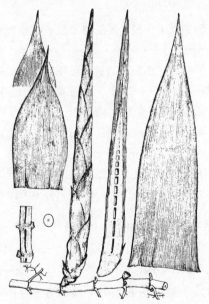

圖 **639** 四方竹 Chimonobambusa quadrangularis (Fenzi) Mak.

鞘 4～7 公分。栽培於阿里山奮起湖海拔 1,450　公尺之處，現各地庭園均可見之。材供製工藝及裝飾之用，每植爲觀賞，竹筍亦可供食用。（圖638、639）

5. 慈竹屬 DENDROCALAMUS Nees

種之檢索

A 1. 稈枝之節間，具 4 色縱條紋（淺黃綠、深綠或棕綠及暗綠色）；籜具 3 色縱條紋（黃綠或棕綠及黃白色）…………………………………………………………………………（2 b）美濃麻竹　*D. latiflorus* 'Mei-nung'

A 2. 稈枝之節間，僅具 1 色；籜亦然，僅具 1 色，即無縱條紋。

　B 1. 葉形大，寬 2.5～10公分，側脈 7～16。

　　C 1. 外稃縱脈25；內稃在龍骨線之間，有縱脈 2；果實橢圓狀，長 0.7～0.8 公分…………………………⑴巨竹　*D. giganteus*

　　C 2. 外稃縱脈29～33；內稃在龍骨線之間，有縱脈 3；果實扁卵狀，長 0.8～1.2公分。

　　　D 1. 稈之節間大，平滑；葉脈格子狀，橫小脈較不明顯…………………………………………………（2 a）麻竹　*D. latiflorus*

　　　D 2. 稈之節間小，膨脹呈葫蘆形至棒狀；葉脈格子狀，橫小脈較明顯…………（2 c）葫蘆麻竹　*D. latiflorus* 'Subconvex'

　B 2. 葉形小，寬 1～2.5公分，側脈 3～6。

　　C 1. 籜耳明顯，具有卷曲之細毛；內稃在龍骨之間具縱脈 2，頂端尖…………………………⑶緬甸麻竹　*D. membranaceus*

　　C 2. 籜耳不明顯，但有直立之細毛；內稃在龍骨之間具縱脈 3～4，頂端叉狀…………………………⑷印度實竹　*D. strictus*

（1）　巨竹　Dendrocalamus giganteus (Wall.) Munro (*B. gigantea* Wall.) (Giant bamboo)　又名印度麻竹。稈高 20～30公尺，徑20～30公分，節間長 30～45公分，枝多數叢生；葉一簇 5～15，長 15～45公分，寬 3～6公分，側脈8～16，細脈6，格子狀，葉柄長 0.5～1公分；小穗 4～12，聚生，含小花4～

8；稃（穎護）2或更多。栽培於嘉義埤仔頭。印度、緬甸及泰國原產。本種為世界最大之竹，材供建築、製農具、傢俱、工藝品、竹筏及造紙原料，竹筍可製筍乾及罐頭。

（2 a）麻竹 **Dendrocalamus latiflorus** Munro (Taiwan giant bamboo) 稈高達 20 公尺，徑達 20 公分，節間長 20～70公分，稈下部節上具環生氣根，枝多數，叢生；葉一簇5～12 ，長20～40公分，寬2.5～7.5公分，側脈7～15 ，細脈7，格子狀，葉柄長 0.4～0.8公分；小穗1～7聚生，長1～2公分，含有小花6～8；稃（穎護）2或更多。栽培於全省，面積約有9萬公頃，尤以中部南投及雲林二縣最多。我國及緬甸北部原產。材供建築、製竹筏、農具、傢俱、工藝及造紙原料，竹筍可製筍乾及罐頭，竹葉可為釀酒原料，稈籜可為造紙原料或作襯皮材料。（圖640、641）

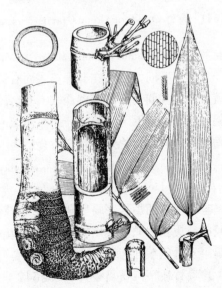

圖640　麻竹 Dendrocalamus latiflorus Munro

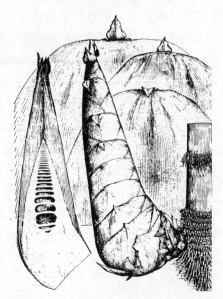

圖 **641**　麻竹 Dendrocalamus latiflorus Munro

（2 b）美濃麻竹 **Dendrocalamus latiflorus** Munro 'Mei-nung' (Mei-nung giant
　　　bamboo)　　與原種不同之處，在其稈籜表面有黃白縱條紋，稈枝
　　　節間淺黃或綠色，間另有暗綠縱條紋。栽培於中、南部一帶，
　　　栽植零星，台北植物園、嘉義埤仔頭、溪頭、中興新村及六龜
　　　扇平，均可見之。用材之外，竹筍可食。

（2 c）葫蘆麻竹 **Dendrocalamus latiflorus** Munro 'Subconvex' (*D. latiflorus*
　　　Munro var. *lagenarius* Lin) (Convex giant bamboo)　　與原種不同之處，
　　　在其稈呈畸形，節間短，膨脹呈葫蘆狀至棒狀，葉脈格子狀，
　　　橫小脈較原種更爲明顯。栽培於中、南部地區，如嘉義埤仔頭
　　　及六龜扇平。材供製工藝及裝飾品，竹筍可爲食用，葉爲釀
　　　酒原料；珍貴竹種，每植爲觀賞。（圖642）

（3）　緬甸麻竹 **Dendrocalamus membranaceus** Munro　(Burma bamboo)
　　　徑可達 12 公分；籜耳具捲曲之細毛；葉長 15 ～ 25 公分，

寬1～2公分；小穗多數，聚生，含小花2～5；稃（護穎）
1～2。栽培於六龜扇平。緬甸東部原產。材供建築。

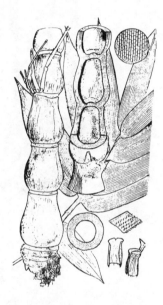

圖 **642**　葫蘆麻竹Dendrocalamus latiflorus Munro‘Subconvex’

（4）　印度實竹 **Dendrocalamus strictus** (Roxb.) Nees (*B. strictus* Roxb.) (
Male　bamboo)　　　稈高6～15 公尺，徑3～6公分，節間長
15～50公分，稈肉厚，有時實心，枝多數，叢生；葉一簇6
～16 ，長12～30公分，寬1～2.5公分，側脈3～6，細
脈5～9，平行脈，葉柄0.2～0.5公分；小穗聚生成球狀，
小穗長0.8公分，含小花2～6，具完全花者約2～3；稃（
護穎）2。栽培於台北植物園，另在溪頭、中興新村、埤仔頭
及六龜均有種植。印度、緬甸、泰國及馬來西亞原產。材供建
築、製傢俱及工藝。竹筍尚可供食用。（圖643、644）

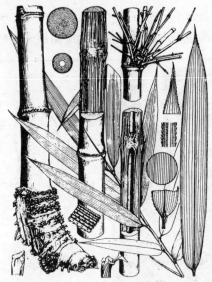

圖 643　印度實竹 Dendrocalamus strictus (Roxb.) Nees

圖 644　印度實竹 Dendrocalamus strictus (Roxb.) Nees

6. 巨草竹屬　GIGANTOCHLOA Kurz

菲律賓巨草竹 **Gigantochloa levis** (Blanco) Merr. (*B. levis* Blanco) (Huge grass bamboo) 稈高 20 公尺，徑達 20 公分，直立，節間長 30～40 公分，枝多數，叢生；葉一簇 6～16 或更多，長 15～30公分，寬 2～4公分，側脈 8～10，細脈 5～7，格子狀；小穗多數，聚生成球狀，小穗長 1～1.5公分；稃（護穎）2～3。栽培於嘉義埤仔頭。菲律賓原產。材供建築。（圖645）

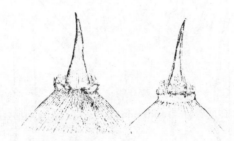

圖 **645**　菲律賓巨草竹 Gigantochloa levis (Blanco) Merr.

7. 梨果竹屬　MELOCANNA Trin.

梨果竹 **Melocanna baccifera** (Roxb.) Skeels (*Bambusa baccifera* Roxb.) (Muli) 稈高 10～20公尺，徑 5～9公分，節間長 36～70公分，枝多數，叢生；葉一簇 5～15，長 18～42公分，寬 2～9公分，側脈 8～15，細脈 5～6，格子狀，葉柄長；小穗 2～4叢生，含小花 5～6；稃（護穎）2；果形似梨，長 7.5～12.5 公分，徑 5～7公分，果皮頗厚，成熟後自然脫落。栽培於台北植物園、中興新村、台中市北屯區、埤仔頭及六龜扇平等地。原產印度、孟加拉及緬甸，另曾引入美國佛州及檀香山，中美之瓜地馬拉、牙買加及波多黎各等地。台灣可種於彰化、花蓮以南之平地，因其氣溫適合。觀賞。材製手工藝品，亦爲高級紙漿及人造絲原料。（圖646）

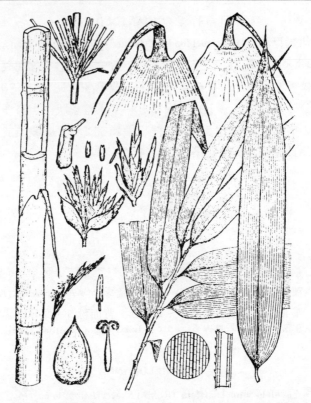

圖 646　梨果竹 Melocanna baccifera (Roxb.) Skeels

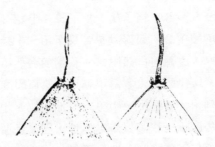

圖 647　奧克蘭竹 Ochlandra capitata (Kunth) E.G. Camus

8.　奧克蘭竹屬　OCHLANDRA Thwaites

奧克蘭竹 Ochlandra capitata (Kunth) E. G. Camus (*Nastus capitatus* Kunth)
(Ochlandra bamboo)　稈高 3～10 公尺，徑 2～10 公分，節間長
10～30公分，枝多數，叢生；葉一簇 5～13，長 7～20 公分，
寬 1～2公分，側脈 4～6，細脈 7；小穗僅含小花 1；稃（護穎）
多數；果橢圓狀，長 1.5公分。栽培於六龜扇平及嘉義埤仔頭。馬拉
加西（馬達加斯加）原產。材供製樂器、建築及工藝。（圖647）

9.　孟宗竹屬　PHYLLOSTACHYS Sieb. et Zucc.

種之檢索

A 1.　老稈枝呈 2 色，橙黃或金黃色且具濶或細之深綠縱條紋，葉綠色，
　　　具乳白縱條紋。
　B 1.　葉 4～12公分，寬 0.5～1.5 公分，背面不白，葉耳不顯著；小
　　　　穗 1，鱗被無毛 …(6-3) 江氏孟宗竹　*P. pubescens* 'Tao Kiang'
　B 2.　葉 10～15公分，寬 1.2～2 公分，背面粉白，葉耳顯著；小穗 1
　　　　～多數，鱗被上端有毛 …(7-2) 金明竹　*P. reticulata* 'Castillon'
A 2.　老稈、枝僅呈 1 色，綠、灰綠、黃綠、黑褐或黑紫色，且無條紋。
　B 1.　老稈成黑褐或黑紫色，徑 0.5～2 公分…………(4)烏竹　*P. nigra*
　B 2.　老稈成綠、灰綠或黃綠，徑 2～18公分。
　　C 1.　稈基之節間，部分成龜甲狀。
　　　D 1.　幼稈表面平滑，稈籜表面平滑或疏生細毛…………………
　　　　　…………………………………………(1)台灣人面竹　*P. aurea*
　　　D 2.　幼稈表面密被銀色軟毛，稈籜表面密生棕褐色細毛…………
　　　　　………………（6-2）龜甲竹　*P. pubescens* var. *heterocycla*
　　C 2.　稈基之節間成圓筒狀。
　　　D 1.　籜老後表面尚密佈棕褐細毛或疏生褐短細毛及短柔毛。
　　　　E 1.　幼稈密佈銀色軟毛，葉柄 0.1～0.2公分，葉鞘長 2.5～
　　　　　　4公分 ………（6-1）孟宗竹　*P. pubescens* var. *pubescens*
　　　　E 2.　幼稈平滑無毛，葉柄 0.4～0.9公分，葉鞘 4～6公分…
　　　　　　…………………………………………(2)石竹　*P. lithophila*

D 2. 籜老後表面幾近無毛或無毛。

　　E 1. 籜耳極顯著，邊緣具密生長剛毛⋯⋯⋯⋯⋯⋯⋯⋯⋯

　　　　⋯⋯⋯⋯⋯⋯⋯⋯⋯⋯⋯⋯⋯（7-1）剛竹　*P. reticulata*

　　E 2. 籜耳不顯著，邊緣幾無毛。

　　　　F 1. 稈籜具暗棕斑點，葉表面暗綠色⋯⋯⋯⋯⋯⋯⋯⋯

　　　　　　⋯⋯⋯⋯⋯⋯⋯⋯⋯⋯⋯⋯⋯⋯（3）桂竹　*P. makinoi*

　　　　F 2. 稈籜無斑點，葉表面綠色⋯⋯⋯⋯（5）裸籜竹　*P. nuda*

（1）　台灣人面竹　**Phyllostachys aurea** A. et C. Riv. (*P. formosana* Hay.)

　　(Fish pole bamboo)　　又稱布袋竹。稈高 3〜7 公尺，徑 2〜

5 公分，稈分為二型，正常竹稈，節間長 15〜30 公分，直立

；畸形竹稈，節間短，傾斜形，成膨脹狀，各節成龜甲狀不規

則相連；小枝 2，生有大小枝各 1；葉一簇 1〜3，屢有達至

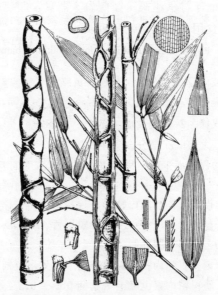

圖 **648**　台灣人面竹 Phyllostachys aurea A. et C. Riv.

7者，長 6〜12 公分，寬 1〜1.5公分，側脈 4〜5，細脈

7～9，格子狀，葉柄長0.2～0.4公分；小穗1～2着生於
小枝頂端，含有小花1～4；稃（護穎）2。栽培於竹山勞水
坑，海拔200公尺、阿里山海拔1,600公尺之處，另見之於中
埔、六龜扇平、嘉義埤仔頭及台北植物園。觀賞之外，材供建
築、製傢俱、工藝品及釣竿；竹筍亦可供食用。（圖648）

(2)　　石竹 **Phyllostachys lithophila** Hay. (Thill bamboo)　稈高3～12
公尺，徑4～12 公分，節間長10～40公分，節下環生白粉
末，每節具小枝2；葉一簇2～3，可達5者，長8～20 公
分，寬1.2～2公分，背面灰綠，側脈5～7，細脈10，格
子狀，葉柄長0.4～0.9公分，葉鞘長4～6公分。產於北、
中部之石礫地，海拔在150～1,500公尺之間，阿里山奮起湖
、石棹一帶栽培特多，另六龜扇平、嘉義埤仔頭及台北植物園
均有栽植。材供建築，製傢俱、器具、工藝品及造紙原料；竹
筍亦供食用，可製筍乾及罐頭。

(3)　　桂竹 **Phyllostachys makinoi** Hay. (Makino's bamboo)　稈高6～16
公尺，徑2～10 公分，節下環生白粉末，節間長12～40公
分，每節有小枝2，罕有1枝見於稈之下部者；葉一簇2～3
（5），長6～15 公分，寬1～2公分，側脈5～6，細脈
8～9，格子狀，葉柄長0.4～0.6公分；小穗長3～4公分
，含有小花2～4；稃（護穎）2，主產台灣之北、中部，花
蓮、台東間尤多，惟南部少，栽培面積已達44,000公頃，生
長高度在海拔10～1,550公尺之間。本種之竹稈用途至廣，
舉凡建築、家具、農具、器具、工藝品、晒衣稈、香蕉支撐稈
、竹籬等，無不賴之，又竹筍可供食用，味亦鮮美。

(4)　　烏竹 **Phyllostachys nigra** (Lodd. et Sone.) Munro (*Bambusa nigra* Lodd.
et Sone., *P. nigripes* Hay.) (Black bamboo)　稈高7.5公尺，徑達3
公分，節間長4～30 公分，小枝2，每有1枝者；葉一簇2
～3（13），長6～12 公分，寬1～1.5公分，側脈4～5

，細脈7～9，格子狀，葉柄長0.35公分；小穗2～5，長
1.8～2.5公分，含小花4；稃（護穎）1。產南投油車坑海
拔約800公尺之處，至為稀少。台灣大學溪頭營林區、省立林
業試驗所六龜分所扇平工作站及恒春分所，嘉義與台北均有栽
植。觀賞。

（5）　裸簳竹 Phyllostachys nuda　McClure (Nude bamboo)　　　稈高7.5
公尺，徑3公分，節間長15～25公分，每節有小枝2；葉一
簇3～5，長8～10 公分（時可達15 ），寬1～1.5，側
脈5～6，細脈8，格子狀，葉柄短。栽培於台北植物園、中
興新村、嘉義埤仔頭及六龜扇平。我國浙江原產。材供蔭棚及
果園之支撐稈、竹筍尚可食用。

（6-1）孟宗竹 Phyllostachys pubescens Mazel ex H. ed Leh. var. pubescens (
Bambusa edulis sensu Carr., non Poir.) (Moso bamboo)　　又稱茅茹竹。
稈高4～20 公尺，徑5～18 公分，節間長5～40 公分，
節下環生白粉末，每節具小枝2（一大一小），但稈之下部者
每見僅有單一之枝；葉一簇2～4，長4～12 公分，寬0.5
～1.5公分，側脈3～6，細脈9，格子狀，葉柄長0.1～0.2
公分；小穗單一，長5～7公分。主栽培於中部，如竹山、嘉
義及南投，南部較少，栽培面積約3,300 公頃，種在海拔
150～1,600 公尺之間的地區。我國江南諸省原產，如浙江
、江蘇、安徽及江西等省。材供建築、製家具、器具、工藝品
、鷹架、襯皮及造紙原料；多筍供食用，其味之美，在竹筍中無
有倫比者，因而製成筍乾及罐頭，以事貯藏；枝亦可製掃帚。

（6-2）龜甲竹 Phyllostachys pubescens Mazel var. heterocycla H. de Leh. (
Tortoise-shell moso bamboo)　與原種不同之處，在於稈呈畸形，節
與節作龜甲狀連生。栽培於台北植物園。我國原產，在日本栽
培，尤頗廣泛。稈為珍貴裝飾及工藝用材，竹筍可食。本種為
珍貴庭園觀賞植物。

(6-3) 江氏孟宗竹 **Phyllostachys pubescens** Mazel **'Tao Kiang'**（Kiang's moso
bamboo)　　與原種不同之處，在其稈、枝呈橙黃，及間隔有狹
或濶之綠縱條紋，葉身具乳白條紋。產溪頭鳳凰山北面海拔
1,000 公尺之處，溪頭竹類植物園、六龜扇平亦有之。用途
與原種相同，爲名貴觀賞植物。（圖649、650）

(7-1) 剛竹　**Phyllostachys reticulata** (Rupr.) Koch (*Bambusa* *reticulata* Rupr.,
P. bambusoides Sieb. et Zucc.) (Japanese timber bamboo)　　又稱日本苦
竹。稈高6～20公尺，徑5～15公分，節間長 20～30公分，
枝2；葉一簇3～5（7），長 10～15公分，寬1.5～2公
分，背面粉白，側脈5～7，細脈8，格子狀；小穗1～多數
，長 4～8公分；稃（護潁）2。栽培於各地庭園、公園及植
物園，在嘉義梅山曾有造林。喜馬拉雅山之東北、我國中、南
部及日本原產。材供製工藝品，竹筍尙可食。

圖 **649**　江氏孟宗竹 Phyllostachys pubescens
Mazel 'Tao Kiang'

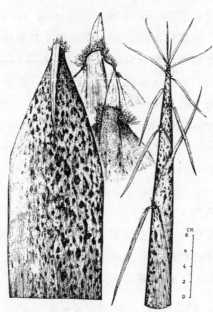

圖**650**　江氏孟宗竹 Phyllostachys pubescens
Mazel 'Tao Kiang'

(7-2) 金明竹 **Phyllostachys reticulata** (Rupr.) Koch **'Castillon'** (*Bambusa castillonis* Marl.　　ex Carr.,　*P. bambusoides* Sieb.　et Zucc. 'Castillon')
(Castillon Japanese　timber bamboo) 與原種不同之處，在其節間呈淺黃或金黃色，間具狹或濶綠縱條紋，葉深綠而具奶條紋，稈籜表面亦有奶白縱條紋。栽培於六龜扇平工作站。我國原產。名貴觀賞植物。

10.箭竹屬 **PSEUDOSASA** Mak.

種之檢索

A 1.　稈籜表面幼時疏生細毛·······························(1)矢竹　*P. japonica*

A 2.　稈籜表面無毛，僅邊緣密生棕軟毛············(2)包籜矢竹　*P. usawai*

（1）　矢竹 **Pseudosasa japonica** (Sieb. et Zucc.) Mak. (*Arundinaria　japonica*

Sieb. et Zucc. ex Steudel) (Arrow cane)　稈高 2～5 公尺，徑 0.5～
1.5公分，節間長 15～30公分，枝單一；葉一簇 5～9，長
8～30 公分，寬 1～4.5公分，側脈 3～7，細脈 7，格子
狀；葉柄長 0.2～0.5公分；小穗長 1.5～4.5公分，含小花
2～7；稃（護穎）2。栽培於六龜扇平、嘉義埤仔頭、中興
新村及台北植物園。日本原產。材供製工藝品、花瓶及釣竿等
，另可栽植爲觀賞。

（2）　包籜矢竹 **Pseudosasa usawai** (Hay.) Mak. et Nem. (*Arundinaria usawai*
Hay.)　(Usawa cane)　稈高 1～5公尺，徑 0.5～1.5公分，節
間長 12～36公分，稈下部節上環生氣根，枝單一，但上部每
見有 2～3枝；葉一簇 2～6（12），長 10～30公分，寬1.4
～4公分，側脈 5～9，細脈 7～9，格子狀，葉柄長 0.2～

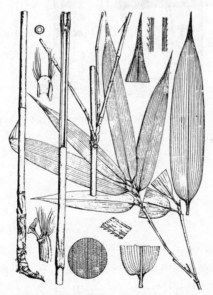

圖 **651**　包籜矢竹 Pseudosasa usawai (Hay.) Mak. et Nem.

0.5公分。產全省海拔80～1,200公尺間之濶葉樹林內，自台北大屯山南至恒春半島，均多見之。材供製工藝品，另栽植爲觀賞。（圖651、652）

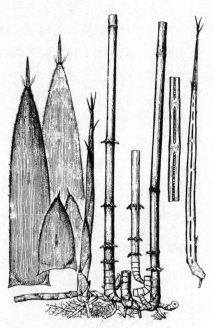

圖 **652** 包籜矢竹 Pseudosasa usawai (Hay.) Mak. et Nem.

11. 莎簕竹屬 SCHIZOSTACHYUM Nees

種之檢索

A 1. 稈爲直立性，徑可達8公分，綠或金黃色，每帶有少數暗綠縱條紋；稈籜短暫宿存，全緣；籜葉濶卵狀三角形；葉長20～40公分，寬3～7公分，每有黃白縱條紋，脈格子狀；子房具維管束3，鱗被3，易開花而不枯死‥‥‥‥‥‥‥‥⑴短枝黃金竹　　*S. brachycladum*

A 2. 稈爲纏繞性，徑0.5～1.5公分，無縱條紋；稈籜脫落，邊緣密生黃細毛，籜葉狹披針形；葉長 10～25 公分，寬 1.5～2.5 公分，無縱條紋，脈平行；子房不具維管束，鱗被 2 ……………………………………………………………………………………⑵莎簕竹　*S. diffusum*

（1）　**短枝黃金竹 Schizostachyum brachycladum** (Kurz) Kurz (*Melocanna brachyclada* Kurz) (Golden bamboo)　稈直立，高約 13 公尺，徑達 8 公分，表面具 3 色縱條紋，節間短，枝多數，叢生；葉一簇 6～10 （更多），每有綠色而帶黃白縱條紋，長 20～40公分，寬 3～7公分，側脈 7～11 ，細脈 5～7，格子狀，葉柄短；小穗含有小花 1～2 ；稃（護穎）2，本節極易開花，而不枯死。栽培於嘉義埤仔頭。印尼及馬來西亞原產。材供製工藝品及農具，另栽植供觀賞。（圖653 ）

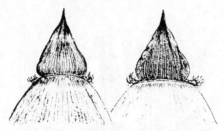

圖 **653**　短枝黃金竹 Schizostachyum brachycladum (Kurz) Kurz

（2）　**莎簕竹 Schizostachyum diffusum** (Blanco) Merr. (*B. diffusa* Blanco) (Climbing bamboo)　稈為纏繞性，長達 40 公尺，徑 0.5～1.5 公分，節間長 15～60公分，枝多數，叢生；葉一簇 5～12 ，長 10～25公分，徑 1.5～2.5公分，側脈 8～10 ，細脈 6～8，平行脈，葉柄短，葉翰平滑；小穗多數，叢生，長1.8～2.5公分。產恒春半島及台東地區海拔 250～800公尺之間之原生林內，以墾丁公園尤多，生長最高海拔可達 1,800 公尺。菲律賓亦有分佈，海拔高可達 1,700 公尺。工藝品及觀賞。（圖654、655、656 ）

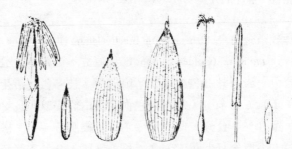

圖 654　莎簕竹 Schizostachyum diffusum (Blanco) Merr.

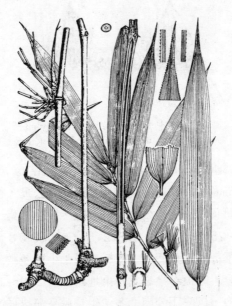

圖 655　莎簕竹 Schizostachyum diffusum (Blanco) Merr.

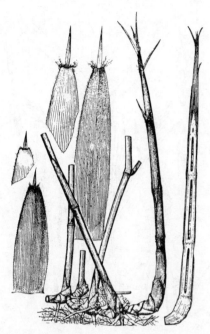

圖 656 莎簕竹 Schizostachyum diffusum (Blanco) Merr.

12. 業平竹屬 SEMIARUNDINARIA Mak.

業平竹 **Semiarundinaria fastuosa** (Mitford) Mak. (*B. fastuosa* Mitford) (Narihira bamboo) 稈高 3～10 公尺，徑 1～4公分，節間長 10～30公分，節下具環生白粉末，枝初 3 出，二年後增至 7～8枝，叢生；葉一簇 3～7，長 8～13 公分，寬 1.5～2.5公分，側脈 6～8，細脈 5～6，格子狀；小穗長 5～10 公分，含小花 3～4；稃（護穎）2。栽培於六龜扇平、嘉義埤仔頭、台北植物園以及各地庭園。我國原產，日本、歐美均廣泛栽培。材供製工藝品，並植作觀葉植物。（圖657、658）

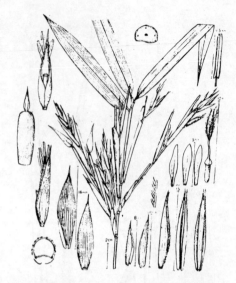

圖 657 業平竹 Semiarundinaria fastuosa (Mitford) Mak.

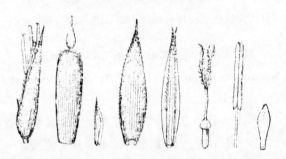

圖 658 業平竹 Semiarundinaria fastuosa (Mitford) Mak.

13. 崗姬竹屬 SHIBATAEA Mak.

崗姬竹 Shibataea kumasasa (Zoll.) Mak. (*Bambusa kumasasa* Zoll. ex Steud.)
(Bundo bamboo) 稈高 0.2～1公尺，徑 0.2～0.5公分，節間長 3
～10 公分，小枝 2～6，叢生；每枝着生葉片 1（2～3），長 5

～10公分，寬1.2～2.5公分，側脈5～7，細脈10，格子狀，
葉柄長0.5公分；小穗1～多數生於枝節，含小花2；稃（護穎）2
。栽培於台北植物園、中興新村、桃園、嘉義埤仔頭、六龜扇平及各
地庭園。日本原產。材供製工藝品，另植做盆景、庭園，以供觀賞。
（圖659）

圖 **659**　崗姫竹 Shibataea kumasasa (Zoll.) Mak.

14. 唐竹屬 SINOBAMBUSA Mak.

種之檢索

A 1.　節間長20～35公分，每節小枝1～3；稈籜邊緣無毛，籜耳細小；
　　　葉一簇1～3，格子脈，全緣……………………(1)台灣矢竹 *S. kunishii*

A 2.　節間長40～60公分，每節小枝3出，次年以後長成多數；稈籜邊緣
　　　密生軟毛，籜耳大形；葉一簇3～9，平行脈，邊緣具刺狀毛……
　　　……………………………………………………(2)唐竹　*S. tootsik*

（1）　台灣矢竹 Sinobambusa kunishii (Hay.) Nak. (*Arundinaria kunishii* Hay.)

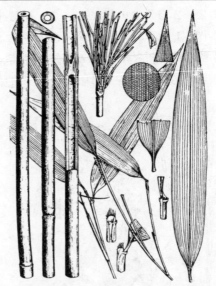

圖 660　台灣矢竹 Sinobambusa kunishii (Hay.) Nak.

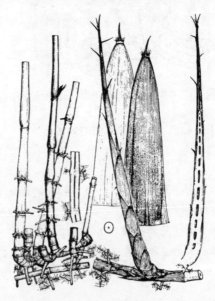

圖 661　台灣矢竹 Sinobambusa kunishii (Hay.) Nak.

（Kunishi cane）　稈高 2～6公尺，徑 1～2.5公分，節間長 20～35公分，枝 1～3；葉一簇 1～3，長 10～25公分，寬 2～3.5公分，側脈 7～9，細脈 7，格子脈，葉柄長 0.7 ～1公分。產於北、中部，海拔 300～1,200　公尺之間地區，尤以陽明山至竹仔湖一帶爲多。材供製工藝品、器具，另栽植爲竹籬，或水土保持之用，竹筍尙可供食用。（圖660、661）

（2）　**唐竹** Sinobambusa tootsik (Mak.) Mak. (*Arundinaria tootsik* Mak.)(Chinese cane)　另稱苦竹。稈高 5～8公尺，徑 2～3.5公分，節間長 40～60公分，初年之枝每節 3條，以後變爲多數；葉一簇 3～9，長 8～20　公分，寬 1～3公分，側脈 4～8，細脈 6～8，脈平行；小穗長 3～10　公分，含小花 4～25　；稃（護穎）2。栽培於台北植物園、中興新村、溪頭、嘉義埤仔頭及六龜扇平。我國原產，日本亦有廣泛栽培。材供爲工藝品，另栽植爲庭園觀賞植物。

15. 廉序竹屬 THYRSOSTACHYS

暹邏竹 Thyrsostachys siamensis (Kurz) Gamble (*Bambusa siamensis* Kurz ex Munro) (Kyaung wa)　稈高 7～13　公尺，徑 2～6公分，節間長 15～30　公分，初年小枝 3出，以後漸增多數；稈籜永久宿存；葉一簇 4～12　，長 7～15　公分，寬 0.6～1.2公分，表面暗綠，側脈 3～5，細脈 6～7，脈平行，葉柄短；小穗 1～3聚生；稃（護穎）2。栽培於台北植物園、溪頭、嘉義埤仔頭及六龜扇平。亞洲中南半島原產。材供建築，製農具、釣竿、籬笆、工藝品及造紙原料，亦可作觀賞植物。（圖662、663）

16 玉山箭竹屬 YUSHANIA Keng f.

玉山箭竹 Yushania niitakayamensis (Hay.)　Keng f. (*Arundinaria niitakayamensis* Hay.) (Yushan cane)　稈高 1～4公尺，徑 0.5～2公分，節間長 10～30公分，枝多數叢生，但在稈基者多爲 3枝；稈籜宿存；葉一簇 3～10　，長 4～18　公分，寬 0.5～1.3公分，側脈 3～4，

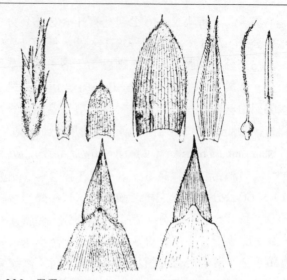

圖 **662** 暹邏竹 Thyrsostachys siamensis (Kurz) Gamble

圖 **663** 暹邏竹 Thyrsostachys siamensis (Kurz) Gamble

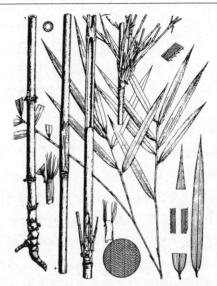

圖 664　玉山箭竹 Yushania niitakayamensis (Hay.) Keng f.

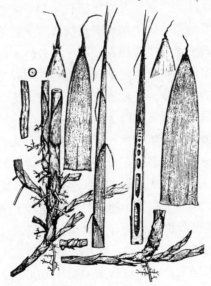

圖 665　玉山箭竹 Yushania niitakayamensis (Hay.) Keng f.

細脈7～9，格子脈，葉柄短，長0.1～0.2公分；小穗長2～4公分，含小花 2～7 ；稃（護穎）2。產中央山脈海拔 1,800～3,300 公尺之間的地區。我國四川、雲南及菲律賓呂宋島北部之高海拔地區，亦有分佈。觀賞之外，有水土保持之效，稈則製筷，山胞在原始時代，用之作箭，竹筍供食用，味亦頗美。在菲律賓有用作煙管者。（圖664、665）

45. 棕櫚目 PRINCIPES (PALMALES)

本目一科，特徵詳科

(128) 棕櫚科 PALMAE (ARECACEAE) ((Palm Family)

常綠喬木、灌木或藤本；樹幹單生、叢生或近於缺如，單一或分岐，直立、彎曲以至作橫臥狀，通常無刺，稀有刺者，幹呈圓柱形，部份有膨大者；葉多簇生於幹頂，宿存，堅硬或柔軟，通常大形，單一者作掌狀分裂，稀有為掌狀複葉者，呈扇圓形，另有一至二回之羽狀複葉，裂片有橢圓形、披針形、線形等，邊全緣或具細鋸齒或絲毛，先端截斷（咬切）狀，但屢呈 2 裂，細長，扁平或摺疊，摺疊者有內向與背向之別；葉柄頗長，葉鞘作覆瓦狀排列，展開或擁抱，具纖維質或否；枯葉脫落或宿存；肉穗花序單一或分岐，自葉間或葉下抽出，兩性、單性或雜性，單性者雌雄同株或異株均有之；又雌雄花有同序與異序之別；佛焰苞 2～多數，薄質至木質；花小形，幾為綠色或白色，不顯著；單生或 3 朵一群，生於花序之上，早落或否；花被通常有萼 3 片，花瓣 3 枚，鑷合狀或覆瓦狀排列；雄蕊通常 6，但屢有 3 或更多，如 9～42 等者，花絲長、短不一或缺如；雌蕊之子房上位，1 或 3 室，心皮合生或分離，每一心皮具 1 胚珠；胚珠底生或自中軸懸垂；核果、漿果或堅果，屢有外被鱗片者，呈長橢圓、橢圓、三角狀心形、潤橢圓及倒圓錐形等，熟呈紅、橙黃、茶橙及紫黑色，果皮屢有纖維質者；種子 1～3，胚小，胚乳豐富，均勻者呈一色，不均勻即具凹凸者呈二色。全球約 150 屬 5,000 餘種，分佈於熱帶、亞熱帶至溫暖地區。台灣固有者 6 屬 6 種，其他均為引進種，總計有 34 屬 57 種。屬之檢索如下。

屬之檢索

A 1.　葉單一，掌狀分裂。

　B 1.　樹幹叢生。

　　C 1.　樹幹具銳刺‧‧‧‧‧‧‧‧‧‧‧‧‧‧‧‧‧‧‧‧‧‧‧‧‧ 23. 叢立刺椰子屬　*Paurotis*

　　C 2.　樹幹不具銳刺。

　　　D 1.　幹不爲纖維質之葉鞘所包圍，葉柄具彎曲之刺，花兩性，果倒卵形‧‧‧‧‧‧‧‧‧‧‧‧‧‧‧‧‧‧‧‧‧‧‧‧‧‧‧‧‧‧ 20. 刺軸櫚　*Licuala*

　　　D 2.　幹密被纖維質之葉鞘，葉柄平滑至有鋸齒或具直立長刺，花雜性或雌雄異株，果扁球形或長橢圓形。

　　　　E 1.　葉柄平滑至具鋸齒，漿果扁平球形‧‧ 28. 觀音棕竹屬　*Rhapis*

　　　　E 2.　葉柄具直立之長刺，漿果長橢圓形‧‧ 12. 唐棕櫚屬　*Chamaerops*

　B 2.　樹幹單一（非洲棕櫚之樹幹，其上部見有分岐，是爲例外）。

　　C 1.　葉柄無刺‧‧‧‧‧‧‧‧‧‧‧‧‧‧‧‧‧‧‧‧‧‧‧ 30. 薩巴爾椰子屬　*Sabal*

　　C 2.　葉柄有刺。

　　　D 1.　雄蕊 16～32 ‧‧‧‧‧‧‧‧‧‧‧‧‧‧‧‧‧‧‧ 19. 紅棕櫚屬　*Latania*

　　　D 2.　雄蕊 6 。

　　　　E 1.　花兩性或雜性。

　　　　　F 1.　花雜性‧‧‧‧‧‧‧‧‧‧‧‧‧‧‧‧‧‧‧‧ 31. 棕櫚屬　*Trachycarpus*

　　　　　F 2.　花兩性。

　　　　　　G 1.　樹幹上遺留多數枯葉而掩蔽幹部。

　　　　　　　H 1.　基部膨大；葉之裂片邊緣具白纖維絲，葉柄長 1～1.5 公尺；柱頭 3 裂；果實橢圓形，長 0.7 公分‧‧‧‧‧‧‧‧‧‧‧‧‧‧‧‧‧ 33. 華盛頓椰子屬　*Washingtonia*

　　　　　　　H 2.　幹基與上述者不同，普通；葉之裂片邊緣平滑，葉柄長 1.5～3 公尺；柱頭微凸頭；果實球形，長 3.7 公分‧‧‧‧‧‧‧‧‧‧‧‧ 15. 行李椰子屬　*Corypha*

　　　　　　G 2.　樹幹上遺留少數枯葉（惟虎氏浦葵例外）‧‧‧‧‧‧‧‧‧‧‧‧‧

　　　　　　　　　………………………………………………………… 21. 蒲葵屬　*Livistona*

E 2.　花雌雄異株。

　　F 1.　葉之裂片邊緣平滑，果熟呈紫黑色…………………………

　　　　　　　………………………………………… 8. 扇椰子屬　*Borassus*

　　F 2.　葉之裂片邊緣具有向內之纖維絲，果熟呈黃色，樹幹上

　　　　　部見有分岐………………………… 18. 非洲棕櫚屬　*Hyphaene*

A 2.　葉爲羽狀複葉或作羽狀分裂。

B 1.　藤本或樹幹缺如，如缺莖則枝成匍匐狀。

　　C 1.　莖長，葉先端具尾狀附屬體。

　　　D 1.　葉鞘圓筒狀，宿存性 ………………………… 9. 水藤屬　*Calamus*

　　　D 2.　葉鞘船狀，裂開即脫落（早落性）………………………

　　　　　………………………………………… 16. 黃藤屬 *Daemonorops*

　　C 2.　莖缺如，枝成匍匐狀………………… 34. 沙拉克椰子屬　*Zalacca*

B 2.　樹幹木質，直立、彎曲至稀有橫臥著。

　　C 1.　葉爲二回羽狀複葉，小葉倒三角形…………………………

　　　　　………………………………………… 10. 孔雀椰子屬　*Caryota*

　　C 2.　葉爲一回羽狀複葉，小葉線形至披針形。

　　　D 1.　樹幹叢生。

　　　　E 1.　樹幹具向後彎曲之長刺 ………… 6. 手杖椰子屬　*Bactris*

　　　　E 2.　樹幹無刺。

　　　　　F 1.　果實球形………………… 11. 茶馬椰子屬　*Chamaedorea*

　　　　　F 2.　果實橢圓形至倒圓錐形。

　　　　　　G 1.　雄花之雄蕊多數，種子橢圓形，具 5 稜脊……………

　　　　　　　……… 26. 射葉椰子屬　*Ptychosperma (macarthuri) (2)*

　　　　　　G 2.　雄花之雄蕊 3、6 或多數，種子橢圓形、倒圓錐形或

　　　　　　　　倒卵狀球形。

　　　　　　　H 1.　雄蕊多數，小葉先端咬切狀……………………

　　　　　　　　………………… 5. 砂糖椰子屬　*Arenga (engleri) (1)*

　　　　　　　H 2.　雄蕊 3 或 6，小葉先端尖銳。

I 1.　種子具一長溝，雄蕊 6 ……………………
…………………………… 25. 海棗屬　*Phoenix (1)*

I 2.　種子不具溝，平滑，雄蕊 3 或 6 。

J 1.　樹幹綠色；雄蕊 3；果熟呈紅色，長 2.5 公分
，胚乳表面具凹凸……………………………
……………… 3. 檳榔屬　*Areca (triandra) (2)*

J 2.　樹幹金黃色或金黃狀綠色；雄蕊 6；果熟時金
黃後變紫黑，長 1.5 公分，胚乳表面平滑……
……………… 13. 黃椰子屬 *Chrysalidocarpus*

D 2.　樹幹單生。

E 1.　樹幹具黑刺（總葉柄及佛焰苞均具多刺）………………
…………………………… 1. 刺孔雀椰子屬 *Aiphanes*

E 2.　樹幹無刺（總葉柄幾無刺，稀有具刺者）。

F 1.　小葉內向摺疊，下部之小葉，每退化成刺；果肉可食，
種子具一長溝……………… 24. 海棗屬　*Phoenix (2)*

F 2.　小葉背向摺叠，下部之小葉不變成刺或稀有刺；果肉不
可食，種子不具溝，平滑，但稀有呈 5 稜者。

G 1.　果實為堅硬鱗片所包圍… 27. 羅非亞椰子屬　*Raphia*

G 2.　果實不為鱗片所包圍。

H 1.　花幾離生，單一。

I 1.　葉先端呈咬切狀。

J 1.　葉鞘成纖維質，雌雄花異序。

K 1.　葉羽狀 … 5. 砂糖椰子　*Arenga (pinnata) (2)*

K 2.　葉為不等羽狀…………………………………
……………… 32. 華立及椰子屬　*Wallichia*

J 2.　葉鞘無纖維質，雌雄花同序…………………
… 26. 射葉椰子屬　*Ptychosperma (elegans) (1)*

I 2.　葉先端細長而銳尖。

J 1.　樹幹直立至橫臥，圓筒形；花序生於葉間，佛

焰苞 2；下部之小葉成刺⋯⋯⋯⋯⋯⋯

⋯⋯⋯⋯⋯⋯⋯⋯ 17. 油椰子屬　*Elaeis*

J 2.　樹幹直立，棍棒或酒瓶形；花序生於葉鞘之下

，佛焰苞多數；下部之小葉不成刺⋯⋯⋯

⋯⋯⋯⋯⋯⋯⋯ 22. 酒瓶椰子屬　*Mascarena*

H 2.　花 3 朵一群。

I 1.　核果；心皮 3 ～ 6，緊密連合；內果皮具 3 孔。

J 1.　老木樹幹直立；果橢圓形，長 2 公分，熟變橙

黃色，橫切面呈圓形，內無液汁，外果皮軟柔

而爲肉質 ⋯⋯ 4. 克利巴椰子屬　*Arecastrum*

J 2.　老木樹幹稍彎曲；果有心臟形、球形至濶橢圓

形等多型，長 18 ～ 30 公分，熟呈金黃、黃橙至

茶褐色，橫切面呈三角狀，內具可飲之液汁，

外果皮堅硬，纖維質⋯⋯⋯⋯⋯⋯⋯⋯

⋯⋯⋯⋯⋯⋯⋯⋯⋯ 14. 可可椰子屬　*Cocos*

I 2.　漿果；心皮 3，連合或分離。

J 1.　雌花之內花被（花瓣）作鑷合狀排列。

K 1.　花序通常由葉間抽出，佛焰苞多數；果球形

⋯⋯⋯⋯⋯⋯ 7. 班秩克椰子屬　*Bentinckia*

K 2.　花序通常由葉鞘下之樹幹抽出，佛焰苞 2；

果橢圓形⋯⋯⋯ 29. 大王椰子屬　*Roystonea*

J 2.　雌花之內花被作覆瓦狀排列。

K 1.　雄花之雄蕊 36 ～ 42，幾無花絲，上午 10 時左

右脫落⋯⋯⋯⋯⋯⋯ 25. 山檳榔屬　*Pinanga*

K 2.　雄花之雄蕊 9 ～ 24 或僅 6 枚，花絲短，花爲

遲落性。

L 1.　幹徑 10 ～ 15 公分（在台灣），小形；葉長

1 ～ 2 公尺，小形，背面綠色；佛焰苞數

個，花序綠色，雄蕊 9 ～ 24；果長 3 ～ 5

公分，熟變橙黃色⋯⋯⋯⋯⋯⋯⋯⋯

　　　　　　　……………3. 檳榔屬　　*Areca* (catechu) (1)

　　　L 2.　幹徑20～30公分，大形；葉長 2 ～ 3 公尺

　　　　　　，大形，背面粉白色或綠色；佛焰苞 2 ，

　　　　　　花序白色，雄蕊 6 ；果長 1 公分，熟呈紅

　　　　　　色……………………………………………

　　　　　……2. 亞力山大椰子屬　*Archontophoenix*

　　1．刺孔雀椰子屬　**AIPHANES** Willd.

　　刺孔雀椰子 **Aiphanes caryotaefolia** (H.B.K.) Wendl. (*Martinezia caryotaefolia*

H.B.K.)　(Spined　palm)　　樹幹單一，幹上具黑色長刺，長 10 ～ 15公

分；羽狀複葉，葉柄及葉背脈上具黑刺；核果球形，徑 2 公分，熟呈

黃紅色。栽培見於台北植物園及省立林業試驗所恒春分所。熱帶美洲

哥倫比亞及委內瑞拉等國原產。觀賞。（圖666）

　　　圖 **666**　刺孔雀椰子 Aiphanes caryotaefolia (H.B.K.) Wendl.

2. 亞力山大椰子屬 ARCHONTOPHOENIX Wendl. et Drude

種之檢索

A 1. 小葉寬 2.5～5 公分，背面灰白色，有隆起之細脈，花序色白，花白色或牛奶色；種子具有堅硬之纖維‥‥‥ 1. 亞力山大椰子 *A. alexandrae*

A 2. 小葉寬 7.5～10 公分，背面綠色，無細脈；花序及花均呈淡紫色；種子具粗鬆纖維 ‥‥‥‥‥‥‥‥‥‥‥‥‥ 2. 肯氏椰子 *A. cunninghamii*

（1） 亞力山大椰子 **Archontophoenix alexandrae** (F. Muell.) Wendl. et Drude (*Ptychosperma alexandrae* F. Muell.) (Alexandrian palm) 喬木，樹幹單一，細長；羽狀複葉，背面灰白，側脈 1～2 條；雌雄同株，肉穗花序呈下垂性，雄蕊 9～11 ，柱頭 3；核果球

圖 **667** 亞力山大椰子 Archontophoenix alexandrae (F. Muell.) Wendl. et Drude

狀橢圓形，長 1 公分，熟呈色紅。全省平均均有栽培。澳洲原
產。庭園兼行道樹。（圖667）

（2） 肯氏椰子 Archontophoenix cunninghamiana Wendl. et Drude (Picca-
been bangalow palm) 喬木，樹幹單一；葉羽狀複葉，兩面均呈
綠色；核果長 1.4公分。栽培於墾丁公園。昆蘭士及新南威爾
斯 (New South Wales) 原產。觀賞。

3. 檳榔屬 ARECA Linn.

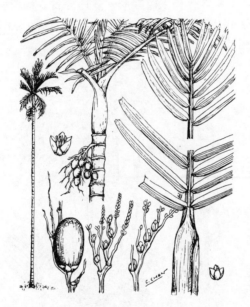

圖 **668** 檳榔 Areca catechu Linn.

種之檢索

A 1. 樹幹單一，幹徑 10～15公分；雄蕊 6；果長 3～5公分，熟變橙黃
色 ………………………………………………………… 1. 檳榔 *A. catechu*

A 2. 樹幹叢生，幹徑 5～7公分；雄蕊 3；果長 2.5公分，熟時色先黃
後紅 ……………………………………………… 2. 叢立檳榔 *A. triandra*

（1）　檳榔 **Areca catechu** Linn. (Betel nut palm)　　樹幹單一；羽狀複葉；雄花小，生於小序軸先端，雌花大，生於小序軸基部。栽培於全省各地，中南部尤多，如嘉義、旗山、屏東、潮州及台東檳榔等地，均大量種植。菲律賓、南洋及馬來西亞原產。幹供建築，製器具；果實爲嗜好品，主供嚼食，亦爲藥用、染料；又植爲籬笆，並供觀賞。（圖668）

（2）　叢立檳榔　**Areca triandra** Roxb. (Bungua)　　樹幹叢生，羽狀複葉，花之雄蕊 3，核果橢圓形。栽培於省立林業試驗所總所台北植物園。印度及馬來西亞原產。觀賞。（圖669）

圖 **669**　叢立檳榔 Areca triandra Roxb.

4.　克利巴椰子屬 ARECASTRUM Becc.

　克利巴椰子 **Arecastrum romanzoffianum** Becc. (Queen palm)　　喬木，樹幹單一；羽狀複葉；雄蕊 6；核果橢圓形，長 2.5 公分，熟變橙黃

色。栽培於全省各平地、公園及庭園，如台北市之台北植物園、台灣
大學、附屬中學及恒春分所墾丁公園。巴西中部至阿根廷原產。植為
觀賞。（圖670）

圖670　克利巴椰子 Arecastrum romanzoffianum Becc.

5. 砂糖椰子屬 ARENGA Labill.

種之檢索

A 1.　幹短，叢生，高可達1公尺，徑10～15公分；葉長1～3公尺，小
　　　葉長 0.4～0.7公尺…………………………… 1. 山棕　*A. engleri*

A 2.　幹長，單一，高可達20公尺，徑35～40公分；葉長4～7公尺，小
　　　葉長 0.9～1.2公尺………………… 2. 砂糖椰子　*A. pinnata*

（1）　山棕 **Arenga engleri** Becc. (Taiwan sugar palm)　　常綠灌木；葉奇數羽狀複葉，葉鞘黑色，外具纖維；核果球形，徑約1.6公分，熟呈黃紅至黑色。產全省山野，生育高度可達海拔 1,100 公尺。分佈日本九州屋久島及琉球。嫩芽供食用，葉鞘纖維可製帚把及刷子等，亦植供觀賞。（圖671）

圖 **671**　山棕 Arenga engleri Becc.

（2）　砂糖椰子 **Arenga pinnata** (Wurmb.) Merr. (*Saguerus pinnata* Wurmb.) (Sugar palm) 高大喬木，樹幹單一；羽狀複葉長大，葉鞘被粗毛，表面濃綠，背面灰白色；雌雄同株，花序下垂性；果長橢圓形至倒圓錐形，長 5 公分，堅硬，具褐色纖維，種子外面凸出，內側成 2 面，黑色。栽培於全省平地之公園及庭園。印度、緬甸、馬來西亞及西里伯島原產。葉鞘纖維可製帚把、繩索，花序中之液質可製糖釀酒，幹髓可食。（圖672）

圖672　砂糖椰子　Arenga pinnata (Wurmb.) Merr.

6. 手杖椰子屬 BACTRIS Jacq.

手杖椰子 **Bactris major** Jacq. (Beach spiny clubpalm)　樹幹叢生，高達4.5公尺，徑2.5～4公分，具有彎曲之特性，長約5公分之刺；羽狀複葉之葉鞘及總葉柄，被白色或黃褐棉毛及長2～3.5公分之黑刺；肉穗花序之佛焰苞亦被彎曲之黑刺，花被6片；核果卵形，長4公分，徑3公分，外果皮粗糙，內果皮頗厚，斜橢圓形，長3公分，徑約2公分。栽培於省立林業試驗所台北植物園。熱帶美洲，如哥倫比亞、巴拿馬及巴西原產。觀賞。

7. 班秩克椰子屬 BENTINCKIA Berry ex Roxb.

班秩克椰子 **Bentinckia nicobarica nicobarica** Becc. (Nicobar bentinckia) 樹幹高可達20公尺，徑25公分，單一；羽狀複葉，小葉線形，先端2裂；果呈3稜狀球形，長2.5公分，熟變紅色，種子橢圓形。栽

培於台北植物園花圃近溫室之旁。印度洋之尼古巴群島 (Nicobar Islands) 原產。觀賞。（圖673 ）

圖 **673**　班秩克椰子 Bentinckia nicobarica Becc.

圖 **674**　扇椰子 Borassus flabellifer Linn.

8.　扇椰子屬 BORASSUS Linn.

扇椰子 **Borassus flabellifer** Linn. (Palmyra palm)　喬木，樹幹單一，高達 30 公尺，徑 0.6～0.9公尺；葉掌狀，扇形；肉穗花序之佛焰苞多數，雄花有雄蕊 6枚，雌花之子房 3～4室；核果球形，徑約20公分，熟變紫黑色；種子大形，被纖維質之毛。栽培於台北植物園，即在辦公大樓後面，可見 2株。非洲原產。樹液釀酒，葉可編物，亦植供觀賞。（圖674 ）

9.　水藤屬 CALAMUS Linn.

水藤 **Calamus formosanus** Becc. (Taiwan rattan palm)　莖幹蔓狀；葉爲羽狀複葉，總葉柄具逆刺，小葉對生，亦有刺；佛焰苞筒狀，宿存。產恒春半島，墾丁公園尤多，另蘭嶼及綠島亦有之。觀賞。（圖675 ）

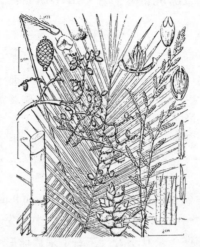

圖 675 水藤 Calamus formosanus Becc.

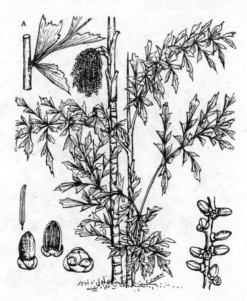

圖 676 叢立孔雀椰子 Caryota mitis Lour.

10. 孔雀椰子屬 CARYOTA Linn.

種之檢索

A 1.　樹幹叢生，高 5 ～ 6 公尺，徑 8 ～ 13公分；葉長 1.2 ～ 2.7 公尺，
　　　末端小葉色淡綠，質薄，葉肋不顯明；雄蕊15～25；果徑 1.3 公分
　　　…………………………………………………⑴叢立孔雀椰子　*C. mitis*

A 2.　樹幹單一，高達20公尺，徑30～45公分；葉長 5 ～ 6 公尺，末端小
　　　葉色暗綠，質硬，葉肋顯明；雄蕊約在40以上；果徑 1.8 ～ 2 公分
　　　………………………………………………………⑵孔雀椰子　*C. urens*

（1）　叢立孔雀椰子 **Caryota mitis** Lour. (Tufted fish-tail palm)　樹幹叢
　　　生，高達5～6公尺；二回羽狀複葉，小葉先端作咬切狀；肉穗
　　　花序爲下垂性，長 0.3公尺左右；果實球形，熟變暗紅色，種
　　　子壓縮狀球形。栽培。全省平地之公園及庭園均屢見之。緬甸
　　　、馬來西亞、中南半島、蘇門答臘、爪哇、婆羅洲及菲律賓原
　　　產，主生於近河流之多濕森林內。觀賞。（圖676 ）

圖 **677**　孔雀椰子 Caryota urens Linn.

（2）　孔雀椰子 **Caryota urens** Linn. (Fish-tail　palm)　　喬木，樹幹單一
；二回羽狀複葉；肉穗花序腋生，長 3～4 公分，下垂；果實
稍呈球形，紅熟之後，再變成黑褐色，種子壓縮狀球形。栽培。
全省平地之公園，如台北植物園，可以見之。印度、錫蘭、緬
甸及馬來西亞原產。葉鞘纖維供製繩索、帚把，幹髓可採澱粉
，花序中之汁液釀酒，頂芽能食，樹幹用爲建築。（圖677）

11. 茶馬椰子屬 CHAMAEDOREA Willd.

茶馬椰子　**Chamaedorea seifrizii** Burret. (Parlor palm)　常綠灌木，樹幹
叢生；羽狀複葉；花小；果實球形。栽培。見之於墾丁公園。墨西哥
原產。觀賞。

圖 **678**　伊烈顏茶馬椰子 Chamaedorea elegans Mart.

12. 唐棕櫚屬 CHAMAEROPS Linn.

矮唐棕櫚 **Chamaerops humilis** Linn. (Mediterranean fan palm) 樹幹短，叢生；葉扇形，葉柄細長而具刺；肉穗花序之佛焰苞有 2，花小，黃色，雄蕊 6；漿果長橢圓形，熟呈紅褐而帶黃色，種子橢圓形。栽培於庭園，頗爲稀少。地中海沿岸、非洲北部及加那利群島 (Canary Islands) 原產。觀賞。（圖679）

圖 **679** 矮唐棕櫚 Chamaerops humilis Linn.

13. 黃椰子屬 **CHRYSALIDOCARPUS** H. Wendl.

黃椰子 **Chrysalidocarpus lutescens** Wendl. (Yellow areca palm) 樹幹叢生，徑約 8 公分，具顯著之節環；羽狀複葉；肉穗花序成圓錐形，雄蕊 6；漿果金黃至紫黑色，種子倒圓錐形，長 1.2 公分，外面具有絲狀之纖維質。栽培於全省平地、公園及庭園。馬拉加西（馬達加斯加島）原產。頗適於盆栽。（圖680）

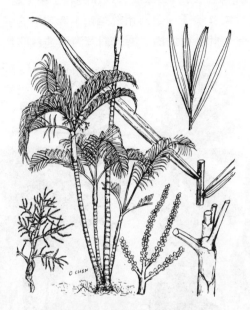

圖 **680** 黃椰子 Chrysalidocarpus lutescens Wendl.

14. 可可椰子屬 COCOS Linn.

可可椰子 Cocos nucifera Linn.(Coconut)　常綠高大喬木，樹幹高達
20～30公尺，徑40～50公分，老樹基部屢見彎曲；羽狀複葉；肉
穗花序叢生，雄花有雄蕊6；堅果略具3稜，長18～30公分，外果
皮薄，色綠、黃或橙紅，中果皮厚，具豐富纖維，內果皮為堅硬之內
殼，再內即為果肉及液汁。栽培。本省以屏東、東港所植為主，高雄
、台南次之，嘉義至彰化栽培則漸見停止；東部自花蓮以南至大武之
間，此一地帶均見其生長不惡，蘭嶼與綠島亦有之。民國49～50年
屏東縣政府林務科在屏東至恒春之間，曾大量栽種可可椰子，生長極
為良好，即將大量收穫，惜因拓寬公路，將於今年砍除，然後再行栽
植。民50年經筆者等調查全島可可椰子之總數約有20,000株。原
產地一說為南美，另一說則為太平洋各島嶼。果汁可飲，肉則用製椰

乾(copra)，以爲餅乾，或加壓搾油，以作各種工業原料；中果皮全爲纖維 (coir)，可製繩索及刷子；葉則用於編帽、葺屋；花序之液可製酒；內殼可做活性炭；此外行道樹、園景樹及海濱造林等均多用之。（圖681、682）

圖 681 可可椰子 Cocos nucifera Linn.

15. 行李椰子屬 CORYPHA Linn.

種之檢索

A 1. 葉之長度較葉柄爲短；花色靑白；核果徑 2.5 公分，靑綠色………
……………………………………………(1)金絲欄 *C. gebanga*

A 2.　葉之長度較葉柄爲長；花色白；核果徑 4 公分，黃綠色……………
　　…………………………………………⑵行李椰子 *C. umbraculifera*

圖 **682**　可可椰子Cocos nucifera Linn.

（1）　金絲欄　**Corypha gebanga** Blume (*C. elata* Roxb.) (Gebang talipot palm
　　）　樹幹單生，葉柄殘留幹上；核果徑約 2.5公分，青綠色。
　　栽培在苗栗苑裡、省立農業試驗所棉麻分所，台東、花蓮農業
　　改良場及墾丁公園內。孟加拉及緬甸原產，馬來西亞與菲律賓
　　亦有栽培。葉可編織，幹能採澱粉，種子供製工藝品，另植爲
　　觀賞。

（2）　行李椰子　**Corypha umbraculifera** Linn. (Talipot palm)　樹幹單生
　　，通直；葉單一，掌狀分裂，裂片 80～100 ，葉柄具黑刺；
　　核果球形，徑 4 公分，黃綠色。栽培於墾丁公園及嘉義山子頂
　　。原產錫蘭海拔 600公尺以下之低濕地帶，印度則在馬拉巴海
　　濱。觀賞之外，幹髓可採澱粉，葉可代傘。（圖683 ）

圖 **683** 行李椰子 Corypha umbraculifera Linn.

16 黃藤屬 **DAEMONOROPS** Blume

黃藤 **Daemonorops margaritae** (Hance) Becc. (*Calamus margaritae* Hance) (Yellow rattan palm) 莖蔓性，頗長，最長可達 70 公尺（根據埔里所產之記錄），徑 3～4 公分；羽狀複葉，總葉柄先端延長而不生小葉，葉鞘滿佈長銳刺；果橢圓形，長 2 公分，外被多數光滑而作覆瓦狀排列之薄鱗片，熟變黃色，種子一顆。產全省低海拔潤葉樹林之內，如烏來山及日月潭一帶。分佈我國南部。莖幹爲藤工之原料，以編製各種家具，如藤椅、藤籠等；嫩葉可食（惟略具苦味）；核果亦可生食。（圖684）

17 油椰子屬 **ELAEIS** Jacq.

油椰子 **Elaeis quinensis** Jacq. (African oil palm) 樹幹單生，直立至橫

臥；羽狀複葉；肉穗花序腋生，短而剛硬；果卵或倒卵形，長約5公分，桃黃至橙色，熟變黑褐色。栽培於台北市政府建設局公園路燈管理處士林管理所（前農業試驗所士林園藝分所）、台北台灣大學植物學系新館後面、嘉義農業試驗所、鳳山園藝分所及省立林業試驗所恒春分所等地。熱帶非洲東部及非洲中部原產。所產之椰子油用為臘燭、肥皂及脂肪等工業之原料，葉供蓋屋又製其他用具。

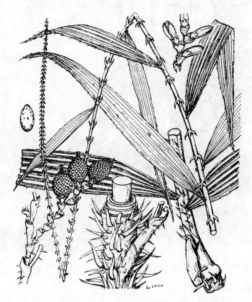

圖 **684** 黃藤 Daemonorops margaritae (Hance) Becc.

18. 非洲棕櫚屬 **HYPHAENE** Gaertn.

非洲棕櫚 **Hyphaene thebaica** (Linn.) Mart. (Doum palm) 樹幹單生，高5～10 公尺，徑0.3～0.45 公尺，上部屢分岐；葉作掌狀深裂，裂片20～30，葉柄暗綠色，具黑刺；肉穗花序自葉間抽出，長3公尺，花黃色；核果暗橙色，球形橢圓形，長7.5公分。栽培。見之於台南農業試驗所棉麻分所。埃及原產。觀賞。（圖685）

圖685　非洲棕櫚 Hyphaene thebaica (Linn.) Mart.

19. 紅棕櫚屬 **LATANIA** Comm.

種之檢索

A 1. 葉被白粉；雄花之花被長 1 公分，雄蕊 16～20⋯⋯⋯⋯⋯⋯⋯ ⋯⋯
⋯⋯⋯⋯⋯⋯⋯⋯⋯⋯⋯⋯⋯⋯⋯(2)羅傑氏棕櫚　*L. loddigesii*

A 2. 葉不被白粉；雄花之花被長 0.2～0.7 公分，雄蕊 20～32。

　　B 1. 老葉呈暗灰綠色，幼葉濃綠色，葉柄上面扁平，呈紅紫色，老者
　　　　　呈灰色⋯⋯⋯⋯⋯⋯⋯⋯⋯⋯⋯⋯⋯⋯(1)紅棕櫚　*L. commersonii*

B 2.　老葉呈青綠色，幼葉黃色或鮮黃綠色，葉柄上面凹入，呈黃色…
　　………………………………⑶黃金棕櫚　*L. verschaffeltii*

（1）　紅棕櫚　Latania **commersonii** Gmel. (Commerson's latania)
　　樹幹單生，高達 15 公分；葉作掌狀分裂，長 2～2.5公尺，
　　葉柄 1.5～2 公尺；核果徑 3.7～4 公分，球形，色綠至綠褐
　　，種子長卵形，長 3 公分。栽培。模里斯島 (Mauritius) 原產
　　。觀賞。(圖686)

圖 686　紅棕櫚 Latania
　　　　commersonii Gmel.

圖 687　羅傑氏棕櫚 Latania
　　　　loddigesii Mart.

（2）　羅傑氏棕櫚　Latania **loddigesii** Mart. (Loddige's latania)　樹幹單
　　生，高達15 公尺；葉作掌狀分裂，長 0.9～1.5公尺，全被
　　白粉，葉柄長 0.9～1.5公尺，佈有棉毛，幼時邊緣有刺，老
　　後全緣；雄肉穗花序長約 1.65 公尺，雌肉穗花序長 0.7公尺
　　；核果倒卵形，長 6 公分；種子灰褐色，下半部具卷網狀稜線
　　。栽培。見之於台北植物園及恒春分所墾丁公園內。模里斯島

原產。觀賞。（圖687）

（3）黃金棕櫚 **Latania verschaffeltii** Lemaire (Verschaffelt's latania) 樹幹單生，高達12公尺；葉作掌狀分裂，長1.35～1.5公尺，葉柄長1.5～2.4公尺，被有棉毛，幼時具刺，後成全緣；核果倒卵形，長5公分，種子淡褐色。栽培。原產盧杜里克瑞 (Rodriquez) 島。觀賞。（圖688）

圖 688 黃金棕櫚 Latania verschaffeltii Lemaire

圖 689 刺軸櫚 Licuala spinosa Thunb.

20. 刺軸櫚屬 LICUALA Wurmb.

刺軸櫚 **Licuala spinosa** Thunb. (Spiny licuala palm) 亦稱御幣椰子。樹幹高可達3公尺以上，叢生；葉作掌狀分裂，裂片14～18，深裂，長35～40公分，先端具4～6齒狀鋸齒，鮮濃綠色，葉柄長1.2～1.7公尺，三角形；花小；果實倒卵形，徑0.6公分，暗褐紅色。栽培。台北植物園、台灣大學植物學系及墾丁公園等地均有種植。馬來西亞與安達曼島原產。觀賞。（圖689）

21. 蒲葵屬　LIVISTONA　R. Br.

種之檢索

A 1. 葉背被白粉⋯⋯⋯⋯⋯⋯⋯⋯⋯⋯⋯(3)傑欽氏蒲葵　*L. jenkinsiana*

A 2. 葉背無白粉。

　　B 1. 葉圓形，扁平，形中等，裂片先端不下垂；樹幹徑約 17 公分⋯⋯
⋯⋯⋯⋯⋯⋯⋯⋯⋯⋯⋯⋯⋯⋯⋯⋯⋯⋯⋯(4)圓葉蒲葵 *L. rotundifolia*

　　B 2. 葉摺疊成二面，呈腎形，形大，裂片先端下垂；樹幹徑 30〜50 公
分。

　　　　C 1. 樹幹上葉柄基部殘留者多數；葉深綠色，裂片作 2 段裂開，葉
柄綠黑色，黑褐之刺大形，長 2〜2.5 公分⋯⋯⋯⋯⋯⋯⋯
⋯⋯⋯⋯⋯⋯⋯⋯⋯⋯⋯⋯⋯⋯⋯(2)虎氏蒲葵　　*L. hoogendorpii*

　　　　C 2. 樹幹上葉柄基部無殘留者；葉綠色，裂片僅作 1 段裂開，葉柄
綠色，黃褐之刺小形，長在 1 公分以下⋯⋯⋯⋯⋯⋯⋯⋯
⋯⋯⋯⋯⋯⋯⋯⋯⋯⋯⋯⋯⋯⋯⋯⋯⋯⋯(1)蒲葵　　*L. chinensis*

（1）　蒲葵 Livistona chinensis R. Br. (Fan palm)　　常綠喬木，幹通直，
高達 20 公尺，徑 30 公分；葉作掌狀分裂，裂片 76〜120
，先端 2 裂且向下懸垂，葉柄長 1〜2 公尺，兩側具逆刺，葉
鞘褐色，具纖維；花白而帶黃綠色，花被 6，雄蕊 6，心皮 3
，花柱 1；核果橢圓形，長 1.5 公分，熟變藍黑色；種子一粒
。栽培於全省平地。分佈我國南部，日本南部及琉球。幹可製
傘柄、手杖、屋柱及其他工藝品；葉可葺屋，製扇；新芽可製
夏帽；纖維可製繩索或刷子及作填充材料等；嫩芽可食；另植
爲行道樹及庭園樹。（圖690）

（2）　虎氏蒲葵 Livistona hoogendorpii Teijsm. ex Teijsm. (Hoogen-
dorp's livistona)　　常綠喬木，樹幹單生，高達 12 公尺，葉
柄基部枯葉落後仍殘留樹上；葉掌狀分裂，裂片 80〜90，表
面暗綠色，葉柄長 1.5公尺，三角形，兩邊具黑褐長針。栽培
於台灣大學傳園、台北植物園及恒春分所墾丁公園。爪哇原產

。觀賞。

圖**690**　蒲葵 Livistona chinensis R. Br.

（3）　傑欽氏蒲葵 **Livistona jenkensiana** Griff. (Jenken's livistona)　常綠
喬木，樹幹高達9公尺；葉腎形，掌狀分裂，背面粉白，裂片
70～80，先端2裂；核果腎形，徑2公分，一側具白線。栽
培於台北植物園。爪哇原產。觀賞。

（4）　圓葉蒲葵　**Livistona rotundifolia** Mart. (Java fan palm)　常綠喬木
，樹幹單生，高達15 公尺，徑17 公分；葉作掌狀分裂，圓
形，裂片60～90，葉柄長1.5～2公尺，兩側具有銳刺；肉
穗花序鮮紅色，花小，黃色；果果球形，黑褐色，徑2.5公分
。栽培於台北植物園、行政院大樓前院及墾丁公園。馬來半島
及爪哇原產。觀賞。（圖691）

圖 **691**　圓葉蒲葵 Livistona rotundifolia Mart.

22. 酒瓶椰子屬　MASCARENA L. H. Bail.

種之檢索

A 1.　樹幹呈日本酒瓶狀，幹基膨大，高達 2.5 公尺；果橢圓形，長 2 公
　　　分，寬 1.5 公分，熟呈金黃色，種子作蓮子狀，表面平滑…………
　　　……………………………………………(1)酒瓶椰子　*M. lagenicaulis*

A 2.　樹幹壯老之後，上部漸變膨大，成棍棒狀，高達 7 ～ 9 公尺；果圓
　　　筒狀長橢圓形，長 1.6 公分，寬 0.7 公分，熟呈紫黑色，種子圓筒
　　　狀長橢圓形，表面具纖維……………(2)棍棒椰子　*M. verschaffeltii*

（1）　酒瓶椰子 **Mascarena lagenicaulis** L. H. Bailey (*Hyophorbe amaricaulis*
　　　Mart.) (Bottle palm)　　矮肥小喬木，幹高可達 2.5 公尺，徑 0.5
　　　～ 0.6 公尺，節環顯著；葉呈羽狀複葉；花雌雄同株，肉穗花
　　　序之佛焰苞多數，雄蕊 6；漿果熟呈金黃色。栽培於全省平地
　　　，以台北、員林永靖及墾丁公園等地特多。模里斯島與馬拉加
　　　亞（馬達加斯加）原產。樹體發育遲緩，形態奇特，適於觀賞。
　　　（圖692）

圖 692　酒瓶椰子 Mascarena lagenicaulis L.H.Bailey

（2）　棍棒椰子 **Mascarena verschaffeltii** L. H. Bailey (*Hyophorbe verschaffeltii* Wendl.) (Spindle palm)　喬木，幹通直，單生，高達 9 公尺，徑 0.3～0.6公尺，上部壯老後變粗大；葉爲羽狀複葉；肉穗花序黃綠色；漿果圓筒狀長橢圓形，熟呈紫黑色。栽培於全省平地、公園及庭園，尤以中南部各處種植多。馬拉加西（馬達加斯加）原產。觀賞、行道樹。（圖693）

23. 叢立刺椰子屬　**PAUROTIS**　O. F. Cook

叢立刺椰子 **Paurotis wrightii** Britt. et Shaf. (Everglades palm)　樹幹叢生，高達12 公尺；葉作掌狀分裂，表面鮮黃綠色至暗綠色，背面銀白色，葉柄邊緣具橙色銳鋸齒；核果球形，徑1.2公分，橙色。栽培於台北植物園。原產北美佛羅里達州南部及西印度諸島。觀賞，樹幹抗火力強。（圖694）

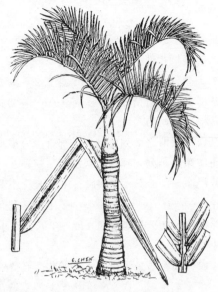

圖 **693** 棍棒椰子 Mascarena verschaffeltii L.H.Bailey

圖 **694** 叢立刺椰子 Paurotis wrightii Britt.

24．海棗屬 PHOENIX Linn.

種之檢索

A 1.　樹幹單生，總葉柄背部不具叢毛。

　B 1.　樹幹高大，高可達 2 ～ 25 公尺；小葉寬 2 ～ 6 公分或較此更寬。

　　C 1.　樹幹基部常具分蘗苗‧‧‧‧‧‧‧‧‧‧‧‧‧‧‧‧‧‧‧(2)海棗　*P. dactylifera*

　　C 2.　樹幹基部無分蘗苗。

　　　D 1.　小葉作不規則之 2 列排列，局部群生之小葉 2 ～ 4 枚構成一
　　　　　　列而作傾斜排列，鮮綠至灰綠色，堅硬。

　　　　E 1.　幹徑 50 ～ 60 公分；葉長 4 ～ 6 公尺，小葉各邊 120 ～ 200
　　　　　　　片‧‧‧‧‧‧‧‧‧‧‧‧‧‧‧‧‧‧‧‧‧‧‧(1)加拿利海棗　*P. canariensis*

　　　　E 2.　幹徑 25 ～ 30 公分；葉長 1.6 ～ 2 公尺，小葉各邊 76 ～ 120
　　　　　　　片。

　　　　　F 1.　樹幹高在 6 公尺以下；葉柄基部殘留於幹上者頗短或不
　　　　　　　　存。

　　　　　　G 1.　葉灰綠色，果熟呈金黃至黑紫色‧‧‧‧‧‧‧‧‧‧‧‧‧‧‧‧‧‧
　　　　　　　　‧‧‧‧‧‧‧‧‧‧‧‧‧‧(3)台灣海棗　*P. hanceana* var. *formosana*

　　　　　　G 2.　葉鮮綠色，果熟呈紅至暗紫色‧‧‧‧‧‧‧‧‧‧‧‧‧‧‧‧‧‧‧
　　　　　　　　‧‧‧‧‧‧‧‧‧‧‧‧‧‧‧‧‧(8)錫蘭海棗　*P. zeylanica*

　　　　　F 2.　樹幹高可達 8 ～ 17 公尺；葉柄基部殘留於幹上者稍長‧‧‧
　　　　　　　　‧‧‧‧‧‧‧‧‧‧‧‧‧‧‧‧‧‧‧‧(7)銀海棗　*P. sylvestris*

　　　D 2.　小葉作規則之 2 列排列，個別則成扁平排列，深綠色，柔軟
　　　　　　‧‧‧‧‧‧‧‧‧‧‧‧‧‧‧‧‧‧‧‧‧‧‧‧‧(6)岩海棗　*P. rupicola*

　B 2.　樹幹頗短，0.9 ～ 2 公尺，小葉寬 0.8 ～ 1 公分‧‧‧‧‧‧‧‧‧‧‧‧‧
　　　　‧‧‧‧‧‧‧‧‧‧‧‧‧‧‧‧‧‧‧‧‧‧(5)羅比親王海棗　*P. roebelenii*

A 2.　樹幹叢生；總葉柄背部具白色叢毛‧‧‧‧‧‧‧‧(4)非洲海棗　*P. reclinata*

（1）　加拿利海棗 **Phoenix canariensis** Hort. et Chabaud. (Canary date)

　　　常綠大喬木；葉長 4 ～ 6 公尺，小葉兩側各 120 ～ 200 片；漿
　　果卵狀球形，橙色，徑約 3 公分，種子濶橢圓形，褐灰色，具

一深溝。栽培於台北植物園有2棵及淡水工商管理專科學校園內。加拿利島原產。觀賞。（圖695）

(2)　海棗　Phoenix dactylifera Linn. (Date palm)　常綠大喬木，樹幹具分蘗苗，高達20～25公尺；葉灰白色；肉穗花序中之雄花序，長15～23公分，帶白而分岐，雌花序長30～60公分；漿果長7公分，熟變紅黃褐色。栽培。

圖 695　加拿利海棗 Phoenix canariensis Hort. et Chabaud.

台北市政府工務局公園路燈工程管理處士林管理所、台北植物園、宜蘭、淡水工商管理專科學校及嘉義農業試驗所均見之。非洲北部及伊朗沿岸原產，埃及與阿拉伯等國有大量栽培。果供食用，每植供觀賞。（圖696）

(3)　台灣海棗 Phoenix hanceana Naudin var. formosana Becc. (Taiwan date palm)　亦名桃榔。樹幹單生，高可達6公尺，幹上具葉柄痕跡，外觀呈疣狀，宛如鱷皮；葉為羽狀複葉；雌雄異株，花序自葉腋抽出，花黃，雄蕊6，雌花之子房為3心皮，3室，柱頭3裂；漿果橢圓形，長1.2公分，自橙黃漸變黑紫色。產全省海邊至丘陵地區等較為乾燥之地，台北姆指山、彰化八卦山及墾丁龜子角等多所見之。我國東南部、海南島及香港為原種之原產地。觀賞之外，葉可製掃把，熟果可食。（圖697）

(4)　非洲海棗 Phoenix reclinata Jacq. (African date palm)　樹幹叢生，高達10公尺；羽狀複葉之邊緣具褐絲；肉穗花序彎曲；漿果長2公分，長卵形，淡橙紅色。栽培於台北植物園及台南糖業試驗所宿舍斜對面。熱帶非洲原產。觀賞之外，果可製酒。
（圖698）

圖696　海棗 Phoenix dactylifera Linn.

（5）　羅比親王海棗 **Phoenix roebelenii** O'Brien (Low date palm)　矮性
椰子，樹幹單生，高可達2公尺，徑20～30公分，形稍彎曲
；葉羽狀複葉，葉柄具黃刺；肉穗花序黃橙色，花具芳香；漿
果卵狀橢圓形，長1公分，熟由橙至黑色。栽培於全省平地。緬
甸及中南半島原產。行道兼園景樹，多見之於台北及高雄。

（6）　岩海棗 **Phoenix rupicola** T. Andars. (Cliff date palm)　樹幹單生
，高達8公尺，徑15～30公分；葉為羽狀複葉，深綠色，柔
軟，下部小葉呈針狀，葉鞘變成纖維；漿果長2公分，卵狀橢
圓形，黃色。栽培。台北植物園、台灣大學傳園及省立林業試

圖 **697** 台灣海棗 Phoenix hanceana Naudin var. formosana Becc.

圖 **698** 非洲海棗 Phoenix reclinata Jacq.

驗所恒春分所墾丁公園均有種植。印度北部原產。觀賞。（圖699）

圖 **699**　岩海棗　Phoenix rupicola T. Anders.

（7）　　銀海棗　Phoenix sylvestris Roxb. (Wild date palm, Silver date palm)
　　　樹幹單生，高達17 公尺；葉長2～3公尺，羽狀複葉；花白
　　　；漿果熟變橙黃色，種子長1.5公分，灰褐色。栽培於台北市
　　　台灣大學傳園。印度北部原產。觀賞。（圖700）。

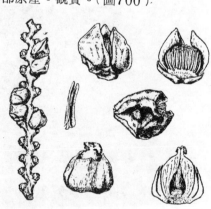

圖 **700**　銀海棗Phoenix
　　　　sylvestris Roxb.

圖 **701**　山檳榔 Pinanga bavensis Becc.

（8）　錫蘭海棗　**Phoenix zeylanica** Hort. (Ceylon date palm)　　樹幹單生
，高達7公尺；羽狀複葉鮮綠色；漿果卵狀橢圓形，紫色。栽
培於台北植物園。錫蘭原產。觀賞。

25. 山檳榔屬　PINANGA Blume

山檳榔　**Pinanga bavensis** Becc. (　*P. tashiroi* Hay.)　(Wild pinanga
palm) 樹幹單生，高達5公尺，徑達20 公分，幹基膨大；葉為羽狀
複葉，小葉線形，長60 公分，寬2～2.5公分；肉穗花序稍下垂，
雌雄同株，雄花乳白色，上午10 時左右脫落，花被6，雄蕊36～
42 ，幾無花絲，雌花較前者稍小，花被6；漿果卵形，長1.8公分
種子1。產蘭嶼望南峰西南部之濶葉樹林內，為量頗多。分佈我國南
部及中南半島。觀賞。(圖701)

26. 射葉椰子屬　PTYCHOSPERMA Labill.

種之檢索

A 1.　樹幹單一，幹徑8 ～13公分……………………⑴射葉椰子　　*P. elegans*

A 2.　樹幹叢生，幹徑4 ～7公分…………⑵馬氏射葉椰子　　*P. macarthuri*

（1）　射葉椰子　**Ptychosperma elegans** Blume (*Actinophloeus elegans* Blume
) (Beautiful palm)　　樹幹單一，果熟呈鮮紅色。栽培於省立林業
試驗所恒春分所墾丁公園。澳洲昆士蘭原產。觀賞。

（2）　馬氏射葉椰子**Ptychosperma macarthuri** Nicols. (*Actinophloeus macar-*
thuri Becc. ex Rader.) (MaCarthur's cluster palm)　　樹幹叢生，果熟
呈紅色。栽培於嘉義農業試驗所、霧峰省議會及省立林業試驗
所恒春分所墾丁公園。新幾內亞原產。觀賞。(圖702)

圖 702　馬氏射葉椰子 Ptychosperma macarthuri Nicols.

27. 羅非亞椰子屬 RAPHIA Beaur.

羅非亞椰子 Raphia ruffia Mart.(

Raffia palm)　　樹幹單生，高達 10
公尺，徑 1 公尺；葉爲羽狀複葉，
小葉革質，堅硬，葉緣具鋸齒或刺
，表面灰綠色，背面粉白；肉穗花
序巨大，長 1.1～3 公尺，腋生，
初直立後下垂；果實下垂，卵形，
徑 5 公分，外爲紅褐之鱗片所包圍。
栽培於省立林業試驗所台北植物園及

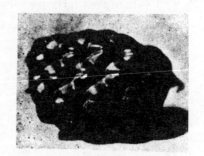

圖 703　羅非亞椰子 Raphia
　　　　ruffia Mart.

恒春分所。熱帶非洲之馬拉加西（馬達加斯加島）原產。觀賞。（圖703）

28. 觀音棕竹屬　**RHAPIS** Linn. f.

種之檢索

A 1.　葉之裂片少數，5～10枚，寬度濶而大，質厚，表面突出…………
………………………………………………(1)觀音棕竹　*R. excelsa*

A 2.　葉之裂片多數，10～18（可達22）枚，寬度窄狹，質軟，表面扁平
，先端屢下垂………………………………………(2)棕竹　*R. humilis*

(1)　觀音棕竹 **Rhapis excelsa** (Thunb.)Henry ex Rehd.(*Chamaerops excelsa*
Thunb., *R. flabelliformis* L'Her.) (Low ground- rattan,　Broad-leaf　lady
palm)　　常綠灌木，樹幹叢生；葉作掌狀深裂，深綠色，光滑
，葉柄細長，兩側邊緣具有細鋸齒，葉鞘變成纖維；雌雄異株
，花序自葉腋抽出，花小，花被6，雄蕊6，心皮3；漿果濶
橢圓狀球形，表面被有多數反屈之鱗片。栽培。全省平地多所
見之。我國南部原產。觀賞之外，幹做手杖及傘柄等。

(2)　棕竹 **Rhapis humilis** (Thunb.)　Blume (*Chamaerops　humilis*
Thunb.) (Dwarf　ground-rattan,　Slender -leaf　lady　palm)
亦名筋頭竹。常綠灌木，樹幹叢生，幾與前種相同，惟本種之
裂片多，共10～22，狹細而長，葉柄無刺或稀少，爲其區別
點。栽培。量較稀少，台北市在廈門街見之。我國南部原產。
用途與前者相同。（圖704 ）

29. 大王椰子屬　**ROYSTONEA** O. F. Cook

大王椰子 **Roystonea regia** (H.B.K.) Cook　(*Oreodoxa regia*　H.B.K.) (Royal
palm)　　常綠大喬木，樹幹單生，高可達18 公分，幼時幹基膨大，
隨後上部變粗大而呈棍棒狀；葉爲羽狀複葉；肉穗花序自葉鞘外之基
部抽出，花白，雄花之花被6，雄蕊6又有9者，雌花之子房球形，
3室；核果濶卵形，長1公分。栽培於全省各地，爲高貴之園景及行
道樹。古巴、牙買加及巴拿馬等地原產。（圖705 ）

圖 **704**　棕竹 Rhapis humilis (Thunb.) Blume

30. 薩巴爾櫚屬 SABAL Adans.

種之檢索

A 1.　葉舌先端鈍形；初無幹，至老木（ 20〜30年生者 ）時，具短幹，高
　　　2〜4公尺‥‥‥‥‥‥‥‥‥‥‥‥‥‥‥‥‥‥(1)短莖薩巴爾櫚 *S. minor*

A 2.　葉舌先端銳尖；有幹，樹高達 10〜30公尺。

　B 1.　漿果小形，徑 1〜1.2公分，球形‥‥‥‥(2)龍鱗櫚 *S. palmetto*

　B 2.　漿果中形，徑 1.5〜2公分，非球形‥‥(3)薩巴爾椰子 *S. princeps*

（1）　矮莖薩巴爾櫚 **Sabal minor** Pers.（ Bush palmetto)　通常無莖
　　　，老後則具矮莖，高 2〜4公尺；葉作掌狀分裂，色綠或淡青；
　　　漿果黑色，光滑，球狀，徑 0.8〜1.2公分。栽培於台北植物
　　　園及墾丁公園之內。原產美國南部、佛羅里達及德克薩斯東部
　　　等地之平地或溪岸。觀賞。(圖706)

圖 705　大王椰子 Roystonea regia (H.B.K.) Cook.

圖 706　短莖薩巴爾櫚 Sabal minor Pers.

（2）　龍鱗櫚　**Sabal palmetto** Lodd. ex Roem. et Schult. (Common palmetto
）　樹幹單生，高可達 30 公尺，通直或稍彎曲；葉爲掌狀分
裂；花序越過葉之長度；漿果黑色，幾呈球形，徑 0.6～1.2
公分。栽培於台北植物園。美國佛羅里達洲原產。觀賞。（圖
707、708）

圖 **707**　龍鱗櫚 Sabal palmetto Lodd.
　　　ex Roem. et Schult.

圖 **708**　龍鱗櫚 Sabal palmetto
　　　Lodd. ex Roem.
　　　et Schult.

（3）　薩巴爾櫚　**Sabal princeps** Hort. (Princeps　palmetto)　樹幹單生，
高達 15 公尺；葉呈掌狀分裂。栽培於台北植物園。原產地未
詳。觀賞。

31.棕櫚屬 TRACHYCARPUS Wendl. et Dr.

棕櫚 **Trachycarpus fortunei** (Hook.) H. Wendl. (*Chamaerops fortunei* Hook.) (
Fortune's palm)　樹幹單生，高可達 20 公尺，葉鞘變纖維；葉掌狀

圖 **709** 棕櫚 Trachycarpus fortunei (Hook.) H. Wendl.

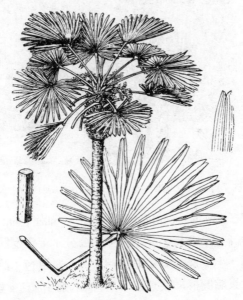

圖 **710** 棕櫚 Trachycarpus fortunei (Hook.) H. Wendl.

分裂，葉柄邊緣具鋸齒或突起，每隔數裂片必有一開裂特深者；肉穗花序之花叢生，長 1.2～2 公分，花被 6；核果心形，具一深凹。栽培於全省各地山麓。我國原產。幹供建築而爲柱，葉鞘纖維可作棕索、棕衣、刷子、木屐之繩，葉側供製掃把等。阿里山奮起湖多有栽植。（圖709、710）

32. 華立氏椰子屬 WALLICHIA Roxb.

圖 **711** 華立氏椰子 Wallichia distichia T. Anders.

華立氏椰子 Wallichia distichia T. Anders. (Wallich palm) 幼時頗似砂糖椰子，樹幹高達 7 公尺，徑 15～30公分；葉爲羽狀複葉，葉鞘兩緣有網狀纖維，小葉邊緣有規則鋸齒，背面灰白色；雌肉穗花序下垂，子房 3 室；果橢圓形。栽培。印度喜馬拉雅山原產。觀賞。（圖711）

33. 華盛頓椰子屬 WASHINGTONIA Wendl.

種之檢索

A 1. 幹基不膨大；葉呈灰綠色，葉舌背面無茶褐屑鱗，裂片邊緣幼時已
　　　具多數纖維絲，先端下垂，葉柄淡綠色，稍有刺⋯⋯⋯⋯⋯⋯⋯⋯
　　　⋯⋯⋯⋯⋯⋯⋯⋯⋯⋯⋯⋯⋯⋯⋯⋯⋯⋯⋯(1)華盛頓椰子　*W. filifera*

A 2. 幹基膨大；葉呈鮮綠色，葉舌背面被絨毛狀茶褐屑鱗，裂片邊緣幼
　　　時具少數纖維絲，先端不下垂，葉柄紅褐色，刺多數⋯⋯⋯⋯⋯⋯
　　　⋯⋯⋯⋯⋯⋯⋯⋯⋯⋯⋯⋯⋯⋯⋯⋯⋯⋯⋯(2)粗壯棕櫚　*W. robusta*

（1）　華盛頓椰子　　**Washingtonia filifera** Wendl.　(California Washington

圖 712　華盛頓椰子　Washingtonia filifera Wendl.

palm) 常綠大喬木，樹幹高達 15 公尺或更高；葉掌狀分裂，葉柄具有刺；核果。栽培。台北植物園椰子區及恒春墾丁公園有之。美國加利福尼亞州及亞利桑那州原產。觀賞。（圖712）

（2） 粗壯棕櫚 **Washingtonia robusta** Wendl. (Strong Washington palm)

較前者軟柔而高大；葉鮮綠，光亮；核果。栽培。墾丁公園有之。美國加利福尼亞洲及墨西哥原產。園景及行道樹。（圖713）

34.沙拉克椰子屬 ZALACCA Reinw.

沙拉克椰子 **Zalacca edulis** Blume (Salak) 本種幾無莖；葉多數；果球形或卵形，長 6.7公分，外被鱗片，惟易剝離。栽培。高雄縣旗山美濃廣林、楠濃林區管理處雙溪（竹頭角）熱帶植物園有之。原產爪哇低濕之地。觀賞。

46.露兜樹目 PANDANALES

葉線形；花單性，雌雄異株或同株；花被變成剛毛或乾鱗片，雌蕊 1，子房 1～多心皮；雄蕊 1～多數，花粉成二分體；果多少成堅果狀；種子有胚乳。本目 3 科，成木本者一科，如下。

（129） 露兜樹科 PANDANACEAE (Screw-pine Family)

喬木、灌木或攀緣木本，常具氣根；葉具葉鞘，單葉，4 列或作螺旋狀排列，叢生於小枝之上，革質，線形，具稜脊，脊上與葉緣均具細鋸齒；花雌雄異株，腋生或頂生，成圓錐花序或叢生，具佛焰苞，苞片厚有色或呈葉狀；花被僅留痕跡或缺如；雄花有雄蕊多數，花絲分離或合生，花藥直立，底生，2室，縱裂，退化子房頗小或缺如；雌花無退化雄蕊，有之亦頗小，子房上位，1室，分離或與鄰接之子房合生，花柱甚短或缺如，柱頭合生或分離，胚珠倒生，單一至多數，底生或側生；聚合果呈橢圓至球形，熟成木質之核果或漿質，種子小，具肉質胚乳與小胚。全球 3 屬，400種，分佈於舊世界熱帶及亞熱帶地區，尤以生長在海島上者為多。台灣有 2 屬 7 種，包括固有及引進者。

圖 **713** 粗壯棕櫚 Washingtonia robusta Wendl.

種之檢索

A 1. 子房具多數胚珠，分離或成群叢生，側膜胎座有 2 或更多；果漿質
；雌花具退化之雄蕊 ‥‥‥‥‥‥‥‥‥‥ 1. 蔓露兜屬　*Freycinetia*

A 2. 子房具 1 胚珠，胎座稍爲底生；果爲木質之核果；雌花無退化雄蕊
‥‥‥‥‥‥‥‥‥‥‥‥‥‥‥‥‥‥‥‥‥‥ 2. 露兜樹屬　*Pandanus*

1. 蔓露兜屬 **FREYCINETIA** Gaud.

山林投 **Freycinetia formosana** Hemsl. (*F. williamsii* Merr., *F. batanensis* Martelli) (Climbing screw-pine)　常綠藤本；葉線狀披針形；花具芳香，無花被，雌花具退化雄蕊，子房多數，一子房具 5〜7 心皮，1 室，聚合果圓筒形，由多數核果而成。產基隆龜山島、木柵石碇皇帝殿、台東山麓平地及恒春半島（如南仁山、九棚）等，蘭嶼稜線上之草生地或

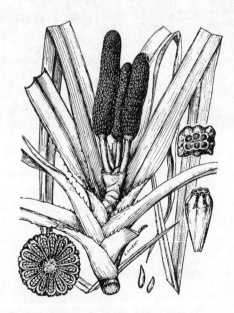

圖 **714**　山林投 Freycinetia formosana Hemsl.

高處森林內亦有之。分佈菲律賓。觀賞及作插花材料。（圖714）

2. 露兜樹屬 PANDANUS Linn.

種之檢索

A 1. 葉具條紋，因而有二色··················(5)條紋葉露兜樹　*P. veitchi*

A 2. 葉不具條紋，僅一色。

　B 1. 灌木，高2公尺內外，徑2公分；葉寬 0.7～1公分··········
　　　··················(2)禾葉露兜樹　*P. graminifolius*

　B 2. 喬木或小喬木，高可達 3～18公尺，徑 10～20公分；葉寬 3～7
　　　公分。

　　C 1. 葉直立；樹冠幾成倒傘形··············(4)䕨露兜樹　*P. utilis*

　　C 2. 葉上半部彎曲而下垂，樹冠成球狀。

　　　D 1. 核果由少數（ 3～5 ）心皮所構成，先端突出··········
　　　　　··················(1)小笠原露兜樹　*P. boninensis*

　　　D 2. 核果由多數（ 7～10 ）心皮所構成，先端較扁平··········
　　　　　··················(3)林投　*P. odoratissimus* var. *sinensis*

（1）　小笠原露兜樹 **Pandanus boninensis** Warb. (Bonin pandanus)　常綠
　　　喬木，幹基具多數氣根；葉叢生，線狀披針形，邊緣及中肋背
　　　面具有上向銳刺；雌雄異株；由核果構成之聚合果，熟呈黃色
　　　。栽培。台灣大學1號館右側及台北植物園有之。小笠原原產
　　　。觀賞。

（2）　禾葉露兜樹 **Pandanus graminifolius** Kurz (Grassy screw pine)　灌
　　　木，高不及2公尺；葉線形，長 30～45公分，寬 0.7～1公
　　　分，邊緣及葉背中肋具細尖銳鋸齒；聚合果小形。栽培。台北
　　　植物園臘葉標本館庭園及墾丁公園舊辦公室前石筍洞附近，另
　　　其他各地可以見之。緬甸、馬來西亞及婆羅洲等地原產。觀賞
　　　及作插花之用。

（3）　林投 **Pandanus odoratissimus** Linn. f. var. **sinensis** (Warb.) Kaneh. (*P.*

tectorius Soland. var. *sinensis* Warb., *P. tectorius* sensu Hayata, non Soland.

）（Thatch screw pine）　常綠小喬木，莖每見分岐，幹基具多數氣根，入地則成爲支柱根；葉叢生，作螺旋狀排列；雌雄異株，雄花淡黃白色，雌花子房1室；聚合果由多數核果構成，一核果由7～10心皮合成，熟變橙紅色。產全省海濱。太平洋熱帶各島嶼沿岸均見之。本種每植之，作爲防風定砂，幹製器具並供建築，葉爲草帽原料等。（圖715）

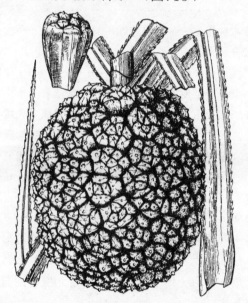

圖 **715** 林投 Pandanus odoratissimus Linn.f.
var. sinensis (Warb.) Kaneh.

（4）　麻露兜樹　**Pandanus utilis** Bory.（Common screw pine）　分岐之常綠喬木，幹基具氣根；葉叢生，直立而作倒傘狀，長披針形，葉緣及背面中肋均具銳鈎刺；核果約100個，共構成聚合果，熟變黃色。栽培。見之於台北植物園及墾丁公園。馬拉加西（馬達加斯加島）原產。植供觀賞，並作防風定砂；纖維（葉）可編織帽子。（圖716）

圖716　麻露兜樹 Pandanus utilis Bory.

（5） 條紋葉露兜樹 Pandanus veitchi Hort. (Veitch screw pine) 灌木，幹基生有氣根；葉線形，邊緣具黃色條紋。栽培。見於嘉義林業試驗所中埔分所嘉義公園工作站及其他處所。太平洋諸島原產。觀賞之外，亦植爲生籬。（圖717）

圖 717 條紋葉露兜樹 Pandanus veitchi Hort.

47. 芭蕉目 SCITAMINEAE

花不整齊，雄蕊1或5（旅人木有6個），子房下位，種子·有胚乳；葉成2列或作螺旋排列，但其葉鞘基部開裂而不閉鎖。本目4科，其成木本者，有芭蕉科一科。

(130) 芭蕉科 MUSACEAE (Banana Family)

木本或草本；葉大、中形均有之，成2列排列，平行脈多數；花兩性，在佛焰苞之內，排成蝎尾狀聚繖花序；萼片3，分離或與花冠連生；花瓣3，作各種程度合生，且屢不相等，其中1或大之2片伸長成弓箭形（舌）而包被花柱與雄蕊，雄蕊5或6，第6蕊屢成不完全之花瓣狀，花藥平行，線形，2室；子房下位，3室，每室胚珠1～8，花柱絲狀；蒴果裂開或否；種子具假種皮或否，有胚乳，胚直。全球有5屬約202種，分佈於熱帶美洲、熱帶非洲及馬拉加西（馬達加斯加島）。台灣栽培種之成木本者，有2屬2種，均屬外來。

屬之檢索

A 1.　葉大形，綠色；花稍呈左右對稱，花瓣分離，雄蕊6‥‥‥‥‥‥‥
　　　‥‥‥‥‥‥‥‥‥‥‥‥‥‥‥‥‥1. 旅人蕉屬　　*Ravenala*

A 2.　葉中形，深綠色；花極為左右對稱，花瓣稍合生，雄蕊5‥‥‥‥
　　　‥‥‥‥‥‥‥‥‥‥‥‥‥‥‥‥‥1. 扇芭蕉屬　　*Strelitzia*

1.　旅人蕉屬　**RAVENALA** Adans.

圖 718　旅人木 Ravenala madagascariensis Sonn.

旅人木**Ravenala madagascariensis** Sonn.（Traveller's tree）常綠高大喬木，高達10公尺，叢生；葉排成2縱列，具長葉柄，狀如芭蕉之葉；花序自葉腋抽出，佛焰苞多數，花則生於此苞內，萼片3，突出甚長，花瓣3，色白，雄蕊6，子房3室，各藏胚珠多數；蒴

果形如香蕉，外果皮堅硬，富纖維質，種子扁橢圓形，長1公分，外
被濃綠色之羽狀種皮。栽培。台北植物園、墾丁公園及全省平地之公
園與庭園均常見之。馬拉加西（馬達加斯加島）原產。觀賞。旅人木
之圓筒狀葉鞘，可貯水液，供旅人之飲用，因而有旅人木其名，貯水
期間約僅3個月而已。（圖718）

2．扇芭蕉屬　STRELITZIA Banks

種之檢索

A 1．　樹幹不存；葉長 0.25～0.45 公尺，寬 10～15 公分；萼片黃色，長

　　　　7.5～10公分…………………………………(1)天堂鳥　　*S. reginae*

A 2．　樹幹存，高達 6 公尺；葉長 0.6～1.2 公尺，寬 30～60公分；萼片

　　　　白色，長 12.5～20公分…………………………(2)扇芭蕉　　*S. augusta*

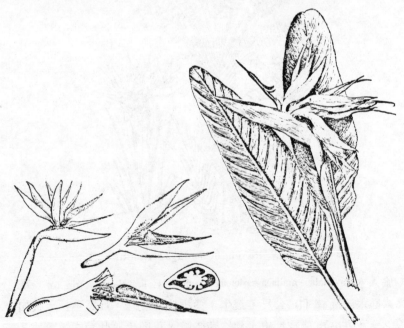

圖 719　天堂鳥 Strelitzia reginae Banks

（1）　天堂鳥　**Strelitzia reginae** Banks　(Bird of paradise flower)　　樹幹缺
　　如；葉身披針狀長橢圓形，葉柄頗長；花莖幾與葉同長，萼片
　　黃色，舌瓣暗青。栽培。在士林與員林玫瑰中心及其他各地均
　　可見之。南非原產。觀賞，花供插花。（圖719）

（2）　扇芭蕉　**Strelitzia angusta** Thunb. (Bird of white flower)　　樹幹達6
　　公尺；葉身 0.6～1.2公尺，寬 30～60公分，葉柄具翅與溝
　　，花莖短，苞片紫色，長25～38公分，舌瓣白色。栽培。見
　　之於省立林業試驗所恒春分所墾丁公園。南非原產。觀賞。

第三篇　附　錄

壹、國際植物命名規約中譯條文

國際植物命名規約要旨，譯文代序

國際植物學會議迄今已開過會議 12 次，每次會議對於命名法規，均有若干修正，此在本文之「參」已作概略說明者。最新之國際植物學命名規約(Stafleu, F. A. *et al.*: International Code of Botanical Nomenclature) ，已於 1972 年 3 月在荷蘭之烏得勒支 (Utrecht) 市出版。此約係根據 1969 年 8 月在美國西雅圖的第十一次會議上所修正通過而加以採用者，其原文係用英、法、德三國語言發表，仍以英文記載者爲準。

國際植物命名規約出版之主要動機，是在求得有正確、公平、合法及統一之世界性植物學名，以免除其發生曖昧與紊亂。因有此一規約之刊布，世界的植物學家以及對植物分類研究有興趣者，對於植物之命名以及與命名有關聯之各事項，均有所了解並遵從。

本規約之大綱如下：

第 1 部門　原理（共計 I - VI 六條）。原理計爲下列規則與勸告之基礎。

第 2 部門　規則與勸告（包括條款 1～75，共計七五項）。

第 1 章　分類群之階級與指示階級之術語（包括條款 1～5，共五項）。

第 2 章　分類群之名（包括條款 6～15，共十項），下分四節。

第 3 章　各級分類群之命名（包括條款 16～28，共十三項），

---

*國立中興大學植物學系謝萬權博士另有全譯文，先後刊登於中華林學季刊 VII (2)，1974 及森林學報 IV，1975 與 V，1976。

　　　　　　　下分六節。

第4章　　有效與正確之出版（包括條款29～50，共二二項），
　　　　　下分四節。

第5章　　名稱與小名之保留、選擇及廢除（包括條款51～72，
　　　　　共二二項），下分六節。

第6章　　名稱與小名之拼字法及屬名之性（包括條款73～75，
　　　　　共三項），下分二節。

第3部門　規約修正之條款。

附錄1.　　雜種之名（包括條款H1～10，共十項）。

附錄2.　　保留之科名。

附錄3.　　保留與廢除之屬名。

模式標本之決定指南。

　　為節約篇幅，國際植物命名規約全文，其中除第5章、第4節、條款59、以及另涉及化石植物之附註一、二，附錄1～3，暫不列入而付諸缺如，又附於原書末尾之「模式標本之決定指南」——附錄中之一部分，與第二部門、第二章、第二節模式標本法合併一起（因而譯文先後順序，略有移動），予以摘譯外，其他均根據1972年之英文版全部譯出，並將其當作本樹木學之附錄，置於書末，以享讀者，敬請參閱。

　　任何一規約或協定，不拘其用中、外任何一國語文記述，其條款之行文，所用語句，雖屬精實，但均枯燥，不易翻譯，本規約條文亦不例外。由於本規約文字之艱枯難譯，更兼作者等文筆並不流暢，所譯出之全文各條款，定有不妥之處，尚請各讀者隨時賜正。

　　　　　　　中華民國69年5月　　譯者　　劉棠瑞　廖日京謹識

國際植物命名規約

目 次

序

　　本西雅圖規約（Seattle Code）與以前的愛丁堡規約（Edinburgh Code,
1966年出版），就整體而言，差異並不大。自從1950年以後，我
們已證實了提到國際植物學會議的提案，其數量及重要性均已逐漸減
少。目前大多數的提案，均欲使這法規更臻精緻及正確，而不是要很

快去改變。卽使是如此,自從 1966 年本規約出版以來,對於名稱之
保留或廢除而爲命名委員會所接受的無數提案,暫離開不談外,西雅
圖會議所接受或提至編輯委員會的提案,其數量仍在 100 個之列。雖
然植物命名法的編纂成法規的主旨,仍保留而未改變,但是目前所用
的規約,則顯出有一值得重視的數量的修正與詳細的增加。

在愛丁堡會議,使命名本身之能趨於統一,其結果仍是很重要;
在西雅圖的主要決議,乃是對屬與種之間以及種以下各分類群重複名
之指示,對贅名這一多年的老問題,以及對雜種命名法規的主要改訂
。無法解決的問題,就像往常一樣,提到特別之委員會,以便把事情
向 1975 年之列寧格納會議 (Leningard Congress) 報告。科級以上分類群
名稱之地位,以及條款 69,70 及 71 的應用,爲二大主題,已有是等
委員會指定之賜予。

準備西雅圖規約所採的步驟,與斯德哥爾摩、巴黎、蒙特利爾及
愛丁堡規約所循者相同。目前本文所呈現的規約,是依據 1969 年 8
月 21 日及 9 月 2 日所召開的 11 屆國際植物學會議的命名組所達成的
決議。命名組曾於 8 月 21～24 日召開;它的決議,且正式爲 1969
年 9 月 2 日的一次全體大會(參閱第十一屆國際植物學會議、會報、
華盛頓 D. C. XI International Botanical Congress, Proceedings, Washington 1970,
P.146) 所接受。此等提案本身前已發表於 *Taxon*, 並以一提案綱要(
Synopsis of proposals. 見 *Regnum vegetabile* Vol. **60**. 1969). 的型式,向大會提
出。

命名組的此一決議的初步觀察,可見於 1970 年出版的 *Taxon* 19
：36～51 頁,至會議之完整報告,則刊載於 1972 年 2 月的 *Regnum*
vegetabile (Vol. **82**). 。所有有關是等會議的組織以及會議結果之出版等
,均得到 USNCC (United States National Committee for the Congress) 及華盛
頓大學的有效與重要的物質支持。

命名組並決定將此規約用英文、法文及德文繼續作正式版本的出
刊。此三種版本,均屬正式,但如果版本之間有何不清楚之處,則同

意以英文版的措辭，列爲正確。英文版曾爲編輯委員會所有的會員所起草並同意，而英語系的會員對文法及慣用語的問題，曾作過最後的決定。

編輯委員會于 1970 年 10 月曾在瑞士的 Montreux 召開。國際生物科學協會以及 USNCC 對此次會議提供了所有的經費。此項財源上的支持，受到非常的歡迎。因爲會議對所有由命名組向編輯委員會提出的多數問題（實質的與細節的），均須獲得解決，才能結束。此委員會對命名組將許多問題留給委員會作最後決定，該組所顯示之此種信賴，表示十分感謝。

法文本是由以 Roger de Vilmorin 爲主席，以及以 Edmond Bonner 與執行長 (Rapporteur-général) 爲委員的小組所纂寫完成。此小組有特權，於 1971 年 5 月曾被邀請至科西嘉 (Corsica) 的 Favone 的主席夏季別墅商討。

德文本是由 Georg Schulze 所作，並得到由柏林 Dahlem 的 Dr. F. Butzin 的致力與協助。

由於任命 Edward. G. Voss 爲大會的副執行長及委員會的秘書，因此在委員會的會員中工作的實際區分，就有很大的改變。我自己從 1950 年開始，就從事于此規約甚多的編輯工作，我更覺得 Ed. Voss 的對我們的共同目標，以同樣的熱情，作出極大的貢獻而感到榮幸。Ed. Voss 以有效而精確的方法，所準備的所有文件，對委員會的所有會員，均有極大的裨益；以一個剛加入委員會的身分而言，彼自己能適合於多方面的職責，實是頗令人難於忘懷。我對他優越的表現，表示衷心的感謝。

對其他的人士，於此同樣表示謝意。此規約之能出版，乃是團隊的努力。此團隊最主要的乃是編輯委員會。此委員會的成員組成，現時與在愛丁堡以後者有些少的變化，但此等新成員立刻顯示出與以前的任職者，有相同的熱情。1950 年時斯德哥爾摩群的會員，已沒有一個會員現仍留下，但是我們所有的會員，均情深懷念我的前任執行長 J. Lanjouw 之爲人以及工作。我們仍秉承在彼領導之下的會議的特色，以合作與友善的精神，來繼續彼之工作。我對此次委員會的所有同仁，所花費了的時間及精力，以及彼等在試圖對問題的精確與明瞭，給予完成所表現之毅力，將特別感謝。

很明顯我無法舉示所有對此一規約有所貢獻之人的姓名。服務於此命名委員會的植物學家（將近有 100 個人），常必須艱苦工作，以及長時間來處理對保留名的提案。此等不爲人所知的努力，極爲重要而且應受到最大的感謝。對於保留名 (*Nomina conservanda*) 名錄所作的比較小與適當中度的修改等，當是需要相當努力而費力研究的結果。在此一方面，我們特別要感謝 J. Domdy 在編輯、命名及文獻上所作的寶貴協助。多數分類學者在執行此一謹慎但頗重要的命名作業時，發現其難於使此嗜愛之工作與其一日之間的職責相結合。如果沒有他們的努力，我們將無法討論這源源而來的問題與意見，而這些乃爲在不斷進行之分類工作的副產品。命名乃分類必備的基礎，而我們非常幸運有這許多分類學家，願在此種費時的工作上，提供協助。

許多同仁中之一位，應特別給予感謝的，是從 1950 年起在 Utrecht 和我最親近的共同研究人員， Wil Keukan.。由於她在會議中的出席，她對規約的工作及對國際植物分類學會 (International Association for Plant Taxonomy，簡稱 I APT ）所有其他的活動，當然最重要者還是她的爲人，在全世界的植物分類學家中，認識了很多朋友。對於主要的工作，她在我們所有的活動中，繼續扮演一個緩衝的角色，我確信，我可把他們與我的熱烈感謝加諸於伊。

在本序文結尾之時，關於國際植物命名規約 (International Code of Botanical Nomenclature) 之詳細現況，還有幾句話要說。對植物命名的國際組織所作之一完全描述，我曾參考 McVaugh, Ross and Stafleu 的植物命名註解辭彙 (An annotated glossary of botanical nomenclature, 見 *Regnum regetabile* Vol. **56**, pp 28–30, 1968) 的報告。本版規約係在最後一個機構，即國際植物學會議 (International Botanical Congress) 許可之下而

發表者。此等會議中的命名組，就有關規約修正的提案，曾予討論，同時任派各種命名委員會的會員。命名組所作的決定，再向委員會大會提出，給予批准。在此等委員會之間，工作乃在國際植物分類學會（IAPT）指導之下，由各委員會（已列舉在本規約的第三部門）分別完成者。國際植物分類學會本身即為國際生物科學協會(International Union of Biological Sciences, 略稱 IUBS）的一組。所有此等命名委員會互相聯合而組成了 IUBS 的國際植物命名委員會(International Commission on Botanical Nomenclature, 略稱 ICBN ），它們是自國際生物科學協會與經由此協會向國際科學聯盟委員會（International Council of Scientific Unions, 略稱 ICSU）以及自聯合國教育科學文化組織（UNESCO）獲得重要精神及金錢上的支持；由於經費的補助，使得委員會的工作以及決議事項的發表，得以順利完成。IUBS 對本版規約的出版，更提供了一特別金錢之資助。我們對於此一長期、大方而且慷慨的幫助，將永難忘懷。如果沒有如是之支持，對目前植物命名所能達到的穩定且有效的程度，將屬不可能。

一九七二年三月　　F. A. Stafleu

緒 言

　　植物學須有一簡明的命名法，來處理一能明示各分類群或分類單位的階級之術語，另一能適用於植物各分類群的學名，而爲各國的植物學者所使用。給予一分類群的名稱之目的，並不在指明名稱的特徵或歷史，而是要提供有關名稱的一個命名方法與指示其分類的階級。本規約之目的，主要是在提供一安全的分類群之命名方法，並避免與廢除易引起錯誤或曖昧或導致科學陷於混亂的名稱之使用。次一的重要，是在避免不必要的名稱之創設。其他的考慮，譬如絕對的文法上的正確性，名稱的調和與音調，多少爲流行的習慣，以及對於人的尊敬等，雖屬有其不可否認的重要，均係較爲更次等的。

　　本規約中的原則 (principles) 爲構成植物命名法體系的基礎。

　　詳細的條款，區分爲已制定在各條款中的規則 (rules) 與勸告 (recomendations)；附屬於其中的註解 (notes)，爲其不可或缺的部分。實例 (examples) 則附加在規則與勸告中，作爲牠們的解釋。

　　規則的目的，是要將過去的植物命名，作有秩序的整理，同時爲未來的命名而預作準備；凡違反規則的名稱，不能給予支持。

　　勸告是在處理補助的事項，其目的尤在爲將來的命名，謀求更大的統一與明確；違反任何一勸告的名稱，不能因此理由而予以廢除，但此等之名，不能當作舉例而加以倣傚。

　　有關修正本規約的規定，構成本約的最後一部門。

　　規則與勸告可適用於全植物界，即現生植物與化石植物。但特定的群，必須有特定的規定。因是國際細菌命名委員會特刊有國際細菌命名規約 (International Code of Nomenclature of Bacteria, 見 Intern. Journ. Syst. Bact. 16: 459–490. 1966)。與此相同，國際栽培植物委員會則出版一國際栽培植物命名規約 (International Code of Nomenclature of Cultivated Plants,

Reg. Veg. **64**: 1969). 。關於雜種名稱的規則，見於附錄之一。

更動一名稱的唯一正當理由，必須起因於有由深湛之分類學的研究而獲致對於分類事實有更深奧的知見，或因違反規則而必須廢棄的命名。

無恰當的法規或法規的應用，以致發生疑問時，則須遵循已確立的慣例。

本版規約取代所有以前發行的各版（參閱 Bibliographia, 394 頁）。

第一部門　原理

原理　I

植物命名與動物命名係彼此獨立而互不相關者。

對於認作植物的各分類群之名稱，不拘此等分類群原已指定棣屬於植物界與否，本規約均可作同等通用。

原理　II

任何分類群名稱之適用，乃取決於據以命名之模式標本。

原理　III

每一分類群之命名，均以其發表之優先為準。

原理　IV

具有特定界限、位置及階級之各分類群，祇能有一正名，此即為合於規約最早之一名，但特定情形者除外。

原理　V

各分類群之學名，是不考慮其來源，均當作拉丁語處理。

原理　VI

命名之法規，除標明有限制者外，可以追溯到既往。

第二部門　法規與勸告

第一章　分類群之階級與指示階級之術語

條款 1

本規約任何階級之分類集團，均稱之爲分類群 (Taxa ，單數爲 Taxon) 。

條款 2

任何一植物，均可將其處理而置於其中，以種 (Species) 一級爲基礎。

條款 3

分類群的主要階級，由下而上，依次爲種 (species)、屬 (genus)、科 (familia)、目 (ordo)、綱 (classis) 及門 (divisio) 。如斯，每種（被指定爲）棣屬於一屬，每屬棣屬於一科（某些化石植物的群例外）等。

註：　因爲化石植物 (fossil plant) 之種的名稱，隨之尚有多數較高分類群之名稱，常係根據斷片的標本而來，又因爲在此等標本之間的聯繫，僅能作罕有的證實，所以有器官屬 (organo-genera) 與形態屬 (forma-genera) 等分類群之區分。在此等分類群之下，根據本規約，可接受種之存在並給予以名稱。

一器官屬可指定爲一科中之一屬。一形態屬則不能指定爲一科中之一屬，但僅可當作一有較高階級之分類群（參閱條款 59 ，按：本條款從缺）。

例：器官屬：鱗果木 *Lepidocarpon* Scott, 鱗果木科 (Lepidocarpaceae), *Mazocarpon* (Scott.)Benson, 封印木科 (Sigillariaceae), *Siltaria* Traverse, 殼斗科 (Fagaceae). 。

形態屬： *Dadoxylon* Endl., 松柏綱 (Coniferopsida), *Pecopteris* (Brongn.) Sternb.眞蕨綱(Pteropsida), *Stigmaia* Brongn.有鱗目 (Lepidophytales) 與鱗子目 (Lepidospermales), *Spermatites* Miner, 莖葉植物門 (Cormophyta, 不包含 Eocormophyta 與 Palaeocormophyta microphylla) 。

關於雜種分類群之階級，可參閱條款 H. 1（附錄 1. 雜種之名，譯文從略）。

條款 4

如需更多的分類群階級時，可於此等指示階級的術語之前，加一接頭字 （prefix），即亞 (sub–) 字來作成或另插入一補助術語，以增加之。

譯者按：準此，一株植物（譯者再按：即指每一個體 Individuum ）可將其作爲一分類群，歸屬於植物界如下的各從屬階級。

即：植物界 (Regnum Vegetabile)、門 (Divisio)、亞門 (Subdivisio)、綱 (Classis) 、亞綱 (Subclassis)、目 (Ordo)、亞目 (Subordo) 、科 (Familia)、亞科 (Subfamilia) 、族 (Tribus)、亞族 (Subtribus)、屬 (Genus)、亞屬 (Subgenus) 、節 (Sectio) 、亞節 (Subsectio)、系 (Series) 、亞系 (Subseries) 、種 (Species)、亞種 (Subspecies) 、變種 (Varietas)、亞變種 (Subvarietas) 、品種 (Forma) 及亞品種 (Subforma)、個體 (Individuum) 。

又若不因此而導致分類紊亂或錯誤時，可插入或附加更多之補助階級。

註：在作寄生植物，尤以菌類的分類，在生理學上，能表現其特徵，但自形態學的立場，却幾不能或全不能顯示其特徵，若有如此之分類群，著者不能給與種、亞種或變種之評價時，可以其對於不同寄主之適應特徵，來區分爲特別品種 (Formae speciales) 。此特別品種之命名，將不受本規約之拘束。

條款 5

在條款 3 與 4 中所載明的階級，其相關順序不得加以變更。

第二章　分類群之名（一般條款）

第一節　定　義

條款 6

有效出版 (effective publication) 是符合條款 29-31的出版。

名之正確出版 (valid publication) 是符合條款 32-45　的出版。

每一合法之名或小名 (legitimate name or epithet) 爲描述植物某種特性之名辭、形容辭或片語，今暫譯小名) 係符合法規的名稱或小名。

每一不合法之名或小名 (illegitimate name or epithet)　是與法規相抵觸的名稱或小名。

具有特定之界限、位置又階級的分類群之正名 (correct name)，在本規約之下，爲必須採用之合法名（參閱條款 11　）。

例：屬名 *Vexillifera* Ducke (Arch. Jard. Bot. Rio de Janeiro 3 ： 139.1922
) 係根據單一之種 *V.　micranthera* 而來，合乎本法規，故該屬名爲合法名
。又屬名 *Dussia* Krug et Urban ex Taub. (in Engl. et Prantl, Nat. Pflanzenfam. III.
3 ： 193.1892）是根據單一的種 (single species) *D. martinicensis* 而來，亦爲
合法名。此兩種如認爲須要分開，各自成屬時，則兩屬名均可爲正名。然
Harms (Repert. Sp. Nov. 19: 291. 1924) 把此兩屬合併而爲一屬，如此處理，倘
被接受，則後一屬名，*Dussia*　（1892），具有此一特定之界限而成爲該
屬之唯一正名。至於合法名　*Vexillifera*　（1922），依據對分類群觀念的
差異，可爲正名，亦可爲不正名。

註 1：所謂「名」（名稱　name　）一辭，除非另有指示，不論其
爲合法或不合法，在本規約解釋爲曾經正當發表之名。

註 2：屬級以下一分類群之名，係由屬名與一或更多之小名組合
而成者，稱之爲組合 (combination)。

組合的例：　*Gentiana lutea, Gentiana　tenella* var. *occidentalis, Equisetum
palustre* var. *americanum*　f. *fluitans, Mouriri* subgen. *Pericrene, Arytera*　sect.
Mischarytera 等 。

第二節　模式標本法 *

條款 7

*爲節省篇幅與明瞭計，特於此將「本節」與附隨於原規約後部的「模式標本之
決定指南 (Guide for the determination of types).　」之一附錄，部分併入
而摘譯於此。

科或科以下各級分類群之名的應用，是藉命名模式標本 (nomenclatural type) 來決定。不管作爲一正名或一異名，模式標本（ typus 單稱模式）爲永久附屬於分類群之名的分類群構成要素。

註1：命名的模式標本，並不須爲一分類群最典型或代表的要素，而是需要其爲與名稱永久結合在一起的要素。

1．正模式標本(Holotype)：是爲著者所選用或指定爲命名模式之一份標本或其他要素。祇要有正模式標本的存在，牠自然即可決定其有關名稱的應用。

2．複模式標本 (Isotype)：是正模式之任何重複標本（由同一採集者在同一棵樹、同一時候與同一地點所採集之標本的一部份）。

3．等值模式標本 (Syntype)：在未指定正模式標本時，著者在原記載文所引用之2份或更多標本，其中之任何一份標本，或同時被指定爲模式的2份或更多標本，其中之任何一標本，均可稱之。

4．選定模式標本 (Lectotype)：當著者在記載分類群（按主要在發表新種、屬時）而未指定正模式標本，或正模式標本認爲有錯誤、遺失或損毀時，自原始資料 (protologue) ＊ 所選出而當作命名模式之一份標本或其他要素，是爲選定模式。若種或種以下各級分類群之名的命名者，曾指定有2或更多的標本爲模式（例如雄株與雌珠，或有花與有果的標本等）時，則選定標本必須自此等之標本中來選定。設若著者在記載一分類群，未指定正模式標本，或在正模式標本已遺失或損壞時，得指定選定模式標本或新模式標本來代替。此際，選定模式較諸新模式應優先加以選擇。如有複模式標本存在時，應即選爲選定模式標本。如無複模式，但有等值模式標本存在時，則應自等值模

＊原始資料 (Protologue 來自 πεoros, 最初 ; λoyos, 論述)：是指學名在最初出版所附隨於其內之一切事項，包括特徵紀要(diagnosis 記相文)、描述 (description) 、圖解 (illustrations)、引用文獻 (references)、異名 (synonymy) 、地學資料 (geographical data) 、引用標本 (citation of specimens) 、討論 (discussion) 及註解 (comments) 等等。

式中選出一份爲選定模式標本。旣無複模式亦無等值模式，亦無任何原始資料存在時，得另選新模式標本。

　　5．新模式標本　(Neotype)　：據以作分類群命名的基礎之所有資料（例如正模式、複模式、等值模式、副模式標本及其他任何原始資料），均已遺失時，當作命名模式所選定的一份標本或其他要素，就是新模式標本。

　　選擇方法，是以原始資料（文獻等）與標本作諸比較後，認其符合者可爲新模式，以代替命名模式標本。

　　6．副模式標本　(Paratype)　：除正模式、複模式或等值模式標本以外，在原始資料中所引用之其他一標本，稱爲副模式標本。照一般常理來說，如無正模式標本之指定，則當亦無副模式標本之存在，因爲所引用之標本，將均是等值模式，惟當一著者將列舉2或更多之標本，作爲模式時，則其餘所引用之標本，均爲副模式而非等值模式。

　　當一新名或小名之發表，公認爲一代替名〔新名 nom. nov. (nomen novum　之略寫）〕，用以代替一舊名或小名時，則其模式應以舊名之模式爲模式標本。

　　根據以前所發表之合法名稱或小名而成立之新名〔新級 stat. nov. (status novus）之略寫，新組合 comb. nov. (combinatio nova）之略寫〕，在任何情況之下，均以其基礎名（ basionym ）之模式標本爲代表。

　　一個名稱或小名，當其在命名上發表成爲一贅名 (superfluous name 多餘的名）時，在本規約之下，當然應把已採用的名稱或小名之模式爲代表，除非發表贅名或小名之著者，另有明確模式之指定。

　　對於具有命名出發點 (nomenclatural starting point) 晚於1753年（參閱條款 13 ）之一群，所給予的一分類群名稱之模式，必須依照隨伴其名在最初正當發表所作之指示或描述及其他資料，來作決定。當引用命名出發點以前之記載，作爲正當出版時，該記載必須爲模式化之目的，當作新出版一樣而使用。

　　保留屬名 (conserved generic name) 的模式種 (type species)之變更，其

辦理必須經過與採用屬名時相同之手續，始克有效。

例：Bollock 與 Killick（Taxon **6**：239,1957），爲了安定(stability)
與分類上之正確(taxonomic accuracy)計，曾提議 *Plectranthus* L'Hér. 之模
式種，必須由 *P. punctatus* (L.f.) L'Hér. 轉變爲 *P. fruticosus* L'Hér. 。該
項變更已獲得專門委員會 (Appropriate committees) 之認可及國際植物學會
議之裁決。

化石植物的種或種以下各級分類群的名稱之模式，是在繪圖時所
使用的標本，或在作名稱正當出版時所引用之標本（參閱條款 38 ）
。當名之正當出版，若有一份以上之標本被用於繪圖或曾被引用時，
則該標本之一，必須當作模式而加以選取。

註 2：根據植物的巨大化石與植物的微小化石（形態屬與器官屬
）之屬名，不完全菌的屬與其他任何類似的屬或屬以下分類群名稱之
模式化，不能與上述的指示，有所不同。

勸告 7 A
一分類群之名所根據之標本或材料，尤以正模式標本，必須放置於永
久而可信賴之研究機構，並謹愼加以保存。

勸告 7 B
當一分類群之名所根據之要素爲異質時，爲經常的應用，必須有選定
模式標本 (lectotype) 之選定，除非所選定之要素與原始資料 (protoloque)
不符。

條款 8
著者最初指定之選定模式或新模式標本，吾人必須加以遵從，但
正模式或有時新模式或其他任何原始資料再被發見時，則其選擇必須
廢除；設若其選擇是根據錯誤之原始資料解釋與判斷而來時，亦應加
以廢除。

例：在 Britton & Brown's Illustrated Flora (ed. 2, 1913) 一書中，
每一屬均指定有一模式種 (type species)。據著者等的了解，此一選定模式
是在特定條款之下，所可採用之「在目內的最初之二名種」。此認爲係一

任意的選定，例如當作 *Delphinium* L.（爲其著者所指定而隸屬於多雄蕊花綱三雌蕊花目Polyandria Trigynia 的一屬）的選定模式化標本爲 *D. consolida* L. （爲一單心皮的種）。

條款 9

種或種以下各級分類群名稱之模式標本（正模式、選定模式或新模式等），通常是由單一的標本或其他要素構成。但下列情形爲例外，如小草本植物或大多數非管束植物之模式標本，可由多數個體來組成，但它必須永久加以保存而集合於一張台紙或一片永久玻片之內。

若後來證明在如此模式的標本台紙或永久玻片之上，含有一個以上之分類群時，則其學名必須附隨於與原始記載最能符合之一部分上，而把它列爲選定模式標本。

例：*Rheedia kappleri* Eyma 爲一雜性植物，其名之正模式爲一雄株標本，由 Kappler (593 a in U.) 所採。著者則將爲蘇利南林務局 (Forestry Service of Surinam) 所採集之兩性花標本指定爲副模式。*Tillandsia bryoides* Griseb. ex Baker（Journ. Bot. **16**: 236. 1878）的模式標本，爲 Lorentz 所採之 No. 128 號標本，保存在大英博物館的腊葉標本室 (in Herb. Mus. Brit.) 內，但此標本經已證明其爲混合物，故 L. B. Smith (Proc. Am. Acad. **70**: 192. 1935) 按照本規則，指定 Lorentz 的採集品之一部分，當作選定模式標本。

所有分類群之名的模式標本 (type specimen), 除細菌類而外，必須能永久保存而不爲生活的或栽培中的植物。

註 1：若現生 (recent) * 植物之種或種以下各級分類群之標本，不能保存爲名稱的模式或如此名稱未有模式標本時，則其模式可用記載或圖形，以充當之。

註 2：創設化石植物的分類群，所使用的一完整標本，必須當作命名的模式。若此一標本被切成碎片（化石木材的切片，煤塊植物的

---

*現生 (Recent) 一辭，在本規約中是與化石 (Fossil) 一辭相對而使用者。

切片等）時，原所有用於作特徵紀要 (diagnosis) 的部分，必須有明確
之指示。

條款 10

屬或屬與種之間的任何一分類群，其名之命名模式標本，是以種
爲準。又科或科與屬之間的任何一分類群，其名之命名模式標本，則
係以該分類群現在或以前有關之屬爲準。

模式化的原則，不能適用於科以上各分類群之名稱。

註 1：未根據一屬名的一科，則該科的選擇名 (alternative name) 的
模式之屬（參閱條款18 ），爲其名之模式。

註 2：關於屬內分類群 (subdivisions of genera) ＊ 的名稱，它的模
式化可參閱條款22 。

第三節　優先權
條款 11

具有特殊界限、位置及階級之每科或科以下之各級分類群，祇能
有一正名，但獲准有代替名之9科（參閱條款18 ）與某些菌類及化
石植物等，則屬特別例外。

關於科與屬之間所含任何一分類群之正名，其合法名爲與其同級
而屬最早之名，但在由於名之保留（參閱條款14 與15 ）而優先權
受到限制或在條款 13f .58 或 59 能適用之情形時，則屬例外。

屬級以下之任何一分類群，其正名是在同級中屬於最早而有效之
合法小名，與所指定之屬或種之正名所組合者，但在條款 13f .22 .
58 或 59 能適用時，則爲例外。

優先權之原則，不能適用於科以上之各級分類群（參閱條款16 ）。

條款 12

任何一分類群的名稱，在本規約之下，除非其係屬於正當之出版
，否則卽無地位（參閱條款32～45 ）。

＊「屬內分類群」 subdivision of genus 一片語，在本規約之下，僅係
指屬與種之間的各級分類群而言者。

第四節　優先權原理之限制

條款 13

不同的各群植物名稱之正當出版，以下列各項著作所標示的日期爲起點（每一群植物均有一著作說明該群出版之日期）：

A．現生植物 (Recent plants)

a．種子植物門 (SPERMATOPHYTA) 與蕨類植物門 (PTERIDO-PHYTA)，1753年5月1日 (Linnaeus, *Species Plantarum*, ed. 1)。

b．苔類 (MUSCI)（水苔科 SPHAGNACEAE 除外），1801年1月1日 (Hedwig, *Species Muscorum*)。

c．水苔科 (SPHAGNACEAE) 與蘚類 (HEPATICAE)，1753年5月1日 (Linnaeus, *Species Plantarum*, ed. 1)。

d．地衣類 (LICHENES)，1753年5月1日 (Linnaeus, *Species Plantarum*, ed. 1)。

e．眞菌類 (FUNGI)：銹菌類 (UREDINALES)、黑穗病菌類 (USTILAGINALES) 與腹菌類 (GASTEROMYCETES)，1801年12月31日 (Persoon, *Synopsis Methodica Fungorum*)。

f．其他眞菌類 (FUNGI CAETERI)，1821年1月1日 (Fries, *Systema Mycologium*, Vol. 1)。

g．藻類 (ALGAE)，1753年5月1日 (Linnaeus, *Species Plantarum* ed. 1)。例外念珠藻科同形細胞族 (NOSTOCACEAE, HOMOCYSTEAE) 1892-93 (Gomont, *Monographie des Oscillariées*, Ann. Sci. Nat. Bot. VII 15: 263-368; 16:91-264)，念珠藻科異形細胞族 (NOSTOCACEAE, HETEROCYSTEAE) 1886-88(Bornet et Flahault, *Revision des Nostocacées hétérocystées*, Ann. Sci. Nat. Bot. VII, 3:323-381; 4:343-373; 5:51-129; 7:177-262), 鼓藻科 1848 (Ralfs, *British Desmidieae)*，間生藻科 1900 [Hirn, *Monographie und Iconographie der Oedogoniaceen*, Acta Soc. Sci. Fenn. 27 (1)].

h．黏菌類 (MYXOMYCETES)，1753年5月1日 (Linnaeus, *Species Plantarum*, ed. 1).

　ｉ. 細菌類　(BACTERIA)，1753年5月1日　(Linnaeus, Species Plantarum, ed. 1).

　細菌類是要受國際細菌命名規約條款之支配。

　B.　化石植物　(Fossil plants)

　ｊ. 所有各群，1820年12月31日 (Sternberg, *Flora der Vorwelt, Versuch* 1: 1–24, *t.1-3*),Schlotheim, *Petrefactenkunde.* 1820是被視爲於1820年12月31日前出版。

　註1：爲本條款而將一個名稱歸屬於何群，是依據該名稱的模式標本存在可接受的地位來決定。

　例：　*Porella* 屬與其單型種　*P. pinnata*，由林奈（*Sp. Pl.* 2：1106, 1753）將其歸入於苔類　(Musci)；若承認　*P. pinnata* 的模式標本隸屬於蘚類 (Hepaticae) 時，其名之正當出版是在 1753 年。

　石松屬　*Lycopodium* L.　（*Sp . Pl.* 2：1100 , 1753 ）的選定模式標本爲石松 *L. clavatum* L.,　，雖林奈將其列入於苔類，但目前一般人均認爲它是屬於蕨類，因是屬名以及蕨類的種的名稱，其正當出版係在1753年。

　註2：某一名稱，究應適用於化石植物或現生植物之一分類群，則此名應由參考作爲直接或間接的命名模式的標本來決定。除非其模式標本起源於化石，則種或種以下的各級分類群的名稱，應當作現生植物處理。化石材料，根據其原始存在的位置的層序關係，可與現生植物的材料相區別。若其層序關係有疑惑時，得引用現生植物分類群的規定。

　註3：對於最初出現在林奈之 *Species Plantarum* ed. 1 （1753）　與 ed. 2 (1762–63) 的屬名以及後來在　*Genera Plantarum* ed. 5 (1754)　與 ed. 6 (1764)　中復出而附有最初記載的相同之屬名，均應予以承認（參閱條款41 ）。

　註4：林奈之　*Species Plantarum* ed. 1 （1753）卷1與卷2分別於5月與8月出版，但卷2仍可比照卷1，以1753年5月1日出版來處理。

例： *Thea* L. *Sp. Pl.* 515 （1753年 5 月 ）與 *Camellia* L. *Sp. Pl.* 698（1753年 8 月）與 *Gen. Pl.* ed. 5, 311 (1754) ，均可當作於1753年 5 月同時出版。在條款57之下， Sweet （1818年 ）合併此 2 屬爲 1 屬，而選定 *Camellia* 山茶屬爲正名， *Thea* 茶屬則列爲異名。

條款 14

爲避免因規則之嚴格應用而引起的屬、科以及其間各分類群在命名上之不利變更，尤以在條款13 所規定的日期，作爲優先權原則的起始，本規約在附錄 II 及 III 中，列有保留名 (nomina conservanda) 的名錄，且必須保留而作一有益之例外。此等屬名之保留目的，係在維持命名之安定性。

註 1：保留名之名錄，將永久留作公開追加。追加保留名之任何提議，必須附隨對於保存的正反理由之詳細說明。提議必需送交執行委員會，再轉致各分類群委員會檢討。

註2：保留名與廢除 名之應用，均取決於命名上的模式標本。

註3：一個保留名係對於在同一階級，根據相同模式（命名上的異名，必須廢除）的所有其他名稱，所給予的保存，不問此等名稱在廢除名 (rejected names) 的相同名錄中，已列舉與否；又係對於根據不同模式（分類上的異名 taxonomic synonym ）而列舉於該名錄中的那些名稱，所給予的保存。當一保留名與根據不同模式而來的一個或更多其他名稱競爭，同時對於此等名稱而不能明確保存時，則根據條款 57 ，必須採用其最早的競爭名稱。

例：設若將 *Weihea* Spreng. (1825) 合併於 *Cassipourea* Aubl. (1775) 時，則其合併的屬名，將是時間較早的 *Cassipourea*，雖然 *Weihea* 屬爲保留名，而 *Cassipourea* 則否 。

設若將十大功勞屬 (*Mahonia* Nutt. 1818) 與小蘗屬 (*Berberis* L.1753)合併時，則併合後之屬名，將是時間較早的 *Berberis* ，雖然 *Mahonia* 爲一保留名。

Nasturtium B. Br. （ 1812 ）係根據 *N. officinale* R. Br.而來的一單

型屬，僅在一有限制的觀念上而加以保存者，因此，若使其與 *Rorippa* Sc-op. (1760) 再合併，則其合併後之屬名必爲　*Rorippa*。

　　註4：當一屬之名稱，對於根據一不同模式且爲一較早的名稱，而加以保存時，則較早的一名稱，依據條款11 的規定，應給予恢復，假定一屬的名稱，與保留名 (nomen conservandum) 之名稱係彼此獨立者，除非當較早的廢除名爲保留名之一同名 (homonym 爲同音而異義的名稱)。

　　例：屬名　*Luzuriaga* Ruiz et Pav. (1802) 係對於較早的名稱　*Enargea* Banks et Sol.ex Gaertn. (1788) 與　*Callixene* Comm. ex Juss. (1789)，而加以保存者。惟設若 *Enargea* Banks et Sol. ex Gaertn. 視爲獨立的屬時，則屬名 *Enargea* 必須爲該屬而予以保存者。

　　註5：一保留名係對於所有較早的同名（早同名　earlier homonym）而加以保存者。

　　註6：在觀念上不包含原始模式的名稱，其保存的規定，已列入條款48 。

　　註7：當一名稱的保存，僅爲保存其特有之正確拼字 (orthography) 時，對於著者原記述該分類群的優先權，不能予以改變。

條款15

　　當一名稱已提出而加以保存，經有關分類群的專門委員會的研討，並經委員會總會的認可後，植物學者得保持該項認可至下屆的國際植物學會議的議決爲止。

勸告 15 A

　　當提出保存的名稱，交由其適當的委員會加以研討時，植物學者必須儘可能遵從現行的使用法，至委員會總會對於該項提議有所勸告時爲止。

第三章　　各級分類群之命名

第一節　　科以上各級分類群之名稱

條款16

優先權與模式化的原則，不影響科以上各級分類群名稱的形式（參閱條款 10 與 11 ）。

勸告 16 A

(a) 門 (Division) 的名稱，宜用其儘可能密切表示門的性質之特徵，並用 – phyta 爲其語尾。眞菌類 (Fungi) 用 –mycota 爲門的語尾，則是例外。最好選用希臘語起源之文字。

亞門的名稱，係以相同的方法來作成，它可有一適當之語頭（接頭語 prefix）或語尾（接尾語 suffix），或語尾用 – phytina 等，來與門區別。當其爲一菌類的亞門時，其語尾則用 –mycotina 來表示，是爲例外。

(b) 綱 (Class) 與亞綱 (Subclass) 的名稱，亦可以相同的方法來作成，其宜用之語尾，如下：

1. 藻類： –phyceae（綱）與 –phycidae（亞綱）。
2. 菌類： –mycetes（綱）與 –mycetidae（亞綱）。
3. 莖葉植物 (Cormophyta): –opsida（綱）與 – idae（亞綱）。

條款 17

若目 (Order) 之名，是根據科名之語幹而來時，則其語尾必用 – ales。若一亞目 (Suborder) 之名，係根據一科名之語幹而來時，則必加 – ineae 以爲其語尾。

註 1：名稱之有意爲「目」而使用，但以 Cohors、Nixus、Alliance 或 Reihe 等術語，代替目 (Order)，來指示其階級而出版時，均當作「目」之名稱出版處理。

註 2：根據科之語幹而來之目、亞目之名稱，如以不正確的語尾出版時，其語尾應予變更，使之與法規相符，但命名者之名，不必改變。

例：目之名，Fucales, Polygonales, Centrospermae, Parietales, Farinosae, Ustilaginales; 亞目之名，Enantioblastae, Bromeliineae, Malvineae。

勸告 17 A

現存之目，其名稱係根據所含之科名而來，則著者不宜再發表該階級分類群的新之目名。

第二節　科與亞科及族與亞族之名稱

條款 18

科的名稱，實乃一複數形容詞，作爲名詞而使用者，它是由所含之一合法屬名，在其語幹加一接尾語　–aceae　而作成（參閱條款10，又關於語幹的最後母音的處理，可參閱73G　）。

例：Rosaceae（薔薇科）由其所含之一合法屬 *Rosa*（薔薇屬）而來，Salicaceae（楊柳科）來自 *Salix*（柳屬），Plumbaginaceae 來自 *Plumbago*，Caryophyllaceae nom. cons. 來自 *Caryophyllus* Mill. non L., Winteraceae, nom. cons. 來自 *Wintera* Murr.（爲 *Drimys* J. R. et G. Forst. 之一不合法異名）。

名稱之有意爲科名而使用，但以術語「目」(Ordo) 或自然目（Ordo naturalis）來代替科，指示其階級而出版時，均當作科的名稱出版處理。

註1：除非其爲保留名，根據不合法屬名之語幹而來之科名，屬於不合法。違反條款32(2) 的名稱，設若係遵守正當出版的其他規定時，得認爲係正當出版。

註2：當科名以不適當的拉丁語尾來出版時，其語尾必須改變，使之與法規相符，但不能變更命名者之名。

註3：下列各名，均已長期使用而被承認，當作已有正當之出版處理：棕櫚科 Palmae (Arecaceae; type, *Areca* L.)，禾本科 Gramineae (Poaceae; type *Poa* L.)，十字科 Cruciferae (Brassicaceae; type, *Brassica* L.)，豆科 Leguminosae (Fabaceae: type. *Faba* Mill.),藤黃科 Guttiferae (Clusiaceae; type, *Clusia* L.),繖形科 Umbelliferae (Apiaceae; type *Apium* L.),唇形科 Labiatae (Lamiaceae; type *Lamium* L.)，菊科 Compositae (Asteraceae; type *Aster* L.)。

但植物學者得使用有語尾　–aceae　之特有名稱，以代替其科名。

蝶形科 (Papilionaceae) 若承認爲一獨立之科，以與豆科 (Leguminosae

）的其餘植物分開時，則 Papilionaceae 是對 Leguminosae 所作之保留名稱，其代替名爲 Fabaceae。此爲條款51 的唯一例外。

條款19

亞科的名稱是一複數形容詞，係當作名詞而使用者。它是由所含之一合法屬名，在其語幹加一接尾語 –oideae 而構成。族 (Tribe) 是以同樣方法，指定附加語尾 –eae，亞族(Subtribe) 附加語尾 –inae。

例：亞科：Asphodeloideae 來自 *Asphodelus*，族： Asclepiadeae 來自 *Asclopias*，亞族： Rutinae 來自 *Ruta*。

科以下與屬以上的任何階級分類群之名稱，如該分類群含有且指定爲科的正名之模式屬時，必須以該模式屬之幹語來命名，但不須引用著者之名（參閱條款46）。此一規定，僅適用於含有爲科的正名模式之各分類群名稱；此類分類群正名的模式，是與科的正名之模式相同。

註1：科以下，屬以上之其餘分類群的名稱，必須依據優先權的條理來處理。

例：含有 Ericaceae （杜鵑花科）模式屬 (*Erica* L.) 之亞科，稱爲 Ericoideae （杜鵑花亞科），而含有該模式屬之族，稱之爲 Ericeae （杜鵑花族）。但含有 *Rhododendron* L.(爲亞科 Rhododendroideae Endl.之模式屬）與 *Rhodora* L. 兩屬之族的正名，是採用最早的合法名 Rhodoreae G. Don, 而不是 Rhododendreae。含有科 Asteraceae (nom. alt., Compositae) 模式屬 (*Aster* L.) 的亞科，稱爲亞科 (Asteroideae)，而含有 (*Aster* L.) 的族及亞族，各稱爲族 (Astereae) 及亞族 (Asterinae)。但含有 *Cichorium* L.(爲亞科 Cichorioideae Kitamura的模式屬)與 *Lactuca* L. 兩屬之族的正名，爲 Lactuceae Cass. 而非 Cichorieae，然含有 *Cichorium* L. 與 *Hyoseris* L. 兩屬的亞族正名，又是 Hyoseridinae Loss.，而不是 Cichoriinae。

科以下，屬以上之階級，不含科之正名模式的分類群名稱，其屬最初而正當出版者，將自然變成相同階級而含有模式的分類群的名稱。類此的承襲名（ autonym 指自動成立的名），作爲優先權的目的，是不加考慮的。但設無較早的名稱可以獲得時，則此等承襲名當然可用為不同位置的新名稱。

一科的小區分的名稱，除非其具有與該名稱相同的模式，否則不得與科或同科中任何一小區分之名同樣，根據一屬名之同一語幹來命名。

註2：如上所述任何一分類群之名，使用不適當的語尾。

例如將 eae 用在亞科，或 -oideae 用在族，來出版時，語尾必須變更之，以便能與規約符合，但著者之名不必更改。惟當該分類群的階級，由後來之著者，加以變更時，得依照慣用方法，將他的名字作為著者之名，附加於具有適當語尾的分類群名稱之後。

例：亞科 Climacieae Grout (Moss Fl. N. Am 3: 4 1928) ，必須修改為 Climacioideae ，階級與命名者 (Grout) 之名，仍列舉不變。如欲將其分類群之階級，改變為族時，則 Climacieae 一名必須採用，隨之而附加作此改變的著者之名。

勸告 19 A

設無合法的名稱，可應用於科以下屬以上階級的分類群，祇含有另一較高或較低分類群（例如亞科，族或亞族）名稱的模式之屬，且該屬又不是指定隸屬於該科的模式時，則該分類群的新名，應依據其相同屬名，作為較高或較低分類群的名稱。

例：杜鵑花科 (Ericaceae) 之三族 Pyroleae D. Don, Monotropeae D. Don, 及 Vaccinieae D. Don 等，均不含有該科中的命名模式 (*Erica* L.)以後記述的亞科 Pyroloideae A. Gray, Monotropoideae A. Gray 及 Vaccinioideae Endl. 均係依據其相同的屬名升級命名而來者。

第三節　屬以及屬的小區分之名稱
條款 20

屬的名稱為一單數名詞或作如斯處理的辭語。它可採用來自任何一種的語源，甚至可由絕對任意的方法來作成。

例： *Rosa, Convolvulus, Bartramia, Hedysarum, Liquidambar. Gloriosa,*

Impatiens, *Rhododendron*, *Manihot*, *Ifloga* （Filago 的字謎）等。

一屬的名稱，不宜於使用與目前形態學所用之一般術語相同，除非它是在 1912 年 1 月 1 日以前出版，且其原始出版附有依照林奈之二名制的種名者。

例：屬名 *Radicula* Hill （Brit. Herbal 264. 1756）與一般形態學之術語 radicula （胚根　radicle ）相符合，又當其在最初出版時，並未依照林奈的二名制，附隨一種名。此一名稱，應正確歸屬於最初將屬名與種名合組的 Moench （Meth. 262. 1974），但當時他將 *Rorippa* Scop.（Fl.Carn. 520. 1760）的模式種，包含於該屬內，因此*Radicula* Moench.爲了 *Rorippa* 的正當而被廢除。

Tuber Micheli ex Fr.（Syst.Myc. 2:289.1823)與一般形態學術語　tuber （塊莖）一致，但它附有二名制之種名 *T. cibarium*，故可以承認。

名稱如 *Radix, Caulis, Folium*,及 *Spina* 等屬名，旣是形態術語，又無種名隨伴，現今不能作爲有效的屬名來發表。

屬的名稱，不能由二個辭語來形成，除非此等辭語用連字號(hyphen–)來連接。

例：屬名 *Uva ursi* Mill. （Gard. Dict. Abr. ed 4. 1754 ）最初出版係由分開而無連字號的 2 辭語所構成，因此係不合法而被廢除。　Duhamel （Traité Arb. Arbst. 2: 371. 1755) 將其用連字號，連接(Uva-ursi)而發表，始得以合法。

類似於此的其他合法屬的名稱，尚有 *Quisqualis* （最初發表時由 2 辭語連成）， Sebastiano-Schaueria 及 Neves-Armondia 等，最初發表時已有連字號，將它們連接，均可以承認。

註：屬間雜種的名稱，應照附錄 Ⅰ，條款 H. 7的規定來作成。

下列各項，不能當作屬名用之：

(1)因意圖而無法爲屬名之詞語。

例：　*Anonymos* Walt. （Fl. Carol. 2 ，4 ，9 ， etc . 1788 ）被 Walter 應用於28個不同之屬，來指示此等不具名稱的詞語，故應予以廢除。*Schaenoides* （1772 ）與 *Scirpoides* （ 1772 ）被Rottböll （Descr. Pl. Rar. Progr. 14,

27, 1772 ）用於指示尙未命名之類似 *Schoenus* 與 *Scirpus* 的屬。彼陳述
（在第 7 頁上）以後欲以此來命名。此等均不過爲一記號語 (Token words),
而不是屬名，故屬無效。 *Schaenoides* 之最初合法名爲 *Kyllinga* Rottböll
(Descr. Ic. Nov. Pl. 12，70. 1773 ）， *Scirpoides* 之合法名則爲 *Fuirena* Rot-
tböll (*l. c.* 1773)。

(2)　種之單一名稱 (Unitary name) 之指定（一名制命名）。

例：　Ehrhart 氏　(Phytophylacium 1789，與　Beitr. 4 ： 145 – 150 ，
1789) 提議，以一名來代替當時所知之種種二名制的種,例如 *Phaeoce -
phalum* 代替　*Schoenus fuscus* 與 *Leptostachys* 代替 *Carex leptostachys*。
此類似屬的名稱，不可與屬名混淆而應予廢棄。除非此等名稱由後來的著
者，作爲屬名出版，例如名稱 *Baeothryon* 屬，初被 Ehrhart 使用爲種之單
一名，後經 *A. Dietrich (Sp. Pl.* **2** (2): 89. 1833) 以屬名出版，才成合法。

N. J. de Necker 在其 Elementa Botanica, 1790 一書中，提議以一名命名
來代替其自然種 (species naturales)。此等類似屬名的名稱，不應當作屬名
處理，除非此等名稱由以後之著者，以屬名出版，例如由 Necker 用 Antho-
pogon 當作其自然種之一名；以後 Rafinesque 將其當作屬名發表，即 *An-
thopogon* Raf. (Fl. Tell. 3: 25. 1837, non Nuttall 1818)。

勸告 20 A

擬創作屬名之植物學者，應遵從下列的提議。

(a)　盡可能使用拉丁語尾（以前有例外者）。

(b)　避免不適用於拉丁語之名稱。

(c)　不作頗長或難於發音之拉丁語名稱。

(d)　不作由不同語言合成之名稱（如希腊語加拉丁語）。

(e)　如有可能，名稱之作成或附加之語尾，可以指示該屬之親緣或相
似性（如 Litho 石加 carpus 果等）。

(f)　避免以形容詞當作名詞使用。

(g)　不使用類似或導自一分類群的其他種小名的名稱。

(h)　不把屬名獻給完全與植物學或至少與自然科學無關之人。

(i)　不管其爲紀念男人或婦人，凡對於由人名而來之屬名，一律給予

拉丁文之女性形式。

(J)　不可用由二個現存之屬的一部分，來組合而作屬名，例如　*Hordelymus* 來自　*Hordeum* 與　*Elymus*，因此類名稱與屬間雜種的名稱，易於相混之故。

條款 21

屬之小區分的名稱，是屬名與小區分小名的組合，而用一相當的術語（如亞屬 subgenus，節 section 及系 series 等）來連接，以表示其階級。

小區分的小名，是可當作一屬名而與之同形式或爲與屬名的性一致之複數形容詞，其首字要大寫 (capital initial letter)。

亞屬或節之小名，不能在由自己所歸屬之屬名上，加以語尾 -oides 或 –opsis 及語頭 Eu- 來形成。

例：　*Costus* subgen. *Metacostus; Riccinocarpos* sect. *Anomodiscus; Sapium* subsect. *Patentinervia; Euphorbia* sect. *Tithymalus* subsect. *Tenellae* 。但　*Carex* sect. *Eucarex* 則屬不可。

勸告 21 A

某一特別之種，與屬名、種名互有關連，如欲指示其爲所歸屬之屬的一小區分名稱時，則此小區分的名稱，應置於屬與種名之間的括弧內。如有必要，其階級也可予以指示。

例：*Astragalus (Cycloglottis) contortuplicatus; Astragalus (Phaca) umbellatus ; Loranthus* (sect. *Ischnanthus*) *gabonensis*

勸告 21 B

亞屬或節之小區分名稱，以用名詞爲宜，而亞節或其他更低的小區分的名稱，則選取複數形容詞爲較好。植物學者對於屬以下的分類群，如擬創設新小區分的名稱時，其他同格小區分的名稱爲複數形容詞型時，應避免使用名詞的形式。其相反情形亦然。

植物學者擬提出屬以下小區分的名稱時，其名稱應避免採取已用於近緣之屬的小區分之名或與此類屬名相同之名稱。

如欲指示某一屬之亞屬或節（除却模式亞屬及模式節不計）與另一屬

類似時，可將語尾 -oides 或 -opsis 附加於此一類似屬名之後，以作成某一屬的亞屬與節之小區分名稱。

條款 22

亞屬與節（但非亞節或更低的小區分）含有指定為屬之正名的模式種，其名稱可持有與屬名相同的小名，亦不須引用命名者之名（參閱條款 46 ）。每一是類亞屬或節之正名模式，是與屬名的模式相同。本規則不適用於含有該屬的其他亞屬名稱的模式種的節。此類節的名稱，須受優先權條款的支配；如無其他的小名能加以利用，則可反覆亞屬的名稱（參閱勸告 22A）。

不含屬正名的模式之一亞屬或節，其為最初而正當發表的一亞屬或節的名稱，當然將各成為另一亞屬或節的名稱，同時得以該無變動的屬名，作為其小名。此種承襲名(autonym)是不應為其有優先權而加以考慮。惟當無其他小名可資使用時，承襲名的小名，亦可用作其他位置或階級的種小名。

例：含有黃櫨花屬 *Malpighia* L. 選定模式(*M.glabra* L.)的亞屬與節，亦含有相同之選定模式，稱為 *Malpighia* subgen. *Malpighia,* 而不是 *Malpighia* subgen. *Homoiostylis* Nied.同樣，含有屬名的選定模式的節，稱為 *Malpighia* sect. *Malpighia* ，而不是 *Malpighia* sect. *Apyrae* DC.。

唯 *Phyllanthus* 一方面含有 *P. casticum* Willem.而為亞屬 *Kirganelia* (Juss.) Webster 的模式，另一方面含有 *P. reticulatus* Poir. 而為節 *Anisonema* (Juss.) Griseb. 的模式，則該屬的節的正名，為該節的最老合法名*Phyllanthus* sect. *Anisonema* (Juss.) Griseb.，而非 *Phyllanthus* sect. *Kirganelia* 。

屬下小區分的小名，若與其構成種 (constituent species) 的一種的小名相同或由其所來時，則此種即為該屬小區分的名稱的模式，除非該名稱的原著者已指定有其他的模式。

例： *Euphorbia* subgen. *Esula* Pers. (*Syn. Pl.* 2:14. 1806) 的模式為 *E. esula* L. ；由 Croizat (Rev. Sudamer. Bot. 6: 13. 1939) 所指定的選定模式*E. peplus* L.必須廢除。

註：屬下小區分的小名，若係與晚同名 (later homonym) 之種的小名相同或由其所來時，指定爲該後同名之種，它的正名必須有一不同之小名，此即爲命名之模式。

勸告22 A

不含屬之正名的模式，惟含有亞屬正名之模式的節，在本規則之下，如無妨碍時，宜給予與亞屬相同之小名及模式。

不含屬正名的模式的亞屬，在本規則之下，若無妨碍時，宜給予與其一附屬節 (subordinate　sections)　相同的小名及模式。

例：　Brizicky 將 *Rhamnus* L. sect. *Pseudofrangula* Grubov 的階級，提升爲亞屬 *Rhamnus* subgen. *Pseudofrangula*　(Grubov) Brizicky, 用以代替在亞屬的水平上使用一新名稱。上述二名的模式種，均爲 *R. alnifolia* L'Hér.

第四節　　種之名稱

條款23

種的名稱，是一個二名的組合，由一種小名跟隨一屬名所成。若種小名係由2～3以上之詞語所構成時，則必須將其合併或以連字號連接。原始出版時不連接之種小名，不可予以廢除，但如須用到時，必定予以合併或加連字號來完成之。

種小名不管其爲如何，可採取任何一語源，甚至可任意作成。

例：　*Cornus sanguinea, Dianthus monspessulanus, Papaver rhoeas, Uromyces fabae,　Fumaria gussonei, Geranium robertianum, Embelia sarasinorum, Atropa bella-donna, Impatiens noli-tangere,　Adiantum　capillus-veneris*,　及　*Spondias mombin*（爲一不可變的小名）。

林奈所提出之種小名，構成其一部分之記號，必須修改。

例：　*Scandix　pecten* ♀ L. 必須修改爲　*S . pecten-veneris* L.; 又 *Ver-onica anagallis* ▽ L. 必須修改爲 *V. anagallis- aquatica* L.

不管有無一修改記號之增添，種名不可正確與其屬名重複〔重複名 (tautonym)，指屬名、種名相同之學名〕。

例：如 *Linaria　linaria* 或 *Nasturtium nasturtium-aquaticum* 等，均屬不可。

當種小名爲形容詞的形式而不當作名詞使用時，在文法上，須與屬名一致。

例：如 *Helleborus niger*, *Brassica nigra*, *Verbascum nigrum*; *Rubus amnicola* 的種小名，爲一不變之拉丁語名詞。 *Peridermium balsameum* Peck, *Gloeosporium balsameae* J. J. Davis. 兩者均係來自 *Abies balsamea* 的小名，第二例的種小名，當作名詞處理。

下列各項不能作爲種小名：

(1) 未有意圖作爲名稱的詞語。

例： Viola *"qualis"* Krocker (Fl. Siles. **2** ： 512 ， 517 ， 1790);*Atriplex "nova"* Winterl. (Ind. Hort. Bot. Univ. pest. fol. A. recto et verso, 1788),第二例之 *"nova"* 在此是用以與 *Atriplex* 的 4 個不同之種相關聯，故不能用之。

(2) 用於計數的序數形容詞。

例： *Boletus vicesimus sextus, Agaricus octogesimus nonus.*

(3) 著作中所發表的種名，它與林奈二命制的種，並未一致而使用者。

例： *Aι on album* Hill (Brit. Herbal 49. 1756) 是縮短成二語的記述片語，與林奈的二命名制不符，故必須廢除。Hill 的另一種，是 *Abutilon flore flavo*。

(4) 雜種的命名公式（參閱條款H.4）。

註：自從1753年以後，林奈被認爲連續不斷採用種的二名制，但亦有例外，例如 *Apocynum fol. androsaemi* L.(Sp. Pl.213. 1753 ≡ *Apocynum androsaemifolium* L. Sp. Pl. ed. 2. 311. 1762).

勸告23 A

以男人與婦人的名稱，又國家或地方的名稱，當作種小名時，可使用名詞的屬格 (genitive)（如 *clusii, saharae*）或形容詞（如 *clusianus, dahuricus*）等（參閱條款 73 ）。

對於指示同屬中二個不同之種的名稱，將來最好避免使用同語 (same

word) 之屬格名詞與形容詞。

例： *Lysimachia hemsleyana*　Maxim. (1891) 與　*L. hemsleyi*　Franch.（1895）等。

勸告 23 B

植物學者擬創作種小名時，應該遵從下列的啓示。

(a)　盡可能使用拉丁語的語尾。

(b)　避免用綴字頗長與發音困難之拉丁語作種小名。

(c)　不創作由不同語言所組合的種小名。

(d)　避免用由二或更多之連字號來連接之詞語。

(e)　避免用與屬名同意義之詞語（贅語　pleonasm）。

(f)　避免用此等詞語，即可表示與一屬全部或大部分之種形質相同的詞語爲名稱。

(g)　避免選用在同屬內頗爲類似之詞語或特別僅有其最后之文字或二個文字排列不同之詞語爲種小名。

(h)　避免用任何曾經使用於極近緣之屬的詞語爲種小名。

(i)　不採用見於通信、旅行記、標本館標本之標籤或其他類似之史料中而尚未發表之名稱，因含有此等名稱之物品爲著者所有，除非已經獲得彼等之同意而出版。

(J)　避免使用鮮爲人所知或頗受限制之產地名稱，除非此一種類全爲該地之特產。

第五節　種級以下各分類群之名稱(種內分類群)

條款 24

種內分類群的名稱，是由種名與種內分類群小名的組合，再由其指示階級之術語連接而成者。種內分類群的小名，係由與種小名相同的方法構成，若其形式爲形容辭而不用爲名辭時，則在文法上必須與屬名相符。

種內分類群的小名，使用如 *typicus, originalis, originarius, genuinus, verus* 以及 *veridicus* 等，意指此分類群在其次一較高分類群中，含有命名模式，是不能允許而且不認爲有效出版的，除非其如條款 26 之規定，可以將種小名反覆列出。

　對於一種內分類群採用二名之組合，是不許可的。

　例：*Andropogon ternatus* subsp.　*macrothrix*　（不爲　*A. macrothrix*）；
Herniaria hirsuta var.　*diandra*　（不爲　*Herniaria diandra)*; *Trifolium stella-*
tum forma *nanum*　（不爲　*T. nana*　）。*Saxifraga aizoon* subforma　*surculosa*
Engler&Irmscher 可引用爲 *Saxifraga aizoon*　var.　*aizoon*　subvar.　*brevifolia*
forma *multicaulis* subforma　*surculosa*　Engler　& Irmscher，如上所列，在
種內的亞品種，已給予一完全的分類。

　種不同之種內分類群，可具相同之小名。又某種之種內分類群，
可具有與他種相同之小名（參閱勸告 24B）。

　例：*Rosa　jundzillii* var. *leioclada* 與　*Rosa glutinosa* var. *leioclada*；不
管其以前已有名爲　*Viola hirta* 一種之存在，*Viola tricolor* var. *hirta* 仍可成
立。

　註：在同種之內，對於種內分類群，給予相同小名，雖然此等小
名，係根據相異模式，又屬不同階級，但在條款 64 之下，屬於非法
。

　例：　*Erysimum hieraciifolium* subsp. *strictum*　var. *longisiliquum* 與　*E.*
hieraciifolium subsp.　*pannonicum* var. *longisiliquum,*　其中有一種內分類群爲
不合法，因學名縮短爲三名制時，即成相同之變種，無法予以區別。

勸告 24 A

　給予種小名的勸告（參閱 23 A、B ），同樣可適用於種內分類群的小名。

勸告 24 B

　植物學者擬創立種內分類群的新小名時，宜避免使用在同一屬內以前
作爲種，而用過的種小名。

條款 25

　爲了命名的目的，種或種級以下任何一分類群，設有附屬分類群
存在時，則可當作其總和看待。

條款 26

含有種正名模式之種以下分類群之名稱，其最末小名可有與該種相同而不變更的小名，但不須引用著者的名（參閱條款46 ）。此類種以下分類群名稱之模式，是與種正名的模式相同。若種小名有變動時，則含有種名稱的模式的是類種內分類群，其名稱亦必隨之而加以改變。

例： *Lobelia spicata* var. *originalis* McVaugh 一名的組合，因其含有名稱 *Lobelia spicata* Lam. 的模式，必須用 *Lobelia spicata* Lam. var. *spicata* 來代替。

因爲在 *Lobelia siphilitica* L. 之下，記述有 var. *ludoviciana* A. DC. ，設想到祇有 *L. siphilitica* 那部分含有命名模式，則應將其書寫爲 *Lobelia siphilitica* var. *siphilitica* 。

最初正當發表的種內分類群之一名稱，它不包含該種正名的模式，自然可創設同階級之第二分類群之名稱。此名稱既含有模式且可有與種相同之小名。此種承襲名（autonyms)可不爲優先權的理由，加以考慮。但如無其他小名可供利用，則此等承襲名亦可採用爲另一地位或階級的新小名。

例： *Lycopodium inundatum* L. var. *bigelovii* Tuckerm 一名發表於1843，已自動創造另一變種之名，即 *L. inundatum* L. var. *inundatum* 該變種之模式，就是 *L. inundatum* L. 之名的模式。

若 *Campanula gieseckiana* Vest ex Roem. & Schult. subsp. *groenlandica*（ Berlin) Böcher 與 *C. gieseckiana* subsp. *gieseckiana* 合併而爲 *C. rotundifolia* L. 之亞種時，則其正名爲 *C. rotundifolia* L. subsp. *groenlandica* (Berlin) Löve 而不是 *C. rotundifolia* L. subsp. *gieseckiana* ，因爲亞種小名 *gieseckiana* 是一承襲名，可不考慮其有優先權。

在 Rollins & Shaw 所作的分類中，*Lesquerella lasiocarpa* (Hook. ex A. Gray) Wats. 由 2 亞種即 subsp. *lasiocarpa*（ 含有種名的模式，因而不列著者之名 ）與 subsp. *berlandieri* (A. Gray) Rollins & Shaw 所構成。後一亞

種包括 2 變種。在此一分類中，變種之正名，它含有 subsp. *berlandieri* 之
模式的，既非 *L. lasiocarpa* var. *berlandieri* (A. Gray.) Payson（1922），亦
非承襲名 *L. lasiocarpa* var. *berlandieri*（未列著者之名），代之而是 *L.*
lasiocarpa var. *hispida* (Wats.) Rollins & Shaw，因它是一最早的合法變種名，
根據 *Synthlipsis berlandieri* A. Gray var. *hispida* Wats.（1882）而來者。

勸告 26 A

含有亞種正名的模式而無種正名模式的變種，在本規則之下，如無阻
碍時，可給予與亞種相同的小名與模式。不含種正名模式的亞種，在本規
則之下，如無阻碍時，可給予與其附屬變種之一的名稱相同的小名與模式。

含有亞種或變種正名的模式，但無種正名模式的變種與其較低階級的
分類群，在本規則之下，如無阻碍時，可給予與亞種或變種相同名稱的小
名與模式。反之，不含種正名的模式的亞種或變種，則不可給予與變種階
級以下分類群之一的名稱相同的小名。

例： Fernald 認定 *Stachys palustris* subsp. *pilosa* (Nutt.) Epling
（1934）係由 5 個變種構成。對於其中之一變種（含有 subsp. *pilosa* 的模
式的），彼將其合併為 *S. palustris* var. *pilosa* (Nutt.) Fern. (1934) ，因其無
合法變種小名，可資應用之故。

因在亞種階級無合法小名，可資利用， Bonaparte （1915）利用曾為
Sadebeck 較早（1897）所用過的組合 *Pteridium aquilinum* var. *caudatum* (L.)
Sadeb. 中的變種小名，作為亞種的合併，成為 *Pteridium aquilinum* subsp.
caudatum (L.) Bonap. （變種、亞種兩名均以 *Pteris caudata* L. 為依據
）。上列二名，在其自己之階級上，均係正確，都可以應用，一如 Tryon
（1940）在 subsp. *caudatum* 之下，將其當作四個變種中之一來處理，如下
： *P. aquilinum* var. *caudatum*

條款 27

種內分類群名稱中的最末小名，除非此 2 名稱均含相同模式，對
於其所屬之種的正名，不可無改變而反覆用之。

第六節　栽培植物之名稱

條款 28

自野外攜囘而加以栽培的植物，可保留有與野生者同一分類群之

名。

例：*Davallia canariensis* 與 *Spiraea hypericifolia* var. *obovata* 野生或栽培者均享有相同之學名。*Chrysanthemum parthenium* 的品種由野外採回，經栽培之後，不可另再命名爲 *Matricaria eximia; Chiastophyllum (Cotyledon) oppositifolium* 取回而加以栽培後，不可另再給予 *Cotyledon simplicifolia* 一名稱。

在栽培中，通過雜交、突變、淘汰或其他程序而發生之種以下階級的變體 (variants) ，如它由名稱來區別，對栽培者具有充分興趣時，得以栽培小名 (cultivar epithet) 名之。此小名寧可使用普通語言(common language) ，即趣味小名 (fancy epithet) ，以顯示其與拉丁種名及變種名有所不同。

例：*Anemone* × *hybrida* ‘Honorine Jaubert’; *Fraxinus excelsior* ‘Westhofs Glorie’ ; *Juglans regia* ‘King’ ; *Primula malacoides* ‘Pink Sensation’ ，及 *Viburnum* × *bodnantense* ‘Dawn’ 等，是在栽培中所發生之變體，因此被認爲是栽培變種 (cultivar) 。

在野外生長而被發見之變體，爲園藝興趣攜回栽培時，亦可給予栽培變種 (cultivar epithet) 之名。

例： *Phlox nivalis* ‘Gladwyne’ 與 *P. nivalis* ‘Azure’ 均係因園藝興趣，自野外攜回而栽培之變體。

栽培植物命名之詳細規則，包含接枝變種 (Graft-chimaeras) ，有時稱接枝雜種 (Graft hybrid) ，將見之於國際栽培植物命名規約(International-al code of nomenclature of cultivated plants, 1969) 中。

關於雜交群的名稱，包括野生與栽培者，請參閱條款 40 及附錄 I 。

第四章　有效與正當之出版

第一節　有效出版的條件與日期

條款 29

爲節省篇幅與明瞭計。特於此將其簡略摘譯於下：

在本規約之下，唯有能將印刷品（通過銷售、交換或贈與），廣汎散佈到可爲植物學者所利用之一般公共或至少爲植物學研究所的圖書館者，始爲有效。在公開之聚會上發表之新名稱，在公開的資料館或植物園內的標本上命名，或由手寫、打字等原稿或其他尚未出版的資料，它們的複印底片的散佈等，均屬無效，又虛有其名的印刷品的樣本版，亦不成爲有效的出版。

在1953年1月1日以前，以不能消除之手稿出版者，屬於有效。

註：爲本條款的說明，凡手寫資料，甚或由一些機械方法或書寫方法（如石版、透印版或金屬腐刻版等）的複製，均被考慮爲手稿（親筆 autographic ）。

例：非印刷品的有效出版： *Salvia oxyodon* Webb. et Helder 係在1850年7月出售的手稿目錄 (Webb. et Heldreich, Catalogus Plantarum Hispanicarum …ab A. Blanco lectarum, Paris, July, 1850 ， folio ）中出版者。

手寫資料的複製有效出版品： H. Léveille, Flore du Kouy Tchéou (1914－15）是由手寫原稿之石版複製印刷品。

在公開聚會的無效出版： Cusson 於1770年在 Montpellier 科學學會 (Sociétédes Sciences de Montpellier) 宣讀研究論文時，報告彼將創設 *Physospermum* 一新屬，後來又在1782年或1783年再在巴黎藥學學會（ Société de Médecine de Paris) 宣讀，同樣的報告，均爲無效。但此屬名直到1787年，在巴黎藥學皇家學會（Memoires de la Societe Royale de Médicine de Paris 5(1): 279 ）正式出版發表，始算有效。

在商人出版之目錄或與科學無關之報章上，發表之新名，在1953年1月1日或以後出版者，雖伴有拉丁文之記述，仍爲無效。在種子交換名單中印出者亦然。

勸告 29 A

著者務必避免將新名出版或記述於短期之刊物，通俗性的定期刊物，未必能送到一般植物學的公共場所之任何刊物，未必能維持長久出版或無名的雜誌以及摘要期刊之上。

條款 30

有效發表的日期，依據條款 29 的規定，為在可獲得之印刷品所刊登的日期。如無證據可決定其他的日期時，在印刷品上所指示之日期，必須承認其為正確日期。

例：Willdenow 的 *Species Plantarum*，各分册的出版日期如下：1 (1)，1797；1 (2)，1798；2 (1)，1799；2 (2)，1799 或　January，1800；3 (1)（到 850 頁），1800；3 (2)（到 1470 頁），1802；3 (3)（到 2409 頁）1803（較 Michaux 的 Flora Boreali-americana 為晚）；4 (1)（到 630 頁），1805；4 (2)，1806。此等日期，有些部分與各卷的表題頁碼不相一致，即為其出版的日期（參閱 Rhodora 44：147－150，1942）。

定期刊物或其他著作的分册，如因必須出售而提前出版時，除非證明其有錯誤，否則分册上的日期，即認為係有效出版的日期。

例：分册提前出版者：*Selaginella* 的種，為 Hieronymus 於 1911 年 10 月 15 日在 Hedwigia 51：241－272（1912）上所作之有效發表，因刊有上述論文之該卷，曾說明（p. ii）分册係出版於上述日期。

勸告 30 A

為推銷於一般公衆，發行人或其經銷者將出版品交給通常運貨公司之一的日期，必須承認其為該出版品的日期。

註：設若印刷品與乾燥標本無關聯而單獨配布時，此則成為有效的出版。

條款 31

在 1953 年 1 月 1 日或以後，附有乾燥標本 (exsiccata) 的印刷品的配布，不能構成有效的出版。

例：若著作如 Schedae operis... plantae finlandiae exsiccatae, Helsingfors 1.1906，2.1916，3.1933，1944，或 Lundell et Nannfeldt, Fungi exsiccati suecici etc., Uppsala 1－……，1934－……，係與乾燥標本無關聯而

單獨配分者，不拘其在1953年 1 月 1 日以前或以後出版，均屬有效之出版。

第二節　名稱正確出版之條件與日期

條款 32

為正確出版起見，一分類群的名稱，必須(1)有效出版（參閱條款 29 ）；(2)具備遵從條款 16 - 17（但可參閱條款 18 ，註 1 ，2 ，及 3 ）與條款 H. 7的形式；(3)附有此一分類群的記載 (description) 或特徵紀要 (diagnosis) ＊，或直接或間接引用其以前已有效發表的記載或特徵紀要（條款 H. 9的規定為例外 ）；以及(4)遵從條款 33 - 45 的特別規定。

註 1 ：使用不正確的拉丁語尾出版，但其他條件與本規約相符的名稱，可認係正當的出版。此等語尾必須修改，藉以與條款 17-19，21, 23 及 24 符合，但不變更著者之名。

註 2 ：由著者之名或其他方法的舉示，對於將以前而有效發表的記載或特徵紀要，應用於已給予一新名稱的分類群，其間接引用為一顯明的指示。

名稱非正當出版之例：*Egeria* Néraud（ in Gaudichaud ， in de Freycinet, Voyage Monde Uranie et Physicienne, Bot. 25 ，28 ，1826）在出版時，未附記載或特徵紀要，亦未引用以前之記載與特徵紀要，故其名為不正當的出版。

Loranthus macrosolen Steud. 一名，在1843年最初出版時，在印刷的名錄上，未附記載或特徵紀要，祇附有 Schimper 的阿比西尼亞(Abyssinia 即今之衣索匹亞)植物腊葉標本 Sect. II no.529 ，1288 。但該名稱到 Richard (Tent. Fl. Abys. 1 ：340 ，1847) 給與記載為止，是屬於不正當的出版。

間接引用之例：*Kratzmannia* Opiz (in Berchtold et Opiz, Oekon.-techn. Fl. Böhmens ½ ： 398， 1836) 在出版時，附有特徵紀要，但著者並未明確

＊一分類群的特徵紀要，為其著者對於此一分類群與其他類似分類群之間的區別特徵，所作的意見的陳述。

承認，故認爲屬於不正當的出版。該名稱在 Opiz, Seznan Rostlin Krěteny Českě，56（1852）中，已明確加以承認，但未附任何記載與特徵紀要。'Kratzmannia O'. 的列舉，爲已含有早在1836年出版的特徵紀要的間接引用。

Opiz 在 Seznan Rostlin Krěteny Českě 50（1852）中，未附記載或特徵紀要而發表屬名 *Hemisphace*（Benth.）Opiz，但當他書寫 *Hemisphace*, Benth. 時，他間接引用了以前由 Bentham, 在 Labiat. Gen. Sp. 193（1833）所作正當發表的 *Salvia* sect. *Hemisphace* 的記載。

在 Atkinson, Gaz. NW. Prov. India 10：392（1882）中，W. Watson 所作之新組合 *Cymbopogon martinii* 的出版，係由於附加了"309"的號數，變爲正當。該號數在同頁的上端，作有說明，是在 Steudel, Syn. Pl. Glum. 1：388（1854）中之種（*Andropogon martini* Roxb.）的連續符號。雖然異名 *Andropogon martini* 的引用，是間接的，但此種間接的引用甚爲顯明。

註 3：在某種情況之下，具有分析的圖解，可認爲與記載完全相等（參閱條款 42 與 44 ）。

註 4：原當作動物名稱所發表之植物分類群之名，關於此項，可參閱條款 45 。

勸告 32 A

名之發表，僅引用1753年以前出版之記載或特徵紀要，是不能認爲有效。

勸告 32 B

任何新分類群之記載或特徵紀要，均應說明其分類群與其近緣種類之間的重要區別點。

勸告 32 C

凡對於某一不同之分類群，以前曾給予但屬於不正當發表之名稱或小名，著者宜避免採用爲名。

勸告 32 D

在記述一新分類群時，如屬可能，著者應提供有詳細構造的圖版，藉以幫助種之檢索與鑑定。

在圖版之說明中，所根據之標本，應加以明示。此點甚爲重要。又著者應明白而精確指示所出版之圖版的比例尺度。

勸告 32 E

　寄生植物之記載或特徵紀要，常應指出其寄主 (Host) 爲何。寄主應詳示其學名，不能僅附以常發生疑問之現代語　(modern language)　名稱。

條款 33

　除非著者已明顯指出小名或有關的小名，適用於那一特定的組合，否則名的組合，不算是正當的出版。

　明顯指示組合之例：在 Linnaeus' Species Plantarum 一書中，小名放置在與屬名相對的邊緣，已明顯指出有組合的意向。同樣的結果，見於 Miller's Gardeners Dictionary, ed. 8.，書中。此書將小名括於括弧之內而放置在屬名之直後。又在 Steudel's Nomenclator Botanicus 中，將小名排成一覽表，由屬名來帶頭或一般用活版印刷的方法，來指示小名與某一特定之屬或其他名稱的組合。

　未明顯指示組合之例：Rafinesque 在給 *Blephilia* (Journ. Phys. Chim. Hist. Nat. 89：98.1819）的說明，爲 "Le type de ce genre est la *monarda ciliata* Linn." 不能構成 *Blephilia ciliata* 的正當發表，因其未指明應使用那個組合。同理，在 *Eulophus* (Gen. Pl. 1：885.1867）之下，根據 *Cnidium peucedanoides* H.B.K. 的列舉，*Eulophus peucedanoides* 的組合，不應歸屬於 Bentham.

　對於在 1953 年 1 月 1 日或以後出版而被承認的分類群所作之新組合或新名，除非其基礎名　(basionym，在來名稱或在來小名的異名 name-bringing or epithet-bringing synonym) 或代替異名（ replaced synonym，當有一新名或小名提出時）有明顯的指示，以及對於有關著者、原出版之頁號或圖版及日期等，有完全而直接的引用，否則屬於不正當的出版。

　註 1：僅屬引用 Index Kewensis, Index of Fungi 或除此以外的其他著作中正當出版的名稱，對於某一名稱之原出版，是不能算作完全而直接的引用。

　註 2：引用之文獻錯誤，對於一新組合之出版，不能算作無效。

例： *Fernald* 在作 *Echinochloa muricata* (Rhodora 17： 106.1915）之組合時，曾列舉 *Panicum muricatum* Michx.（1803）爲基礎名，雖然後者是非法而爲 *Panicum muricatum* Retz. （1786）的晚同名(Later homonym).Beauvois (Ess, Agrost， 51， 170， 178.1812）以前曾用基礎名 *Panicum muricatum* Michx.作過 *Setaria muricata* 的組合。在條款72規定之下， *Setaria muricata* Beauv. 是當作新名處理，而非爲一新組合。該種的正名，在屬 *Echino-chloa* 之內，爲 *E. muricata* (Beauv.) Fernald, 所以其正當出版的日期，就是由 Fernald 於1915年所發表的那年，雖然他在作新組合時，未引用 Beauvois 的出版。

對於一分類群所給與之名，若以其階級誤置的術語（與條款 5 相違）來表示時，則其名稱得作不正當的出版處理。此類誤置之例，有將品種當爲變種，種含有屬，或屬包括有科或族等。bus)，在 Fries' Systema Mycologicum 中，屬內分類群的名，稱爲族(tri-，被當作正當的出版，算是例外。

例： *Delphinium* tribus *Involuta* Huth (Bot.Jahr. 20： 365.1895），tribus *Brevipedunculata* Huth （Bot. Jahr. 20：368.）等，均屬不正當的出版，因Huth將術語" tribus "誤置在低於節階級的範圍。

又 Gandoger 在他的 Flora Europae（1883－91）中，應用種 "espéce" 一術語並對於相連二階級分類群的一個部門，採用二名制，其較高的階級，相當於同時代文獻中的種。他誤將種的一術語，用於較低的階級，因是此等分類群 ("Gandoger's microspecies") 的名稱，屬於不正當的出版。

條款 34

有下列情形之一者，其名稱屬於不正當之出版。(1)在原初出版時，不爲著者所採納之名。(2)分類群之名，僅係爲該有關一群或該群的特殊界限、地位或階級。將來可能的接受而作的預先提議（即所謂暫定性的名稱）。(3)當其僅屬於附帶所提出之名時。(4)當其僅係當作異名而引用時。(5)僅有包含於該有關分類群中之從屬階級分類群之記述（按：即該分類群本身並無記載與特徵紀要）時。

註1：上述(1)條不適用於已發表而附有一疑問號或分類學上有疑問的其他指示的名稱與小名，雖然已爲著者所出版與承認。

註2：所謂一新名稱或組合的「附帶的記述 (incidental mention)」，其意思係指著者無意要提出有關的新名稱或組合。

例：(1)單型屬的屬名 *Sebertia* Pierre (msc.) 未爲Baillon(Bull.Soc.Linn. Paris 2：945. 1891)作有效的出版，因彼未承認其名。雖然彼已給予該分類群的記述，且將其唯一的種即 *Sebertia acuminata* Pierre (msc.),以 *Sersalisia? acuminata* 的形式，歸屬於屬名 *Sersalisia* R. Br. 之下。按照註1的規定，此一組合是有效的出版。 *Sebertia* Pierre (msc.) 一名，後經 Engler (Engler & Prantl., Nat. Pflanzenfam, Nachtr. 1 ： 280 ，1897)於1897年正式發表，才算有效。

(2) Haworth (Rev. Pl. Succ. 82. 1821)曾提議用屬名 *Conophyton* Haw.,來代替 *Mesembryanthemum* sect. *Minima* Haw., 彼說"此節如證明爲一屬，則 *Conophyton* 一名，將是合式的"，但他本人既未採納該屬名，亦未承認該屬，故屬於不正當之出版。此屬之正名爲 *Conophytum* N. E. Brown (Gand. Chron. III, **71**： 198. 1922)。

(3) *Jollya* 屬是 Pierre (Notes Bot. Sapot. 7. 1890)在討論另一屬之雄蕊時，附帶提及者，故爲不正當之出版。

(4) *Acosmus* Desv. (in Desf. Cat. Pl. Hort. Paris ed. 3 ，233. 1929)被引用爲 *Aspicarpa* L. C. Rich. 一屬之異名，故屬不正當之出版。 *Ornithogalum undulatum* Hort. Bouch. ex Kunth (Enum. 4 ：348. 1843)，在 *Myogalum boucheanum* Kunth 之下，被引用爲異名，因是，屬於不正當之出版。設若將其轉移於 *Ornithogalum* 屬，則此種應稱爲 *O. boucheanum* (Kunth) Aschers, (Oest. Bot. Zeitschr. **16** ： 192. 1866)。

同理， *Erythrina micropteryx* Poepp. 被引用爲 *Micropleryx poeppigiana* Walp. (Linnaea **23**：740. 1850)，亦屬不正當之出版。設若將此種置於 *Erythrina* 之下，其正名應爲 *E. poeppigiana* (Walp.) O. F. Cook (U. S. Dep. Agr. Bull. **25**： 57. 1901)。

(5)科名 Rhaptopetalaceae Pierre (Bull. Soc. Linn. Paris 2 ： 1296， May，1897)僅伴有由 *Brazzeia*、*Scytopetalum* 及 *Rhaptopetalum* 等屬所構成之說明， Pierre 對於其科本身並無記載或特徵紀要，故爲不正當之出版。本科

之有效出版，爲其後之 Scytopetalaceae Engler (in Engler & Prantl, Nat. Pflanzenfam. Nachtr. zu Ⅱ－Ⅵ，1：242.1897)，因其附有一記載。

屬名 *Ibidium* Salisb. (Trans. Hort. Soc.Long. 1：291.1812)僅記述它含有 4 種植物，因爲 Salisbury 並未提供屬本身之記載與特徵紀要，故此屬之發表，不屬正當。

在 1953 年 1 月 1 日或自此以後，有 2 或更多不同的名稱（如此所謂之選擇名 alternative names ），由同一著者在相同之分類群提出時，此等名稱均屬不正當之出版（參閱條款 59 ）。

例：Ducke (Arch.Jard. Bot.Rio de Janeiro 3：23－29.1922)記載了 *Brosimum* 的種類，是在 *Piratinera* 屬之下，用選擇名，以附註（ pp。23－24 ）而出版。此等名之出版，因在1953年 1 月 1 日以前，故爲有效。

Euphorbia jaroslavii Poljakov (Nat. Syst. Herb. Inst. Bot.Acad. URSS **15**：155. *tab*.1953)爲附有選擇名 *Tithymalus jaroslavii* 而發表者。此二名均爲不正當之出版。但名稱中之一， *Euphorbia yaroslavii* （具一不同首字母的音譯）爲 Poljakov 所正當發表(Not. Syst. Herb. Inst. Bot. Acad. URSS. **21**：484.1961)，彼新引用了較早的文獻，自然廢除了另一名稱，故把此名作了有效的出版。

勸告 34 A

著者應避免在彼等的出版物中，發表或記述彼等尚未接受之未發表之名稱，特別對於此等名稱應負責任的人，當其還未正式認可其出版之時。

條款 35

在 1953 年 1 月 1 日或自此以後，新名之發表，如未明確指示其有關分類群之階級者，不屬於正當之出版。

在 1953 年 1 月 1 日以前出版之此類名稱，曾爲最初著者所指定之一定階級，其選擇必須從之。

條款 36

爲正當發表計，植物之新分類群的名稱（除細菌、藻類及化石植物等以外），在 1935 年 1 月 1 日以後發表者，必須附有拉丁語之記載與特徵紀要或參照以前有效出版之該分類群之拉丁語記載或特徵紀要（可參閱條款 H.9）。

例：*Schiedea gregoriana* Degener, Fl. Hawaiiensis, fam. 119.1936 (Apr. 9) 與 *S. kealiae* Caum et Hosaka, Bernice P. Bishop Mus. Occas. Papers 11(23): 3. 1936 (Apr. 10). 兩者均屬對同一植物所提出之新名。前者之模式是後者原資料中之一部分。因為 *S. gregoriana* 一名未附拉丁語記載與特徵紀要而無效，所以 *S. kealiae* 為合法名。

勸告 36 A

著者欲發表現生植物之一分類群之新名，除特徵紀要外，另須附有或舉示一完整之拉丁語記載。

條款 37

在 1958 年 1 月 1 日或以後出版之科或科以下新分類群的名稱，惟在有命名模式的指示時，始算正當，但某些雜種之名稱，在條款 H.9 所許可者為例外。（參閱條款 7-10 ）。

勸告 37 A

命名模式之表示，應即附隨拉丁語之記載或特徵紀要，同時即在指示模式部位之前或後，插入拉丁語 “ 模式標本 Typus” （ 或正模式標本 “ Holotypus” 等 ）一辭。

勸告 37 B

若一新分類群之命名模式是標本時，其標本之永久保存場所，應予指示。

條款 38

為正當發表計，在 1912 年 1 月 1 日或以後出版之種或較下階級之化石植物新分類群之名稱，除記載或特徵紀要外，必須附隨表示該分類群重要特性之圖解 (illustration) 或圖形 (figure) 或引用以前有效出版之說明圖版或圖形。

條款 39

為正當發表計，在 1958 年 1 月 1 日或以後出版之種或種以下階級之現生藻類之新分類群名稱，除有拉丁語之記載或特徵紀要外，必須附隨表示該分類群形態特徵之圖解或圖形或參照以前有效出版之說明圖版或圖形。

條款 40

　　為正當發表計，種或種以下，具有拉丁語小名的雜種名，必須遵照與此等同階級而非雜種的名稱相同的規則。

　　例：名稱 *Nepeta* × *faassemii* Bergmans (Vaste Pl. ed 2.544.1939）附有荷蘭文之記載。另在 Gentes Herb. 8 ： 64.1949中，則附有英文之記載，故屬於不正當之出版，因它未附拉丁語的記載與特徵紀要，到 *Nepeta* × *faassemii* Bergmans ex Stearn (Journ. Roy. Hort. Soc. Long. 75：405.1950）始成正當出版，因為它已附有拉丁語記載與模式之指示。

　　名稱：*Rheum* × *cultorum* Thorsrud & Reisaeter (Norske Plantenavr. 95。1948）在此是一裸名 (nomen nudum ，即僅有學名而無記載之名稱）），故屬於不正當之出版。

　　名稱 *Fumaria* × *salmonii* Druce (List Brit. Pl. 4.1908），因為在此，僅陳述其推察的親系關係 *F. densiflora* × *F. officinalis* 而已，故屬於不正當的出版。

　　註：關於屬或屬的細分階級的雜種名，可參閱附錄 I，條款H.9（譯文從略）。

　　為優先權之目的，以拉丁語形式，給予雜種之名稱或小名，須受到與非雜種分類群相等階級之相同規則的支配。

　　例：對於雜種 *Aster* × *Solidago*，其名 × *Solidaster* Nehrhahn (in Bonstedt, Pareys Blumengätn. 2：525.1932）先於名稱 × *Asterago* Everett (in Gard.Chron, Ⅲ，101 ： 6.1937）而發表，故前者為正名，後者為異名。

　　Gaultheria × *Pernettya* 的雜種，其名 × *Gaulnettya* W. J. Marchant (Choice Trees,Shrubs 83. 1937 ）先於名稱 × *Gaulthettia* Champ. (Bull. Torrey, Bot.Club 66 ： 26. 1939）而發表，屬於正當之出版。

　　Anemone × *hybrida* Paxtan (May. Bot. 15：293.1848)先 *A.* × *elegans* Decaisne (Rev. Hort. LV. 1： 41. 1852 ）而發表，作為種 (pro. sp.)，並為此雜種的二命名之名，係出自 *A. hupehensis* × *A. vittifolia*。

Aimée Camus 於1927（Bull. Mus. Nat. Hist. **33**：588。1927）發表了一個名稱 *Agroelymus* ，當作屬間雜種的屬名，並未附拉丁語的特徵紀要或記載，但已舉示其双親的名稱 *(Agropyron* 與 *Elymus)*。因爲該名稱在當時施行中的規約（Stockholm 1950）之下，是爲不正當的出版，Jacques Rottsseau 於1952（Mém. Jard. Bot. Montréal **29**：10－11）曾發表拉丁語的特徵紀要。但在本規約之下，名稱 *Agroelymus* 的正當發表日期爲1927而不是1952，同時該名稱亦先 × *Elymopyrum* Cugnac (Bull. Soc. Hist. Nat. Ardenses **33**：14. 1938）而發表，後一雜種的屬，附有其親系關係的法語，但非拉丁語的說明。

條款 41

爲了正當的發表計，一屬的名稱，必須附有(1)屬之記載或特徵紀要，或(2)直接或間接引用以前有效出版之屬或屬之區分的記載或特徵紀要。

至於林奈在 Species Plantarum ed. 1（1753）及 ed. 2（1762-63）等書中，最初發表之屬名，當屬例外，蓋此等屬已經承認其在上擧一書的各別刊行日期正當出版（參閱條款 13 ，註 3）。

註 1：在某種情況之下，附有特徵分析之圖解，可視同屬之記載（參閱條款 42 ）。正當出版的屬名之例：*Carphalea* Juss. (Gen. 198, 1789 ）附有屬之記載；*Thuspeinanta* Th. Dur.(Ind. Gen.Phan. X.1888)係引用過去已經記述之屬 *Tapeinanthus* Boiss. (non Herb.) *Aspalathoides* (DC.) K. Koch (Hort. Dendrol. 242. 1853) 是根據以前已經記載之節，即 *Anthyllis* sect. *Aspalathoides* DC.。

條款 42

根據一新種而產生之單型新屬名之發表，必須(1)備有屬與種混合之記載 (descriptio generico-specifica) 或特徵紀要，或(2)在 1908 年 1 月 1 日以前，所發表之屬名，具備圖版而有重要特徵之分析者，始克爲正當出版。

例：*Piptolepis phillyreoides* Benth. (Pl. Hartw. 29．1840）爲一新種，被指定隸屬於單型新屬 *Piptolepis* 當其發表時，附有屬與種之混合記載。屬名 *Philgamia* Baill. (in Grandidier, Hist. Madag. Pl. Atlas　3：*pl.265*．1894）是正當的發表，因其見於 *P. hibbertioides* Baill. 之一圖版，且備有特徵之分析，在1908年 1 月 1 日以前出版。

如屬與種，均不另作定義，彼此不分開而一齊發表時，凡屬於單型新屬之新種，其記載或特徵紀要，可視爲與屬之記載或特徵紀要相同，反之亦然。但在 1953 年 1 月 1 日或以後所發表之化石植物單型屬名，必須附有該屬之記載或特徵紀要。

例：*Strophioblachia fimbricalyx* Boerl. (Handl. Fl. Ned. Ind. 3 (1)：236．1900）爲一新種並無分開之定義，指定隸屬於單型新屬 *Strophioblachia*，此可當作有屬與種之混合記載之出版。

註：爲便於鑑定而有必要詳細表示的顯微鏡下的植物單一圖形，可考慮其爲帶有重要特性分析之圖解。

條款43

除非其所屬之屬或種之名稱，是在其同時爲正當的出版，或係在以前已有正當的出版，否則屬級以下分類群之名的出版，是屬於不正當的。

例：Forskal (Fl. Aegypt.-Arab. 69 − 71．1775）所發表之 *Suaeda baccata, S. vera* 以及 *Suaeda* 之其他 4 種植物，均伴有記載與特徵紀要，但屬 *Suaeda* 本身無記載與特徵紀要，故此等種名與其屬名，是不能認爲正當之出版。

Müller Argoviensis (Flora **63**： 286) 於1880年發表新屬 *Phlyctidia* 時，附有 *P. argoviensis*，*P. hampeana* nov. sp., *P. boliviensis* (= *Phlyctis boliviensis* Nyl.), *P. sorediiformis* (=*Phlyctis sorediiformis* Krempelh.) *P. brasiliensis* (=*Phlyctis brasiliensis* Nyl) 及 *P. andensis* (=*Phlyctis andensis* Nyl.) 等 5 種植物。但此等種名在此處不算爲正當之出版，因爲屬名 *Phlyctidia* 並未正式發表；Müller 雖僅有一新種 *P. hampeana* 之記載與

特徵紀要，但無屬之記載與特徵紀要。此一記載與特徵紀要，並不能視同條款42所規定之屬與種之混合記載 (descriptio generico-specifica)。因爲新屬並非僅含 *P. hampeana* 之一單型屬者。 Müller 後再提出 *Phlyctidia* (Hedwigia 34：141. 1895) 一名，並附有屬的簡短特徵紀要，自此時起，該屬始爲有效。本屬記述 *P. ludoviciensis* nov. sp. 一種，另組合一種 *P. boliviensis (Nyl.)* 後一組合係引用其基礎名而來者。

註：在不認作屬名的詞語之下，所發表之種或其他小名，本條款亦能適用。

例：二名的組合 *Anonymos aquatica* Walt. (Fl. Carol. 230. 1788) 是不能認爲正當的發表。有關該種之正名是 *Planera aquatica* J. F. Gmel. (1791)，種小名 *aquatica* 的日期，爲了優先權的理由，應爲1791。本種的名，不能寫爲 *Planera aquatica* (Walt.) J．F． Gmel．，如欲指示小名是源自 Walter 而來時，可列舉爲 *Planera aquatica* Walt. ex J. F. Gmel.

二名的組合 *Scirpoides paradoxus* Rottböll (Descr. Pl. Rar. Progr. 27. 1772) 是爲不正當之出版，因爲 *Scirpoides* 當作一屬的名稱，是無意義的詞語。此一種之最初有效出版的名稱，是 *Fuirena umbellata* Rottböll (Descr. Ic. Pl. 70. 1773)。

條款 44

在 1908 年 1 月 1 日以前所發表之種或種以下分類群的名稱，若其附有圖解並有明示重要特性之分析時，可算作正當之出版。

註：爲了鑑定而有必要詳細表示的顯微鏡下的植物單一圖形，可考慮其爲帶有重要特性分析之圖解。

例： *Panax nossibiensis* Drake (in Grandidier, Hist. Madag. Pl. Atlas 3:*Pl. 406.* 1896) 之發表，係根據一圖版 (plate) 而附有重要特徵之分析，故屬正當之出版。

又 *Eunotia gibbosa* Grunow (in Van Heurck. Syn. Diat. Belg. *Pl. 35, fig. 13.* 1881) 爲一矽藻 (diatom) 之名，其發表係根據其殼的單一圖形。

條款 45

　　每一名稱或小名之日期，即爲其正當出版之日期。設若正當發表之各種條件，未能同時完成時，其名稱之正當出版日期，爲其最後完成之那一日期。發表於 1973 年 1 月 1 日或以後之名稱，除非其正當發表之各項必要條件，對於某一場所或此等必要條件以前在某場所，經已完成而有完全且直接之引證，否則係屬不正當之出版。

　　例： *Mentha foliicoma* Opiz 之標本，由 Opiz 於 1832 年所分送，但其正當出版之日期，則爲由 Déséglise (Bull. Soc. Etud. Sci, Angers **1881-82**：210.1882) 所發表之1882年，始算開始。

　　註：一個名稱或小名之原始綴字之改正，不影響其有效出版之日期。

　　例：綴字法錯誤 (Orthographic error) 之改正，如 *Gluta benghas* L. (Mant. 293.1771) 改爲 *G. renghas* L., 並不影響小名 *renghas* 1771年之有效日期，即使其訂正日期係開始於1883年(Engler in DC. Monogr. Phan. **4**：225.1883)。

　　爲優先權的理由而着想，祇有合法之名稱或小名，始可予以考慮（參閱條款 11, 63-67 ）。唯屬正當發表之早同名 (earlier homonym.), 不論其合法與否，將是廢除晚同名 (later homonym) 之原因（除非晚同名爲保留者 ）。

　　若一分類群自動物界轉移至植物界時，它的名稱，在國際動物學命名規約之下屬於合法 *，在植物學規約之下，亦係以合法的形式而正當發表（在動物命名規約之下，僅對於藻類之正當性是有必要，此爲例外 ），在本規約以內，將自動成爲正當之出版，一如其當時成爲一動物名稱而正當出版者然（參閱條款 65 ）。

例： *Amphiprora* Ehrenberg (Abh. Preuss. Akad. Wiss. **1841**：401. 1843) ）先以動物的屬名而發表，後經 Kuetzing 於1844年將其轉移到植物界，成爲植物的屬名，其優先權仍始自1843年而非1844年。

勸告 45 A

著者等用現代語在著述（植物誌，名錄等）中發表一分類群之名稱時

---

*動物學命名規約中之 Available, 等於植物學命名規約中之 legitimate.

，必須正確遵守正當出版的各項條件。

勸告 45 B

著者應明確指示其著作之出版日期。著作如係以分冊出版時，其最後之出版印刷品，必須註明該卷各分冊或各部分的正確出版日期以及頁數與圖版等。

勸告 45 C

在定期刊物中發表之著作，其抽印與發行之複製本，應明示其日期（年、月、日），定期刊物各稱，卷或部的期數，以及原本的頁數。

第三節　爲正確目的之著者之名與文獻的引證

條款 46

爲求分類群名稱之指示，應屬正確與完整，同時易於確定其日期計，必須引用最初正當發表該有關學名的著者之名，除非其能適用條款 19, 22 或 26 之規定。

例：*Rosaceae* Juss., *Rosa* L., *Rosa gallica* L., *Rosa gallica* L. var. *eriostyla* R. Keller, *Rosa gallica* L. var. *gallica*。

勸告 46 A

置於植物名稱後面的著者之名，可以略寫，除非彼等的名字甚短。爲了略寫的目的，名稱中之質辭部分，應予刪除，除非其爲無法分開之部分，但名稱之最初字母，不可作任何省略（如 Lam. 爲 J.B.P.A.Monet Chevalier de Lamarck 之略，惟 De Wild. 則是 E. De Wildeman 之略）。

設若一音節的姓名，已很長而値得略寫時，可僅舉示其最初的子音（例如 Fr. 爲 Elias Magnus Fries 的省略等）；又若著者之名，具有 2 或更多音節時，可摘取其最初音節與次一音節之第 1 字母或均爲子音之前 2 個字母（例如 Juss.爲 Jussieu 與 Rich.爲 Richard 略寫之名）。

爲避免其具有相同字母與音節而易引起混亂計，可依照同樣的省略方法，給予姓名更多之識別字母。例如在第 2 音節之後，增加第 3 音節之 1 或 2 最首子音字母，或在第 2 音節之後，增加其名之最後特殊一子音字母（例如 Bertol.爲 Bertoloni 之略寫，可以與 Bertero 相區別；Michx.爲 Michaux 之省略，可以與 Micheli 相區別）。

具有相同姓名之二位植物學者，可用其敎名或附屬稱號，以用相同的省略方法，加以略寫，來作識別（例如 Andr. Juss. 爲 Andrien de Jussieu; Gartn. f. 爲 Gaertner filius; R. Br. 爲 Robert Brown, A. Br. 爲 Alexander Brown; Hook. f. 爲 Joseph Dalton Hooker, 他是 William Jackson Hooker 之子。又 J. F. Gmelin 爲 Johann Friedrich Gmelin, J. G. Gmelin 爲 Johann Georg Gmelin, C. C. Gmelin 爲 Carl Christian Gmelin, S. G. Gmelin 爲 Samuel Gottlieb Gmelin; Müll.-Arg. 爲 Jean Müller of Aargau) 。

另一方式，當一姓名之省略，由已建立的一個習慣而來時，最好跟從該方式來處理（例如 L. 爲 Linnaeus; DC. 爲 de Candolle; St.-Hil. 爲 Saint Hilaire; H. B. K. 爲 Humboldt, Bonpland et Kunth; F. v. Muell. 爲 Ferdinand von Mueller)。

勸告 46 B

當一學名由二著者連署而發表時，兩方之名，均應列舉，並以語 et 或記號 & (ampersand) 連接之。當一學名由二或更多著者連署而發表時，僅可採用第 1 人之名，其後須附加 *et al.* 二詞。

例**:** *Didymopanax gleasonii* Britton et Wilson 或 Britton & Wilson ; *Streptomyces albo-niger* Hesseltine, J. N. Porter, Deduck, Hauck, Bohonos, & J. H. Williams (Mycologia **46**：19. 1954) 應作 *S. albo-niger* Hesseltine *et al.* 舉示。

勸告 46 C

當著者最初提出有效之植物名稱，而願將其歸屬於他人時，其正確的著者之舉示，應屬於實際發表者之名，倘仍欲有此願望（即將植物之名歸屬於他人）時，則必須在他人之名後，加一連接辭 *ex,* 然後再列舉實際有效發表之人名。同樣方法亦可適用於園藝起源之植物，即將其歸屬於 " Hort." (Hortulanorum) 。

例：*Gossypium tomentosum* Seem. 或 *G. tomentosum* Nutt. *ex.* Seem.; *Lithocarpus polystachya* (A. DC.) Rehder 或 *L. polystachya* (Wall. *ex* A. DC) Rehder; *Gesneria donklarii* Hook. 或 *G. donklarii* Hort. *ex* Hook.

勸告 46 D

若由一著者所提供而附有記載或特徵紀要（或係參考記載或特徵紀要）之一植物名稱，另一著者擬將其在著作中發表而必須引用時，應以 in 來連接此 2 著者。在此情形之下，如欲省略此種引用時，提供記載或特徵紀要的著者之名，最爲重要，應予以保留。

例： *Viburnum ternatum* Rehder in Sargent, Trees and Shrubs 9:37. 1907 或 *Viburnum ternatum* Rehder; *Teucrium charidemii* Sandwith in Lacaita, Cavanillesia 3:38. 1930 或 *Teucrium charidemii* Sandwith 。

勸告 46 E

當最初一著者，欲將其正當發表之植物名，歸屬於該有關分類群在起點（參閱條款 13，按名之正當發表起點爲 1753）以前所發表之著者，其名之引用，如認爲有益或合意時，可予以列舉，並一如勸告 46 C 所示，在起點前著者之名後，可附加一 *ex.*

例： *Lupinus* L. 或 *Lupinus* Tourn. (Inst. 392.*Pl.213*. 1719) ex L. (Sp. Pl. 721. 1753).

勸告 46 F

分類群之新名，著者對於彼等自己，絕不可使用 nobis 〔 略寫成 nob. 有給我等 (to us) 之意，每用於一名稱之後，表示此名稱由我等負責 〕或類似之語句，當作著者名的舉示，在任何情形之下，必須引用彼等自己的姓名始可。

條款 47

在不除却模式標本情形之下，一分類群之紀要特徵或界限之改變，除最初發表該名之著者外，其他著者名之引用，不能給予承認（參閱條款 51 之例）。

勸告 47 A

若條款 47 所述之改變，可以考慮時，變化之性質，可附加如下作適當省略之詞語，以指示之。如訂正 *"emendavit (emend.)"*（續以負責改變的著者之名）；特徵更改 *mutatis characteribus (Mut. char.)*; 部分 *pro parte (p.p.)* 屬除外 *excluso genere* 或 *exclusis generibus* (excl. gen.)；種除外 *exclusa specie* 或 *exclusis speciebus (excl. sp.)*；變種除外 *exclusa varietate* 或 *exclusis varietatibus (excl. var.)*；廣義的解釋 *sensu amplo* (*s. ampl.*)，及狹義的解釋 *sensu stricto (s. str.)* 等是。

例：*Phyllanthus* L. emend. Müll.- Arg.; *Globularia cordifolia* L. excl. var. (emend. Lam.)。

條款 48

當一著者以如此的方式，即除却一名稱之原始模式，限制其分類群的意義，來使用其名時，則彼所發表之此名，可認爲一晚同名（later homonym），而其名僅能歸屬於彼。

例： Sirodot 處理 *Lemanea*（1872）時，已明顯除却 *Lemanea* Borg（1808）之模式，因是此屬之引用，應爲 *Lemanea* Sirodot，而非 *Lemanea* Borg emend. Sirodot（所以前者爲一後同名）。

在某種情形之下，除却模式之新名之存續，祇有在保留情形之下，始算有效。當新名附有模式而被保留（與原始著者所附之模式不同）時，著者之名，亦必須加以引用。

例如： *Bulbostylis* Kunth, nom cons. (non *Bulbostylis* Steven 1817) 此時不能寫作 *Bulbostylis* Steven, emend. Kunth, 因 Kunth 之模式，並不包括在1817年 Steven 之 *Bulbostylis* 之內。

條款 49

當一屬或屬以下階級之分類群，在保留其名或小名之下，變更其階級時，最先發表之合法名或小名之著者名（基礎名的著者之名），應將其插入一括弧之內，然後附以作有效變更的著者之名（組合的著者之名）。屬以下階級之一分類群，不管其階級變更與否，自一分類群轉移至其他分類群時，亦可以同樣方法處理之。

例：*Medicago polymorpha* var. *orbicularis* L. 昇級成種的階級時，變爲 *Medicago orbicularis* (L.) Bartal. 又 *Anthyllis* sect. *Aspalathoides* DC. 昇格成屬的階段時，即變爲 *Aspalathoides* (DC.) K. Koch 。

Sorbus sect. *Aria* Pers. 轉到梨屬 *(Pyrus)* 而節的階級不變時，成爲 *Pyrus* sect. *Aria* (Pers.) DC. 又 *Cheiranthus tristis* L. 轉到 *Matthiola* 屬而種的階級不變時，即成 *Matthiola tristis* (L.) R. Br. 。

根據 *Fumaria bulbosa r solida* L. (1753) 而來的 *Corydalis* 的種，爲 *Corydalis solida* (L.)Sw.（1819），而非 Corydalis solida (Mill.) Sw. 後一個的列舉，與1771年的 *Fumaria solida* (L.) Mill.（1771）有關係，亦係根據 *Fumaria bulbosa r* solida L. 而來。前者的正確引用，係因與合法小名的著者（按即 L.）有關連。

條款 50

具有二名（雙重名份）之分類群，其地位由種轉移爲種間雜種或與此相反的情形時，原著者的名，必須加以列舉，隨後用括弧加以適當辭語，以表示其原始之地位。若種內分類群轉變其地位而爲雜種型或與此情形相反時，亦必須給予以原始地位的相同指示。假定希望或必要將此一舉示，予以略寫，則原始地位的指示，可以省略。

例：*Stachys ambigua* J. E. Smith (Engl. Bot. 30: *Pl.2089.* 1810) 原爲種而發表，如認爲其與雜交有關，則應列舉爲 *Stachys × ambigua* J. E. Smith (pro. sp., 當作種)。

二名之名 *Salix × glaucops* Anderss. (in DC. Prodr. **16**(2)：281.1868) 原爲一雜種之名而發表，後經 Rydberg (Bull. N. Y. Bot. Gard. **1**：270.1899) 將其變更而爲種，倘此觀點可以接收，則該名應作 *Salix glaucops* Anderss. (pro. hybr., 當作雜種) 舉示。

Carya laneyi var. *chateaugayensis* Sarg. (Trees & Shrubs, **2**：197.1913) 原係以變種而發表，若將其作爲雜種，則應作 *Carya × laneyi* nm.（按：爲 nothomorphus 的略寫，即雜種之意）*chateaugayensis* Sarg. (pro. var. 當作變種) 書寫。

第四節　引證之一般勸告

勸告 50 A

當作異名 (synonym) 而發表之名的引證，應附加如 "as synonym" 或 "pro syn." 之辭語。當一著者，以他人的原稿之名 (manuscript name) 作爲異名而發表時，在引證中，必須使用 *ex* 一辭，來連接 2 著者之姓名（參閱勸告 46 C ）。

例：　Koenig 之原稿，明載 *Myrtus serratus,* 一名，　Steudel 將其當作 *Eugenia laurina* Willd. 之異名而發表，此時應將其作如下書寫之引證：

Myrtus serratus Koenig *ex* Steudel (Nomencl. 321. 1821) pro.syn.（當作一異名）。

勸告 50 B

裸名（nomen nudum）之舉示，其地位必須附加 *nomen nudum (nom nud.)* 一辭語，以指示之。

勸告 50 C

因爲一早同名（earlier homonym）而成爲不合法之名，如將其舉示爲異名時，其引證應附加早同名的著者之名，並在其前面加 "non"（非，既非）一辭語，最好付加出版日期。又在某情形之下，亦可引用任何晚同名（later homonym），但在其前，必用 "nec"（非，亦非）"一辭。

例：　*Ulmus racemosa* Thomas, Am. Journ. Sci. **19**：170（1831）non Borkh. 1800; *Lindera* Thunb. Nov. Gen. Pl. ﾟ64. (1783) non Adans. 1763; *Bartlingia* Brongn. Ann. Sci. Nat. **10**:373 (1837) non Reichb. 1824，nec F. v. Muell. 1877 。

勸告 50 D

錯誤之鑑定（misidentification），不可包括於異名之內，但在其後面可加以附註。錯誤引用之名（misapplied name），應附加 auct. non 一辭句，續以原始著者之姓名及鑑定錯誤之文獻（bibliographic reference），來作指示。

例：　*Ficus stortophylla* Warb. in Warb. et De Wild. Ann. Mus. Congo, Bot. VI **1**:32 (1904). *F. irumuensis* De Wild. Pl. Bequaert **1**:341(1922). *F. exasperata* auct. non Vahl: De Wild. et Th. Dur. Ann. Mus. Congo, Bot. II. **1**:54, (1899); De Wild. Pl. Laur. 26 (1903); Th. et H. Dur. Syll. Fl. Congol. 505 (1909).

勸告 50 E

若一屬名被認為保留名 (nomen conservandum) 時，其引證必用 *nom. cons.*，一略辭，以附加之。

例： *Protea* L. Mant. 187（1771），nom. cons., non L. 1753.－*Combretum* Laefl. 1758，nom. cons. (Syn. prius *Grislea* L. 1753）－*Schouwia* DC. (1821, Mai. sero), nom cons. (homonymum prius *Schouwia* Schrad. 1821. Mai)。

勸告 50 F

當作異名而引用之名，必須一如其著者所發表的一樣，將其字母正確拼綴出來。若需要有任何解釋之辭句，則此等辭句應插入於圓括弧之內。又一名稱與原發表者之型式有所改變而須加以採用時，最好能正確將其原始型式引用出來，並插入於引用符號之間。

例： *Pyrus calleryana* Decne. (*Pirus mairei* Léveillé, Repert. Sp, Nov. 12: 189.1913）或 *P. mairei* L'eveillé, Repert. Sp. Nov. 12：189.1913 'Pirus'）而不為 *Pyrus mairei*。

Zanthoxylum cribrosum Spreng. Syst. 1： 946.1825，'Xanthoxylon' (*Xanthoxylum caribaeum* var. *floridanum* (Nutt.) A. Gray, Proc. Am. Acad. 23： 225.1888），但不為 *Z. caribaeum* var. *floridanum* (Nutt.) A. Gray。

Quercus bicolor Willd. (*Q. prinus discolor* Michx. f. Hist. Arb. For. 2 ： 46。1811），但不能寫為 *Q. prinus* var. *discolor* Michx. f.。

Spiraea latifolia (Ait.) Borkh. (*Spiraea salicifolia r latifolia* Ait. Hort. Kew, 2 ： 198.1789），但不能寫為 *S. salicifolia latifolia* Ait. 或 *S. salicifolia* var. *latifolia* Ait.。

Juniperus communis var. *saxatilis* Pallas (*J. communis* [var.] 3 *nana* Loudon, Arb. Brit. 4 ： 2489.1838）。在此情形 'var.' 可插入一方括弧之內，因 Loudon 係將此組合置於 'varieties' 之下而分類者。

Ribes tricuspis Nakai, Bot. Mag. Tokyo 30： 142.1916， 'tricuspe'。

第五章 名稱與小名之保留、選擇及廢除

第一節 改造或分割之分類群名稱與小名之保留

<u>條款 51</u>

一分類群之紀要特徵或解釋範圍之改變，不能成爲改變該名稱之正當理由。但下述各條款所規定者，當爲例外：(1)分類群之轉移（條款 54-56 ），或(2)與同級其他分類群的合併（條款 57,58 與勸告 57A），或(3)階級之改變（條款 60 ）。

蝶形花科 (Papilionaceae) 一科名爲唯一的例外。

例： *Myosotis* 屬經 R. Brown 修正，其內容與林奈之原始屬，當有所不同，但此屬名未有改變，亦不允許變更，因 *Myosotis* L. 之模式，尙留在該屬中，故應作如下之舉示：*Myosotis* L. 或 *Myosotis* L. emend. R. Br.（參閱條款 47，勸告 47 A ）。

林奈曾區分爲 1 或 2 種獨立之植物，經多數著者合併於 *Centaurea jacea* L. 1 種之內，如此所成立之分類群，應爲*Centaurea jacea* L. sensu amplo 或 *Centaurea jacea* L. emend. Cosson et Germain, emend. Visiani, 或 emend. Godr. 等；新名如 *Centaurea vulgaris* Godr. 之創設，是多餘且不合法的。

<u>條款 52</u>

當一屬分割爲 2 或更多之屬時，其原屬名應保留爲其中之一，如未保留時，應恢復其屬名爲屬中之一。當某一特定之種，最初指定爲模式時，其所含此模式種之屬，應保留爲屬名，若無模式指定時，則必須選定一模式（參閱模式標本的決定指南 P.75 ，按：本譯文已將此項之一部份，併入第二部門，第二章、第二節「模式標本法」中，予以摘譯，請轉看該譯文。）

例： Rafinesque (Sylva Tell. 60. 1838 ）把 *Dicera* J. R. et G. Forster (Char. Gen. Pl. 79. 1776 ）屬分割爲二屬，即 *Misipus* 與 *Skidanthera* ；此一處理與規定相違。原來之一屬，即 *Dicera* 屬，必須爲其中之一屬而給予保留；現則根據選定模式 *D. dentata* 而保留屬於 *Dicera* 部分的此一屬名。

Aesculus L. 有 sect. *Aesculus, Pavia* (Poir.) Pax, *Macrothyrsus* (Spach) Pax 及 *Calothyrsus* (Spach) Pax 等四節，其中之最後三節，在括弧中之著者，認爲係獨立之屬。既經當作屬處理之此等 4 節，林奈（ 1753 ）所創之屬 *Aesculus* 必須予以保留而爲其中之第一節，因其包含 *Aesculus hippocastanum* L. 之模式在內 (Sp. Pl. 344. 1753 ； Gen. Pl. ed. 5 ， 161 ， 1754 ）。Tournefort 之一名 *Hippocastanum* 不應如 P. Miller (Gard. Dict. Abr. ed. 4. 1754 ）所爲，將其當作一屬來處理，因其已成爲模式種名，即 *Aesculus hippocastanum* 而包括在 *Aesculus* 之內。

條款 53

當一種分割爲 2 或更多之種時，其種小名必須保留作爲其中之一種。設若未加保留，則應恢復其爲種中之一種名。若一特殊標本、記載或圖形等原已指定爲模式時，則包含該等要素之種小名，應予以保留。若無模式被指定時，則模式必須加以選定（參閱模式的選定指導）。

例： *Lychnis dioica* L. (Sp. Pl. 437。1753 ）由 Miller (Gard. Dict. ed. 8 nos. 3 ， 4, 1768) 分割爲二種，即 *L. dioica* L. emend Mill. 與 *L. alba* Mill. 。 G. F. Hoffmann (Deutschl. Fl. 3 : 166. 1800 ）將 *Juncus articulatus* L. （ 1753 ）分割爲 2 種，即 *J. lampocarpus* Ehrh. ex Hoffm. 與 *J. acutiflorus* Ehrh. ex Hoffm., 但 *J. articulatus* L. 應保留爲分離的種中之一種名，實際亦係在 *J. lampocarpus* Ehrh. ex Hoffm.（ 參閱 Bria., Prodr. Fl. Corse 1 : 264. 1910 ）的意旨下而復位者。

Genista horrida (Vahl) DC. (in Lam. et DC., Fl. Franc. ed 3, 4, 1805) 被 Spach (Ann. Sci. Nat. Bot. III ， 2 : 252. 1844 ）分割爲三種，即 *G. horrida* (

Vahl) DC., *G. boissieri* Spach 及 *G. webbii* Spach 等。名稱 *G. horrida* 應予以保留，因其含有來自 Aragon 王國 Jaca 的植物。該植物係由 Vahl 於1790年，以 *Spartium horridum* 之名而發表者。

有二種 (*Primula cashmiriana* Munro, *P. erosa* Wall.) 來自 *P. denticulata* J. E. Smith (Exot. Bot. 2：109. *Pl. 114.* 1806)，但 *P. denticulata* 在此一名稱之下，應予以維持其爲 Smith 曾所記載及寫實之形式。

林奈原認爲 *Hemerocallis lilio-asphodelus* L. (Sp. Pl. 324. 1753) 由 2 變種，即 α *flava* [sphalm 'flavus'] 與 β fulva [sphalm. 'fulvus'] 所構成。在其第二版的 Sp. Pl.（1762）一書中，彼再認爲獨立之種而將其稱爲 *H. flava* 與 *H. fulva.* 。但其最初之種小名必須予以恢復，業經 Farwell (Am. Midl. Nat. 11：51. 1928) 再正確恢復其名而成爲 *H. lilio-asphodelus* L. 與 *H. fulva* (L.) L. 。

同樣規則可適用於種以下之各分類群。例如對於一亞種可分割爲 2 或更多的亞種，對於一變種可分割爲 2 或更多的變種等。

第二節　轉移到他屬或種時，屬以下各階級分類群的小名之保留

條款 54

若一屬內分類群 * 被轉移至他屬，或置於原爲同屬的其他屬名之下而階級不變時，其小名必須予以保留，或若未保留時，應恢復其原有之名稱，除非其有下列阻碍之一存在：

(1) 所產生之組合，根據不同模式，對於一屬內分類群，已有以前而爲正當發表之小名。

(2) 同階級中已有一較早而合法之小名（可參閱條款 13f，58，59 ）。

(3) 根據條款 21 或 22 之規定，另有其他小名必須使用時。

----

*在本法規之下，所謂片語 " 屬內分類群 Subdivision of a genus " 在階級上僅乃指屬與種之間的分類群而言者。

例： *Saponaria* sect. *Vaccaria* DC. 當將其轉移到 *Gypsophila* 時，就成爲 *Gypsophila* sect. *Vaccaria* (DC.) Godr. 。

惟 *Primula* sect. *Dionysiopsis* Pax, 當將其轉移至 *Dionysia* 時，不能寫成 *Dionysia* sect. *Dionysiopsis* (Pax) Melchior, 因其將抵觸條款21之規定（按：亞屬、節均不可由其屬名加 -oides 或 -opsis 來形成），故必須根據相同模式，代之而改爲 *Dionysia* sect. *Ariadra* Wendelbo 。

條款55

當一種名轉移至他屬，或置於原爲同屬的其他屬名之下而階級不變時，其種小名如屬合法，應予以保留 [a]，若未保留，應恢復其原有之名 [b]，除非有下列碍阻之一存在：

(1) 所產生之二名係一晚同名 [c]（條款64）或重複名 [d]（條款23）。

(2) 有較早而合法的種小名可用時 [e]。

例：(a) 當 *Antirrhinum spurium* L. (SP. PI. 613. 1753）轉移至 *Linaria* 時，應稱爲 *Linaria spuria* (L.) Mill. (Gard. Dict. ed. 8. no. 15. 1768）。

(b) *Spergula stricta* Sw.（1799）當將其轉移至 *Arenaria* 時，不可稱爲 *A. stricta* (Sw.) Michx.（1803），因其已有涉及到另一種（按：即早同名）之存在，故應變爲 *A. uliginosa* Schleich. ex Schlechtend. (1803)。若再將其轉移至 *Minuartia* 時，則又必須恢復其原來之名 *(stricta)* 而成 *Minuartia stricta* (Sw.) Hiern.（1899）。

(c) *Spartium biflorum* Desf.（1798）當由 Spach 於1849將其轉移到 *Cytisus* 時，不能稱爲 *C. biflorus*，因此一小名，曾由 L'Héritier 在1791年早已正當發表而給予另一植物，因是 Spach 所給之 *C. fontanesii* 是合法的。

(d) *Pyrus malus* L.（1753）當將其轉移至 *Malus* 時，必稱 *Malus pumila* Mill.（1768），始爲合法。若併合寫成 *Malus malus* (L.) Britton（1913），就變成重複名，而不能允許。

(e)　*Melissa calamintha* L.（1753）當將其轉移到 *Thymus* 時，即成爲 *T. calamintha* (L.) Scop.（1772），若置於 *Calamintha* 屬內時，即不能稱爲 *C. calamintha*（重複名），而必須改稱 *C. officinalis* Moench（1794）。但如將其轉入 *Satureja* 時，則其較早之合法小名，可以再度恢復，變爲 *S. calamintha* (L.) Scheele（1843）。

關於種之轉移於他屬的問題，若將其種的小名，在其新位置上，錯誤應用於一不同之種時，則此一新組合必須保留而給與原具有該小名的種，同時又必須將其歸屬於原發表該小名之著者 [f]（參閱條款7，9）。

例：(f) *Pinus mertensiana* Bong. 由 Carriére 將其轉入於 *Tsuga,* 根據其記載，很顯明彼將新組合 *Tsuga mertensiana* (Bong.) Carr. 錯誤應用於 *Tsuga* 中其他之種，即 *T. heterophylla* (Raf.) Sargent. 此一新組合決不可使其適用於 *T. heterophlla* (Raf.) Sargent. 當將該種置於 *Tsuga* 之下時，則必須爲 *Pinus mertensiana* Bong. 而予以保留；至於用括弧（在條款49之下）括入原著者之名，即 Bongard, 其引證乃在指示該小名的模式。

條款 56

當種以下之一分類群，無階級變化而轉移至他屬或種時，最初的小名，應予保留，設若未保留時，應恢復其小名，除非其有下列障碍之一存在：

(1)　所產生之三名組合，係根據一不同之模式，以前而正當已發表給與種內的一分類群，即使該分類群的階級不同。

(2)　有較早而合法之小名可供採用時（可參閱條款 13f，58，59，72 ）。

(3)　根據條款 24 或 26 的規定，另有其他不同的小名必須使用時。

例：*Helianthemum italicum* Pers. 的變種，即 var. *micranthum* Gren. et Godr. (Fl. France 1 : 171. 1847)，若將其轉移爲 *H. penicillatum* Thib. 的變種時，必須保留其變種名，而成爲 *H. penicillatum* var. *micranthum* (Gren. et Godr.) Crosser (Pflanzenreich, Heft 14 , IV. 193. 1903)。

關於名之轉移到其他之屬或種的問題，若將種以下的分類群的小名，在其新地位上，錯誤應用於一同級之相異分類群時，則此新組合必須保留而給與具有原始組合的分類群，同時又須將其歸屬於原發表該組合的著者。

第三節　同階級分類群合併時名稱之選擇
條款 57

同階級之 2 或更多分類群，互相合併時，最老的合法名（對於屬級以下的分類群）或最老而合法的小名，必須予以保留，除非較晚之一名或小名，在條款 13f , 22, 26, 58 或 59 之下，另有規定而必須接受者除外。

具有相同日期之名或小名之分類群，首先作合併之著者，應有權選擇其中之一為名，且其選定必須遵從之。

例： K. Schumann (in Engler et Prantl, Nat. Pflanzenfam. III. 6 ： 5.1890 ）於1890年合併下列 3 屬，即 *Sloanea* L. （1753）, *Echinocarpus* Blume （1825）及 *Phoenicosperma* Miq.（1865），而以其最早的一屬，即 *Sloanea* L. 為合併後的正名。

Dentaria L. (Sp. Pl. 653. 1753) 與 *Cardamine* L. (Sp. Pl. 654. 1753) 二屬如作合併時（按因其發表日期相同），其合併後之名，必須為 *Cardamine*, 因該名為 Crantz (Class. Crucif. 126. 1769) 最初所合併而加以選擇者。又該著者之選定，後人必須予以遵守。

Robert Brown (in Turkey, Narr. Exp. Congo,484. 1818 ）是最初的一人，發表將 *Waltheria americana* L. (Sp. Pl. 673. 1753) 與 *W. indica* L. (Sp. Pl. 673.1753) 合併。他選擇 *W. indica* 為組合種的名稱，因而該名應予保留。

Fiori et Paoletti *(Fl. Ital.* 1 ⑴ ： 107. 1896 ）將 *Triticum aestivum* L. (Sp. Pl. 85. 1753 ）與 *T. hybernum* L. (Sp. Pl. 85. 1753 ）合併為一種，且選定此等名之一的 *T. aestivum* 為合併之正名。此名是包括普通軟質小麥的組合分類群。不合法之名稱，如 *Triticum vulgare* Vill. （ Hist. Pl. Dauph. 2 ： 153. 1787 ）或一新名的創設，均與本規則抵觸。

Baillon (Adansonia 3 ： 162. 1862 - 63 ）最初合併下列二種而成一種，

以 *Sclerocroton integerrimus* Hochst. ex Krauss（Flora **28**：85．1845 ）
爲正名，而以 *S. reticulatus* Hochst. ex Krauss（Flora **28**：85．1845 ）爲異
名。正種小名 *integerrimus* 不管其屬於 *Sclerocroton, Stillingia, Excoecaria,
Sapium* ，將永久保留而供使用。

　　林奈於1753年同時發表了 *Verbesina alba* 與 *V. prostrata* 二個種名。隨後
(Mant. 286．1771) 彼又發表了 *Eclipta recta* 一名，此係一贅名 (superfluous
name) ，因爲 *V. alba* 已列舉爲異名，同時 *E. prostrata* 是根據 *V. prostrata*
而來。然最初合併此等分類群之著者爲 Hasskarl (Pl. Jav. Rar. 528．1848) ，
彼在 *Eclipta alba* (L.) Hassk. 一名之下，作了此一合併，假定此等分類群
合併而置於屬名 *Eclipta* 之內，則此一名稱因而必須使用。

勸告57 A

　　在二屬之間的名稱，著者如須作選擇時，應注意下列的提示。

　⑴出版日期相同之二名，宜選其先附有一種之記載者。

　⑵出版日期相同之二名，若雙方均有種之記載，當著者作其選擇時，
　　宜選包含種類較多之一方。

　⑶以此等觀點衡量，其結果均屬相等時，宜選取最適當之名稱。

條款 58

　　若現生植物之一分類群（藻類除外）與同級之化石或亞化石植物
之分類群合併時，現生植物分類群之正名或小名，必須列爲優先而選
擇。

　　例：若現生植物的一屬，*Platycarya* Seib. et Zucc.（1843）與化石植
物的一屬，*Petrophiloides* Bowerbank（1840）合併時，必須以現生植物之
屬，即 *Platycarya*，爲組合之屬名，雖然化石植物之屬 *Petrophiloides* 發表
在先。

第四節　　具有一多形態生活環的菌類與指定爲形態屬的化石之名稱

條款 59

　　譯文從略。

第五節　　一分類群階級變更時的名稱之選擇

條款 60

當一屬或屬以下　(infrageneric) * 分類群的階級，如有改變時，其正當的名稱或小名，應是在新階級上有效的最早而合法之名稱。名稱或小名，在其本身階級以外，絕不具任何優先權。

例：Schrader 最初把 *Campanula* 的節　*Campanopsis* R. Br. (Prodr. 561. 1810）提昇爲屬，如當作一屬處理時，則應稱　*Wahlenbergia* Schrad. ex Roth (Nov. Pl. 399. 1821)（較早之名）而非 *Campanopsis*　(R. Br.) O. Kuntze (Rev. Gen. Pl. 2 : 378.1891 ）。

Magnolia virginiana var. *foetida* L. (Sp. Pl. 536. 1753 ）當其晉昇爲種之階級時，應採用　*M. grandiflora* L. (Syst. Nat. ed 10. 1082.1759 ）而不爲 *M. foetida* (L.) Sargent (Gard. & For. 2 : 615.1889 ）。

若將 *Lythrum intermedium* Ledeb. (Ind. Hort. Dorpat 1822 ）當作 *Lythrum salicaria* L. (1753 ）的一變種來處理時，應稱爲　*L. salicaria* var. *glabrum* Ledeb. (Fl. Ross. 2 : 127. 1843 ），而不是 *L. salicaria* var. *intermedium* (Ledeb.) Koehne (Bot. Jahrb. 1 : 327.1881 ）。

在所有的各例中，給予其原階級各分類群的名稱或小名，在新階級中，均爲最初的正名或正小名所取代矣。

勸告 60 A

⑴若一節或亞屬昇等成屬，或有相反的改變發生時，除非其有違反本規約，原始的名稱或小名，必須予以保留。

⑵若種以下的一分類群，在階級上昇等爲種，或有相反的改變發生時，除非其所作之組合有違反本規約，否則原始的小名，應予保留。

⑶若種以下之一分類群，在種內的階級發生改變時，除非其所作之組合，有違反本規約，否則原始的小名，應予保留。

條款 61

若有屬以上，科以下一階級的分類群，有所改變時，其名之語幹，應予保留，僅視階級而更換其語尾爲　(-inae, -eae, -oideae, -aceae) 即可，除非其所產生之名，在條款 62-72　之下，必須廢除者。

---

*本規約所示的術語 " 屬以下 infrageneric "，乃指屬以下的所有階級。

例：如亞族 *Drypetinae* Pax （1890）(Euphorbiaceae) 昇等爲族時，即成爲 *Drypeteae* (Pax) Hurusawa（1954）；又亞族 *Antidesmatinae* Pax （1890）昇等爲亞科時，就變成 *Antidesmatoideae* (Pax) Hurusawa （1954）。

第六節 名稱與小名之廢除

條款 62

合法之名稱或小名，不因其僅爲不恰當或不合意，或因另有可取或更爲著名之名，或因已失去其原意，而予以廢除。

例：下列的改變，因其與規則相反： *Staphylea* 變爲 *Staphylis*, *Tamus* 變爲 *Thamnos*、*Thamnus*、*Tamnus*, *Mentha* 變爲 *Minthe*, *Tillaea* 變爲 *Tillia*, *Vincetoxicum* 變爲 *Alexitoxicum*；又 *Orobanche rapum* 變爲 *O. sarothamnophyta*, *O. columbariae* 變爲 *O. columbarihaerens*, *O. artemisiae* 變爲 *O. artemisiepiphyta* 等，所有這些改變，均必須加以廢除。

Ardisia quinquegona Bl.（1825），雖其種小名是混合語（拉丁語加希臘語），但不應改變爲 *A. pentagona* A. DC.（1834）。

Scilla peruviana L.（1753）不應因其不產於秘魯而予以廢棄。

根據 *Polycnemum oppositifolium* Pall. (Reise 1： 422 ， 431 ， app. 484.1771）而來之 *Petrosimonia oppositifolia* (Pall.) Litw.， 不應因其葉的部分對生，部分互生，而廢除之，雖另有近緣之種 *Petrosimonia brachiata* (Pall.) Bunge ，具有全部對生之葉。

Richardia L.（1753）不應如 Kunth (Mém. Mus. Hist. Nat. [Paris] 4： 430.1818）所爲，將其改變爲 *Richardsonia* 雖然該名最初係獻給英國植物學者 Richardson 的。

置於保留之晚同名 (later homonyms) 之屬的種與屬內分類群，其名稱雖早已指定，屬於已廢除之相同屬名之下，若與本規約無付抵觸，在保留名之下，不須改變著者之名與日期，仍是合法。

例： *Alpinia languas* Gmel.（1791）與 *A. galanga* (L.) Willd.（1797），均可予以承認，雖然被其著者所指定而含有上列 2 種之 *Alpinia* L. (1753) 已被廢棄，但現在代替的屬 *Alpinia* Roxb.（1810）nom. cons. 與前者同名，而爲保留名，概括了本屬之各種，因而有效。

條款 63

當一名稱的發表，在命名上是多餘（ superfluous name, 贅名 ）時，即是說，當所提出之分類群，已有其著者所作之特徵之限制，且含有一名稱或小名的模式在內，在本規約之下，應予採用時，則此名稱仍屬於不合法而應予廢除。

模式的包含（參閱條款 7 ），在此所了解的意義，是一模式標本的引證，一模式標本圖解的引證，一名稱的模式的引證，或名稱本身的引證，除非同時已明示或暗示模式之除去。

贅名（多餘名）之例：*Cainito* Adans. (Fam. 2 ：166．1763) 爲不合法之名，因其爲 *Chrysophyllum* L. (Sp. Pl. 192．1753) 之贅名(superfluous name)；此二屬具有相同之特徵限制。

Chrysophyllum sericeum Salisb. (Prodr. 138. 1796). 爲不合法之名，因其爲 Salisbury 當作一異名而引證的 *C. cainito* L. (1753) 之贅名。

Picea exelsa (Lam.) Link 爲非法，因其係根據 *Pinus excelsus* Lam. (Fl. Franc. 2 ： 202．1778) 而來，爲 *Pinus abies* L. (Sp. Pl. 1002.1753) 之贅名，在 *Picea* 之下，其正當名稱，是 *Picea abies* (L.) Karst. (Deutschl. Fl. 325. 1880)。

相反 *Cucubabus latifolius* Mill. 與 *C. angustifolius* Mill. (Gard. Dict. ed. 8 nos. 2 ， 3.1768) 則爲合法名，雖然此等種類現再與 *C. behen.* L. (1753) 合併，而 Miller 將其分離爲 *C. latifolius* Mill. 與 *C. angustifolius* Mill. 且將其特徵作限制的解釋，並不涉及 *C. behen* 的模式。

明示模式除去之例：當發表 *Galium tricornutum* 一名時，Dandy (Watsonia 4 ： 47. 1957) 曾引證 *G. tricorne* Stokes (1787) 的一部分 *(pro parte* 按：指一部分的種類)，當作一異名，但很明顯已除去後者之模式。

暗示模式除去之例：*Cedrus* Duhamel (Trait. Arbr. 1. XXVIII 28 ：139．*t. 52.* 1755) 爲一合法之名，縱使 *Juniperus* L.曾被引證爲其一異名；在 *Juniperus* L. 中，唯有些種類是包括在 *Cedrus* 之內，兩屬之間的差異亦曾加以討論，所以 *Juniperus* 在同著作中被列爲一獨立之屬，且包括有其模式之種。

Tmesipteris elongata Dangeard (Le Botaniste **2**：213．1890－91）發表爲一新種，而把 *Psilotum truncatum* R. Br. 引證爲一異名，但在原著之次頁（ 214 ）又認 *T. truncata* (R. Br.) Desv. 爲一異種，並在 216 頁列有識別此 2 種之檢索表，如是所引證的異名的意思，有爲 "*P. truncatum* R. Br. pro parte" 或爲 "*P. truncatum* auct. non R. Br." 。

Solanum torvum Swartz (Prodr. 47．1788）發表爲一新種而附有特徵紀要，但引證 *S. indicum* L. (Sp. Pl. 187．1753）爲一異名。爲使其在他的著作中與常例一致， Swartz 在 Systema Vegetabilium (14，Murray) 的最後一版中，曾指示其應插入之處。 *S. torvum* 已指示應插入種 26(*S. insanum*) 與 27(*S. ferox*) 之間； *S. indicum* 的種號在 System 的此一版中爲 32．如是 *S. torvum* 爲一合法名； *S. indicum* 的模式，已經暗示已被除却。

一個名稱，當其發表時，在命名上縱屬於多餘，假定其爲一新組合而其基礎名是合法的，則此名稱爲並非不合法。當其發表時雖爲不正確，但在後來可以成爲正名。

例：根據 *Agrostis radiata* L. (Syst. Nat. ed. 10，2：873．1759）而來之 *Chloris radiata* (L.) Sw. (Prodr. 26．1788），當其發表時，在命名上屬於多餘，因 Swartz 亦曾引用 *Andropogon fasciculatum* L. (Sp. Pl. 1047．1753）爲其一異名，惟當 *Andropogon fasciculatum* 作爲一異種，一如 Hackel (in DC. Monogr. Phan. 6：177．1889）所作的處理時，則由 *Agrostis radiata* 而移置於 *Chloris* 中之名 [即 *Chloris radiata* (L.) Sw.] 可算爲一正名（即合法名）。

條款 64

假如其爲一晚同名 (later homonym)，即根據不同之模式，對於字母之拼綴，與在以前正當發表之同階級之一分類群，完全相同時，則此一名稱屬於不合法，應予廢除。除非其爲保留名，否則縱屬其早同名亦非合法，或在分類學的領域內普遍當作一異名處理，晚同名必須廢除。

註：當其係根據不同模式，名稱相同而僅字母之拼綴有變化者，本規約仍將其當作同名處理（參閱條款 73 與 75 ）。

例：名稱 *Tapeinanthus* Herb.（1837）係在以前且爲正當發表而屬於 Amaryllidaceae 中之一屬*Tapeinanthus* Boiss. ex Benth. (1848).，係前者之一晚同名，發表爲唇形科中之一屬；故 *Tapeinanthus* Boiss. ex Benth. 一如 Th. Durand (Ind. Gen. Phan. X. 1888) 所爲，必須廢除，另給予命名而爲 *Thuspeinantha* 。

Amblyanthera Müll.-Arg.(1860）爲正當出版的屬名*Amblyanthera* Blume（1849）之一晚同名，因此必須廢除，雖則 *Amblyanthera* Blume 現被認爲是 *Osbeckia* L.（1753）之一異名。

Torreya Arnott（1838）爲一保留名 (nom cons.) 參閱條款14），故不因其有早同名 (earlier homonym) *Torreya* Rafinesque （1818）而被廢除。

Astragalus rhizanthus Boiss. (Diagn. Pl. Orient. **2** ：83．1843）爲一已正當出版之名，即 *Astragalus rhizanthus* Royle (Ill. Bot. Himal. 200．1835）之晚同名，故 Boissier 將其廢除而另予命名爲 *A. cariensis* (Diagn. Pl. Orient. **9** ：56．1849）。

設若小名相同而所根據之模式不同時，在同屬之下，二個屬內分類群的名稱，或同種之內的二個種下分類群的名稱，縱使彼等的階級相異，均被作爲同名處理。但相同之名，可用於不同之屬的屬內分類群與不同種之內的種下分類群。

例：在 *Verbascum* 之下的 *Aulacosperma* Murbeck （1933），可以承認，雖然在 *Celsia* 之下，已另有 sect. *Aulacospermae* Murbeck（1926）之存在。但此爲不應模倣之例子，因其與勸告（21 B）相違反。

下列的名稱爲非法：即在同種之內的二變種，不能具有相同之小名，如 *Erysimum hieraciifolium* subsp. *strictum* var. *longisiliquum* 與 *E. hieraciifolium* subsp. *pannonicum* var. *longisiliquum.*

Andropogon sorghum subsp. *halepensis* (L.) Hackel var. *halepensis* 係屬合法之名，因爲亞種與變種均具相同之模式，在勸告26 A 之下，小名可以反覆用之。

當有相同之新名，給予二個以上之同級分類群而一齊發表時，最初之著者，可採用一新名爲一分類群之正名而廢除其他同名之名，或給予此等分類群之一的其他名稱。此一方法應遵從之。

例：林奈於1753年同時發表 *Mimosa* 10 *cinerea* L.(Sp. Pl. 517.1753)
與*M.* 25 *cinerea* L.(Sp. Pl. 520.1753) 二個相同之名，隨後彼於1759年（
Syst. Nat. ed 10. 2：1311 ）再命名種 10為 *M. cineraria* 另保存 *M. cinerea*
作爲種25之名，因是 *M. cinerea* 便成爲種25之合法名。

條款 65

若一分類群之名，由動物界轉移至植物界，在此一轉移之同時，
使植物發生分類群有同名之情形時，其名稱屬於不合法，應廢除之。

若一分類群由植物界轉移至動物界時，其名或諸名稱爲了同名之
原因，在植物命名規約之內，將仍保有其地位。在任何情況之下，植
物之名，不能僅因其與動物者相同，即予以廢除。

條款 66

一屬之內一分類群之小名，在下列二情形之下，屬於不合法而應
廢除之。

⑴　若屬於違反條款 51，54，57，58 或 60 而發表時，亦卽著者
對於具有特定界限、位置及階級的分類群，而此一分類群已有其最早
之合法小名，不予採用時。

⑵　當其爲一模式亞屬或節的一小名，但有違反條款 22 之規定
時。

註１：除一晚同名（條款 64 ）之廢除，作爲例外，通常不合法
之名，不應因其有優先權而加以考慮。

註２：原爲非法名之一部而發表之小名，但在其他組合中，對於
同一分類群，以後仍可以採用。

條款 67

一個種或種以下的小名，假定其發表而違反條款 51，53，55，56
或 60 ，換言之，著者對於已有符合該植物群的最早合法名稱，並有
其特定的限界、位置及階級，而不予以採用時，當屬非法而必須加以
廢除。又種小名，假定其發表而有違反條款 59 之規定，亦屬不合法

註：一名稱包括一非法小名之發表，除作爲一晚同名予以廢除外

，對於其有優先權之一理由，不應加以考慮。

條款 68

一個種的小名，不能僅因其係在原不合法屬名之下發表，而爲不合法，但若此小名與其相關之組合，在其他方面與規約相符時，則其有優先權之條件，應加以考慮。同理，一個種以下的小名，縱使其爲在原不合法的種或種以下分類群之下發表，可以認其爲合法。

例： *Agathophyllum* A. L. Juss. (Gen. Pl. 431. 1789) 爲一不合法的屬名，它是 *Ravensara* Sonnerat (Voy. Ind. Or. 2 ： 226. 1782) 的一多餘代替名。雖然如此，但其正當發表的種小名 *Agathophyllum neesianum* Blume (Mus. Bot. Lugd. Bat. 1 ： 339. 1851) 爲合法。因爲 Meisner 曾列舉 *Agathophyllum neesianum* 作爲 *Mespilodaphne mauritiana* Meisn. (in DC., Prodr. 15(1)： 104. 1864) 之異名，但未採用它的小名，而 *M. mauritiana* 是一多餘的名，因是屬於非法。

註：一個不合法的小名，在其他組合中，日後尚可採用爲同分類群之名（參閱條款72 ）。

條款 69

一植物之名，如含有不同意義的用法，因而構成長期之錯誤根源時，則此名稱必須廢除。

例：林奈 (Sp.Pl. 145. 1753) 在 *Cyclamen europaeum* 一名之下，曾槪括所有歐洲與西部亞洲 *Cyclamen* 之種。本名原由 Miller (Gard. Dict. ed. 8. 1768) 限定其祇指一種，隨後由 Jacquin (Fl. Austr. 5 ： 1. *t. 401.* 1778) 與 Aiton (Hort. Kew. 1 ： 196. 1789) 應汎用之，包括各種。兩種解釋均被遵從，但多偏重於後者而屬於不正確的應用。如 *Cyclamen europaeum* 一種的名稱，長期成爲錯誤的根源，則應予廢除。

Lavandula spica L. (Sp.Pl. 572. 1753) 含有二種，隨知其爲 *L. angustifolia* Mill. 與 *L. latifolia* Vill. 因 *L. spica* 一名曾經幾與上列二種相等使用，致其意義發生曖昧，故已廢除。

條款 70

一植物之名，如係根據由二或更多不一致之要素所成之模式而來時，應予廢除，除非其能從此等要素中選定一滿意的模式方可。

例：屬*Schrebera* L.之特徵，係自 *Cuscuta* 與 *Myrica*（寄生植物與寄主）兩屬之共同特徵而來；*Actinotinus* Oliv.（1888）之特徵，則由 *Viburnum* 與 *Aesculus* 之共同特點而來，此係由採集者把 *Viburnum* 之花序，插入於 *Aesculus* 的頂芽所導致，故兩屬名*Schrebera* L.與 *Actinotinus* Oliv.均須廢除。

Pouteria Aubl.（1775）一名係依據 *Sloanea* 中之一種與 Sapotaceae 的種（花與葉）混合所成之模式而來者。此二種之要素，易於分開，因是 Radlkofer 保留 Pouteria一名，誠如 *Martius* 之所作，來代表山欖科花與葉模式標本之一部分，是正確的建議 (Sitzber. Math.–Phys. Cl. Bayer. Akad. München 12：333.1882)。

條款 71

若一名稱係根據植物的一怪異形體 (monstrosity) 而來時，應予廢除。

例：屬名 *Uropedium* Lindl. (Orch. Linden. 28. 1846)係起因於一怪異形體，現歸屬於 *Phragmipedium caudatum* (Lindl.) Rolfe, 故應予廢除。

Ornithogalum fragiferum Vill. 一名亦係根據一怪異形體而來，故必須廢除。

條款 72

基於條款 63-71，凡被廢除之一名或小名，應由其最早之名或由其有關的階級最早而可用的合法小名（或在組合中），來置換之。若在任何階級中，無此名稱或小名時，必須另選新名：a）一新名(nomen novum) 可根據相同模式，用已廢除之名來發表，或 b）可以記載一新分類群而用其新名來代替。假使在其他階級內有可用之一名或小名，則在上述代替名之一，必須加以選用，或 c）根據其他階級之名，可以發表一新組合來代替。在條款21,23 及 24 之下，當一小名之使用爲不許可時，可以採取類似之行動。

例：當 *Linum radiola* L.（1753）轉移至 *Radiola* 屬時，不能稱爲 *Ra-diola radiola* (L.) H. Karst（1882），因爲此一組合，在第23條款之下，是不能允許。其次一最早之種小名爲 *multiflorum* 但 *Linum multiflorum* Lam.（1778）亦爲不合法，因其爲 *L. radiola* L. 的贅名，在 *Radiola* 之下，其種應稱的種小名爲 *R. linoides* Roth (Bot.Mag. Pl. 4833.1788)，因爲 *linoides* 是最老而合法且屬可用的種小名。

註：當需要一新小名，在其對於新位置與意義上，處理無障碍時，著者可採用以前給予該分類群之不合法名稱，作爲種名。由此組成的組合種小名，可當作新名而處理。

例：名稱 *Talinum polyandrum* Hook. (Bot. Mag. *pl.4833*.1855) 乃一不合法之名，因其爲 *T. polyandrum* Ruiz. & Pav. (Syst. 1： 115.1798) 之晚同名，當 Bentham 將 *T. polyandrum* Hook. 轉移到 *Calandrinia* 時，他稱之爲 *C. po-lyandra* Benth. (Fl. Aust. 1： 172.1863)。在此組合中，種小名 *polyandrum* 自1863年起，可作爲新名處理，其爲双名制的書寫，應爲 *C. polyandra* Benth. 而不能爲 *C. polyandra* (Hook.) Benth.。

勸告72A

著者應避免使用以前爲同一分類群而發表之不合法名稱。

第六章 名稱與小名之拼字法與屬名之性

第一節 名稱與小名之拼字法

條款 73

名稱或小名之原始拼字，應予保留，除非在印刷 (typographic) 或拼字 (orthographic) 上有錯誤之改正，當爲例外（可參閱條款 14 ，註7）。

註1：本條款之所謂"原始拼字"(original spelling) 一語，乃指名稱在正當發表時所使用之綴拼而言者。此等與名稱首字母的大寫或小寫的使用無關聯，而僅是印刷上的問題（參閱條款 21 ，勸告 73F）。

　　註2：一名稱修正之自由，應作保留使用，特別在若其改變對於名稱的第一音節，更重要者是名之最初字母有影響時，必須加以斟酌。

　　古典拉丁語所無之子音，如 w，y 與稀有的 k，均可用於植物之名。

　　字母 j 與 v，若係代表母音時，必須各變更爲 i 與 u，若需其爲子音時，則必須作相反之改變。

　　例：*Taraxacvm* Zinn. 應改變爲 *Taraxacum, Iungia* L. f. 應改變爲 *Jungia, Saurauja* Willd. 應改變爲 *Saurauia*，亞屬 *Nevropteris* Brongn. 應改變爲 *Neuropteris*。

　　植物之拉丁名是不使用發音符號，若附有此等符號之名稱（不拘新或舊），其符號必須除去，並用其相當之字母以改寫之；例如 ä，ö，ü 分別改成 ae，oe，ue；é，è，ê 改成 e 或有時爲 ae；ñ 改爲 n̂；ø 改成 oe；å 改成 ao；惟可使用分音符 Diaeresis (Pl.-ses)，例如 Cephaelis 改爲 Cephaëlis * 。

　　較早的著者在命名上採用人名、地名或俗名等的名稱爲名稱，當其所做者有拼字之變化，若其屬於有意的拉丁化名稱時，則此等名稱必須予以保留。

　　一名稱或一小名之連結母音的錯誤使用（或一連接母音之漏脫），將被認爲一拼字法上之錯誤（參閱勸告 73G）。

　　在勸告 73C（a，b，d）所述之語尾 i,ii,ae,iae, anus 或 ianus 的錯誤使用，亦同樣當作拼字法上之錯誤來處理。

　　＊在著作中，一個名稱之內的双重母音，未爲特別之型式所表示，但需要分音符之處，可以用之，例如 Cephaëlis 在著作中，有 *Arisaema* 一名，而非 *Arisæma* 。（按：所謂分音符是指一名稱之內，⑴有前後連續之二個母音字母，⑵後一字母之上註有符號（區分符號），⑶此二母音字母的發音，都不相同者。

原始拼字保留之例：屬名 *Mesembryanthemum* L.（1753）與 *Amaranthus* L.（1753）是林奈有意拼字而成者，故不能改爲*Mesembrianthemum* 與 *Amarantus*，雖然後兩者在語言上寧有可取（參閱 Kew Bull. 1928： 113 ， 287 ）之處。

Valantia L.*Gleditsia* L. 及 *Clutia* L.（1753），各爲紀念 Vaillant、Gleditsch 及 Cluyt 而作者，但不能分別改爲 *Vaillantia、Gleditschia* 及 *Cluytia** 等，因林奈已有意把此等植物學者之名，拉丁化而爲 "Valantius", "Gleditsius" 及 " Clutius " 之故。

Phoradendron Nutt. 不應變更爲 *Phoradendrum* 。

Triaspis mozambica Adr. Juss. 不能改變爲 *T. mossambica.* 一如在 Engler, Pflanzenw. Ost-Afr. C ： 232 （ 1895 ）所列者。

Alyxia ceylanica Wight 不能改爲 *A. zeylanica* 一如在 Trimen, Handb. Fl. Ceyl. 3 ： 127 （ 1895 ）所列者。

Fagus sylvatica L.不能改變爲 *F. silvatica* 雖然 *silvatica* 是正確古典的拼法，使用它較好。*Sylvatica* 是林奈有意所採用之中世代拉丁語拼字。

屬名 *Lespedeza* 的拼字不應改變，雖然它是紀念 Vicente Mannuel de C éspedes 而設者。

印刷上錯誤之例：*Globba brachycarpa* Baker (in Hook. f. Fl. Brit. Ind. 6 ： 605. 1890) 應爲 *Globba trachycarpa* Baker; *Hetaeria alba* Ridley (Journ. Linn. Soc. Bot. 32： 404. 1896) 應爲 *Hetaeria alta* Ridley. 又 *Thevetia nereifolia* Adr. Juss. ex Steud. 顯屬 *T. neriifolia* Adr. Juss. ex Steud. 在印刷上之錯誤。

拼字法上錯誤之例： *Gluta benghas* L. (Mant. 293. 1771) 爲對於 *G. renghas* 的拼字錯誤，應改爲 *L. renghas* L. 此已爲 Engler (in DC. Monogr. Phan. 4 ： 225. 1883) 所改正； "renghas" 而非 "Benghas" 原爲一俗名，被當作一種小名而爲林奈所用。

拼字法上處理錯誤之例： *Pereskia opuntiaeflora* DC. (M′em. Mus. Hist. Nat. Paris 17 ： 76. 1828) 應改爲 *P. opuntiiflora* DC.（比較勸告73 G ）。

---

* 在有些情形之下，一個屬名拼字之改變，可以保留。例*Bougainvillea* （參閱保留名之目錄2350號）。

Cacalia napeaefolia DC. (in DC. Prodr. 6 ：328.1837 ）及 *Senecio napeae-folius* (DC.) Schultz.-Bip. (Flora 28：498.1845 ）各應列舉爲 *Cacalia napaei-folia* DC. 與 *Senecio napaeifolius* (DC.) Schultz.-Bip. 種小名之意思乃指此等之葉，類似 *napaea* 屬（並不是 *Napea* 之葉者），同時其縮短語幹之語尾，應用 i 來代替 ae 。

Dioscorea lecardi De Wild. 必須修正爲 *D. lecardii*，又 *Berberis wilsonae* Hemsl. 須修正爲 *B. wilsoniae*，因爲依照勸告73 C 之規定，人名 Lecard (m) 與 Wilson (f) 之屬格形式，各爲 *lecardii* 與 *wilsoniae*。此外 *Artemisia verlotorum* Lam. 應改正爲 *A. verlotiorum* 。

印刷與拼字法雙重錯誤之例：*Rosa pissarti* Carr. (Rev. Hort.1880： 314 ）是 *R. pissardi*（參閱 Rev. Hort. 1881：190 ）在印刷上之錯誤，接着亦是 *R. pissardii* 在拼字上之處置錯誤（參閱勸告73 C ，b ）。

勸告73 A

當一新名或小名，要由希臘語轉來時，其音譯成拉丁語時，應該符合其古典用法。

例： *spiritus asper* 在拉丁語應改寫爲 h 字母。

勸告73 B

當一屬、亞屬或節之新名，取自於一人名時，它必須照下列方法來作成。

(a) 若人之名稱終了爲一母音時，應加一 a 字母。如 Otto 變爲 *Ottoa*, Sloane 爲 *Sloanea* 。若一名稱以母音 a 終止時，即加 -ea，如 Colla 成爲 *Collaea*, 或以 *ea* 終止時，則此名不須改變，如 *Correa*。

(b) 當人之名稱止於一子音時，則應加 *ia* 二字母。當其語尾止於 *er* 時，僅加一 a 字母是則爲例外，如 *Kerner* 加 a, 成 *Kernera*，若拉丁化的人名之語尾爲 *-us* 時，必須除去語尾 -us 另加 -ia 。如 Dillenus 成爲 *Dillenia*。

(c) 人名除非其含有與拉丁植物名無關的字母或發音符號，不可因此等語尾而改變其音節，必須保留其原始拼字（參閱條款73 ）。

(d) 名稱可伴有一接頭語 (prefix) 或一接尾語 (suffix) 或由字謎 (anagram ：由語句中之文字重新排列而成之新語句）或省略而加以改變。在此等情形之下，此等名稱可認爲與原名不同之語。

例： *Durvillea* 與 *Urvillea* （按：已省略 D ）； *Lapeirousia* 與

Peyrousea （按：字母之省略，另有字母之改變）；*Englera, Englerastrum* 及 *Englerella* （按：均已加接尾語）；*Bouchea* 與 *Ubochea* （按：字謎）；*Gerardia* 與 *Graderia* （按：字母之改變）；*Martia* 與 *Martiusia* （按：字母之改變）。

勸告73 C

一新種或種以下的小名，當其取自一男人之名時，可以照下列的方法來作成。

(a)當人名之末端，以一母音終止時，加一 *i* 字母（如 Glaziou 變爲 *glazioui*；Bureau 爲 *bureaui*；keay 爲 *keayi*）。若以 a 終止時，則要加 e （如 Balansa 變爲 *balansae;* palhinha 變爲 *palhinhae)*，是則爲其例外。

(b)人名之末端，以一子音終止時，須加 ii 二字母（如 Ramond 變爲 *ramondii*；若末端爲 − er 時，則加 − i （如 Kerner 變爲 *kerneri*），是則爲一例外。

(c)人名除非其所含之字母，與拉丁植物名或發音符號無關，不可因此等語尾而改變其音節，而應保留其原始拼字（參閱條款73）。

(d)當種小名與自一男人名而有形容詞之形式時，可以相同之方法作成（例如 *Geranium robertianum, Verbena hasslerana, Asarum hayatanum, Andropogon gayanus)*。

(e)蘇格蘭語之父系接頭語 'Mac' 'Mc' 或 'M' 有 ' 的兒子 (son of)' 之意思，必須拼爲 'mac' 並與名之其餘部分合併。例如 Macfadyen 成爲 *macfadyenii* ;Mac Gillivray 成爲 *macgillivrayi;* Mc Nab 成爲 *mac nabii*；M'Ken 成爲 *mackenii*。

(f)愛爾蘭語之父系接頭語 'O'，必須與名之其餘部分合併或省略。例如 O' Brien 成爲 *obrienii；* O'Kelly 成爲 *okellyi*。

(g)由冠詞，如 le, la, l', les, el, il, lo 等所成之接頭詞或含有一冠詞，例如 du, dela,des, del,della 等，必須與名合併。例如 Le Clerc 成爲 Leclercii, Du Buysson 成爲 *dubuyssonii,*La Farina 成爲 *lafarinae,* Lo Gato 成爲 *logatoi*。

(h)在姓氏中，指示爵位或尊敬之接頭詞，必須省略之。例如 De Candolle 成爲 *candollei*, deJussieu 成爲 *Jussieui*，Saint-Hilaire 成爲 *hilairei*, St. Rémy 成爲 *remyi*；但在地理學中之小名 'St.' 要改爲 sanctus (m) 或 sancta (f)。例如 St. John 成爲 *sancti-johannis,* St. Helena 成爲 sanctae-helenae。

(i)德語或荷蘭語之接頭語，若視作姓之一部分時，如常發生在外國，例如美國，可包含在小名之內。例如 Vonhausen 變成 *vonhausenii;* Vanderhoek 變成 *vanderhoekii;* Mrs. Van Brunt 變成 *vanbruntiae* ，但也有必須省略者，例如 van Ihering 縮成 *iheringii;* von Martius 縮成 *martii;* van Steenis 縮成 *steenisii;* zu strassen 縮成 *strassenii;* van der Vecht 縮成 *vechtii*。

若人名已爲拉丁語或希臘語時，則必須適當採用該拉丁語之屬格。例如 Alexander 成爲 *alexandri;* Franciscus 成爲 *francisci;* Augustus 成爲 *augusti* ; Linnaeus 成爲 *linnaei;* Hector 成爲 *hectoris* 。

相同的規定亦可適用於由女性的姓名所形成之小名。設此等爲實質名詞時，則給予以女性之語尾（例如 *Cypripedium hookerae, Rosa beatricis, Scabiosa olgae, Omphalodes luciliae* 等）。

勸告73 D

來自地名之一小名，寧可選取一形容詞，其語尾常用 -ensis, -(a) nus, -inus, -ianus, 或 -icus。

例： *Rubus quebecensis* (from Quebec), *Ostrya virginiana* (from Virginia), *Polygonum pensylvanicum* (from Pensylvania)。

勸告73 E

一新小名應與其語言或來自該語言之原始拼字一致，同時須符合可以承認之拉丁語或拉丁化語文之用法。例： *sinensis* （不是 chinensis）。

勸告73 F

所有種或種以下之小名，其首字該以小字寫之 (small initial letter)，惟著者欲將其首字用大字書寫 (Capital initial letter) 時，亦可以如此作，但此小名限於由人名直接而來者（實在的或神話的），或爲土名（或非拉丁名），或爲以前之屬名。

勸告73 G

一複合名稱 (compound name) 或小名，其組合要素如係由二或更多之希臘語或拉丁語而來時，應盡量符合古典拉丁語之使用方法來作成。此將在下面予以說明：

(a)在一眞複合（與假複合，如 *Myos-otis nidus-avis* 有所不同）名稱之中，一名詞或形容詞在末尾未完的位置上，所出現者爲一裸語幹而不必有

格之語尾 (case-ending)（如 *Hydro-phyllum*）。

　　(b)在一母音（按：後一詞語）之前，一語幹（按：前一詞語）之最末一母音，如有，應省略之 *(Chrys-anthemum,　mult-angulus)*，惟希臘語之有 *y* 與 *i* 者爲例外 *(Poly-anthus, Meli-osma)*。

　　(c)在一子音之前，語幹之最末母音，在希臘語應予保留 *(Mono-carpus, Poly-gonum, Coryne-phorus, Meli-lotus)*，但 *a* 通常以 0 來代替，則爲例外 *(Hemero-callis,　from　hemera)*；如在拉丁語，則其語幹之最末母音，應改爲 i *(multi-color, menthi-folius, salvii-folius)*。

　　(d)語幹之最末一字爲子音時，在其次一子音之前，如爲希臘語，應插入母音 *o*，如爲拉丁語時，應插入母音 *i*，以事連接 *(Odont - o - glossum, cruc-i-formis)*。

　　惟經由似是而非的原因，有些不規則的形式，尚應汎在使用 *(atro-purpureus*，假複合之類似，有如 fusco-venatus，其前一詞語之末尾之 o 爲奪格之語尾）。其他不規則之形式（如 *caricae-formis* 則係用爲表示語源之區別係由　*Carica*　而來，用以與出自 *Carex* 之 *carici- formis*　相區別；又 *tubae-florus*，意爲具喇叭形之花，可與 *tubi-florus*，意爲具管狀或筒狀之花相區別）。諸如此類的不規性，發生在現存的複合名稱中的原始拼字，如有，則此拼字應予保留。

　　註：以上各例中之連字符號 (hyphen)　，僅在列出作說明之理由而已，在植物學名與小名之中的真正連字符號之使用法，可參閱條款 20 及 23 等。

勸告73 H

　　來自寄主植物(host plants)屬名菌類名稱之小名，應按照已接受之此一名稱，加以拼字；其他的拼字，必須認爲係拼字上的變形，同時應加以改正。

　　例：*Phyllachora anonicola* Chardon (1940)必須更改爲 *P. annonicola*, 因爲 *Annona*　之拼字，現被認爲優於 *Anona; Meliola albizziae* Hansford et Deighton （1948）須更改爲 *Meliola albiziae* Hansford et Deighton，因爲　*Albizia*　之拼字，現被認爲優於　*Albizzia*　。

勸告73 I

　　新名或新小名，其意義如有不明白時，應附有語源之解釋。

條款 74

當一屬名之拼字與在林奈的 Species Plantarum ed. 1 與 Genera Plantarum ed. 5　中所見者有所不同時，其正確的拼字，應依照下列的規定，來作決定：

⑴　若林奈自 1753 到 54 以後，一貫所採用之拼字，其拼法應予接受。例 *Thuja* （不是 *Thuya* ） *Prunella* （不是 *Brunella* ）。

⑵　若林奈並未如此作時，則應接受在言語學上更好之拼字。例 *Agrostemma* （不是 *Agrostema* ） *Euonymus* （不是 *Evonymus* ）。

⑶　如二個拼字在言語學上，均屬正當時，可選取其在使用上佔優勢之一個。例 *Rhododendron* （不是 *Rhododendrum* ）。

⑷　若二個拼字在言語學上均屬正當，且無一佔優勢時，則以拼字接近或較為接近條款 73A（古典用法）、73B（人名）及 73G（複名）者，予以接受。例 *Ludwigia* （不是 *Ludvigia* ） *Ortegia* （不是 *Ortega* ）。

條款 75

當有二或更多之屬名，彼此如此地頗為相似，而使其易於發生混亂＊，因為其用於相關的分類群或因其他原因時，此等屬名應當作變體處理，當其係根據不同模式而來時，則此等屬名均為同名。

名稱當作拼字變體(orthographic variants)處理之例：　*Astrostemma* 與 *Asterostemma* ；*Pleuripetalum* 與 *Pleuropetalum; Columella* 與 *Columellia* ，兩者均為紀念 Columella, 羅馬的農業作家 *Eschweilera* 與 *Eschweileria* ；*Skytanthus* 與 *Scytanthus* 。三個屬名，如 *Bradlea*、*Bradleja* 及 *Braddleya* ，均係紀念 *Richard Bradley* 而設置者，為避免發生不必要之混亂計，惟有一屬名可以使用，其他應當作拼字法上的變體處理。

似可不發生混亂之屬名之例：*Rubia* 與　*Rubus; Monochaete* 與 *Monochaetum; Peponia* 與 *Peponium* ；*Iria* 與 *Iris; Desmostachys* 與 *Desmosta-*

＊當名稱因充分類似，將會發生混亂，致有疑問時，應向執行委員會提出咨詢。

chya ; *Symphyostemon* 與 *Symphostemon* ; *Gerrardina* 與 *Gerardiina;* *Durvillea* 與 *Urvillea; Peltophorus*（禾本科）與 *Peltophorum*（蝶形花科）等。

相同的規定，可適用於同屬內之種小名以及同種內的種以下之小名。

當作拼字法上變體的小名之例：*chinensis* 與 *sinensis; ceylanica* 與 *zey-lanica; napaulensis, napalensis* 及 *nipalensis; polyanthemos* 與 *polyanthemus; macrostachys* 與 *macrostachyus; heteropus* 與 *heteropodus* ; *poikilantha* 與 *poikilanthes; pteroides* 與 *pteroideus; trinervis* 與 *trinervius; macrocarpon* 與 *macrocarpum; trachycaulum* 與 *trachycaulon* 。

將可不發生混亂的小名之例： *Senecio napaeifolius* (DC.) Schultz.-Bip. 與 *S. napifolius* Macowan 係不同的名稱，因種小名 *napaeifolius* 與 *napifolius* 分別來自 Napaea 與來自 Napus 者。

Lysimachia hemsleyana 與 *L. hemsleyi*（請閱勸告23 A ）。

Euphorbia peplis L. 與 *E. peplus* L.。

第二節　屬名之性

勸告75 A

屬名之性，應依照下列規定，來加以決定。

⑴採用希臘語或拉丁語作爲屬名時，應保留其原有之性。若性發生變化時，著者應在性之不同者中選擇一個。如有疑問時，應遵守一般的使用法。下列的名稱，其古典的性，係屬於男性，爲符合植物學的習慣，必須將其當作女性處理： *Adonis, Diospyros, Strychnos.* 另有 *Orchis* 與 *Stachys* ，在希臘語爲男性，在拉丁語則爲女性，亦應作相同處理。名稱 *Hemerocallis* 是源出自拉丁語與希臘語之 hemerocalles (n) 一辭，林奈在其 Species Plant-arum 一書中雖作男性，但爲使其與所有其他屬名具有語尾 – *is* 者一致計，應將其當作女性處理。

⑵由二個或更多希臘或拉丁語所形成之屬名，應採取其最後一辭之性，但語尾如有變更，性亦須從之而改變。

由希臘辭語*所成之名稱之例：現代複合語之以 *-codon, -myces, -odon,*

---

*由拉丁語所成之名，因少有困難發生，茲不予舉例。

-panax. -pogon, -stemon 等終結者以及其他男性詞語，應作男性。屬名 *Andropogon* L.實際被林奈當作中性處理，則此事是無關重要。

相同，所有現代複合語之以 *-achne, -chlamys, -daphne, -mecon, -osma* （爲女性希臘詞語 osmé 之現代轉寫法）終結者以及其他女性詞語，應作女性。實際上 *Dendromecon* Benth. 與 *Hesperomecon* E.L. Greene, 原列爲中性，此事亦屬無關重要。語尾 *-gaster* 一詞應爲例外，嚴格說來，此詞應爲女性，但爲符合植物學之習慣，應將其作爲男性處理。

相同，所有現代複合語之以 *-ceras, -dendron, -nema, -stigma, -stoma* 終結者以及其他中性語應爲中性。實際上 Brown, R 與 Bunge 分別將 *Aceras* 與 *Xanthoceras* 作女性看待，此亦是無關重要之事。名稱之以 *-anthos* （或 *-anthus* ）與 *-chilos* (*-chilus* 或 *-cheilos*) 終結者，應爲中性，因其爲希臘詞語 *anthos* 與 *cheilos* 之性，但一般將其當作男性處理，同時應將該性歸屬於此等名稱，那是例外。

複合語屬名之最後一辭之末端有所變更之例： *Stenocarpus, Diptero-carpus* 與所有其他現代複合語屬名之以男性希臘語 carpos（或 carpus ）如 *Hymenocarpos* 終結者，應爲男性。但複合語屬名末尾之有 *-carpa* 或 *-carpaea* 者，必須爲女性，如 *Callicarpa* 及 *polycarpaea* ；至於屬名末尾之有 *-carpon, -carpum,*或 *-carpium* 者，必須爲中性，如 *Polycarpon，Ormo-carpum* 及 *Pisocarpium* 。

⑶任意作成之屬名，或以俗名或形容詞所作之屬名，而其性有不明確之時，應由著者明示其性，如原著者未指出其性時，其次一著者，可以選定一性，其所作之選擇，應予接受。

例： *Taonabo* Aubl. (Pl. Guiane 569.1775) 應爲女性，因爲 Aublet 所發表之二種，均爲 *T. dentata* 及 *T. punctata* 。

Agati Adans. (Fam. 2：326.1763) 在發表時，未指示其性，經隨後之第一著者 Desvaux（ Journ. Bot. Agr. 1 ：120.1813) 指定爲女性。此一選擇，應予接受。

對於 *Manihot* 一屬，Boehmer （in Ludwig, Def. Gen. Pl. ed 3.436.1760
）與　Adanson (Fam. 2：356.1763），未指示其性，Crantz (Inst. Rei Herb.
1：167.1766）爲最初一著者，給予該屬的種小名，彼所提出之 *Manihot
gossypiifolia* 爲其中之一名，因此 *Manihot* 必須以女性處理之。

　　　　Cordyceps Link　(Handb. 3：346.1833）是一形容詞型具無古典之性
，Link　給予該屬中 *C. capitatus* 一名，故 *Cordyceps* 應作爲男性處理。

　　(4)屬名之以　-oides, -odes　終結者；不管原著者對其已作有性之指示，
應作女性處理。

勸告75B

　　當一屬被分爲二或更多之屬時，新設屬名之性，應與屬名之保留者相
同。

　　例：當 *Boletus* 屬分割時，新屬名之性，應爲男性，如　*Boletellus,
Xerocomus* 等。

第三部門　規約修正之規定

　　規定1. 規約之修改。本規約僅能根據國際植物學會議命名組所
作之一決定，交經該會議大會之議決後，始可予以修改。

　　規定2. 命名法規委員會。各種永久命名法規委員會在國際植物
分類學會主持之下，予以成立。此等委員會之委員，經由一次國際植
物學會議選出之。委員會有權選擧及設置小組委員會；是等官員得按
其所需要，予以選擧之。

　　1.委員會總會，由其他各委員會之秘書，國際植物分類學會之執行長
(rapporteur-général)　，會長及秘書等組成，其中至少有五位委員必須由命
名組，加以任命。執行長應負責對國際植物學會提出命名之申請事項。

　　2.種子植物命名法規委員會。

　　3.蕨類植物命名法規委員會。

　　4.蘚苔植物命名法規委員會。

　　5.眞菌與地衣植物命名法規委員會。

6. 藻類植物命名法規委員會。

7. 細菌命名法規委員會。

8. 雜種植物命名法規委員會。

9. 化石植物命名法規委員會。

10.編輯委員會，負責編輯並發表與由國際植物學會所採取之決定相符之法規。主席：前次會議之執行長，負有與法規編輯有關之一切職務。

規定 3. 國際植物學會命名局

國際植物學會命名局的官員：1.命名組的組長，由國際植物學會命名有關所組成之委員會選舉之。2.紀錄員，由全上委員會指派之。3.執行長，由前次會議所選舉者。4.副執行長由執行長之建議所組成之委員會選舉之。

規定 4. 命名法提案之投票，有二方式：

1. 預備指導之通信投票，與 2.在國際植物學會議命名組作最後而有效之投票。

投票資格：

A. 預備通信投票。

1. 國際植物分類學會會員。

2. 提案人。

3. 命名委員會委員。

註：選票的積聚與轉讓爲不可允許。

B. 命名組會議的最後而有效之投票。

1. 命名組所有享有正式會籍的會員。選票的積聚與轉讓爲不可允許。

2. 由國際植物學會命名局所擬定而送經總會認可之名單上所列之學會正代表與副代表；此等學會如名單上所載明，享有 1－7 票的投票權。學會選票之轉讓給指定之副代表，是可以允許，但個人得票不允許有多至 15 票，包括其個人之票在內。學會票可保留在命名局等待爲指定的提案，在指明的方式下，予以開票計算。

附錄Ⅰ. 雜種之名（計有條款10 ，譯文茲從略）。

附錄Ⅱ. 保留之科名（譯文茲從略）。

附錄Ⅲ. 保留與廢除之屬名（譯文茲從略）。

模式標本之決定指南（已併入第二章、第二節模式標本法，參閱條款7）

植物學文獻引用指南

植物學刊物對於文獻之參閱，應包括下列項目。此等項目以下列順序來處理。

1. 著者之名：在引用附加於一分類群後之名（著者名）時，命名者之名，如勸告條款46A 所示，應予略寫。其他（如在文獻目錄）名之引用，則著者之名，應給予全名；姓氏先寫，隨之而附以名，全姓名之使用，旨在於避免錯誤。

如所舉係屬多數命名者；則在最後之一人名前，應書寫et 或符號" & "來表示之（參閱勸告46B）。

在一分類群人名之後，未作略寫之著者名，應以" ，"（逗點comma ）來加以區分；一略寫之名，則除用·（句點 period=full stop）來表示其名之為略寫外，不另加標點。

2. 表題：在一分類群人名之後，一書之表題，通常應予略寫，又在雜誌中所發表之專論表題，通常加以省略。其他地方（如在文獻目錄），表題則應如著作封面所示或專論篇首之題目，正確予以舉示。

在引用附隨於一分類群人名之後的文獻，除句點" · "用以表示其為略寫外，不須用標點來將其分離。

分類學文獻著者與標題之舉例：P. Br. Hist. Jam . ——
Hook. f. Fl. Brit. Ind–G.F. Hoffm. Gen. Umbell. — G. Don, Gen. Hist. — H.B.K.
Nov.Gen. Sp.–L.Sp.Pl.–Michx. Fl. Bor-Am.—DC. Prodr.–T. et G. Fl. N. Am. 。

最後五著者之名，並未按照勸告46 A ，給予嚴格之略寫，僅屬普通之慣用而已。

著者名全寫之例：　Mueller, Ferdinand　Jacob　Heinrich von.　──── Müller,　Johann　Friedrich Theodor　("Fritz Müller").　──── Mueller,　Ferdinand　Ferdinandowitsch.　──── Müller, Franz August.　──── Müller, Franz 。

3．期刊之名：主要詞語應略寫至第一音節爲止 *，但爲避免混亂計，必要時，可增加一些字母或音節。對於冠辭、前置詞與其他詞語，如接續詞等 (der, the, of, de, et and so forth)，應予以省略，除非此種省略可能產生混亂，當爲例外。

語之排列順序，應以出現於表題頁上者爲準，不需要之詞語，副標題以及類似者，應予省略。

爲避免混亂計，刊物中有同名或極類似之名稱時，可用括弧插入該刊物之出版地點或其他可資區別之紀事。

除用句點 "." 表明詞語之略寫外，不須再用標點，來將跟從而來之期刊名稱，給予分離。

期刊名稱引用之例：　Ann. Sci.　Nat. 不是 Ann. des Sci. Nat.　──── Am. Journ. Bot. 不是 Amer. Jour. Bot.──── Bot. Jahrb.　(Botanische Jahrbücher für Systematik ，Pflanzengeschichte und Pflanzengeographie) 不是 Engl. Bot. Jahrb.（Engler 是編者，而不是期刊的著者）──── Mem. Soc. Cub. Hist. Nat. 是 (Memorias de la Sociedad Cubana de Historia Natural "Felipe Poey").　──── Acta Soc. Faun. Fl. Fenn. (Acta Societatis pro Fauna et Flora Fennica).　──── Bull. Jard. Bot. État [Bruxelles] (Bulletin du Jardin Botanique de l'État).　──── Flora [Quito]（用以和在 Jena 出版而有名之 "Flora" 相區別）──── Hedwigia 而非 Hedwig.　──── Gartenflora 而不是 Gartenfl.　──── Missouri Bot. Gard. Bull. 而不是 Bull. Mo. Bot. Gard. 。

4．版數與期刊之增刊：一本書籍刊出以後，如有重版時，則其刊出之再版、三版或更多版，應以 "ed.2"，"ed.3" 等，來加以表明。

如一期刊之有增刊，其卷數有重複時，則其增添之期刊卷數，應

* 表題僅由單一之詞語而成者，同時人名，在習慣上並不略寫，但使用方便而認可者不在此限。

以羅馬大數字 (Roman capital　numeral　I. II. V.　X. L.C.D.M.) 或用 "ser.2"，"ser.3"…等，來表明，藉以與原刊出者（第一次）相區別。

版數與期刊增刊之例：G.F. Hoffm. Gen. Umbell. ed. 2——Compt. Rend. Acad. URSS.II. (Comptes Rendus de I'Académie　des Sciences de I'URSS. Nouvelle Série). —— Ann. Sci. Nat. IV. ——Mem. Am. Acad. II. （或 ser. 2）(Memoirs of the American Academy of Arts and Sciences. New Series) 而不為 Mem. Am.Acad. N.S.。

　　5．卷數：卷 (volume) 應以阿拉伯數字（1、2、3…）來表示，為求更清晰，卷數應以粗字體 (boldface type) 印刷，若卷無號數時，表題頁 (title-pages) 上之年號，可用以代替卷數 (volume-numbers)。

　　卷數應常用支點 (colon:) 以與頁數及插圖等分開。

　　6．篇（部、期）與發行：如一卷由頁號分開之篇構成，則該篇之號數應直接插入卷數之後（即在支點 colon：之前），或附以括弧（ ）或以指數或記號來指明。卷之有連續頁號者，則篇號之指定，不僅毫無用處，反而增加印刷上之錯誤。

　　7．頁數：頁數除在其原著有特別指定者以外，可用阿拉伯數字表示之。假定有數頁（5－6）要列舉，其頁之數字可以逗點，來加以區分，若係列舉二頁以上連續頁號時，可給以最初與最後頁號之數字，中間以短線 "dash" 即（—）符號連接之。

　　8．圖：圖（ illustrations　圖解）包括圖形（ figures　插圖）與圖版 (plates)，當其需要列舉時，應以阿拉伯數字來指示，且在其前，各附以 f. 與 pl. 或 t. (tabula) 等文字；為使清晰計，此等應以斜字體 (italic type) 排印。

　　9．時期：出版之年，應載於引用文獻之末端；或在著作目錄中，提及著者與日期時，則時期可書寫於著者之名與其著作表題之間。如希望列舉正確之時期，則應照日、月及年之順，予以標示。時期（在任何地位之下）可括於括弧之內。

　　除上面所注意到的以外，文獻引用之每一項目，應以句點 (full stop) 來將其與隨後之項目，加以分離。附隨於各分離群名後之文獻引用舉例：

Anacampseros Sims, Bot. Mag. 33 : *Pl. 1367*.1811.—— *Tittmannia* Brongn. Ann. Sci. Nat. 8 : 385.1826. —— *Monochaetum* Naud. Ann. Sci. Nat. III.4 : 48.*Pl. 2*,1845. —— *Cudrania* Tréc. Ann. Sci. Nat. ser. 3. 8 : 122. *f. 76 – 85*. 1847. —— *Symphyoglossum* Turcz. Bull. Soc. Nat. Mosc. 21¹: 255.1848. —— *Hedysarum gremiale* Rollins, Rhodora 42 : 230（1940） —— *Hydrocotyle nixioides* Math. & Const. Bull. Torrey Club 78 : 303.24 Jul. 1951. —— *Ferula tolucensis* H.B.K. Nov. Gen. Sp. 5 : 12.1821. —— *Critamus dauricus* G. F. Hoffm. Gen. Umbell. ed. 2.184.1816. —— *Geranium tracyi* Sandw. Kew Bull. **1941**: 219. 9 Mar. 1942. —— *Sanicula tuberosa* Torr. Pacif. Railr. Rep. 4 ⑴ : 91.1857 。

著者引用之舉例： Norton, John Bitting Smith. Notes on some plants, chiefly from the Southern United States. Missouri Bot. Gard. Rep. 9 : 151 – 157. *pl. 46-50*，1898. Reichenbach, Heinrich Gottlieb Ludwig. Handbuch des natürlichen pflanzensystems. i-x, 1 – 346.1837. Don, George. A general history of the dichlamydeous plants. 1 : 1 – 818（1831）. 2 : 1 – 875（1832）. 3 : 1 – 867（1834）. 4 : 1 – 908（1838）。

Schmidt, Friedrich. Reisen im Amur-Lande und auf der Insel Sachalin, Botanischer Theil. Mém. Acad. St.-Pétersb. Vll. 12² : 1 – 277. *Pl. 1-8*, June 1868. Glover, George Henry & Robbins, Wilfred William. 1915. Colorado plants injurious to livestock. Bull. Colorado Exp. Sta. 211 : 3 – 74. *f. 1-92*.

貳、樹木與四季之關係

植物受外界氣候變化之影響，各器官之活動，每因種類不同，有極顯著之差異。此等現象與我們之植物採集，有密切的關係。茲就筆者等對於樹木與四季之關係，根據平時的觀察與研究所獲得的資料，錄之於下，以供植物採集者之參考。

樹木遇到各種氣候因子之變化，尤以在溫度高低之影響下，各器官本身由於內部生理機能之更動，致引起其外部形態之改觀。所謂外部形態之改觀，即指樹木順着四季之交替，依次現出抽芽、開花、果之成熟、葉色之轉變紅、黃與其他色彩及落葉等之循環性演變現象。此等週期性之變化與植物採集，關係頗大。

樹木每年在四季中出現之形態變化，其步驟約可區分為五項，如下：

1. 抽芽 (Sprout of buds)
2. 開花 (Blooming)
3. 果實之成熟 (Maturing of fruits)
4. 紅、黃及其他葉色之轉變 (Leaves turning to red, yellow and other tints)
5. 落葉 (Defoliation)

1. 抽芽 (Sprout of buds)

通常冬季過後，春季來臨時，溫度漸次昇高，樹木全體所蓄積之營養物質開始溶解而流動，加之，根端吸水力增強，在此等因子互相協助行動之下，冬芽開始蠢動，乃向外抽出（抽芽）＊。

＊抽芽：所謂抽芽乃指葉芽、花芽（花蕾）之抽出，而以葉芽為主。芽之抽出自冬芽展開苞片，至小芽伸長為止算起。

　　樹木抽芽有早遲之分，其順序約略如下（＞號表示早於、長於或濃於）：

　　幼樹（早）＞老樹（遲），根幹部＞樹梢部，固定木＞移植木，養分蓄積量多者＞少者，抵抗寒冷力強者＞弱者，陽性樹種＞陰性樹種，落葉樹種＞常綠樹種，溫度高低變化差異大者（早）＞小者（遲）。

　　關於抽芽一項，據筆者之一，前曾在台灣森林第 4 卷、第 9～10 期（民國 50 年出版）刊出之「台北樹木生活週期之考察」一文中，就所調查之 486 種之抽芽，已有報告，茲將其與四季（溫度）之關係，統計列表如下：

表一　台北市 486 種樹木在全年中抽芽之統計（全年平均溫度爲 22°C）

月　　別	1 月	2	3	4	5	6	7	8	9	10	11	12
平　　均溫　　度	15.4℃	15.4	17.5	20.9	24.5	26.9	28.4	28.3	27.1	23.4	20.7	17.2
抽　芽樹種數	15 種	30	125	63	11	2	1	0	1	2	1	4
指　　數*	12 %	24	100	50	9	2	1	0	1	2	1	3

　　根據何豐吉氏在省立博物館科學年刊第 11 卷（民國 57 年）出版之「恒春墾丁公園之開花結果時期以及花果色彩之調查」一文，就所調查之 413 種樹木，其結果指示如下：

---

* 指數：以最多之月份爲 100 %。

表二　墾丁公園 413 種樹木在全年中抽芽之統計

月　別	1 月	2	3	4	5	6	7	8	9	10	11	12
平　均 溫　度	15.6℃	17.4	19.9	22.5	25.1	25.5	26.5	26.2	24.9	22.9	21.3	18.4
抽　芽 樹種數	24種	20	54	36	24	14	4	0	0	2	4	14
指　數	44%	37	100	66	44	25	7	0	0	3	7	25

　　南部樹木抽芽較北部約提早 3 個月，其原因為該公園之樹種多屬熱帶性種類，該地區陽光較強及月平均溫度亦高所使然。

　　就花芽與葉芽抽出之先後而言：

　　先抽花芽而後及於葉芽者——櫻花、木棉（台北）；花芽與葉芽一齊抽出者——樟樹、魚木、稜果蒲桃、茄苳、垂柳、水柳、麻櫟、栓皮櫟、燈稱花及流疏樹；先抽葉芽而後及於花芽者——裂葉蘋婆、吉貝及水黃皮（依據在台北之觀察）；花芽之重覆抽出者（開花）——流疏樹。

2. 開花 (Blooming)

　　樹木開花有 4 個步驟，最初為花芽（蕾）苞片之展開，次為花序之露出，再次為花瓣之開放，最後為花瓣之凋落。

　　開花之早、遲與長、短其順序如下：

　　就樹齡而言：壯木＞老木＞幼木，平地者（早 1～2 個月）＞高山者，固定木＞栽植木，剪栽多者＞無修剪者，土壤無機養分少者＞多者，肥沃地花期（長）＞瘦瘠地者（短），東向者開花（早而長）＞西向者（遲而短），空氣乾燥者＞濕潤者，水分少者＞多者，溫帶樹種（因溫度低冷）＞熱地者，熱帶樹種（因溫度高）＞冷地者。

　　台灣四季之區分，並不顯明，在北部約略可別爲春（3～5月）
，夏（6～8月），秋（9～11月）及冬（12～2月）。

　　早春開花者——柳類、櫻花、木棉；春季開花者——楠、樟及杜
鵑花；初夏——夜合花及玉蘭；夏季——香水樹；初秋——睡蓮；秋
季——魯花樹、白千層、重瓣芙蓉、五加科（如江某及蓪草）；初冬
——茶科（茶、山茶、茶梅、柃木及大頭茶）；冬季——台灣肖楠、
側柏、烏心石、稜果蒲桃、梅、桃及石朴；全年開花者——南美紫茉
莉、朱槿、重瓣朱槿、南美朱槿及馬纓丹。

　　就花色之濃淡而言：

　　肥沃地者濃＞瘠瘠地者；陽光照射時間長者濃＞短者；夏花濃＞
春花；下午花濃＞上午花；熱帶花＞寒帶花；高山花多紫色＞平地。

表三　台北市樹木在全年中之開花統計

月　　別	1月	2	3	4	5	6	7	8	9	10	11	12
開花樹種數	93種	100	159	250	283	236	186	170	146	142	114	105
指　　數	33％	35	56	88	100	83	66	60	52	50	41	37

表四　墾丁公園樹木在全年中之開花統計

月　　別	1月	2	3	4	5	6	7	8	9	10	11	12
開花樹種數	68種	88	122	262	402	254	143	116	136	118	78	56
指　　數	16％	21	30	65	100	63	35	28	33	29	14	13

每一樹種花期之長短，茲列表示之如下：

表五　台北市樹木花期在全年中長短之統計

開花期	1個月	2	3	4	5	6	7	8	9	10	11	12
開　花樹種數	56種	139	97	57	29	27	23	12	23	10	5	11
指　　數	40%	100	70	41	21	19	17	10	17	7	4	8

表六　墾丁公園樹木花期在全年中長短之統計

開花期	1個月	2	3	4	5	6	7	8	9	10	11	12
開　花樹種數	93種	174	80	22	4	11	7	1	0	1	0	0
指　　數	53%	100	45	12	2	6	4	1	0	1	0	0

　　溫度較高之南部，植物生長旺盛，養分消耗量多，開花時間，因之大為縮短。經觀察所得，花蕾期最長者，在台北市有大香葉樹及日本泡桐等，其長可達 6～6 個半月；曇花最短，僅數小時而已，俗語所謂曇花一現，實非虛語也。

3. 果實之成熟 (Maturing of fruits)

　　果實以果皮變色與種子具有發芽能力者，為其成熟時期。

　　一般果實成熟最少之時期，即為在開花最旺盛之際。又南部果實成熟最少之時期，較北部要早 2 個月，因熱帶地區樹木較易於早熟。

表七　台北市樹木在全年中果熟之統計

月　　別	1 月	2	3	4	5	6	7	8	9	10	11	12
果　熟 樹種數	54種	43	31	20	21	33	54	74	73	75	56	47
指　　數	72%	57	41	27	28	44	72	99	97	100	75	63

表八　墾丁公園樹木在全年中果熟之統計

月　　別	1 月	2	3	4	5	6	7	8	9	10	11	12
果　熟 樹種數	44種	16	26	38	96	98	117	126	170	129	130	86
指　　數	25%	9	15	22	56	57	68	74	100	75	76	50

4. 紅、黃及其他葉色之轉變 (Leaves turning to red, yellow and other tints)

　　植物之葉部，生活至某一段時期，其機能即有衰退現象，終至於機能完全停頓而枯落。葉在脫落前，必呈現紅、黃或褐等色彩。此等色彩，乃由於植物色素 (organic pigments) 之存在所致，例如葉之呈綠色，即由於葉綠素 (chlorophyll) 之含量多而來。落葉前因生理關係，即養分之轉送於莖，葉綠素漸次消失，所殘留之葉紅素（花青素　anthocyanin），如量佔優勢時，乃呈紅色，若某些葉黃素 (carotenoid) 之量，佔優勢時，即呈黃色。葉黃素若加上葉內之單寧（鞣質　tannin　），一經氧化就變成一般之茶褐色（枯色）。

　　葉（花）變色之原因如下：

　　植物細胞內色素含量之多寡，每成色彩而表現於葉面。所謂色素，乃主指花青素，其生成與植物體內酵素 (enzyme) 之活動，植物細胞液內酸鹼性（pH 值）之大小，以及與環境因子，如溫度、光度、氮與燐酸之含量等均有關係。葉以及花、果等之呈赤、青、紫、紫黑等，其起因乃由於此一花青素之存在以及其變化所致。

　　據奧貝爾頓氏 (Öbelton) 稱，葉色之變紅，其條件如下：必須陽光充足，糖分積多，且需適當之低溫才可。通常溫帶樹木易變紅葉，其原因即在於此。台灣樹木，例如欖仁之枯葉，在冬季呈現最紅而轉深紫，甚為美麗；又樹木細胞液中，尚須含有單寧。

　　台灣樹木落葉時之呈紅色者，有如下各種：

　　大頭茶、厚皮香、欖仁樹、烏桕、膽八樹科植物（如杜英、錫蘭橄欖及薯豆等）、槭（部分）、漆類（山漆及安南漆）及柿樹。

　　台灣樹木落葉時之呈黃色者，如下：

　　銀杏、石榴、紫薇、九芎（帶橙色）、青桐、柳樹、楊樹、台灣欅木、榆樹、欅樹、千金榆、無患子、槭（部分）及鳳凰樹。

5. 落葉 (Defoliation)

　　所謂落葉，在此處乃指以樹冠上之葉在冬天，即在寒季或乾燥之前，全部凋落成無葉狀態而言者。作者等對於台灣樹木之落葉，即以有此種情況者為調查對象。所謂常綠樹 (evergreen tree)，通常係指樹木一面掉落舊葉，另一面不斷抽出新葉，四季如此，循環不息，遂使樹木全年呈現常綠者。此等常綠樹之不時落葉，因無法調查，故茲從略。

　　葉之壽命：裸子植物針葉樹之葉，常綠者可保持 2～10 年，如松類可達 2 年，柳杉、扁柏為 3 年，太平洋岸之美國冷杉可至 15 年。落葉樹之葉，生活長不足 1 年者，如落葉松、水杉等。

　　就同類樹木而言，針葉樹在高緯度、高海拔者，其壽命較長。被子植物之常綠者，可保持 2～3 年。若常綠潤葉樹之葉，其在林內日陰之處或屬於次優勢木或低木者，其壽命常在 3 年以上。落葉樹之葉，壽命長每不及 1 年，如水青剛等；雀榕每年落葉 3〜4 回，故葉之壽命，平均約在三個月。

　　寒、溫、亞熱帶地區之落葉濶葉樹以及常綠針葉樹，每在秋末初多時落葉；相反，常綠濶葉樹則在翌春新葉抽出時，交互落葉，又移植者通常較早落葉。

　　亞熱帶及熱帶地區之被子植物，因全年溫度頗高，雨量豐沛，四季如春（熱帶地區平均溫度在 22°〜27°C 之間），生長旺盛，爲求取休眠計，亦會落葉。落葉現象與水分之多寡，有密切關係，落葉時期一般均在乾期，如山榕、大葉榕與上述之雀榕，一年有二〜四次，以及破布仔有二次之落葉現象。落葉之生理現象，乃起因於葉部本身之老化，機能衰退，以及在葉柄與小枝之間形成離層所致。

　　離層 (abscission layer)：葉經過一般時期，漸次老化，機能減低，隨即在葉柄基部，形成特殊細胞組織，使水分交流因而切斷，此後即靠葉之重量隨風而掉下。此分離之處，特稱爲離層。離層所遺留之痕跡，稱爲葉痕 (scar)。痕內之斑點，即爲維管束 (vascular bundle)，稱爲葉跡 (trace)。

表九　台北市樹木在全年中落葉之統計

月　　別	1 月	2	3	4	5	6	7	8	9	10	11	12
落　　葉 樹種數	55 種	92	97	15	3	1	1	0	0	0	0	11
指　　數	57 %	95	100	15	3	1	1	0	0	0	0	11

表十　墾丁公園樹木在全年中落葉之統計

月　　別	1月	2	3	4	5	6	7	8	9	10	11	12
落　　葉 樹 種 數	22種	0	2	0	4	2	2	2	0	0	22	48
指　　數	45％	2	4	0	8	4	4	4	0	0	54	100

　　台北市樹木之落葉，均在最寒之冬季；墾丁公園之樹木亦然，但加上氣候乾燥（12月至翌年之5月爲止），故較北市提早2個月落葉。熱帶樹種在5～8月間，每有因乾濕關係而落葉者，例如牡荊，每因乾期，在恒春半島山上落葉厲害而構成滿山灰景。熱帶地區之常綠潤葉樹，如移植于寒冷地區，亦常有落葉現象，例如變葉木、福祿桐及桃花心木等。

參、樹木之分類名詞略解

(A glossary of taxonomic terms of trees)

樹木之營養器官乃由葉、莖及根，生殖器官則由花、果及種子構成。此等器官的形態，在分類學上佔有頗重要之地位，故樹木分類研究者，必須先認識其形態術語 (Morphological terms)，始能了解其記載而判別樹種。茲特將樹木各部分之形態術語，亦即分類名詞，按照樹木之習性與莖、枝、芽、葉及花、果等各部形態之順序，依次分別扼要說明如下。

1. 有關樹木生活習性之名詞 (Terms concerned with life habit of trees)

所謂樹木 (tree) *，是指由樹冠、樹幹及地中根部所構成者，其生活習性與植物本身遺傳、氣候（如溫度高低、乾濕等）土壤及生物之作用等，關係極為密切。

(1) 喬木 (tree)：通常主幹單一，在主幹離地頗高之處（胸高以上），始行分枝，且具有一定形態之樹冠，樹高通常在 5 公尺 (m)，幹徑在 5 公分 (cm) 以上者稱之。普通樹高在 9 公尺以下者，稱小喬木 (small tree)，18 公尺以以者為大喬木 (large tree)，高度在大、小喬木之間者則為中喬木 (medium-sized tree)。

(2) 灌木 (shrub) ** ：通常指樹木無主幹，易於由離地面低處分岐，小幹多數叢集，且無一定樹冠，樹高在 1～5 公尺之間而言者。其中樹高在 2 公尺以上者，稱大灌木 (large shrub)，在 2 公尺以

---

* 樹木為木本植物 (woody plant)。所謂木本植物，乃指植物具有一宿存之空中莖幹，內部細胞之壁，因木質素（木素 lignin）之沉積而木質化（木化 lignification），大多數之種類且有一形成層（cambium），能作週性之生長，使莖徑不斷增大而言者，為與草本植物 (herbaceous plant) 相對稱呼之名詞。

** 註文見次頁末。

1111

下者爲小灌木　(small shrub.)。

(3)　木質藤本　(liana, woody vine)：莖之爲木質，本身不能自立，必須靠其蔓莖或卷鬚等來攀附，才能自立而上昇者。其中又有下述三種區別：

　　a．纏繞藤本 (twining vine)：莖之成藤狀，必須捲纏他物，始能上昇者。忍冬之莖，每向右 (dextrose) 纏繞，牽牛者則爲左旋 (sinistrose)。

　　b．攀緣藤本 (climbing vine, scandent vine)：莖之須藉卷鬚（瓜類）、不定氣根（愛玉子）或葉柄（女萎），來捲纏他物而上昇者。

　　c．匍匐藤本 (procumbent vine)：指莖橫臥，在與地上接觸之處，能生根之藤本。

(4)　落葉樹 (deciduous tree)：植物之在秋冬之季，因溫度低降或乾季缺水，生長停止，樹上之葉全部脫落者。例溫帶之闊葉樹。

(5)　常綠樹 (evergreen tree)：植物之能全年繼續生長，樹上之葉，終年維持常綠者。例針葉樹以及熱帶之闊葉樹種。

(6)　針葉樹　(conifer, needle-leaved tree)：葉之呈針形、線形及鱗形，有時僅見中肋，樹幹直立，枝條作有序之分岐者。如裸子植物之松柏類。

(7)　闊葉樹(broad-leaved tree) 葉之寬闊，葉面中肋、側脈顯著，樹形不整者，如被子植物之爲木本者。

2.樹　幹 (Trunk)

樹幹有下列各種之別。

(1)　樹幹 (trunk)：在地上支持樹冠之幹柱。

(2)　裸幹 (bole)：在地上自樹冠以下之裸出幹部。

＊＊灌木與喬木之分，本係人爲，其間並無絕對之界限存在。試舉例以言，台灣冷杉在中央山脈海拔 2,800 公尺以上之高地，成爲大喬木，著者之一曾將其幼苗自高山移植於溪頭 1,200 公尺之處，迄今已20載有餘，仍爲高不 1.5 公尺之灌木。又蓖麻在南韓爲一多年生草本，在台灣，特別在中、南部則成爲一大灌木。

(3) 幹莖 (caudex)：莖單一而不分岐之幹，例如筆筒樹、蘇鐵及椰子類等。

(4) 稈 (culm)：幹之外皮堅硬，內側中空，具有節間 (internode) 與節 (node)，每節具有橫隔壁者，如竹之莖幹。

3. 樹　冠(Crown)

指樹幹上部具有枝葉之部分。

(1) 菱形 (rhomboidal)：樹冠之頂端與基部形尖，中部擴大，形成菱狀者。

(2) 圓筒形 (cylindrical)：樹冠之上下寬度稍相等，橫切面呈圓形，且續向上伸長者。通常主幹單一，枝短，如柏木。

(3) 卵圓形 (ovoid)：樹冠之類似卵形，基部寬大，頂端略爲狹窄者。

(4) 橢圓形 (ellipsoid)：樹冠之呈橢圓形者，如針葉樹。

(5) 球形 (globose)：樹冠之呈球形者，如板栗。

(6) 圓錐形 (conical)：樹冠之呈圓錐形者，如寒帶之針葉樹。

(7) 傘形 (umbrellate)：樹冠之呈傘蓋狀者，如熱帶之濶葉樹種。

(8) 盃形 (cup-shaped)：樹冠外觀之呈杯形者。

(9) 鐘形 (bell-shaped, campanulate)：樹冠形狀之有如大鐘者。

(10) 倒卵形 (obovate)：樹冠之呈倒卵形者。

(11) 松形 (pine-form)：幹形彎曲，枝條平展，一般松樹屬之。

(12) 椰形 (palm-form)：樹幹之爲圓形、單一且無分岐者，如一般椰子屬之。

(13) 竹形 (bamboo-form)：樹冠之如竹類形狀者。

(14) 塔形 (pyramidal)：樹冠之呈尖塔狀者，如塔柏。

(15) 帚把形 (fastigiate)：樹冠之呈狹柱狀，側枝多條，幾幷立而相集者，如側柏。

(16) 垂枝形 (weeping, drooping)：枝條之下垂者，如垂柳、垂枝落羽松。

樹冠之形，與其樹種是否爲疏林或密林，群集林或獨立林，雌木或雄木，樹齡老或幼，生育地，氣候，水分含量，養分多寡，陽光強弱或動物之爲害，有密切之關係。

4. 樹　皮 (Bark)

樹皮指包被樹幹以至於嫩枝之最外一層，即形成層(cambium)外部之一層，通常含有表皮 (epidermis)、皮層 (cortex) 及靭皮部 (phloem) 三種組織。隨樹木之成長，另在皮層之薄壁細胞中，形成木栓形成層 (cork cambium, phellogen) 一分裂組織，它向內分生栓皮 (phelloderm)，向外則分生木栓層（ cork ，具有栓皮質者有栓皮櫟、西班牙栓皮櫟及黃柏等）。此三層合稱爲周皮。木栓形成層向外生出之組織，稱爲外皮 (outer bark)，向內至靭皮部爲止之組織，稱爲內皮 (inner bark)。內皮具有強靭纖維，可製紙及繩索等，如台灣杉、構樹、靑桐、蒲崙及裂葉蘋婆等。樹皮通常幼時呈綠色，後成灰褐、褐及黑色，外具皮目。樹皮有厚薄之別，薄者如槭樹，厚者有長葉世界爺，厚可達 $0.3 \sim 0.6$ 公尺。

(1)　樹皮之表面 (bark surface)：

　　a. 平滑 (smooth)：樹皮表面之呈光滑者，如九芎、靑桐、檸檬桉及番石榴等。

　　b. 粗糙 (rough)：樹皮之呈粗糙者，水柳、樟等即其例也。

　　c. 鱗片裂 (scaly)：皮之作鱗片狀剝離者，如竹柏、黃土樹及無患子等。

　　d. 薄片裂 (flaky)：皮之作薄片狀剝落者，如白千層。

　　e. 龜裂 (cracked)：皮之作龜甲狀裂開者，是爲一衰老現象，如黑松及柿樹。

　　f. 條片裂 (fissured)：細長片狀鱗片之成縱裂剝落者，如銀杏、長葉世界爺、柳杉、扁柏及大葉桉等。

　　g. 輪狀裂 (ringed)：樹皮之成輪狀剝離，其皮目作橫向伸長者，如櫻花類、樺木及 木類之一部等。

(2)　樹皮之顏色 (color of bark)：

　　a．白～灰白色 (white-gray)：有白千層、檸檬桉、泡桐、法國梧桐及樺木。

　　b．綠色 (green)：青桐、吉貝、大果木棉、木棉及桃葉珊瑚。

　　c．紅褐色 (reddish-brown)：九芎、赤蘭及越橘。

　　d．茶褐色 (light brown)：竹柏及山茶。

　　e．黑色 (black)：福木、柿樹、象牙樹及日本灰木。

(3)　樹皮之香味 (Odor and taste of bark)：

　　a．冬青油味（運動擦膏之味）(odor of winter-green oil)：白珠樹。

　　b．杏仁味 (odor of common apricot)：黑點櫻桃。

　　c．樟腦味 (odor of camphor)：樟樹、烏樟。

　　d．肉桂味 (odor of cassia-flower tree)：肉桂、錫蘭肉桂及月桂樹。

　　e．苦味 (bitter taste)：黃柏、小蘗。

(4)　樹液 (tree extrusions)：樹皮受傷後，有能分泌液汁，自傷口流出者。液之顏色，因種類而有不同。

　　a．白乳液 (latex, milky juice)：有木瓜科、藤黃科（山鳳果、爪哇鳳果）、大戟科（大部分）、桑科（榕屬）、山欖科（大葉山欖）、夾竹桃科、蘿摩科及菊科等。

　　b．黃液 (yellowish juice)：鳳果（山竹）。

　　c．土液 (soil-like juice)：山漆（氧化後成黑色）。

　　d．血紅液 (blood-like juice)：印度紫檀、菲律賓紫檀。

　　e．紅黏液 (reddish slimy juice)：大頭茶。

　　f．褐黏液 (brownish slimy juice)：喀拉杜木。

　　g．脂黏液 (resin-like slimy juice)：南洋杉科、藤黃科及橄欖科。

　　h．樹脂 (resin)：松柏類。

5.枝與節　(Branch and node)

(1)　枝 (branch)：

　　a．初生枝 (primary branch)：由樹幹第一次分岐出來之枝。大枝

(large branch) 通常由此而形成。

b．後生枝 (secondary branch)：由初生大枝或其以下之中、小枝
分岐而形成之枝條。

c．小枝 (branchlet, twig)：由中枝分岐而來之枝，經過 2～3 年
生之小枝，色呈灰褐，葉少，伸長生長稍見停止，皮目稍多。

d．嫩枝 (shoot)：最末端細小之枝條，爲 1 年生，色綠，生長旺
盛，皮目稀少。

e．長枝（長椏 long shoot ）：枝長出時，有顯明之二種形態，
其中節間頗長，生長快速，上面具有側生之短枝者。

f．短枝（短椏 short shoot ）：在上述二種形態中，枝之節間特
別短縮，生長緩慢，直生且具多數叢生之葉者，即屬短枝。它
側生於長枝之上。樹木之具有明顯的長枝與短枝者，有銀杏、
落葉松、雪松及欖仁樹等。

g．落枝 (deciduous branchlet)：小枝由固定之處脫落者。如南洋
杉屬、水杉及落羽松等，其小枝或末端之小枝，到時即行脫落
。

(2) 枝之分岐 (ramification)：

a．分枝法。

i 通頂莖幹 (excurrent trunk)：頂芽生長特別旺盛，側芽則
活動稍差，且自樹幹固定之處生出，其枝多爲輪生或對生，
故樹形呈圓錐狀。例如針葉樹中之冷杉、雲杉及台灣二葉松
等。

i i 分枝莖幹 (deliquencent trunk)：側芽生長特別旺盛，頂芽之
生長則見稍差，其枝多呈互生，故樹形成爲不規則。一般濶
葉樹多屬之。分枝莖幹又可區分爲 4 型。

（ i ）二叉形 (dichotomous)：枝之成叉狀分岐者。

（ii）僞叉形 (false-dichotomous)：主軸頂端僅留 1 芽，自其兩
側生出 2 枝條，此 2 枝之頂端又留下 1 芽，再自其兩側

分生 2 枝，如此反覆分岐之枝屬之。

(iii)單軸形(monopodial)：主軸永久繼續生長，側枝亦發達者
。一般種子植物屬之。

(iv)合軸形（假軸形 sympodial ）：主軸頂端之生長停止，
相反，側枝代之發展而成主軸，隨後到達某一階段，成
爲主軸之側枝頂端，又停止生長，再次生出側枝，變爲
主軸，如此反覆分枝者，例如竹類之根莖。

b．分岐型：

i 頂伸的（頂生的 apical, monopodial ）：枝條頂端生長點之
能永久持續生長者。

ii 側伸的（側生的 lateral, sympodial ）：枝條頂端生長點之
有週期性萎縮或伸長衰退，使生出之枝變成短小，此際於其
下方或在另外之枝上發出新枝者。

c．節 (node)

i 節 (node)：在小枝或嫩枝上，具有葉之部分。

ii 節間 (internode)：節與節之間的部分。

d．枝的變態 (metamorphosis of branch)：多由於遺傳之性質，稀有
自生態環境之變化而來者。

i 伏枝 (lager)：力枝伸長，由於本身之重量或雪量被壓下垂
，至接觸地表，自接觸之處發根，形成一新植物，此則稱伏
枝。寒、溫帶地區之針葉樹，每見有此現象。

ii 卷鬚 (tendril)：枝之變成卷鬚，纏繞他物或卷鬚先端變爲
圓形吸盤，附着他物而昇上者。例如葡萄或地棉。

iii 扁莖 (clade, phylloclade)：莖、枝之變成扁平，內含葉綠素
，可行光合作用，眞葉則退化成鱗片者。如對節草、仙人掌
及桑寄生。

iv 根莖 (rhizome)：莖之在地中向橫面伸長者。如竹類。

v 枝針 (spinescent)：枝之先端或棘針者，幼時棘針特多，老

木時減少甚或缺如，通常在疏林或乾地特多，功能似在以此
等針刺來防止動物之襲擊。如魯花樹、鷄角公（台灣皀莢）
、枸橘、柞木、雀梅藤、台東火刺木、刺裸實及刺竹等。例
外者有由托葉變化來的刺，如洋槐及豪殼刺；尚有由皮層而
來的刺，例玫瑰等。

vi 枝葉 (branched leaf)：枝之成葉狀，中肋之處可生花者，如
葉長花。

6.器官之痕跡 (Scar of organ)

a．葉痕 (leaf scar)：葉在脫葉時，葉柄基部與小枝接觸所留下的痕
跡。痕跡之外部，有由薄栓皮質之生成而加以保護，以防止水分
之逸散。如筆筒樹葉痕之作螺旋排列，茜草科之成對生排列，一
般植物之爲互生排列等。葉痕有大，有小，形狀亦各式各樣，內
部之葉跡（ trace 即維管束跡 bundle scar ）爲維管束所留下之痕
跡，其配列方式，數目以及形狀，隨種類而相當固定。

b．鱗片痕 (scale scar)：鱗片脫落後所遺留之痕跡，通常在枝基或
花序上，成橫線形而群集，惟其維管束之數目較爲細少。如大葉
楠及紅楠等。

c．托葉痕 (stipular scar)：托葉在脫落後所留下於小枝上之痕跡，
通常在葉痕之兩側，呈線形或有成爲一環者。如茜草科及木蘭科
（環痕）。

7.皮 目 (Lenticel)

樹皮表面常具有縱伸或橫伸而隆起之橢圓、長橢圓以至圓形之裂
孔，通稱之爲皮目。它有大、小之別，亦有完全缺如者，皮目之顏色
，有白、灰至褐色，其配列有不規則與規則者，功用在作通氣之用。
一般植物具縱伸皮目。櫻類及樺木則有橫伸皮目。

8.髓心（木髓、髓 Pith）

髓心由柔細胞所構成，通常存在樹幹、枝條木質部之中央。經年
（短者半年，長者達 150 年）之後，細胞內容物（如原生質、核、澱

粉、葉綠粒及草酸鈣結晶(crystal of calcium oxalate)等，漸次消失，最後
變成空心而僅殘留細胞壁。壁之中心，因空氣透入，支持力量不夠，
因此細胞壁崩壞或分離，構成髓空或幹空。髓心通常有硬質 (solid) 與
海棉質 (spongy) 之別，有大亦有小，顏色爲白色，稀呈褐色，其橫切
面形狀，以圓形爲主，此外尚有瓢狀、三角、五角（星芒形）至六角
形者。具有髓心者，有五加科植物、香椿、泡桐、枇杷葉灰木、山羊
耳、交讓木及假皂莢等。髓心又有中空髓 (hollow pith)，如山羊耳；均
質髓 (Homogeneous pith)，如藺草；輪狀髓 (chambered pith)；階段髓 (
lamellate pith) ，如交讓木及枇杷葉灰木；及隔膜髓(diaphragmed pith)等
之別。

9. 芽 (Bud)

　芽通常附着於嫩枝之頂端或葉腋，多呈圓錐形，內部含有原始葉
，具一定之葉序，外被多數鱗片。外部如無鱗片者，稱之爲裸芽 (naked
bud)。熱帶地區之樹木，多有之。

　a．依芽之位置而分：

　　i　頂芽 (terminal bud)：在嫩枝之頂端者，稱爲頂芽。它通常形
　　　　體較大，因其所得之陽光及養分，較爲豐富之故。

　　ii　亞頂芽 (subterminal bud)：頗類似頂芽，但芽不在嫩枝之先端
　　　　而在於其附近。

　　iii　側芽 (lateral bud)：自枝條側面出現之芽。由側芽兩側生出之
　　　　鱗片，稱爲芽子葉 (bud cotyledon) ，針葉樹、薔薇科及殼斗科
　　　　之樹木，即有此例。

　　iv　腋芽 (axillary bud) ：生在葉腋之芽。

　b．依芽之性質而分：

　　i　葉芽 (leaf bud)：通常形小，將來發展成葉。

　　ii　花芽 (flower bud)：通常形大，將來發展成花。

　　iii　副芽 (accessory bud)：生在葉痕之上部，通常具有一大芽（眞
　　　　腋芽）與其他小芽。此等小芽，即爲副芽。

ⅳ　葉柄下芽 (intrapetiolar bud)：腋芽之爲擴大之葉柄基部所包圍者，自上部幾無法視之，要等到葉腋脫落以後，始能露出。如法國梧桐及胡桃等。

ⅴ　休眠芽 (dormant bud)：長期保持休眠狀態而不生長之芽。此芽一般要到其樹之枝葉枯死或剪去後，始行生長。

ⅵ　側上芽 (superposed bud)：側芽之上方，尚具有之小芽。

ⅶ　不定芽 (adventitious bud)：臨時自不定之處所生出之芽。此種芽屢生於植物受傷之附近。

ⅷ　裸芽 (naked bud)：自原始葉群集而生成之芽，它的外部不具鱗片。熱帶降雨林之樹種多有之，因其無寒害，故不需要鱗片，來加以保護。暖溫帶之樹種也有裸芽者，其起源必與熱帶地區樹種有關。如塩麩木、山豬肉、野桐、山漆、紅皮及苦木等。

ⅸ　半開芽 (half open bud)：由鱗片半開而包被原始葉之芽。

c．芽鱗 (bud scale)：原始葉外部之鱗片，稱之爲芽鱗。其色通常呈紅、紅綠、褐、紅黃、黃綠及牛奶色。芽鱗在保護原始葉或幼葉不受寒害及昆蟲之爲害，形爲濶卵以至線狀，表面堅硬，屢具有毛（如絹毛、軟毛、黏質腺毛或脂質腺毛），細胞多含有星狀草酸鈣結晶或辣味。又鱗片背面之細胞常爲濶大，內含有多量油脂、澱粉，等到春季芽展開時，它就吸收此等養分而生長，且可長至 2～3 倍之大。鱗片多由葉柄、托葉或稀由葉身變化而來。一芽僅具一鱗片者，有木蘭科、榕樹類及柳樹等；具二鱗片者有橙木；具二～三鱗片者有田麻；具多數者，有雲杉（多可達 90 枚）及其他松類樹木（最多可達 350 餘枚）。排列方式有鑷合狀（valvate 各鱗片在邊緣互相接觸者）與覆瓦狀（imbricate 鱗片各面作覆瓦狀互相重疊者）。

f．芽內原始葉之褶疊 (vernation of primordial leaves in bud)：

ⅰ　包旋狀 (convolute)：原始葉之一邊向內捲曲，另一邊則在外面將其包捲者。

ii　回旋狀 (contorted, twisted)：原始葉各片之互相成回旋狀捲疊者。

iii　摺襞狀 (plicate)：原始葉之成扇狀摺合，即各葉循其主脈反覆摺疊，狀如摺扇者。例如蒲葵。

iv　對摺狀 (conduplicate)：原始葉之兩邊循中肋相等而對摺者。

10. 葉 (Leaf)

葉通常由葉身 (blade, lamina)、葉柄 (petiole) 及托葉 (stipule) 所構成，但有屢無托葉者。

a．葉序 (phyllotaxy)：葉在枝上之着生狀態，稱爲葉序。

i　互生 (alternate)：每節僅具一葉者。例一般植物。

ii　對生 (opposite)：每節二葉相對而生者。如茜草科、玄參科及馬鞭草科之植物。

iii　十字對生 (decussate)：上下各節之葉，交互成十字形而對生者。如羅漢柏、肖楠、紅檜及扁柏等。

iv　輪生 (verticillate, whorled)：每節具葉在三片以上者。如木麻黃科之樹木，夾竹桃及黑板樹。

v　叢生（簇生) (fasciculate, clustered)：節間極短，葉互生但群集而成束者。例如銀杏、落葉松、雪松及欖仁樹與昆欄樹等。

vi　二列狀 (2-ranked, in 2-rows)：葉在一平面並在小枝之兩側排列者，如濶葉南洋杉、水杉及粗榧等。

vii　螺旋狀 (spiral)：葉作螺旋傾斜狀排列者，如肯氏南洋杉。

b．種類 (kind)：

i　單葉 (simple leaf)：葉之單一者。

ii　複葉 (compound leaf)：葉由二或多數小葉所構成者。

iii　羽狀複葉 (pinnately compound leaf)：小葉 (leaflet) 之成羽狀排列者。

iv　奇數羽狀 (impari-pinnate, odd-pinnate)：小葉作羽狀排列，但總

葉柄先端僅具小葉一枚者。如福祿桐。

v　偶數羽狀　(pari-pinnate, even-pinnate)：小葉作羽狀排列，總葉柄先端具小葉二枚者，如龍眼、桃花心木。

vi　二回羽狀　(bipinnate)：葉之成二回羽狀者，如金龜樹、裏白楤木及大葉合歡。

vii　三回羽狀　(tripinnate)：葉之成三回羽狀者，如楝樹、南天藤、山菜豆及蕨類。具有二～三回羽狀之複葉，其成羽狀之部分，依順可區分爲羽片 (pinna) 與小羽片　(pinnule)，其詳請參閱蕨類。

viii　掌狀複葉 (palmately compound leaf)：總葉柄先端具有成放射狀之 2 或更多之小葉者。如三葉五加、木通及江某等。

羽狀三出葉　(pinnately　trifoliate leaf)：葉之有三小葉，其中頂端小葉之小葉柄通常長，兩側小葉柄短者。

掌狀三出葉　(palmately trifoliate leaf)：三出葉中頂端小葉與兩側小葉等之小葉柄，其長度稍相同者。

ix　單身複葉 (unifoliate leaf)：小葉惟具一葉，頗似單葉，但在小葉柄與總葉柄之間，有一關節，是爲其特徵。

c．葉形　(leaf shape)：

i　針形 (acicular, needle-shaped)：葉之細長如針者。如雪松及松類。

ii　鑿形 (subulate)：葉之成長塔形，基部橫切面呈菱形者。如臺灣杉及柳杉之老葉。

iii　線形 (linear)：葉之呈扁平而細長，寬度上下相同而略狹窄者。如大葉羅漢松及帝杉。

iv　披針形 (lanceolate)：類似線形，但其先端銳尖而葉基寬大者；反之，即上端寬濶，下端尖銳者，則爲倒披針形(oblanceolate)。如桃實百日青及蘭嶼羅漢松等。

v　橢圓形 (elliptical)：葉之中部寬，兩端較狹，長與寬之比，約爲 1.5：1 者。

vi　長橢圓形 (oblong)：葉呈細長橢圓形，長與寬之比，約爲
1.5～3：1 者。

vii　濶橢圓形 (oval)：葉之長與寬之比，約爲 1.2～1.3：1 者

viii　卵形 (ovate)：葉形狀似卵，即先端小圓，另基部呈大圓者。
反之則爲倒卵形 (obovate)。

ix　圓形 (orbicular, rotunded)：葉之呈圓形者。如荷葉。

x　鐮形 (falcate)：葉之呈鐮刀狀彎曲者。如杉木。

xi　三角形 (deltoid)：葉之呈三角狀者。如三色菫。

xii　心形 (cordate)：葉之呈心狀者。如菩提樹。反之則爲倒心形
(obcordate)。

xiii　腎形 (reniform, kidney-shaped)：葉之呈腎狀者。如海葡萄。

xiv　匙形 (spathulate)：葉之呈濶倒披針狀，先端圓形，基部呈楔
形，狀如匙者。如厚皮香。

xv　箭形 (sagittate)：葉之呈箭狀者。

xvi　戟形 (hastate)：葉之呈戟狀者。

xvii　盾形 (peltate)：葉柄附着於葉身之近中心者，其狀如盾，如
蓮葉桐、血桐、翅子木及荷葉。

xviii　扇形 (flabellate, fan-shaped)：葉之呈扇狀者。如銀杏。

xix　斧形 (dolabrate)：葉之狀似斧刀者。如羅漢柏之側面葉。

xx　鳥脚形 (pedate)：葉作 5 裂，其形類似鳥脚者。如天南星科
植物。

xxi　劍形 (ensiform)：葉之呈劍狀者。如王蘭。

xxii　萊菔葉形 (lyrate)：葉作羽狀分裂，但其最先端之羽片特大者
。如萊菔（蘿蔔）。

d．葉端 (apex)：

i　銳形 (acute)：葉之先端銳尖者。

ii　鈍形 (obtuse)：葉之先端爲鈍狀者。

iii 漸尖形 (acuminate)：先端漸變細長而呈短尾狀者。

iv 微凹形 (retuse)：先端之爲微凹者。

v 凹形 (emarginate)：先端之呈凹缺者。

vi 針尖形（凸頭）(cuspidate)：先端渾圓，中間具一短硬之針尖者。

vii 截形 (truncate)：先端之作水平截斷者。

viii 針形 (aristate)：先端之具針芒者。

ix 尾形 (caudate)：先端之呈細長尾狀者。

x 圓形 (rounded)：先端之呈圓形者。

xi 心形 (cordate)：先端之呈心狀者。

xii 鉤形 (uncinate)：先端之作鉤狀者。

xiii 微凸 (mucronate)：先端之具微凸者。

e．葉基 (base)

i 銳形 (acute)：基部之爲尖角狀者。

ii 鈍形 (obtuse)：基部之爲鈍圓狀者。

iii 漸狹形 (attenuate)：基部之漸變狹窄者。

iv 楔形 (cuneate)：基部之呈楔形者。

v 歪形 (oblique，lop-sided)：葉身基部中肋兩側之大小不相等者。

vi 盾形 (peltate)：葉柄之附生於葉身近中部者。

vii 耳形 (auriculate)：基部首先收縮，然後擴大，其形狀宛如耳朵者。

viii 心形 (cordate)：基部之爲心形者。

ix 下延 (decurrent)：基部之順沿葉柄向下而伸長者。

x 截形 (truncate)：基部之作水平截斷者。

xi 圓形 (rounded)：基部之爲圓形者。

f．葉緣 (margin)

i 全緣 (entire, integral)：葉緣之完整無缺而成一條線者。

ii 鋸齒狀 (serrate)：鋸齒之向前方彎曲者。

iii　細鋸齒狀 (serrulate)：鋸齒之細小，向前方彎曲者。

iv　重鋸齒狀 (doublely serrate)：葉緣之有粗、細鋸齒相間者。

v　齒狀 (dentate)：鋸齒之為三角狀，其先端指向上方者。

vi　細齒狀 (denticulate)：齒牙之細小者。

vii　不齊齒狀 (erose)：齒牙之不整齊而有大小之別者。

viii　鈍鋸齒狀 (crenate)：鋸齒先端之為鈍狀者。

ix　鈍細鋸齒狀 (crenulate)：細鋸齒先端之呈鈍狀者。

x　波狀 (repand)：邊緣凹凸不一，先端圓滑而呈波狀者。

xi　微波狀 (undulate)：葉緣略形凹凸而近於全緣者。

xii　深波狀 (sinuate)：波形之更深凹者。

xiii　有細毛 (ciliate)：葉緣之有細毛者；毛之長者，稱為有長毛 (fimbriate)；毛之為刺狀者，稱為有刺毛 (aristate)。

xiv　櫛狀 (pectinate)：葉緣之成櫛狀者。

xv　缺刻狀 (incised)：葉緣之有不規則深、淺缺刻者。

xvi　淺裂狀 (lobed)：葉緣之為淺裂者。

xvii　中裂狀 (cleft)：葉作羽狀分裂時，各裂片多狹而尖，其裂口約在邊緣與中肋之中間者；作掌狀分裂時，其分裂約至主肋之一半為止者。

xviii　深裂狀 (parted，partite)：葉作羽狀分裂時，裂口幾至接近中肋；掌狀分裂時，其裂口每至主肋交叉之附近為止者。

xix　全裂 (divided)：葉作羽狀分裂時，裂口已達至中肋者；掌狀分裂時，分裂至主肋交叉之處為止者。

xx　羽狀淺裂 (pinnately lobed)：葉之淺裂而成羽狀者。

xxi　掌狀淺裂 (palmately lobed)：葉之淺裂而成掌狀者。

xxii　倒羽裂狀 (runcinate)：羽狀分裂中，裂片之倒向下方者。如蒲公英。

g.　葉面 (surface)：

i　平滑（無毛）的（禿淨的 glabrous）：葉面之光滑無毛者。

ii 　粗糙的　(scabrous)：用手接觸葉面時，有粗糙之感覺者。

iii 　皺質的　(rugose)：葉面之凹凸不平而呈皺摺狀者。

iv 　有長柔毛　(pilose)：葉面之疏生長柔毛者。

v 　有密細毛　(pubescent)：有密生之短細毛者。

vi 　有粗長毛　(hirsute)：生有粗長毛者。

vii 　有長絨毛　(villose)：具長軟之絨毛者。

viii 　有絹毛　(sericeous)：具有如絹之毛者。

ix 　有綿毛　(lanate)：密生如棉之彎曲捲毛者。

x 　有絨毛　(tomentose)：密生如絨之短毛茸者。

xi 　有腺毛　(glandular)：由多細胞構成，先端呈球形或膨脹粗大，其內含有分泌之黏液者。

xii 　有星毛　(stellate)：毛之從基部作星狀輻射而分岐（星芒狀）者。

xiii 　有痂鱗　(lepidote)：毛之成痂狀者。

xiv 　有剛毛　(hispid)：毛之剛硬者。

xv 　有刺毛　(setose)：毛之成刺狀而粗硬者。

xvi 　平坦的　(complanate)：表面之成平滑者。

xvii 　有稜　(carinate)：表面之具稜脊者。

xviii 　有溝　(canaliculate)：表面之有凹溝者。

xix 　對摺形　(conduplicate)：表面之成二折者。

xx 　摺襞形　(plicate)：葉面之作扇狀摺疊者。

xxi 　泡狀　(bullate)：表面之有泡狀凹凸者。

xxii 　有蛛絲毛　(cobwebby)：毛之狀如蛛絲者。

xxiii 　有鬚毛　(barbate)：毛之叢生，如鬚者。

h ． 質理 (texture)

i 　多肉質　(carnosus)：葉之具肉質者。

ii 　多汁質　(succulent)：葉之質厚而含多量水分者。

iii 　革質　(coriaceous)：葉之質硬，狀如皮革者。例山茶及其他常綠潤葉樹之葉。

ⅳ　乾膜質（scarious）：葉之質薄而堅硬者。

ⅴ　膜質（membranaceous）：葉之質薄而柔軟者。如落葉潤葉樹
　　之葉。

ⅵ　紙質（洋紙質）（chartaceous,　papyraceous）：葉之質薄，狀如
　　紙張者。

ⅶ　薄脆質（crustaceous）：葉之質薄而脆者。

ｉ．葉脈(venation)：葉脈之分佈情形，稱爲脈序 (venation)。由葉柄
直接延伸至葉片中之主脈，稱爲中肋　(midrib)。由中肋分岐之支
脈，稱爲側脈 (lateral vein)。各支脈之間，貫通於葉肉內之細小網
脈，就是細脈 (veinlet)。脈有下列各種。

ⅰ　平行脈（parallel vein）：葉脈之互相平行者，如單子葉植物之
　　葉脈。

ⅱ　羽狀脈（pinnate vein）：側脈多數，自葉之中肋兩側分出而排
　　成羽狀者。

ⅲ　掌狀脈（palmate vein）：主脈數條由葉身基部（卽葉柄先端）
　　，作輻射狀而生出者。其中有三主脈者，稱爲三出脈 (triner-
　　vate)，如樟屬、新木薑子屬；有五主脈者，稱爲五出脈(Quin-
　　quenervate)，如錦葵科等，以下可依此類推。

ⅳ　網狀脈(reticulate　vein)：多數細脈彼此互相連接而構成網狀
　　者。

ｊ．顏色（colour）：

ⅰ　霜白的（glaucous）：葉面之呈霜白色者。

ⅱ　被粉的（farinose）：葉面之呈麵粉狀者。

ⅲ　被灰白毛的（canescent）：葉面之帶有灰白毛者。

ⅳ　點狀（punctate）：葉面之具透明腺點者，如柑橘及桉樹等。

ⅴ　鐘乳體（cystolith）：葉裏表皮細胞中之棒狀草酸鈣結晶，如
　　蕁麻科及桑科等。

k．葉柄 (petiole)：指葉身基部細長之柄，葉藉此以與莖連結。

  i　依柄之長短而分：

  （i）　有柄 (petiolate, stalked)：葉之具有柄者。有長柄(long-petiol-ed) 與短柄 (short-petioled) 之別。

  （ii）　無柄 (sessile, apetiolate)：葉之無柄者，此際葉身直接着生於枝條。

  ii　依柄之橫切面而分：

  （i）　圓筒狀 (terete)：葉柄橫切面之成圓形者。

  （ii）　扁平狀 (compressed)：葉柄之呈扁平者。

  (iii)　溝狀 (channelled, grooved, furrowed)：葉柄表面之中間凹下者。

  （iv）　翼狀 (winged)：葉柄兩側附生有狹長之翅者。如楓楊、柚等。

  （v）　葉鞘 (leaf sheath)：葉身或葉柄基部之擴大而包被莖部者，如棕櫚科植物及禾本科植物等。在竹科植物之體上者，特稱為稈鞘 (culm sheath)，其兩側上部之耳狀突起，稱為葉耳 (auricle)。

  （vi）　葉柄之變態 (metamorphosis of petiole) 者，有相思樹之假葉 (phyllode, false leaf)，它是由葉柄之變態而形成；又如布袋蓮之葉柄，中央部分膨大成囊，以作浮水之用；他如仙人草之葉柄，變成卷鬚，用以纏繞他物。

1．托葉 (stipule)：通常生於葉柄之兩側，雙子葉植物多有托葉1或2片，亦有托葉缺如者；裸子植物及單子葉植物通常無托葉。

  i　側生托葉 (adnate stipule)：托葉自葉柄之兩側生出，其狀似翅，如薔薇屬。

  ii　對生托葉 (opposite stipule)：托葉2片，在每節相對而生者，如茜草科。

  iii　筒狀托葉 (connate stipule)：托葉發達，完全變成筒狀而將莖包圍者。如黃梔。

　　托葉之變態：如洋槐之棘針，豌豆之卷鬚，均由托葉變來。

m. 葉之變態　(metamorphosis of leaf)：

　i　異形葉　(heterophylly)：在同棵植物中，葉形差異之大者，稱
　　爲異形葉。幼木、壯木及老木之間，每有此現象，如檸檬桉苗
　　木之葉，其葉柄作盾狀附着，葉面多毛；老木葉之葉柄，則着
　　生於邊緣，葉面平滑；藍桉苗木之葉爲對生，濶卵形，無柄，
　　作抱莖狀，其壯木之葉，則呈互生，披針形，有柄，呈下垂性
　　；冷杉苗木之葉，先端具二銳尖，質薄；相反，老木之葉則呈
　　凹頭或鈍頭，質厚；柏木及龍柏等幼木之葉，呈線狀披針形，
　　而壯木之葉即成鱗葉狀；台灣杞李蒘幼木之葉每作 3 裂，而老
　　木之葉則爲全緣；楊梅幼木及其萌芽之葉，邊緣具不規則之齒
　　牙狀鋸齒，而老木者爲全緣；南洋杉屬、柳杉及台灣杉等幼木
　　之葉多呈線狀鑿形，而老木之葉，即呈鱗片狀；銀杏生於長短
　　枝上之葉，亦有不同，在短枝上者形小且邊緣呈波狀，但在長
　　枝上者形大而先端屢成 2 裂；營養葉與生殖葉（一般植物）亦
　　有不同，如菊科植物之高出葉爲全緣，低出葉則現缺刻。

　ii　不等葉　(anisophylly)：依據着生位置之不同，葉形每有發生
　　差異者。例如台灣扁柏、紅檜及羅漢柏等，其葉即有正面葉與
　　側面葉之分。

　iii　狹葉現象　(stenophyllism)：

　　在寒地、乾地、少雨之地、風強或光強之地區，容易發生葉
　　之狹窄。此種現象可能與遺傳性無關，僅爲其生育地環境之變
　　化所導致。因此，此等變化不能構成新的種類，甚至於不能形
　　成品種。例如桃葉珊瑚、濱柃木、刺格及三葉五加等，每見有
　　狹葉現象。

　iv　貯藏葉　(storage-leaf)：植物胚胎之子葉，每變爲肥厚多肉，
　　功能在貯存養分，以供胚胎（幼體）發育之用。

11. 根 (Root)

a．根之在地下者 (underground root)：一般之根，均在地中，其主要功能在支持幹枝，並自地下吸收水液（包括水及無機養分等）。

i 主根 (main root)：初生根之向下發育而生長者，此種根通常粗大而直，故又稱爲直根 (tap root)。例如一般裸子及雙子葉植物均有之。

ii 側根（支根 lateral root）：由主根所分出者。

iii 鬚根 (fibrous root)：根之最細者，稱爲小根 (rootlet)，功能專在吸收養分。單子葉植物之主根，在種子發芽後不久，即行消失，代之而在莖之基部，發出多數不定根，是爲鬚根。

b．根之在地上者 (aerial root)：生在地上之根。

i 支柱根 (supporting root)：自幹部，甚至自大枝，向地面下垂之根，在空中時，稱爲氣根 (aerial root)，及至伸長入地，具有支持能力時，稱爲支柱根 (supporting root, prop root)。例如榕類中之大葉榕、雀榕、白榕及白肉榕等，紅樹林中之五梨跤、水筆仔、海茄苳以及常見之林投等。

ii 保護氣根 (protective aerial root)：自樹幹生出之黑、小而堅硬之小氣根。例如筆筒樹及台灣杪欏。

iii 吸水氣根 (absorptive aerial root)：爲氣根之一種，可自空中吸收水分。在高濕森林內之木本植物常有之，如野葡萄及山林投等。

iv 直立呼吸根 (ascending respiratory root)：通常在沼澤、淤泥等缺乏氧氣之處所生之樹木，常有之。所謂直立呼吸根，乃指樹木之側根，自地中向地面生長而挺立於空氣中之短根而言者，其內部通常空虛，表面則具多數皮目，可以吸收氧氣，供給地下部之使用。例如落羽松及海茄苳等所抽出之筍狀呼吸根，它爲一背地性之直立根，呈紡錘形，長 30～60公分，中間肥大，兩端細小，能盛營呼吸作用。

v 膝根 (knee root)：正常側根之經海水冲刷，使根暴露，不久其先端又向下屈曲，如是反覆作上下凹凸延伸，狀如山之起伏，亦類似膝之屈曲者，例如欖李、落羽松亦具膝根。

vi 板根 (plank buttressus root)：正常根之後生肥大生長，因僅發生於向上方向之一面，經久遂成板狀者。通常發生於地下土壤淺薄且其下部有岩石之處，或地下水位頗高，令直根無法向下伸長時，易發生此種現象。例如銀葉樹、欖仁樹、巴克豆、碁盤腳樹、大葉山欖、澁葉榕及龍腦香科植物（通常可達 2 公尺之高 ）等。柳杉亦偶見有此種現象。

vii 附生根 (adhering root)：亦名攀緣根 (climbing root)，在莖枝之上，生出許多小根，附生於樹幹或岩石上者。例如大枝掛繡球、長實藤等及蕨類植物。

viii 寄生根 (haustorium)：根部之挿入寄主植物組織之內，以吸收養分者。如桑寄生科植物，其根挿入寄主植物之大枝或小枝之木質部組織內；檀香之早期生育（幼苗時期），其一部分之根，必須挿入其他植物之根部組織內，以吸取養分而成長。前者爲全寄生 (holoparasitic)，後者爲半寄生植物 (semiparasitic plant)。

ix 針根 (spine root)：根之一部變成硬刺者。如刺椰子或四方竹稈基之刺等。

c. 根之深度：

i 淺根 (shallow root)：淺根之因遺傳性而起者，有單子葉植物；淺根之受制於環境影響者，以地下水之關係較大，如濕地水分多，使多數雙子葉植物之直根（除水生植物外 ），無法深入，即使能深入，根部亦易於腐爛，此外，濕地屢缺氧，凡此均使根無法深入，因而變成淺根。

ii 深根 (deep root)：稍乾之地，直根發達，爲吸取地下深處之水，其根每伸長頗深。如樟樹、櫸樹、桑樹、茶樹及殼斗科植物等。

d．根之色彩 (color of root)：

　i　黃白色：青桐、山榮豆。

　ii　灰色：亞力山大椰子。

　iii　黃色：安石榴、垂柳、桑樹、無花果、刺格、野鴉椿、牡荊
　　　及槐樹等。

　iv　橙色：麵包樹。

　v　褐色：枱木、紅淡比、香椿、女貞及櫻、梅等。

　vi　黃黑色：柿樹科之樹木，幾屬黑色。如毛柿、柿樹等。

12　花序 (Inflorescence)

花在花軸上排列之狀態，稱爲花序。其種類甚多，對樹木之辨識
，非常重要，茲闡釋之於下：

a．大戟花序 (cyathium)：花序之極端退化而成類似一朵花者。此
　　花序較爲特殊，由雌花 1 朵（僅由 1 雌蕊構成）與雄花 20 餘朵
　　，同爲一具腺體之總苞所圍繞而形成。例如聖誕紅。

b．與上述者不同之其他一般花序：

　i　無限花序 (indefinite inflorescence)：乃指花朵隨花軸之伸展而
　　　遂次開花，即自花序下部開始漸及於上部或由外側開始而漸及
　　　於內側者。因花軸頂端具有原始分生組織 (promeristem)，故能
　　　繼續增長，開花不已。

　　（i）　總狀花序 (raceme)：花軸（總梗 peduncle）單一，能漸
　　　　　次伸長，着生於其上之花，均有花梗 (pedicel)，梗之長短
　　　　　則均略相等。

　　（ii）　圓錐花序 (panicle)：局部與總狀花序相同，惟花軸之有
　　　　　分岐者。簡言之，它就是複總狀花序 (compound raceme)。

　　（iii）　繖房花序 (corymb)：花軸單一，花梗之在上下部位長短
　　　　　不一，全體形成一繖房狀花簇者。此花序之花梗，一般在
　　　　　下部者特長，愈向上部，梗愈短，標準者全體因而排成一

平頂形。

（iv）　複繖房花序 (compound corymb)：局部與繖房花序相同，惟花軸之有分岐者。

（v）　繖形花序 (umbel)：花軸單一，且極短而固定，花梗多數，由花軸先端作輻狀而射出者。

（vi）　複繖形花序 (compound umbel)：局部與繖形花序相同，惟花軸之有分岐者。

（vii）　穗狀花序 (spike)：花軸之能繼續伸長，所生之花不具花梗者。

（viii）　荑蕚花序 (catkin, Ament)：與穗狀花序相若，惟其花爲單性 (unisexual)，經常裸出，至凋謝或果熟時，花序全部脫落不同而已。

（ix）　肉穗花序 (spadix)：花序之花軸，粗肥而多肉，外具佛焰苞，且花屬單性兼不具花梗者。

（x）　頭狀花序 (head)：花軸不伸長，先端成圓塊狀或爲扁平，上面附生多數不具花梗之花者。

（xi）　隱頭花序 (hypanthodium, syconium)：花軸不伸長，但先端呈壺形，壺內着生多數不具花梗（偶爾有短花梗）之花者。例如無花果、榕樹等。花序（俗稱果）內有多數雌、雄花及蟲癭花。

ii　有限花序 (definite inflorescence)：花朵之由花軸上部原始分生組織之處，先行開花，然後漸及於下部，或自中心部分先開花而漸及於外側者。此種花序之花軸先端，因早期即已停止生長，故不能繼續新生花朵。

（i）　單頂花序 (solitary, scape 花莖，指花之着生於直接自地中抽出之單一花軸)：花軸上僅有單一之花者。例如山茶、洋玉蘭。

（ii）　聚繖花序 (cyme)：花軸之向左右相對分岐，除其頂端者外，左右各岐，亦均着生一花者，如左右之兩岐再行分岐，如上所述，各分歧再行着花者，即成複聚繖花序 (compound cyme)。

(iii) 密繖花序 (Fasicle, cluster)：花序之無花軸，花具短梗而簇生者。

(iv) 團繖花序 (glomerule)：花序之無花軸，花不具花梗而叢生者。

iii 混合花序 (mixed inflorescence)：全花序之由有限與無限兩種花序混合構成者。如楝樹、檬果、變葉木及七葉樹等。七葉樹之密錐花序 (thyrsus)，其主軸屬無限，但側枝則爲有限，因而爲混合花序。

c. 苞 (bract)：花序抽出之處，每有大形苞片，其與下部之退化葉，有時頗難於區別，是爲苞。又花軸分歧之處及花梗基部，均常具小苞 (bracteole)。

i 總苞 (involucre)：多枚苞片之在一花或花序之下，集中成爲一輪或多輪，有時苞片彼此互相合生者。例如殼斗科植物之殼斗。

ii 佛焰苞 (spathe)：苞片之特大而附隨或圍繞於肉穗花序者，此種苞片形大而有色彩，頗似一朵之花。如天南星、棕櫚及露兜樹科植物等。

iii 外稃與內稃 (lemma and palea)：禾本科植物（包括竹類）之小花，自外稃之腋間抽出。此外稃相當於一般植物花之苞片，內稃則相當於小苞，功能均在爲花之保護。

iv 葉狀苞 (foliaceous bract)：苞片之成葉形者，如千金楡、南美紫茉莉、椵樹等。其中椵樹之苞片與花軸連結，南美紫茉莉、聖誕紅等之苞片有顯明色彩。

13. 花 (Flower)

花爲種子植物之生殖器官，在柄（花梗）之頂端，變成花托 (receptacle 或 torus)，上面附有由葉變化而來的花葉 (floral leaf)。

花葉由下向上，依次爲萼 (calyx)、花冠 (corolla)、雄蕊 (stamen) 及雌蕊 (pistil) 等四部。

a. 花之各部分 (parts of a flower)：

i 花梗 (pedicel)：每一花下之小柄。

ii 花托 (receptacle)：花梗頂端之膨大部分，其上着生花之各部者。

iii 花萼 (calyx)、通常由3、4、5及6片之萼片 (sepal) 所構成，形似葉片，常爲綠色。原始雙子葉植物及單子葉植物之萼片，通常爲3，而雙子葉植物則以有4～5片者佔多。萼片有分離與合生兩種。木蘭科之瓣狀萼 (petaloid calyx)，狀如花瓣，具白、紅、紫等色彩，頗爲艷麗。整齊花 (regular flower)之萼片，其大小、形狀均相同，而不整齊花之萼片，則其形狀大小就不一致。

iv 花冠 (corolla)：由花瓣 (petal) 構成，通常形大，且具顯著色彩。花瓣有離瓣 (choripetalous) 與合瓣 (gamopetalous) 之別。前者之花瓣分離而後者之花瓣則爲合生。無瓣 (apetalous) 乃花之無花瓣者。

花萼與花冠無顯明之區別，或花之僅有花萼而無花冠者，通稱花被 (perianth)。花被之各片，稱爲花被片 (tepal)。

花被之形色相同者，稱爲同花被 (homoiochlamydeous) ；相反，形色不相同者，稱爲異花被 (heterochlamydeous)。其與生殖作用無直接關係，惟有引誘昆蟲傳粉或保護花之作用而已。

v 雄蕊 (stamen, androecium)：顯花植物之雄生殖器官，通常由花絲 (filament)、花藥 (anther) 及藥隔 (connective) 所構成。

vi 雌蕊 (pistil, gynoecium)：顯花植物之雌生殖器官，通常由子房（ ovary ，由心皮構成，內藏胚珠）、花柱 (style) 及柱頭 (stigma) 所構成。

b. 花冠 (corolla)：

i 依據形狀而分：

（ i ） 輻狀花冠 (rotate corolla)：花瓣之合生部分短，先端裂片
作水平輻射狀並成對稱而展開之花冠。如一般之合瓣花。

（ii） 管狀花冠 (tubular corolla)：花瓣之合生成筒狀者。如菊
科之中央管狀花。

（iii） 高盆花冠 (salver-shaped corolla)：形甚似輻狀花冠，惟合
生之筒部呈細長者。如夾竹桃。

（iv） 壺狀花冠 (urceolate corolla)：花瓣作球狀合生，先端則成
裂片而開口，其口且小。如台灣馬醉木、高山越橘。

（ v ） 盃狀花冠 (cup-shaped corolla)：花瓣合生部之成杯狀者。

（vi） 漏斗狀花冠 (funnel-shaped corolla)：花瓣之合生部呈筒狀
，上部寬大，下部細狹，宛如漏斗者，如樹牽牛之花。

（vii） 蝶形花冠 (papilionaceous corolla)：為一種左右對稱之花
，花瓣有旗瓣 (standard, vexillum)、翼瓣 (wing, ala) 及龍骨
瓣 (keel, carina) 之別。旗瓣 1 片，翼瓣與龍骨瓣各 2 片，龍
骨瓣之 2 片且為合生。如刺桐及田菁等。

（viii） 距狀花冠 (calcarate corolla)：花瓣之一部，具有突出之附
屬體，即花距 (spur) 者。

（ix） 鐘狀花冠 (campanulate corolla)：花瓣之合生部分與裂片
形成鐘狀者。如杜鵑花科植物。

（ x ） 舌狀花冠 (ligulate corolla)：花瓣之基部合生，先端則作
舌狀伸長者。如菊科頭狀花序中周圍之花。

（xi） 十字花冠 (cruciate corolla)：花瓣 4 片，離生而成十字形
排列者。如十字花科植物。

（xii） 唇形花冠 (labiate corolla)：花瓣合生，先端裂成 2 片，
作唇形狀，在上部者為上唇，相反者為下唇。如爵牀科、
唇形科及馬鞭草科植物。

（xiii） 石竹形花冠 (caryophyllaceous corolla)：花瓣離生，各瓣

具有細長之基部，即瓣柄 (claw) 者。如石竹。

(xiv)　蘭形花冠 (orchidaceous corolla)：由二側瓣（ lateral petals 與一唇瓣 labellum 等三片所構成，唇瓣最富變化，為種類鑑定上最重要特徵之所在。唇瓣原在上方，由於子房或花梗在花之發育期間，作 180° 之旋轉，反位居下方。

ii　花瓣在花蕾中之排列 (aestivation)：

（i）　鑷合狀 (valvate)：花瓣各邊緣之互不接觸，即相並排列者。

（ii）　覆瓦狀 (imbricate)　：花瓣五片，一片在外，一片在內，其餘三片各端互相重疊而接觸者。

（iii）　內曲狀 (induplicate)：鑷合狀花瓣之各片，其緣稍向內卷曲者。

（iv）　外曲狀 (reduplicate)：鑷合狀花瓣之各片，其緣略向外彎曲者。

（v）　回旋狀 (contorted, twisted)：各花瓣兩緣互相重疊者。

iii　依據傳粉而分：

（i）　蟲媒花 (entomophilous flower)：花之通常具有大形且美麗的花冠，藉以引誘昆蟲，作花粉之搬運而傳粉者。如錦葵科植物。

（ii）　風媒花 (anemophilous flower)：花之花冠，通常細小而不顯明，花粉之搬運，靠風力而為之者。例如松科及荑萸花序群之植物。

c．雄蕊 (stamen, androecium) 為顯花植物之雄生殖器官，亦稱小蕊。

i　依據雄蕊之着生位置而分：

（i）　花冠着生 (epipetalous)：雄蕊花絲之着生於花冠之上者。例如瑞香屬植物。

（ii）　花被着生 (epiphyllous)：花絲之着生於花被之上者。

  (iii) 雌雄連生 (gynandrous)：雄蕊之與雌蕊合生者。

 ii 依據雄蕊之離合而分：

  （ⅰ） 離生雄蕊 (distinct stamen)：雄蕊之相互分離者。二強雄蕊 (didynamous stamen)：雄蕊中之有2枚長者。例如紫葳科植物。

    四強雄蕊 (tetradynamous stamen)：雄蕊中之有4枚長者。

  （ii） 合生雄蕊 (coherent stamen)：

    單體雄蕊 (monadelphous stamen)：花絲全部之合生爲一束者，如山茶、錦葵科植物。

    二體雄蕊 (diadelphous stamen)：花絲合生而爲二束者。如蝶形花科植物，9雄蕊合生，1雄蕊分離，共成二束。

    多體雄蕊 (polyadelphous stamen)：花絲之合生爲多束者。如福木、白千層及流蓮等。

    聚藥雄蕊 (syngenesious stamen)：花絲之互相分離，花藥則互相合生者。如菊科植物及非洲菫。

 （iii） 依據花藥與花絲着生之狀態而分：

    底生 (basifixed)：花藥基底之附生於花絲先端者。

    丁字生 (versatile)：花藥背面中央之與花絲先端附生而呈丁字形者。

    背生 (dorsifixed)：花藥背面之附生於花絲先端，但不構成丁字形者。

    个字生（跨擧狀 diverged ）：花藥之上部相連而附生於花絲先端，下部則向左右伸展而作个字形（跨擧）者。

    離生 (divaricate)：花藥之互相分離而幾成一平面者。

 （iv） 依據花藥之裂開方式而分：

    縱裂 (longitudinal dehiscence)：花藥之循縱向方向而裂開者。一般植物屬之。

橫裂 (transverse dehiscence)：花藥之循橫向方向而裂開者。

孔裂 (porous dehiscence)：花藥之在頂端開一小孔者。

隙裂 (chink dehiscence)：花藥之孔裂，但某一端具有間隙者。如杜鵑花植物。

瓣裂 (valved dehiscence)：花藥之藉一瓣片而裂開者。如樟科及小蘗屬植物等。

（v）　依據花藥之裂口方向而分：

內向 (introrse)：花藥裂口之向着雌蕊者。

外向 (extrorse)：花藥裂口之向着花瓣者。

其他尚有退化雄蕊 (staminode)，另稱假雄蕊，通常不具花藥。

花粉塊 (pollen mass, pollinium)：花粉室內之花粉，被粘性物質之黏着成塊狀者。如蘭科與蘿摩科植物。

合蕊柱 (gynostemium)：雄蕊與雌蕊之融合而成一柱者。

d．雌蕊 (pistil, gynoecium)：顯花植物之雌生殖器官，另稱爲大蕊，成熟後發育而成果實。正常者由柱頭、花柱及子房三部構成。

柱頭 (stigma)：在花柱之頂端，形狀有點狀、圓盤狀、匙狀及分岐狀等，表面凹凸或粗糙，常分泌甜味之黏液，稱爲柱頭液 (stigmatic fluid)。

花柱 (style)：子房與柱頭之間的部分，有長有短。

子房 (ovary)：爲雌蕊基部之膨大部分，通常由一～∞心皮 (carpel) 所構成，心皮內藏有胚珠 (ovule)。子房下部有時有柄，稱爲子房柄 (gynophore)。

i　依據雌蕊之單複而分：

（i）　單雌蕊 (simple pistil)：雌蕊之由一心皮所構成者。例如李、梅、櫻等。

（ii）　複雌蕊 (compound pistil)：雌蕊之由多心皮所構成者。例如木蘭科、八角茴香科、昆欄樹科及番荔枝科植物。

ii 依據雌蕊心皮之離合而分：

（i） 離生心皮雌蕊 (apocarpous)：心皮之互相離生者。

（ii） 合生心皮雌蕊 (syncarpous)：心皮之互相合生者。

iii 依據子房之下、上位置而分：

（i） 下位子房 (inferior ovary，即花上位 epigynous flower)：子房之位置，在雄蕊與花被之下，且全部爲花托所圍繞並連生者。

（ii） 周位子房 (half inferior ovary，即花周位 perigynous flower)：子房之中部與雄蕊、花被之附着點同高，或子房之下半部爲花托所包圍者。

（iii） 上位子房 (superior ovary，即花下位 hypogynous flower)：子房之位置在雄蕊、花被及花托之上者。

子房室 (locule)：由心皮所圍成之空腔，爲容納胚珠之空間。子房室之間，有時尚有隔膜 (septum)。

腹縫線 (ventral suture，內縫線 inner suture)：心皮之兩邊緣相合或裂開之處，胚珠通常即着生於此腹縫線上。

背縫線 (dorsal suture，外縫線 outer suture)：爲相當於心皮中肋之處。

胎座 (placenta)：子房室內胚珠珠柄着生之處，由心皮兩緣之內卷或合生而成。

iv 依據胎座之位置而分：

（i） 緣邊胎座 (marginal placenta)：胚珠之附生於單雌蕊之子房室，即着生於心皮之兩邊緣（腹縫線上）者。如豆類。

（ii） 側膜胎座 (parietal placenta)：胚珠之着生於複雌蕊之子房室，即在各心皮邊緣相癒合之處者。

（iii） 中軸胎座 (axile placenta)：複雌蕊之子房，各心皮之邊緣向中心延伸，並互相癒合而形成一中軸，胚珠則着生於此軸之上者。中軸胎座子房室之數每與心皮者同。

(iv) 特立中央胎座 (free-central placenta)：類似中軸胎座，但分隔各室之隔壁完全消失，僅在中央殘存一柱軸，其頂端亦與室頂分離，胎座則位於此軸之周圍者。

(v) 底生胎座 (basal placenta)：類似特立中央胎座，惟中央之柱軸極短或完全退化，胎座則附於此底部者。

(vi) 頂生胎座 (apical placenta)：與底生胎座之相反者。

胚珠 (ovule)：子房室內之突出小粒，受精後發育而成種子。胚珠之最內，藏有珠心 (nucellus)，外則通常包有珠被 (integument) 兩層，間有一層者。其官能爲保護珠心。珠皮之內層，稱內珠被 (inner integument)，外層稱外珠被 (outer integument)。珠被在胚珠先端留有一小孔，稱爲珠孔 (micropyle)，爲花粉管進入之口。珠被基部則與珠柄 (funicule) 先端相連。珠被與珠柄相連之處，稱爲合點 (chalaza)。

珠柄 (funicule)：合點下面之柄，即爲珠柄。

珠被之具兩層者；多屬原始花被類及單子葉植物等；僅具一層者則有後生花被類。無花被者之寄生植物，如檀香科，以及茜草科植物等均僅有珠皮一層。

v 依據胚珠珠孔與合點之位置而分：

(i) 直生胚珠 (orthotropous ovule)：珠孔之向上，合點在基部而珠柄之極短者。

(ii) 彎生胚珠 (campylotropous ovule)：珠孔之偏向側方，合點在基部而珠柄之極短者。

(iii) 橫生胚珠 (amphitropous ovule)：珠孔之偏向側方，合點則在相反之另一側而珠柄之較長者。

(iv) 倒生胚珠 (anatropous ovule)：珠孔之向下，合點在上而珠柄之極長者。

e．花之種類 (types of flower)：

i　依據花之完全與不完全而分：

（i）完全花 (perfect or complete flower)：花之具有萼片、花瓣、雄蕊及雌蕊四部者。

（ii）不完全花(imperfect or　incomplete flower)：缺萼片、花瓣、雄蕊及雌蕊之任何一部或全部者。

ii　依據花被之有否而分：

（i）無被花 (achlamydeous flower)：缺萼片與花瓣之花。又稱裸花。如昆欄樹、楊柳及禾本科植物等。

（ii）單被花 (monochlamydeous flower)：僅具萼片一層而無花瓣者。如銀葉樹及蘋婆者。

（iii）雙被花 (dichlamydeous　flower)：具萼片與花瓣二層之花。

iii　依據雄、雌蕊之有否而分：

（i）兩性花 (bisexual　flower, hermaphrodite)：一朵花中之具有雌、雄蕊者。

（ii）單性花 (unisexual　flower)：在一朵花中，僅具雌蕊者，稱為雌花 (pistillate　or female flower)；僅具雄蕊者，稱為雄花 (staminate or male flower)。此等均屬單性花。

（iii）中性花 (neutral flower，無性花 asexual flower)：無雌、雄蕊之花。如八仙花屬植物。

（iv）雜性花 (polygamous flower)：花之在同一株上，具有兩性花與單性花者。例如無患子目及蘋婆等之植物。

（v）雌雄同株（ monoecious 與　androgynous 的意義略同 ）：在同一株上，具有雌花與雄花者。例如松科植物。

（vi）雌雄異株 (dioecious)　：雌花與雄花分別生於不同之株上者。例如福木。

（vii）雄花與兩性花同株 (andromonoecious)：雄花與兩性花之

同生在一株上者。

(viii) 雌花與兩性花同株 (gynomonoecious)：雌花與兩性花之同生於一株上者。

(ix) 三性花同株 (trimonoecious)：在同一株上，同時具有雌、雄及兩性三種花者。

（x） 雄花與兩性花異株 (androdioecious)：雄花與兩性花之分生在不同之株上者。

(xi) 雌花與兩性花異株 (gynodioecious)：雌花與兩性花之分生在不同之株上者。

(xii) 三性花異株 (tridioecious)：同一種植物有雌花之株，亦有雄花之株，尚有着生兩性花之株者。

(xiii) 雜性異株 (polygamodioecious)：同種植物中之雄花與兩性花異株〔指（x）項〕或雌花與兩性花異株〔指 (Xi) 項〕者。

(xiv) 雄花與雜性 (andropolygamous)：同種植物中之有雄花之株與有雌花及兩性花之株者。

(xv) 雌花與雜性 (gynopolygamous)：同種植物中之有雌花之株與有雄花及兩性花之株者。

(xvi) 兩性雜性 (dioeciopolygamous)：同種植物中之一株生有雌花與雄花，另一株則生有雄花與兩性花者。

f. 花之各部之數與排列 (number and arrangement of floral parts)：

i 螺旋狀 (spiral)：爲原始型的排列。

ii 輪狀 (cyclic)：爲進化型的排列。

iii 螺旋兼輪狀 (spirocyclic)：螺旋與輪狀二種之混合排列者。

iv 一數的 (monomerous)：在花之一輪列中，諸器官之數爲 1 個時。

v 二數的 (dimerous)、三數的（trimerous 爲單子葉植物之基本數）、四數的 (tetramerous)、五數的 (pentamerous)（4～5

數爲雙子葉植物之基本數）、多數的 (polymerous) 。

vi　等數的 (isomerous)：各輪列之具同數器官者。

vii　不等數的 (heteromerous)：各輪列之具不同數器官者。

viii　對稱花 (symmetrical flower)：另稱整齊花 (actinomorphic or regular flower)：可以 2 以上之假設平面來等分的。一般之花屬之。

ix　左右對稱花 (zygomorphic or irregular flower)：以一假設平面，祇可將其分爲二等分者。如蝶形花科植物之花。

x　非對稱花 (asymmetrical flower)：花之不對稱，無法以假設平面來將其等分者。

g.　特殊花 (special flower)：

i　雄毬花 (staminate flower or strobile)：爲裸子植物雄性之花，即小孢子囊穗，由小孢子葉〔 microsporophyll ，通稱鱗片 (scale)，相當於雄蕊〕成螺旋狀排列於一短軸之上而成者，其兩側或下部每附生二至多數小孢子囊（ microsporangium 相當於花藥），內有小孢子（相當於花粉粒）者。

ii　雌毬花 (pistillate flower or strobile)：爲裸子植物雌性之花，即大孢子囊穗，由大孢子葉（ megasporophyll, 相當於心皮）構成。因其生有胚珠，又稱珠鱗 (ovuliferous scale)。珠鱗生於苞片（ bract or bract-scale 苞鱗）之腋間，兩者均成螺旋狀或相對而排列於一短軸之上，如此密集而構成毬形。珠鱗基部或兩側，各生有一至多數胚珠。

iii　穎花 (glumous flower)：花被極端退化，僅有外、內兩穎來將生殖器官保護之花。如禾本科植物。

h.　其他附屬器官：

i　花盤 (disk, disc)：在子房或雄蕊之基部，屢有隆起之肉塊，形態有盤狀、團塊狀、腺體狀等，色呈黃綠、橙、黃及金黃者。如杜英、黃花夾竹桃及炮仗花等。

ⅱ　腺體 (gland)：花盤之轉變成絲狀或小塊狀者。如樟科植物之第三輪雄蕊基部，常有 1 對腺體。

14. 果　　實 (Fruits)

胚珠受精後，發育成種子；子房亦隨之增大，變爲果實而將種子包被。

果皮 (pericarp)：由子房壁之變化而成者。

外果皮 (exocarp)：由心皮表皮之演變而成者。

中果皮 (mesocarp)：由心皮中間部分組織之演變而成者。

內果皮 (endocarp)：由心皮內側組織之演變而成者，其中之堅硬者，特稱爲堅果皮 (hard endocarp) 或核 (putamen)。如桃、李等之果。

a．依據果之眞假而分：

ⅰ　眞果 (true fruit)：由子房之發育而成者。

ⅱ　假果 (false fruit, pseudocarpous fruit)：子房之外，尚連結其他花部（如花托、萼等）之發育而成者。如第倫桃、蘋果及梨等之果實。

b．依據子房之數目而分：

ⅰ　由一朵花之子房發育而成者：

（ⅰ）　單果 (simple fruit)：亦稱單生果（單花果），由一子房經發育而成者（不拘子房之單〜多室，亦包括其他花部），如桃、李。

（ⅱ）　聚合果 (aggregate fruit)：另稱聚生果，由多數離生心皮所成之子房發育而成者〔每一心皮後均成一小果 (fruitlet)〕。如釋迦果及草莓。

ⅱ　由多朵花之子房發育而成者：

複果 (multiple fruit)，另稱合生果（多花果）：由多數花朵之子房所密集聚生而成（通常包括其他花部）團塊狀者。例如波羅蜜、無花果、桑樹、林投及鳳梨等。

c. 依據果實之肉質及乾質而分：

i　果皮之呈肉質，通常不裂開者（肉質果類 fleshy fruit）：

（i）　漿果 （berry）：果皮柔軟多汁，種子包藏於其內，常由多數心皮所構成者。如葡萄。

（ii）　柑果 (hesperidium)：外果皮硬化或爲革質，中、內果皮則柔軟，果外無花托組織，果肉多室，內藏多數生自內果皮壁上之長腺毛肉囊 (pulpsac)，胎座常不膨大，果皮尚含多數油腺者。如柑橘類。

（iii）　瓠 (pepo)：外果皮硬化或爲革質，中、內果皮柔軟多肉，內爲一室，胎座常爲膨大，果皮之外，尚具花托（全部或部分）組織者。如南瓜、黃瓜。

（iv）　核果 (drupe)，又稱石果 (stone fruit)：外果皮柔軟且薄，中果皮肉質，內果皮則硬化而成核（由石細胞而成），內含一種子，果皮外不具其他花部組織，由一心皮所構成者。如梅、桃、李及櫻花等。

（v）　梨果 (pome)，又稱爲仁果：果由多數心皮所構成，外果皮柔軟，內果皮則質硬，果皮之外，尚爲其他花部（即合生之肉質花托，爲吾人所食之部分）所包被，其眞正子房在內成爲果心，中央具多數種子者。如蘋果、梨等。

ii　果皮之乾燥、裂開或否者（乾果類 dry fruit）：

閉果亞類（ indehiscent fruit ）:果實成熟後，果皮之不裂開，內藏種子 1～2 粒者。

（i）　翅果 (samara)：果皮之向外伸出翅狀之突起者。如槭樹、白雞油及楡等。

（ii）　穎果 (caryopsis)：果皮極薄，且與種皮完全連生一起者。如小麥、水稻及竹類等。

（iii）　胞果 (utricle)：果皮極薄，與種皮分離，通常外具膜質之花被者。

(iv)　瘦果 (achene)：果小，果皮厚硬，由一室子房所構成者。如紅花等。

（v）　堅果 (nut)　：果大，果皮厚硬，由多室子房所構成者。如殼斗科植物，惟該科植物具一特有之殼斗 (cupule)，特稱槲果 (acorn)。

　　　裂果亞類 (dehiscent fruit)：果實成熟後，果皮之裂開，內藏種子 $1\sim\infty$ 粒者。

（i）　蓇葖 (follicle)：由離生心皮之子房所構成，成熟後沿腹縫線裂開者。如烏心石、八角等。

（ii）　莢果 (legume)：由單一心皮之子房所構成，成熟後沿腹、背二縫線裂開者，如豆類植物。

(iii)　節莢果 (loment)：由單一心皮之子房所構成，成熟後，常分節而橫裂者。如豆類植物等。

(iv)　離果 (schizocarp)：由二個心皮合生之子房所構成，果實成熟後，由上向下裂成兩片，室內各含有一粒種子者。雙懸果（懸果　cremocarp　）：果實之自果柄（　carpophore 花托之一部向上延伸而成柱者）由下向上分離並懸垂於其上者。如繖形科植物。

（v）　壺果（蓋果　pyxis　）：由多心皮合生之子房所構成，果實成熟後，作橫向裂開，分為兩半，上方者如蓋(operculum)，下方者如壺，內藏多數種子。如水芫花、車前。

(vi)　長角果 (silique)：由二心皮合生之子房所構成，果呈長圓柱形，成熟後，由下向上作縱向裂開，中具隔膜，內藏種子多數者。

(vii)　短角果 (silicle)　：與長角果類似，僅果呈短扁倒三角形，為其異點，例十字花科之薺。

(viii)　蒴果 (capsule)：果由 $2\sim\infty$ 心皮合生之子房所構成，熟則縱裂，內藏種子多數者。如杜鵑花、大頭茶。

d．依據裂開之方式而分：

　i　　不裂開 (indehiscence)：果之不開裂者。例如漿果。

　ii　　裂開 (dehiscence)：

　　（ｉ）　胞間裂開（septicidal dehiscence)：即循心皮（果瓣）兩緣相接之處開裂者。如杜鵑花類。

　　（ii）　胞背裂開 (loculicidal dehiscence)：乃循心皮（果瓣）中肋之處開裂者。如大頭茶、木荷等。

　　（iii）　孔口裂開 (poricidal dehiscence)：在每一心皮之頂端貫穿一孔而開裂者。例桉樹屬（花之萼筒上端有蓋，由萼及花瓣連生而成，開花時期，即行脫落，形如蓋果）。

e．種子 (seed)：胚珠受精後變成種子，通常由種皮 (seed coat)，在外者為外種皮(testa)，在內者為內種皮 (tegmen)、胚乳(endosperm 內胚乳，perisperm 外胚乳）及胚 (embryo) 所構成。豆類植物多缺胚乳。

　i　　假種皮 (aril)：在種皮之外的膜狀或肉質組織。如穗花形、紅豆杉、椶樹、龍眼及荔枝等。

　ii　　種臍 (hilum)：種子上自果皮（即自珠柄與胎座分離）脫落後所遺留之痕跡

　iii　　種阜 (caruncl ：在珠孔旁所形成之肉瘤。如蓖麻。

　iv　　胚乳 (endosperm)：貯有豐富養分，以供給胚發育之用。但有的植物亦有缺此物者，豆類即其一例。

　v　　胚 (embryo)：植物未發育成莖、葉及根之有生命原始物體，由胚芽 (plumule)、胚軸 (hypocotyl)、幼根 (radicle) 及子葉 (cotyledon) 所構成。

　vi　　子葉 (cotyledon)：着生於胚之兩側或一側，為臨時之葉者，貯有養分，可行光合作用。子葉殘留於地中者，稱為地下子葉 (hypogaeous cotyledon)；挺出於地上者，稱為地上子葉 (epigaeous cotyledon)。

單子葉 (monocotyledon)：種子之僅具一子葉者，如單子葉植物
；雙子葉 (dicotyledon) ：種子之具二子葉者，如雙子葉植物；
多子葉 (polycotyledon) ：種子之具 3〜18 子葉者，如裸子植
物之針葉樹類。

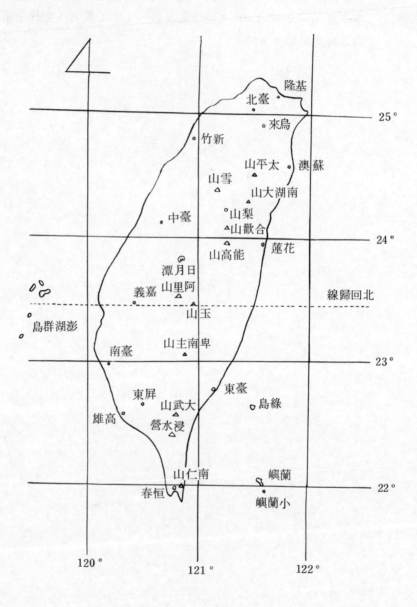

臺　灣

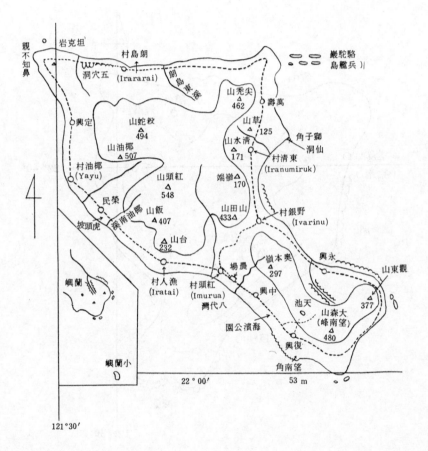

蘭　嶼

親不知鼻

岩克坦

洞穴五
村島朗
(Irararai)

朗島東緣

山禿尖
462
壽萬

駱駝巖
兵艦島川

興定

山蛇殺
494

山草
125

角子獅
洞仙

山油椰
507

山水清
171

村清東
(Iranumiruk)

村油椰
(Yayu)

山頭紅
548

端嶺
170

村銀野
(Ivarinu)

民榮

椰油南澳

山飯
407

山田山
433△

坡頭虎

山台
232△

嶺本奧
297

興永

山東觀
377

蘭嶼

村人漁
(Iratai)

村頭紅
(Imurua)

灣代八

場農

興中

池天

山森大
(峰南望)
480

海濱公園

興復

小蘭嶼

角南望

22°00′

53 m

121°30′

島　　綠

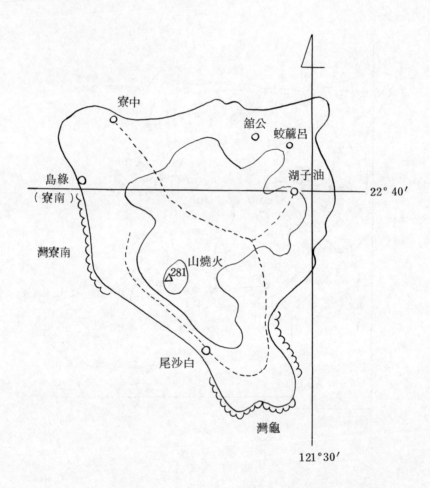

寮中

舘公　蛟蘇呂

島綠　　　　　　　　　　　　湖子油　　　　22° 40′
（寮南）

灣寮南

山燒火
△281

尾沙白

灣龜

121°30′

第四篇　索　引

壹、中名索引

貳、英名、學名索引

A

大學叢書

樹木學 下冊

作者◆劉棠瑞 廖日京
發行人◆施嘉明
總編輯◆方鵬程

出版發行：臺灣商務印書館股份有限公司
台北市重慶南路一段三十七號
電話：(02)2371-3712
讀者服務專線：0800056196
郵撥：0000165-1
網路書店：www.cptw.com.tw
E-mail：ecptw@cptw.com.tw
網址：www.cptw.com.tw

局版北市業字第 993 號
初版一刷：1981 年 3 月
初版六刷：2012 年 9 月
定價：新台幣 520 元

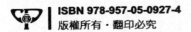

ISBN 978-957-05-0927-4

樹木學／劉棠瑞, 廖日京著. 初版. 臺北
市：臺灣商務, 1980-1981[民69-70]
　　冊；　公分(大學叢書. 林學叢刊)
　　(含索引)
　　ISBN 957-05-0925-2(一套：平裝). ISBN
957-05-0926-0(上冊：平裝). ISBN 957-05
-0927-9(下冊：平裝)

　1. 樹木

436.11   83004062

讀者回函卡

感謝您對本館的支持，為加強對您的服務，請填妥此卡，免付郵資寄回，可隨時收到本館最新出版訊息，及享受各種優惠。

姓名：＿＿＿＿＿＿＿＿＿＿＿＿＿＿＿ 性別：□男 □女

出生日期：＿＿＿年＿＿＿月＿＿＿日

職業：□學生 □公務（含軍警） □家管 □服務 □金融 □製造
　　　□資訊 □大眾傳播 □自由業 □農漁牧 □退休 □其他

學歷：□高中以下（含高中） □大專 □研究所（含以上）

地址：□□□＿＿＿＿＿＿＿＿＿＿＿＿＿＿＿
　　　＿＿＿＿＿＿＿＿＿＿＿＿＿＿＿＿＿

電話：（H）＿＿＿＿＿＿＿＿＿（O）＿＿＿＿＿＿＿

購買書名：＿＿＿＿＿＿＿＿＿＿＿＿＿＿＿＿

您從何處得知本書？
　　　□書店 □報紙廣告 □報紙專欄 □雜誌廣告 □DM廣告
　　　□傳單 □親友介紹 □電視廣播 □其他

您對本書的意見？（A/滿意 B/尚可 C/需改進）
　　　內容＿＿＿ 編輯＿＿＿ 校對＿＿＿ 翻譯＿＿＿
　　　封面設計＿＿＿ 價格＿＿＿ 其他＿＿＿＿＿＿＿

您的建議：＿＿＿＿＿＿＿＿＿＿＿＿＿＿＿
　　　　　＿＿＿＿＿＿＿＿＿＿＿＿＿＿＿
　　　　　＿＿＿＿＿＿＿＿＿＿＿＿＿＿＿

臺灣商務印書館

台北市重慶南路一段三十七號　電話：（02）23116118・23115538
讀者服務專線：080056196　傳真：（02）23710274
郵撥：0000165-1號　E-mail：cptw@ms12.hinet.net

傳統現代　並翼而翔

Flying with the wings of tradition and modernity.